- 国家卫生和计划生育委员会“十三五”规划教材
- 全国高等学校教材

供眼视光学专业用

眼视光器械学

第3版

主　　编　刘党会

副 主 编　徐国兴　兰长骏　沈梅晓

编　　者（以姓氏笔画为序）

兰长骏　川北医学院

朱德喜　国家视光学工程研究中心

刘党会　中国科学院温州生物材料与工程研究所

沈梅晓　温州医科大学

段俊国　成都中医药大学

姚　进　南京医科大学

徐国兴　福建医科大学

戴旭锋　温州医科大学

编写秘书　黄胜海　温州医科大学

融合教材数字资源负责人　刘党会　中国科学院温州生物材料与工程研究所

融合教材数字资源秘书　黄胜海　温州医科大学

人民卫生出版社

图书在版编目(CIP)数据

眼视光器械学/刘党会主编. —3 版. —北京：人民卫生出版社,2017

ISBN 978-7-117-24773-3

Ⅰ. ①眼… Ⅱ. ①刘… Ⅲ. ①眼病-医疗器械-医学院校-教材 Ⅳ. ①TH786

中国版本图书馆 CIP 数据核字(2017)第 317428 号

人卫智网	www. ipmph. com	医学教育、学术、考试、健康，购书智慧智能综合服务平台
人卫官网	www. pmph. com	人卫官方资讯发布平台

眼视光器械学

第 3 版

主　　编：刘党会
出版发行：人民卫生出版社(中继线 010-59780011)
地　　址：北京市朝阳区潘家园南里 19 号
邮　　编：100021
E - mail：pmph @ pmph. com
购书热线：010-59787592　010-59787584　010-65264830
印　　刷：中农印务有限公司
经　　销：新华书店
开　　本：850×1168　1/16　　**印张：**17
字　　数：515 千字
版　　次：2004 年 7 月第 1 版　　2018 年 2 月第 3 版
2025 年 1 月第 3 版第 9 次印刷（总第 19 次印刷）
标准书号：ISBN 978-7-117-24773-3/R・24774
定　　价：60. 00 元
打击盗版举报电话：010-59787491　E-mail：WQ @ pmph. com
（凡属印装质量问题请与本社市场营销中心联系退换）

第三轮全国高等学校眼视光学专业本科国家级规划教材(融合教材)修订说明

第三轮全国高等学校眼视光学专业本科国家卫生计生委规划教材，是在第二轮全国高等学校眼视光学专业本科卫生部规划教材基础上，以纸质为载体，融入富媒体资源、网络素材、数字教材和慕课课程形成的“五位一体”的一套眼视光学专业创新融合教材。

第一轮全国普通高等教育“十五”国家级规划教材、全国高等学校眼视光学专业卫生部规划教材于2003年启动，是我国第一套供眼视光学专业本科使用的国家级规划教材，其出版对于我国眼视光学高等教育以及眼视光学专业的发展具有重要的、里程碑式的意义，为我国眼视光学高级人才培养做出了历史性的巨大贡献。本套教材第二轮修订于2011年完成，其中《眼镜学》为普通高等教育“十二五”国家级规划教材。两轮国家级眼视光专业规划教材建设对推动我国眼视光学专业发展和人才培养、促进人民群众眼保健和健康起到了重要作用。

在本套第三轮教材的修订之时，正逢我国医疗卫生和医学教育面临重大发展的重要时期，我们贯彻落实全国卫生健康大会精神和《健康中国2030规划纲要》，按照全国卫生计生工作方针、医药协同综合改革意见，以及传统媒体和新兴媒体融合发展的要求，推动第三轮全国高等学校眼视光学专业本科国家级规划教材(融合教材)的修订工作。

本轮修订坚持中国特色的教材建设模式，即根据教育部培养目标、国家卫生计生委用人要求，医教协同，由国家卫生计生委领导、指导和支持，教材评审委员会规划、论证和评审，知名院士、专家、教授指导、审定和把关，各大院校积极参与支持，专家教授组织编写，人民卫生出版社出版的全方位教材建设体系，开启融合教材修订工作。

本轮教材修订具有以下特点：

1. 本轮教材经过了全国范围的调研，累计共有全国25个省市自治区，27所院校的90名专家教授进行了申报，最终建立了来自15个省市自治区，25个院校，由52名主编、副主编组成的编写团队，代表了目前我国眼视光专业发展的水平和方向，也代表了我国眼视光教育最先进的教学思想、教学模式和教学理念。

2. 课程设置上，由第二轮教材“13+3”到本轮教材“13+5”的转变，从教师、学生的需要出发，以问题为导向，新增《低视力学实训指导》及《眼视光学习题集》。

3. 对各本教材中交叉重复的内容进行了整体规划，通过调整教材大纲，加强各本教材主编之间的交流，力图从不同角度和侧重点进行诠释，避免知识点的简单重复。

4. 构建纸质+数字生态圈，完成“互联网+”立体化纸数融合教材的编写。除了纸质部分，新增二维码扫码阅读数字资源，数字资源包括：习题、视频、动画、彩图、PPT课件、知识拓展等。

5. 依然严格遵守“三基”“五性”“三特定”的教材编写原则。

6. 较上一版教材从习题类型、数量上进行完善，每章增加选择题。选择题和问答题的数量均大幅增加，目的是帮助学生课后及时、有效地巩固课堂知识点。每道习题配有答案和解析，学生可进行自我练习。自我练习由学生借助手机或平板电脑终端完成，操作简便，激发学习兴趣。

本套教材为2017年秋季教材，供眼视光学专业本科院校使用。

第三轮教材(融合教材)目录

眼镜学(第3版)　主编　瞿　佳　陈　浩

眼科学基础(第3版)　主编　刘祖国

眼病学(第3版)　主编　李筱荣

接触镜学(第3版)　主编　吕　帆

眼视光学理论和方法(第3版)　主编　瞿　佳

眼视光器械学(第3版)　主编　刘党会

视觉神经生理学(第3版)　主编　刘晓玲

眼视光公共卫生学(第3版)　主编　赵家良

低视力学(第3版)　主编　周翔天

屈光手术学(第3版)　主编　王勤美

双眼视觉学(第3版)　主编　王光霁

斜视弱视学(第2版)　主编　赵堪兴

眼视光应用光学(第2版)　主编　曾骏文

获取融合教材配套数字资源的步骤说明

❶ 扫描封底红标二维码，获取图书"使用说明"。

❷ 揭开红标，扫描绿标激活码，注册/登录人卫账号获取数字资源。

❸ 扫描书内二维码或封底绿标激活码随时查看数字资源。

❹ 登录 zengzhi.ipmph.com 或下载应用体验更多功能和服务。

扫描下载应用

客户服务热线 400-111-8166

关注人卫眼科公众号
新书介绍　最新书目

第三届全国高等学校眼视光学专业教材（融合教材）评审委员会名单

前　言

2004 年，第 1 版《眼视光器械学》出版，并陆续作为各高等院校教材和参考用书，受到欢迎，亦在医院住院医师培训、医院眼科特检、视光门诊等专业部门得到广泛应用。2011 年的第 2 版，根据教学需要和临床器械的发展，有针对性地丰富了现代眼视光技术的内容，增加了“光学相干断层成像仪”和“眼球像差测量设备”的独立章节并重新书写了“视觉电生理检测仪器”章节。

本版新增独立章节“眼球光学生物参数测量”，主要讲述眼球光学轴向参数测量，包括 IOL Master、Lenstar 等仪器的原理及应用。“眼用激光”章节增加飞秒激光在眼科的应用等内容。“波前像差检测仪器”章节修改为“波前像差及相关视觉质量检测仪器”，并增加光学质量分析系统（OQAS）、对比敏感度和多参数多模式眼视光一体测量系统等相关内容。“光学相干断层成像仪”一章新增了“光学相干断层血管成像”一节内容。对于角膜地形图、眼前节分析系统、波前像差仪、光学相干断层成像仪、眼底检测、眼科超声等器械增加了最新技术进展的描述，应用了更多的图片表述，同时增加了临床应用的讨论。本版新增融合教材数字资源，包括课程 PPT、动画、问答题、选择题、答案或答题要点以及正确答案解析。

眼视光器械的发展和临床应用相互推动，进展迅速，本教材力图通过对各种眼视光常用器械基本原理和基本结构进行分析，使读者理解器械结构、仪器参数与使用功能之间的关系，以便于在临床更加有效地应用。对眼视光器械各个领域最新技术的全面介绍将有助于读者掌握全球最新的技术、发展动态、临床应用与临床学术交流。

本书的撰写、修订和出版得到了人民卫生出版社的大力支持，也得到了各编者所在单位的帮助。本书秘书黄胜海博士不仅帮助收集资料、梳理文字，同时协助完成本书大量插图的绘制、整理工作。本书的完成凝聚了众多人的智慧和心血，在此无法一一列举，谨在此书出版发行之际表达我们诚挚的谢意。

刘党会

2017 年 3 月

目　录

融合教材数字资源目录

第一章

绪　　论

二维码 1-1
课程 PPT
绪论

本章学习要点

- 掌握：人眼的 Gullstrand 光学模型、简化模型和估算视网膜像高的方法。
- 熟悉：传统照明系统和观察系统的构成。
- 了解：眼视光器械的分类。

关键词　Gullstrand 光学模型　照明系统　观察系统　临界照明　柯拉照明

眼睛是人体重要的生物器官，又是获取外界信息的光学器官，对人眼进行检查和各种参数测量不仅直接反映人眼健康与否、对外界信息的接受情况，还能表达人眼与身体其他器官的健康关系。

临床医疗方面，对疾病的诊治依赖于各种检测和治疗设备，眼睛也不例外，眼视光学器械就是专用于人眼的医疗设备，主要包含检测和诊治的医疗器械及其相关配套技术服务系统。由于人眼是具备生物器官和光学器官双重特性的组织，与之相关的设备形成了颇具特色的医疗技术体系。

第一节　人眼眼球光学系统模型

眼睛的结构和功能几乎蕴藏了人体所有组织成分和细微结构，同时它还是一个精密的光学仪器，执行着摄像功能和信息传送功能。了解人眼光学特性的难点在于人眼光学组成的复杂性、非对称性和生物动态性。简化和假设便于描述和解释眼睛的光学特征，但有时又难以完全解释和描述眼睛内部的详细光学机制。例如：角膜前部的形态一般在模型中假设是球形，但事实上呈长椭球形状，即曲率趋缓变化。

眼睛的光学数学模型是通过许多解剖测量和近似而建立的。最著名的模型之一就是由瑞典眼科教授 Gullstrand 建立的 Gullstrand 模型眼（Gullstrand model eye）。这个模型非常准确地描述了人眼的光学特性，Gullstrand 因此于 1911 年获得诺贝尔奖。图 1-1 是人眼 Gullstrand 模型眼的光学系统图，其中各个光学组成元素的形状、位置、间距、折射系数（各不相同）和轴线都会对整体成像造成影响。

Gullstrand 模型眼非常有用。事实上，检测仪器的终极目标就是能检测模型中的各个参数。临床上，现有的技术水平尚难以达到这些参数的完全测量，通过进一步的近似和合理假设可以得到一个更加简单的模型，即单一球形屈光面，一边是眼外（空气，折射系数为 1.000），一边是眼内，等价折射系数为 1.333。图 1-2 就是这样一个系统光学简化图。

使用这个简化模型，我们可以估算物体在视网膜上的成像尺寸。计算方法是让光线射入或射出人眼的简化节点而不发生偏移。利用相似三角形原理，可以得到下列计算公式：

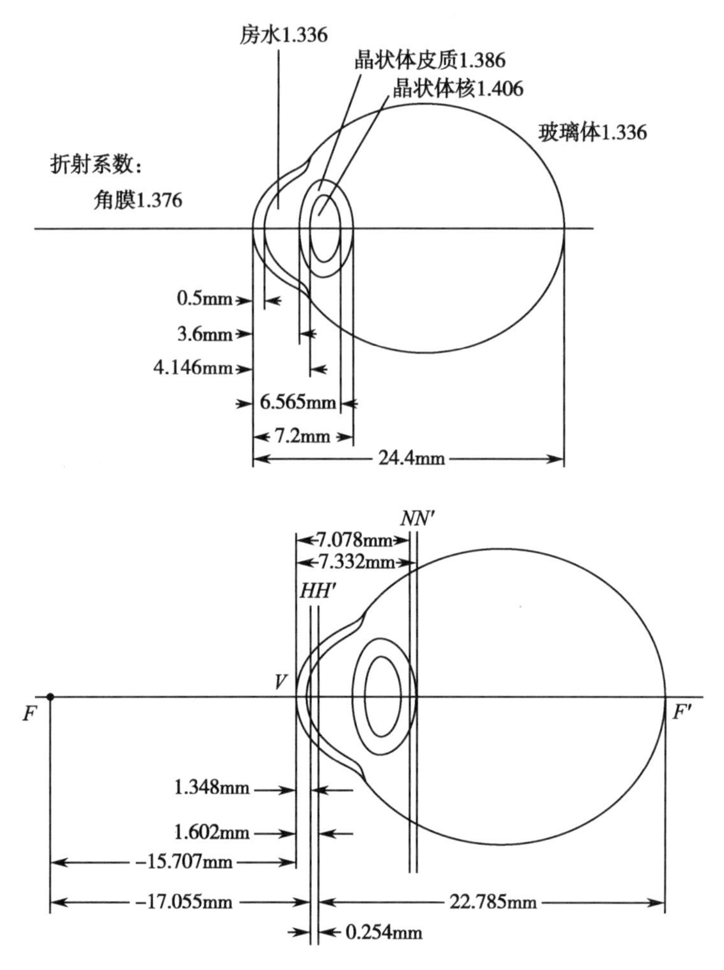

图 1-1 人眼的 Gullstrand 光学模型

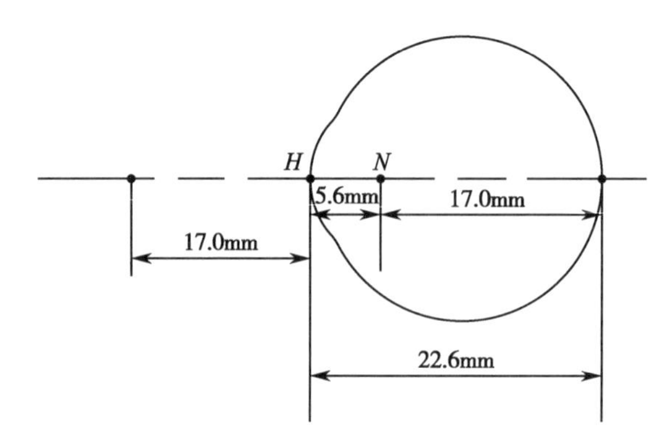

图 1-2 人眼的简化光学模型

图中 N 是眼的简化节点，H 是眼的角膜顶点，简化眼内部折射系数 1.333

笔 记

视网膜像高/物体高度=节点到视网膜的距离/物体到眼的距离

第二节　眼视光器械的技术特性

人眼的最大特点是眼球体积小，结构又非常精密，层层递进，因此高放大倍率、高分辨率的显微镜系统，加上优质、安全的照明系统成为眼科设备设计的常规理念。

眼球的泪膜、角膜、晶状体、玻璃体，这些眼球的组成部分既是“光学镜头”，又是生物组织。透明生物组织构成的光学镜头将外界物体清晰成像，其间各个“光学镜头”的屈光力、形态、厚度、组织结构等多重指标需要检测，因此依据几何光学和物理光学基础设计的屈光检查设备、光学成像质量检测设备、光学界面形态检测设备等成为该领域的独特设备或产品。另外，在医学其他领域广泛应用的技术，如超声、磁共振、电生理等技术在眼视光器械领域也得到充分应用，并更趋精细化、精致化和安全化。

通常临床上对人眼的检测或治疗都是在人体感知的情况下进行，检测或诊疗过程中人眼一直处于“动”的状态，如何在“动”中捕获真实并可重复的影像，如建立测量和分析的参考点，或者在动态中把握治疗的准确性，如准分子激光角膜切削的中心定位，切削精度和稳定性等，成为眼视光器械设计的重点。因此，较多设备的研发把准确固视、定位追踪等作为重要技术指标，电脑科技及数字化技术的发展，大大提高了仪器的灵敏度和准确度，极大提升了仪器的临床效应。

眼睛表面神经丰富、各界面结构致密、眼底感光细胞敏感，任何外力，包括强光或其他有害射线，都可能对眼睛造成损伤。因此，与眼睛检测、诊治有关的设备安全性能指标要求都非常高，在方式上尽可能达到“非侵入性”，即设备尽量不直接接触眼表面或眼内其他组织，显微镜照明系统的光源或亮度不对眼内感光细胞或其他组织产生任何损伤，甚至要求尽量降低不舒适感；有关治疗性设备的应用，如激光治疗仪，要求尽可能只对有病变的血管或组织产生反应，达到一定标准的“选择性”。

眼视光学医疗器械发展很快，各相关研发机构和生产厂家都在不断地开拓新技术并服务于临床。眼科和眼视光学器械种类繁多、类型丰富，如何从如此纷繁复杂的设施和仪器中找到规律是我们学好这门功课的关键。仔细回顾和剖析各种或简单或复杂的仪器，通过对各种设备的机械结构和光学原理进行分析，我们不难发现其中的规律，其基本原理便是沿用经典的知识或理论，并充分考虑眼睛的特征。因此，本教材的目的就是通过对各种常用设施的基本原理和结构进行剖析，理解其在临床应用时的基本功能，从而对不断推陈出新的技术有扎实的理解。

第三节　眼视光器械的基本光学系统

一般来说，眼视光仪器的光学系统，往往由两个部分组成：观察系统（observation system）和照明系统（illumination system）。

一、观察系统

观察系统往往由以下三个基本系统构成：①望远系统；②显微系统；③摄影、放映（投影）系统。

1. 望远系统（telescopic system）　望远系统是帮助人眼对远处物体进行观察的光学系统，观察者用对望远镜的像空间的观察代替对本来的物空间的观察。由于望远镜的像空间的像对人眼瞳孔的张角比其在物空间的共轭角大，所以通过望远镜观察时，远处的物体似乎

笔记

被移近,原来看不清楚的物体也能被看清楚了。

望远镜是由两个共轴的光学系统组成的,其中向着物体的系统称为物镜,接近于人眼的系统称为目镜。当观看无限远的物体时,物镜的像方焦点与目镜的物方焦点重合,即两个系统的光学间隔为零,可以认为,望远镜是由光学间隔为零的两个共轴光学系统组成的无焦系统。

综上所述,望远系统的基本特征是:①由物镜、目镜这两组镜头组成;②物体经物镜后,在目镜焦面形成一倒立的实像(中间像);③物体位于无穷远(或5m以上的实际无穷远),平行光进入,平行光出射。

望远镜系统的基本结构如图1-3所示。

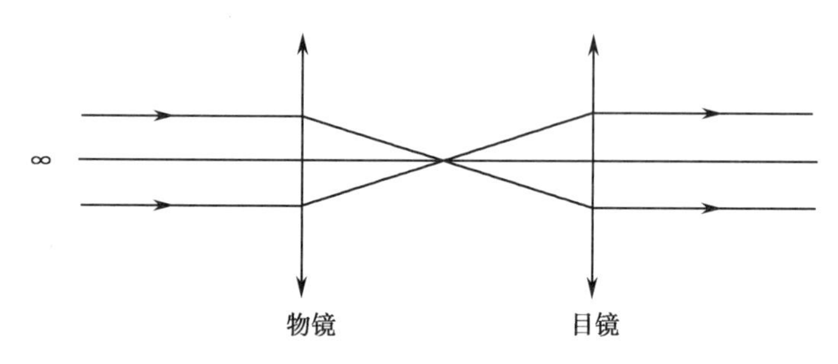

图1-3 望远镜系统的基本结构

2. 显微系统(microscopic system) 为把微小的物体或物体的细节观察清楚,需要把物体移近眼睛,这样增大了物体对人眼的张角,从而可使物体在视网膜上呈一个较大的像,然而当物体到眼睛的距离太近时,由于调节存在极限,反而会看不清楚,也就是说,为观察微小的物体或物体的细节,不但要使物体对瞳孔有足够大的张角,而且还要有合适的距离。显然对于眼睛来说,这两个要求是相互矛盾的,不过若在眼睛之前另加一个适当的光学系统,就可解决这个矛盾。放大镜便是这种帮助眼睛观察微小物体或其细节的光学仪器,其中凸透镜是一个最简单的放大镜。用于观察光学系统所成像的放大镜,称为目镜,放大镜就是一种简单的目镜。由于我们常需要放大很多倍,单片镜片的焦距太短,不符合眼睛的工作距离,因此需要组合放大镜,即须采用两个光学系统组成的复光系统来替代单一的放大镜,这种组合的放大镜,称为显微镜。

综上所述,显微系统的基本特征是:①由物镜和目镜两组镜头组成;②物体经物镜后,在目镜焦面形成一实像;③物体位于有限距离,发散光进入,平行光出射。

显微系统的基本结构如图1-4所示。

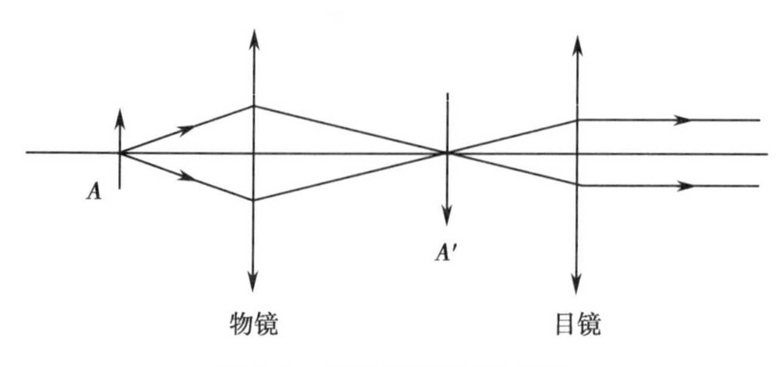

图1-4 显微系统的基本结构

3. 摄影放映系统(projection system) 典型的摄影放映系统是照相机和电影放映机或幻灯机,其原理是将已经拍摄好的电影胶片、图片或幻灯片放映在较大的银幕上,供人们观看。在电影机和幻灯机中,主要部分是聚光器和使胶片成像在银幕上的照相物镜。虽然目

前多数摄影放映系统采用了许多新的技术,使得投影成像的质量越来越高,但其基本构成和光学结构依旧参照了经典。

摄影放映系统的基本特征是:①由单一的成像物镜组成;②物(或像)体位于有限距离。

摄影放映系统的基本结构如图 1-5 所示。

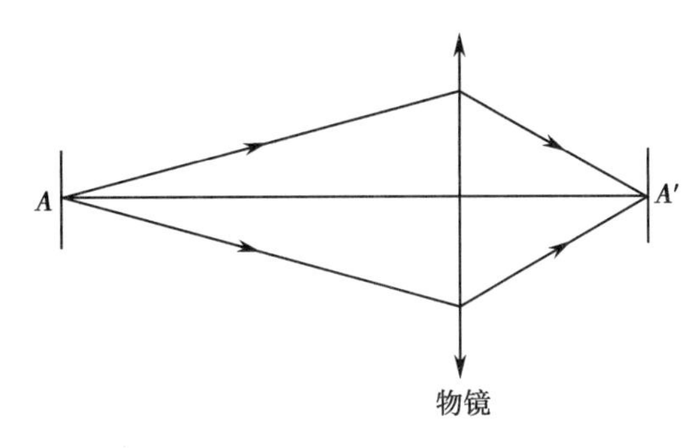

图 1-5　摄影放映系统的基本结构

二、照明系统

照明系统分为三种:①直接照明;②临界照明;③柯拉照明。

1. 直接照明(direct illumination)　直接照明的光源没有经过任何光学系统,直接照在被照物面,如视力表灯箱。它的特点是结构简单、原理直观,但是亮度不高,如图 1-6 所示。

2. 临界照明(critical illumination)　临界照明指的是灯丝经聚光镜成像在被照明的物面。优点:结构简单。缺点:照明不均匀。如:手持式 Goldmann 眼压计。如图 1-7 所示。

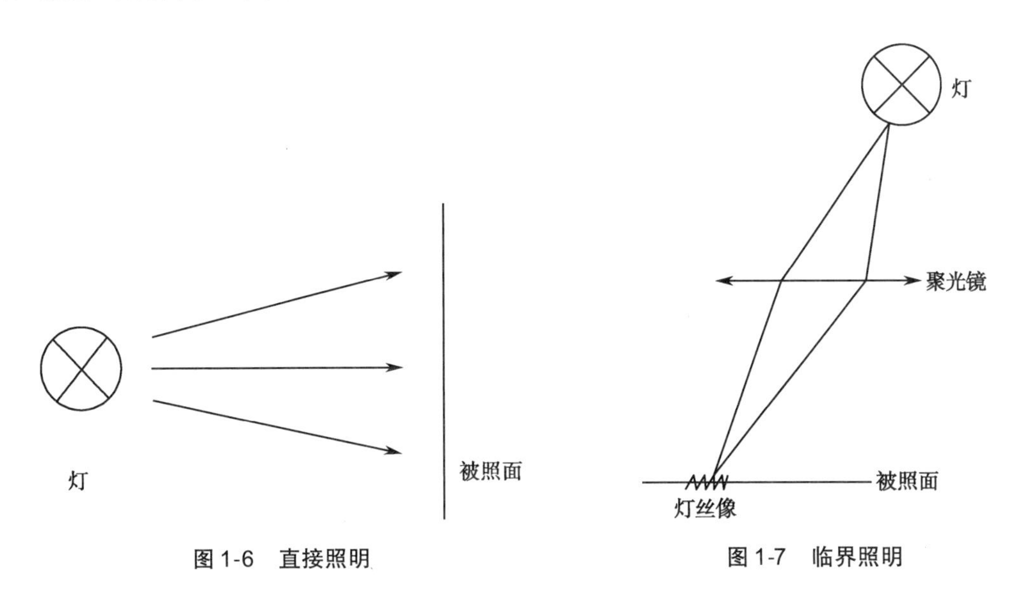

图 1-6　直接照明　　图 1-7　临界照明

3. 柯拉照明(Kohler illumination)　柯拉照明特征是:①由聚光镜、投射镜这两组透镜组成;②灯丝经聚光镜成像在投射镜上(也称灯丝光路);③光阑经投射镜成像在被照明面(也称光阑光路)。如:裂隙灯、检眼镜(直接)、眼底摄影机等。其特点就是可以控制亮度,可以将亮度提高较大,同时很重要的一条就是照明均匀。如图 1-8 所示。

因此我们可以这样认为,虽然现代光学仪器技术改进和发明非常多且非常迅速,但其光学系统的基本结构可以用图 1-9 来总结。

我们可以用一个例子来剖析,以焦度计(lensometer)为例,其结构简图如图 1-10:观察系统部分将前两组镜头看成一个物镜,那么总体上看,相当于一个显微镜系统。如果将后两组透镜组合,焦度计就可看成是由一个放映系统加一个望远系统组成的(图 1-11)。从灯源将

笔记

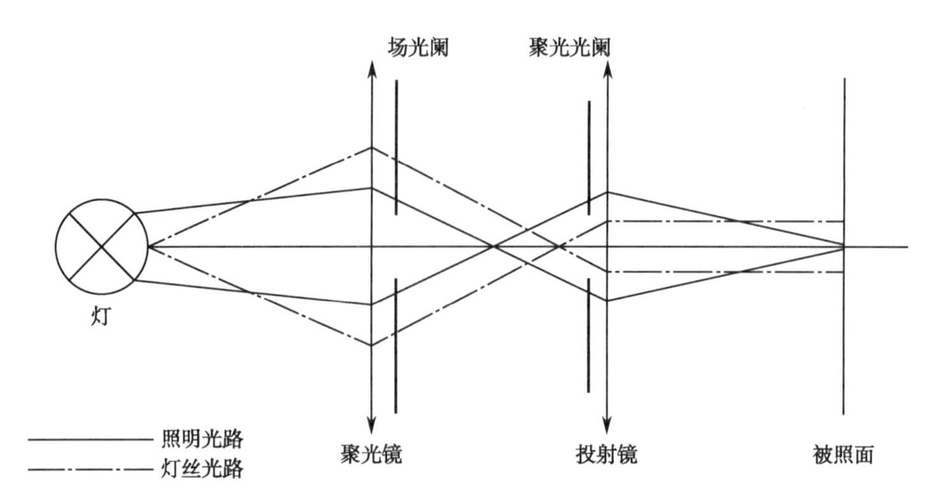

图 1-8 柯拉照明

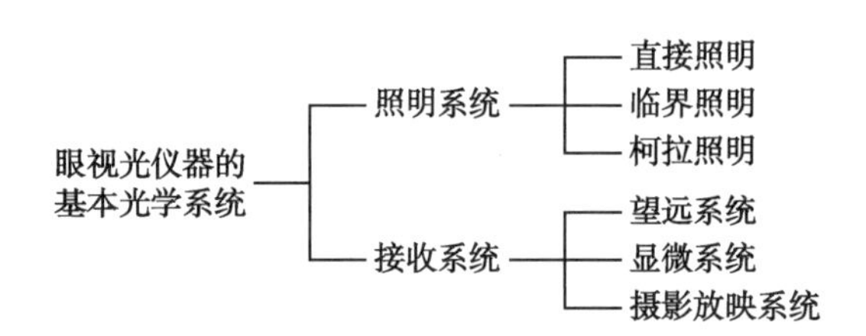

图 1-9 眼视光仪器的基本光学系统

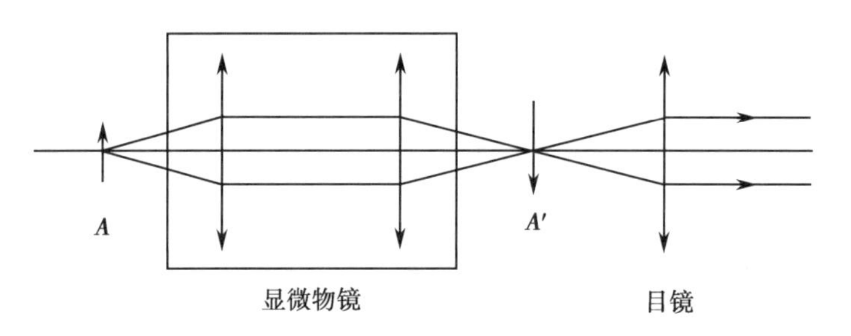

图 1-10 焦度计光学原理图

将前两组透镜组合起来看成一个焦度计物镜，从总体上看焦度计属于显微系统

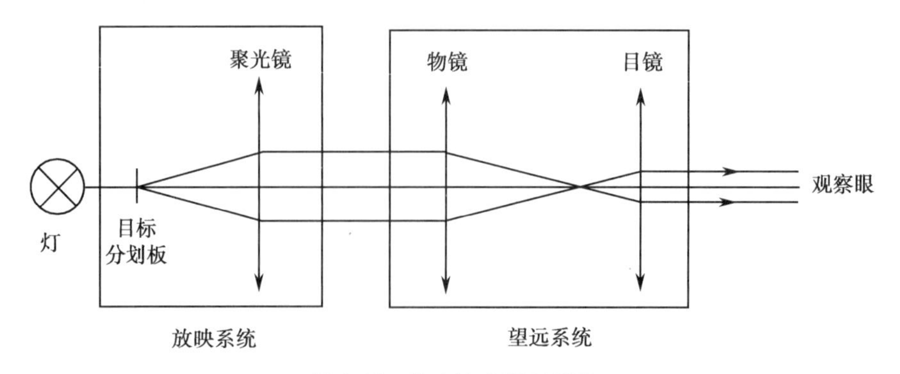

图 1-11 焦度计光学原理图

将后两组透镜组合，焦度计就可看成是由放映系统和望远系统组成

目标分划板照亮分析，它的照明为直接照明，即灯直接照明目标分划板。

此外，焦度计的光学系统，实际上同光学验光仪的系统有着共同的结构，通过目标分划板的移动量大小，也可以检测人眼屈光力。所以，虽然眼视光仪器种类很多，但是基本的原理却往往是相通的。

第四节 眼视光器械的分类

眼视光器械种类很多，可以从不同的角度对它们进行分类。

一、使用角度分类

1. 眼科临床检查、诊断通用仪器 这类设备中的大部分为临床基础设施，如裂隙灯检查系统、眼压计、检眼镜等为眼科和眼视光学临床基本检查设备，即每位来诊病人常规接受这类检查，这些设备成为诊室中最基本的配置。发现问题并需要深入检测具体病变时，则需要特定检测的设备，如眼底照相、眼底造影、眼科超声仪、视野计、磁共振、眼前段及眼后段OCT等。

2. 屈光、视功能方面的检测仪器 验光和视觉功能检测是眼视光临床领域量大面广的工作，70%左右来诊的病人涉及此类检查。这类设备使用率高，分客观方法、主观方法、机械方法和电脑方法等多种设计，并有系列设备与之配套，如角膜曲率计、角膜地形图仪，综合验光仪、电脑验光仪，波前像差仪、检影镜、投影视力表、对比敏感度测定仪等。进一步深入检测眼球成像质量、感知以及传递等情况，则可使用各类眼球像差仪和眼电生理检查等。

3. 眼镜片、角膜接触镜（隐形眼镜）的检测仪器 在临床验配过程中，需要对镜片本身进行检测，常见设备有焦度计、基弧仪、投影仪等；在镜片研发和实验室测试中，亦有不同系统的检测设备，如干涉仪等。

4. 治疗用设备 有各种激光治疗仪，包括眼底激光，准分子激光治疗仪和飞秒激光治疗仪等。

二、技术角度分类

1. 传统的眼视光仪器 就是在技术上只有光（光学）、机（机械）两门技术组成的仪器。

2. 现代的眼视光仪器 就是在技术上由光学、机械、电子、电脑四门技术组成的一体化结构。该类仪器提供更为完整的检测参数，通常通过先进的计算机软件以表格和图像的形式描述检测结果，并能够为治疗提供有力的支持。

第五节 现代眼视光器械的发展特点

现代眼视光器械发展的一个特点，就是由传统向现代的发展。上述的传统仪器以光学和机械为主要构成，而现代的仪器是由光学、机械、电子、电脑四门技术的一体化结构组成。传统的医用光学仪器主要以光机为主，所谓电，仅是为了照明而用的变压器、灯泡及简单电路。20世纪70年代以来，随着微处理器技术的发展，电子探测、控制技术、数字化技术逐渐进入医学领域，这一切使仪器的自动化程度、可靠性、运行程度、可回顾程度均得到极大的提高。现代信息技术、移动技术和互联网技术促使各类眼视光器械获取的有关人眼的检测数据更加便于医护人员随时随地使用，使得远程诊断、咨询成为可能，也使得病人的最有效治疗成为可能。

系列化和多功能：如手术显微镜，其系列化程度高，能满足各种手术的需要；如眼底照相

笔记

机，其视场角由 30°，发展到 45°、60°，现在已经出现了广角。

附件多：为了扩大仪器功能，大量设计和采用各种附件，如裂隙灯显微镜配置的附件可以测量角膜厚度、眼压、前房角、眼底等；如配以各种照相、摄像和电视技术等。

现代眼视光器械的另一个发展特点，就是由只具有检查功能的仪器，向同时具有检查、诊断和治疗功能的方向发展。

目前的眼视光仪器以各种方式来表达眼部情况：①以实物放大形式，如各种显微镜等；②图像形式，如角膜地形图、B 超等；③以增效形式，如眼底血管造影、CT、磁共振等；④以参数形式，如电脑验光仪、角膜曲率计、眼电生理等。

现代的眼视光器械不仅包含检测和诊断功能，并在治疗方面有极大发展，如激光治疗是一个革命性进步，激光已应用于青光眼的早期治疗、后发型白内障的辅助治疗以及眼底疾病的治疗等领域，其中最大的发展就是激光在屈光方面和白内障方面的应用和治疗，包括准分子激光和飞秒激光。治疗功能的应用还包括一些功能训练设施，如双眼视功能训练仪器、弱视训练仪等。

眼视光学医疗专业领域及其器械技术的迅速发展，走在了医疗器械技术发展的前列，每年都有许多新技术出现和原有技术的改进，这些技术的出现和发展同时也极大地推动了眼科和眼视光学的临床和科学研究的发展。现代检测技术的发展有效地提高了治疗技术的发展，比如，角膜地形图和波前像差引导的激光屈光手术显著地提高了病人术后的视觉质量，而眼底成像新技术的发展对眼底病的早期诊断和治疗提供了依据。

二维码 1-2
扫一扫，测一测

（刘党会　吕　帆）

笔记

第二章

裂隙灯显微镜及其常用附属仪器

本章学习要点

- 掌握：裂隙灯显微镜的工作原理、基本结构和使用方法；房角镜的光学原理以及角膜厚度计的工作原理。
- 熟悉：裂隙灯显微镜的维护保养；房角镜的清洁和消毒方法；激光光凝装置和视网膜视力计的基本工作原理。
- 了解：裂隙灯显微镜的发展历史；裂隙灯显微镜数字化图像系统的基本结构。

关键词 裂隙灯显微镜 共焦共轴 房角镜 角膜厚度计

裂隙灯显微镜(slit lamp microscope)是眼科最常用的光学检查仪器之一，它是以裂隙状照明光源照射检查部位，通过双目显微镜进行观察，具有高倍放大功能，适用于眼部各个透明界面的检测，如泪膜、角膜、结膜、前房、晶状体等。除了眼前节各界面检测外，裂隙灯显微镜在接触镜配戴评价方面也有很重要的价值。此外，如果配上一些附件还可以检查前房角、眼压、眼底等。

裂隙灯显微镜于1911年由Gullstrand发明(图2-1)，1920年Vogt Henker加以改进，引入了Kohler照明。1950年Littmann增加了带有放大倍率转换装置的立体望远镜系统。目前世界各国的裂隙灯显微镜都采用Vogt的基本原理。瑞士900型裂隙灯显微镜于1958年开始成批生产，是一种比较典型的优质结构设计；德国自1950年开始成批生产裂隙灯显微镜以来，已形成系列产品，性能良好；日本多家企业生产各有特色的裂隙灯显微镜；我国于1967年试制成功裂隙灯显微镜，并投入批量生产，现在国产裂隙灯显微镜已广泛使用。

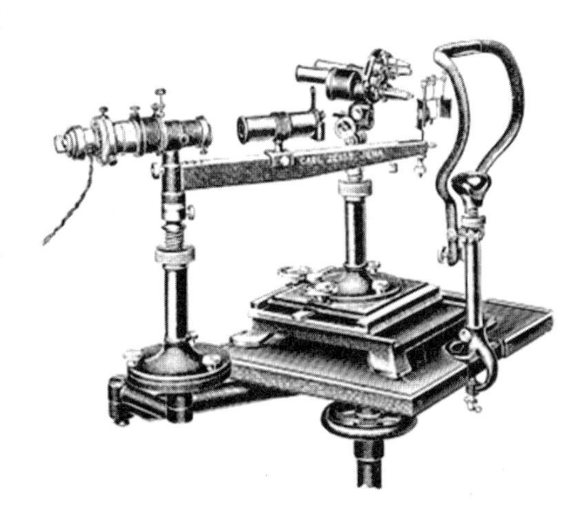

图2-1 Gullstrand生物裂隙灯显微镜

激光和电脑技术的发明和发展大大推动了裂隙灯显微镜技术的进步，裂隙灯显微镜已从原来只有光学和机械两种技术组成的光学仪器，向光学、机械、电子、电脑四门技术一体化的方向发展，在功能上从原来的只有检查功能向同时具有检查、诊断、治疗的多功能发展(图2-2)。

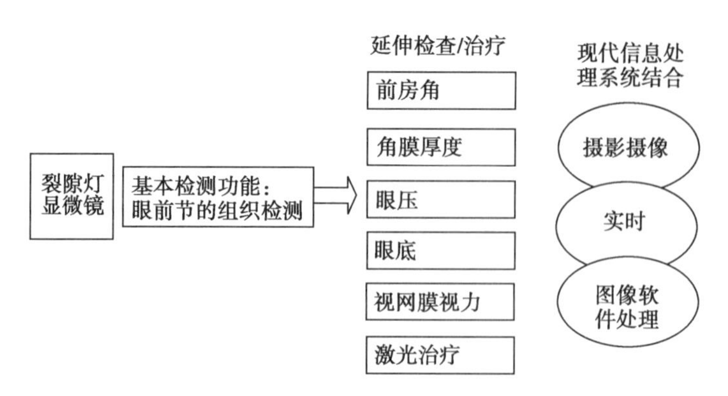

图 2-2 现代裂隙灯显微镜及其先进的附属配置

第一节 裂隙灯显微镜工作原理及使用方法

一、光学原理和基本结构

眼视光器械，一般都是由观察系统和照明系统两大部分组成。裂隙灯显微镜的观察系统就是双目立体显微镜，照明系统就是裂隙灯。

其观察系统和照明系统的基本构架如图 2-3 所示。

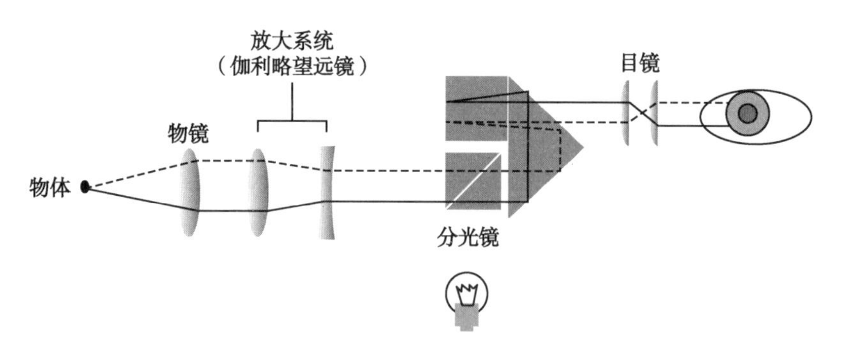

图 2-3 裂隙灯显微镜观察系统和照明系统的基本构架

裂隙灯显微镜是采用普通暗视场生物显微镜的光学原理，将具有高亮度的裂隙光带，持一定角度照入眼的被检部位，从而获得活体组织的“光学切片”（图 2-4），光学切片所包含的超显微质点（就是那些小于显微镜分辨极限的微小质点）产生了散射效应，此时，通过双目立体显微镜进行观察，就可看清被检组织的细节，并可产生立体观察效应。

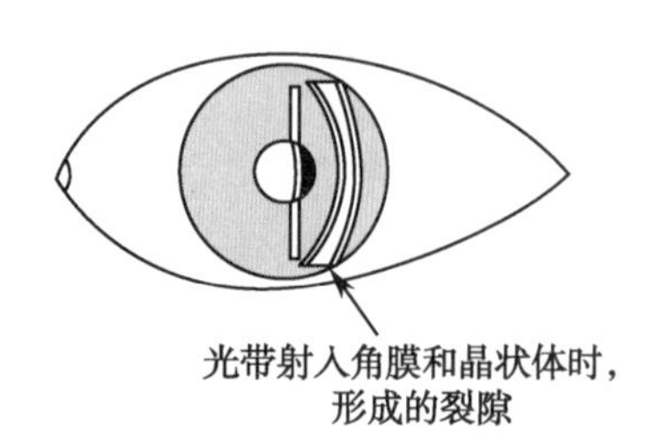

图 2-4 获取眼透明组织的光学切片的原理图

裂隙灯显微镜的基本机械结构由双目立体显微镜、裂隙灯、滑台、头靠、工作台（或底座）五大部件组成，它的外形如图 2-5 所示。

裂隙灯和双目立体显微镜在机械上分别都具有足够的左右摆动角，以便于裂隙光源从不同角度照射以及显微镜从不同角度观察。除了具备上述的左右摆动功能外，在机械构造上还具备可左右前后移动的滑台和上下可调的工作台；头靠上的颌架装置可以固定病人头颅，颌托上下可调以适应不同病人的头颅长短。

笔记

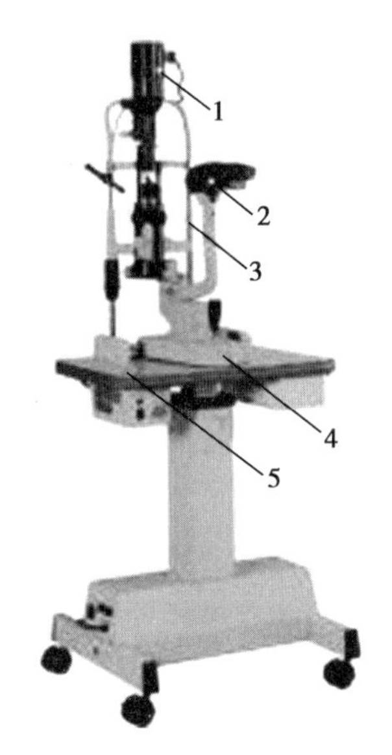

图 2-5　裂隙灯显微镜的框架结构

1. 裂隙灯　2. 显微镜　3. 头靠　4. 滑台　5. 工作台

二、照明系统

裂隙灯显微镜的照明系统要求能形成一个亮度高、照明均匀、裂隙清晰而且宽度可调的照明效果。为了达到这个要求，几乎所有的裂隙灯都选择了柯拉照明方式。裂隙灯显微镜的照明系统，是典型的柯拉照明。如图 2-6 所示。

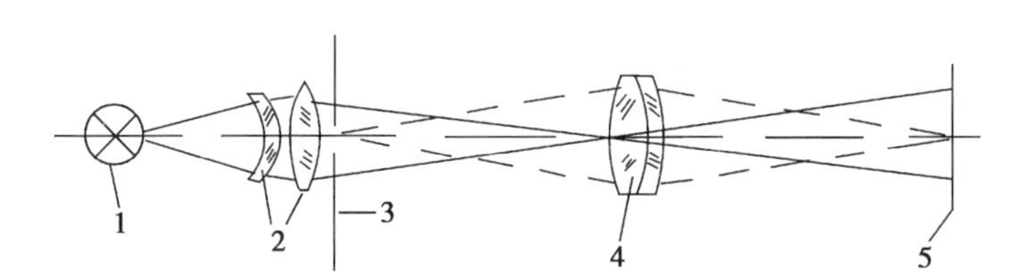

图 2-6　柯拉(Kohler)照明系统

1. 光源　2. 聚光镜　3. 裂隙　4. 投射镜　5. 定焦面

柯拉照明的特征是：由聚光镜和投射镜这两组透镜组成；灯丝经聚光镜成像在(或接近)投射镜上，裂隙(或光阑)通过投射镜成像在眼的被检部位(定焦面)。

投射镜的直径通常是较小的，这样有两个好处，首先它减少了镜片的像差，其次增加了裂隙的景深，从而提高了眼的光学切片的质量。

裂隙的宽度通过一个连续变化的机械结构来控制，裂隙的高度可以利用裂隙前的一系列光圈的变化而达到非连续变化的效果，或者利用螺旋形光阑来达到连续变化的效果。此外，还可以转动裂隙改变其方向，呈垂直、水平或者是斜行的裂隙带，以便在检测眼底和房角时使用。

裂隙照明光源除具备裂隙宽度可调节、裂隙高度可调节和裂隙方向可调节外，在照明光路中还放置了不同波长的滤光片，可以根据各种检查的需要，发出各种不同颜色的裂隙光。如在进行荧光检查时，应用钴蓝光激发荧光素的黄绿色光。

裂隙灯中所使用的灯泡为钨丝灯泡，为了安全起见，一般都是低电压的。近年来有些裂隙灯使用了卤素灯泡，它的亮度较高，这样的灯泡在裂隙灯图像记录或其他特殊检查(如角膜厚度测量等)时是很需要的。

笔记

三、显微系统

裂隙灯显微镜的观察系统是一个双目立体显微镜。它由物镜、目镜和棱镜组成。如图2-7所示。

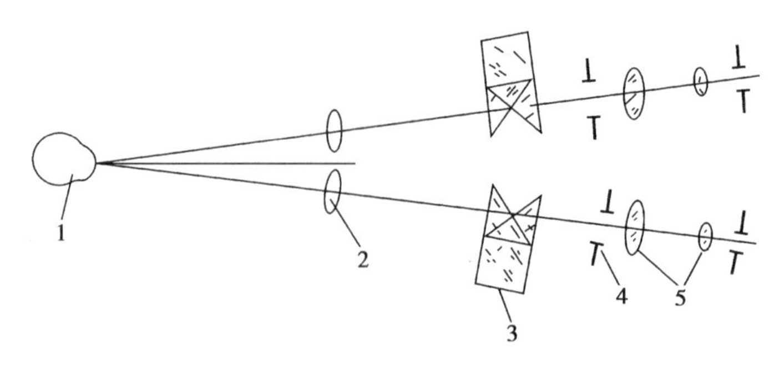

图2-7 双目立体显微镜光学系统

1. 被检眼 2. 物镜 3. 转像棱镜 4. 目镜视场光阑 5. 目镜

一定的放大率范围和足够的工作距离设计是该显微镜的基本要求。

显微镜的物镜和被检眼之间的距离称为工作距离，这个距离使得检查医师能有一定的预定空间进行检测或治疗操作，如翻眼睑或去除异物等，同时，还可以连接一些附属检测仪器，如眼压计、角膜厚度计等。

显微镜的放大倍率范围一般为6×～40×。低放大率用于病灶定位，高放大率用于病灶细节的检测。改变放大率可采用以下四种方法：

1. 使用不同的物镜 这是一种最经典的方法，目前仍然是最常用的获得不同放大倍率的方法，将不同的物镜安装在一个透镜转盘上，在检测中根据需要转动转盘来改变放大倍率。由于裂隙灯显微镜的物镜空间的局限性，一般只能设置两组物镜。

2. 使用不同的目镜 该方法一般用于较低廉的裂隙灯显微镜，各种不同放大倍率的目镜配置好后，放在裂隙灯显微镜工作台的抽屉中，在需要改变放大倍率的时候将目镜取下，然后换上另一对目镜。这办法使用起来不是很方便，一般配置两对目镜。

如果拥有上述不同的物镜系列，又配合不同的目镜系列，裂隙灯显微镜的放大范围就扩大了，至少可以搭配出四种放大倍率（表2-1）。

表2-1 裂隙灯显微镜放大倍率配置

物镜	目镜	总放大倍数
1×	10×	10×
1×	16×	16×
1.6×	10×	16×
1.6×	16×	25×

3. 伽利略系统 将几种不同放大倍率的伽利略望远镜装在一个变倍鼓轮中，然后放置在显微镜光学系统中的物镜和目镜之间，通过转动变倍鼓轮来改变放大倍率。该方法能提供更多不同的放大倍率，称之为伽利略系统（Galilean system）。伽利略望远镜由一正镜（物镜）和一负镜（目镜）组成（图2-3），是平行光线入射，平行光线出射。

4. Zoom系统 Zoom系统就是连续变倍系统。有些裂隙灯显微镜的放大倍率能连续变化，这就需要Zoom系统，但Zoom系统往往不能做到连续变化范围内各种放大倍率的像差都很好。并且在临床应用过程中，并没有特别需要放大倍率的连续变化，所以大部分的眼科

医师和眼视光医师都选择光学质量高、非连续放大倍率变化的裂隙灯显微镜。

显微镜分辨率的大小，同数值孔径（numerical aperture，NA）有关，其公式为：

$$NA = n\sin(u) \quad \text{公式 2-1}$$

这里 n 为物镜和眼球之间的媒质折射率（通常在空气中为 1），u 为孔径角，即被观察物体射到物镜边缘的光线与主光轴的夹角，因此其分辨率的大小，即显微镜的 NA 取决于工作距离和物镜的直径。典型的裂隙灯 NA 为 0.085。

一般显微镜最后的像是倒置的，为了解决这个问题，该显微镜使用了一对棱镜来倒像，且目镜和棱镜还能绕显微镜物镜的光学轴转动，以适应对不同瞳孔距离的调整需要。

对显微镜成像质量的要求是：视场清晰，无明显色差，各项像差数据应控制在一定范围内。因此物镜和目镜都不能采用单透镜，而是采用双胶合镜头。

四、显微系统和照明系统的机械连接

由于使用上的需要，裂隙灯显微镜照明系统的转臂（以下简称为裂隙臂）与观察系统的转臂（以下简称为显微臂）固定在同一转动轴上，使照明系统和观察系统共焦共轴。所谓共焦，就是裂隙系统和显微系统都对定焦面调焦，也就是将裂隙的像呈现在定焦面上，显微镜对此像调焦，正好看清楚裂隙的像。所谓共轴，即无论裂隙臂或显微臂如何转动，显微镜中观察到的裂隙不会移动（或仅在两臂呈大角度时稍有变形和移动）。

显微系统和照明系统的移动是通过一个操纵杆或操纵轮来控制的，转动或推动操纵杆或操纵轮，以便看清眼前节的各个界面的各种组织；也可以使它们相对头靠架前后左右和上下移动，达到准确对焦；亦可以满足某些特定观察状态的需要，如弥散照明法、后照明法或做前房角镜检查时，让照明系统聚焦面稍微离开显微镜的调焦面，达到特定的观察效果（图 2-8）。由于这些特性，裂隙灯显微镜形成了其独特的对眼组织的检查方法。

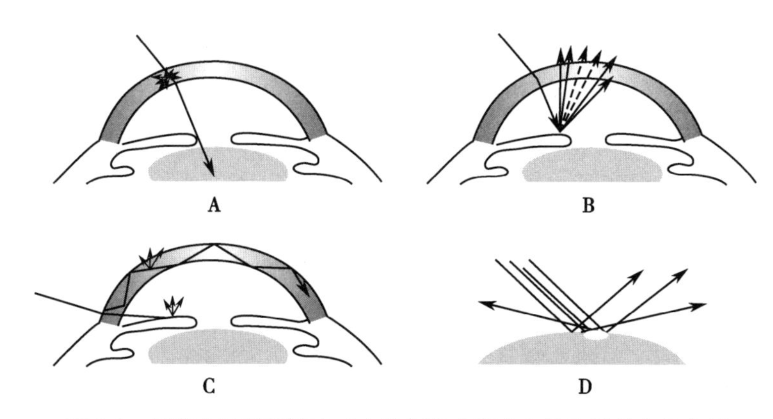

图 2-8　裂隙灯不同照明方式在眼组织内所产生的观测效应示意图

A. 直接将裂隙光源对准需要观测的目标组织　B. 将裂隙光源对准虹膜，产生后照明，将所要观测的角膜放在亮的背景下检查　C. 将裂隙光源呈一定角度入射角膜，在角膜中产生多次全反射，照亮角膜整体　D. 将裂隙光源照射在观察物体的表面，利用形成的镜面反光区，详细查看该处的组织

五、裂隙灯显微镜使用方法

（一）裂隙灯显微镜使用前的准备工作

裂隙灯显微镜在使用前应对仪器进行检查。一般方法是：将定焦棒插入定焦棒插孔中，打开照明电源。操作滑台上的手柄，看前后左右移动是否灵活。开大裂隙，转动光圈盘，观看光圈形状，滤光片是否良好及光圈转动是否灵活。然后开大光圈，调整裂隙，观看裂隙像开合是否均匀，两边是否平行。同时还要进行显微镜的调焦：显微镜是按正常眼调整的，医

笔记

师如为屈光不正眼，应戴适合的眼镜或调节目镜的屈光度，此时应闭左眼，转动右目镜视度环，直到在定焦棒上看到最清晰的裂隙像为止，然后用同样的方法校正左目镜的焦点。使用完毕后回复视度环至0位，以便他人使用。双目立体显微镜的瞳孔间距可因人调节，同时也可以采用不同放大倍率的目镜和变换物镜进行放大倍率的变换。再检查其共焦、共轴是否良好，最后取下定焦棒，检查工作即告完毕。

使用时首先将被检者头部固定于颌托和额靠上，调节台面高度和旋转颌托的调节螺管，使被检眼和显微镜光轴大致对准，即被检眼外眦角与立柱上的标志线等高（头靠立柱上有一圈刻线，表示光轴大致高度位置）。用操纵手柄（或手轮）调整显微镜和裂隙灯的高度，使裂隙像位置适中，并调整滑台左右及前后位置，保证观察到的像清晰。当位置合适，聚焦正确后即可进行检查。

（二）裂隙灯显微镜的检查方法

从临床应用角度，主要是根据裂隙灯和显微镜的角度以及对焦的位置等来分，主要有如下几种：

1. 直接焦点照明法 是裂隙灯显微镜检查最常用的方法，即将灯光焦点和显微镜焦点同时集中在同一平面上，多采用裂隙灯取30°～45°位置，显微镜正面观察的斜照方法，将光线投照在要观察的眼组织结构上，如结膜、角膜、或虹膜上，可见一个境界清楚的照亮区，以便细微地观察该区的病变。用直接焦点照明法可观察大部分眼前部病变，如结膜乳头、结膜滤泡、沙眼瘢痕、角膜异物、角膜薄翳、晶状体囊色素和晶状体混浊等。这一方法主要是检查眼部的颜色和形态的变化，以判断病变。

2. 镜面反光法 当裂隙灯照入眼部遇到角膜前面、后面，晶状体前面、后面等光滑界面时，将发生反射现象。这时如转动显微镜支架，使反射光线进入显微镜，则用显微镜观察时，有一眼将看到一片很亮的反光。前后移动显微镜可以看清反光表面的微细变化。如果转动裂隙灯和显微镜的夹角以改变照射的部位而不动显微镜，亦能达到反射光的目的（注意：显微镜必须调焦在反光表面上）。本法可用来观察角膜水肿时角膜表面"小泡"、角膜上皮剥落、角膜内皮多形变、角膜溃疡愈合的瘢痕、晶状体前后囊改变等。

3. 后部照明法 多采用裂隙灯取45°～60°位置，显微镜正面观察的斜照方法，但此时观察者不去看境界清楚的被照亮处，而把视线转向视野的另一侧。例如，裂隙光束从右侧照入，显微镜对焦于角膜上，裂隙光束通过角膜到达虹膜，形成一个模糊的裂隙斑。将视线转向虹膜光斑前方的角膜部分观察，便可看到在光亮背景上出现的角膜病灶。当角膜有新生血管或后沉着物等不透明物质时，就会在光亮背景上显出不透明的点或线条。本法适用于检查角膜后沉着物、角膜深层异物、角膜深层血管、角膜血管翳等。

4. 弥散光线照明法 照明系统从较大角度斜向投射，同时将裂隙充分开大，广泛照射，利用集中光线或加毛玻璃，用低倍显微镜进行观察。本法主要用于结膜、巩膜、角膜、晶状体等眼前部组织的快速观察。

另外，除可采用上述几种不同的照明方法外，裂隙灯显微镜检查还可以通过调整光阑来满足对不同范围观察的需要，以达到最佳观察效果。例如，通过拨动裂隙旋转手柄，向左或右方向转动，可使裂隙由直位转动至横位，当使用横裂隙作光学切面时，需把裂隙灯的位置放在正中位，使裂隙灯臂与显微镜之间的夹角为0°。调整光阑大小时，可得到不同长度的裂隙像，长裂隙像一般用于观察较大范围眼部病变。检查晶状体时可适当缩短裂隙像长度，以减少眩目。配合前置镜或接触镜进行眼底或后部玻璃体检查时，裂隙像长度也须适当缩短。

钴蓝片常用于荧光观察，绿色滤光片则用于观察血管。

六、维护与保养事项

眼视光器械属于精密器械，其中很大一部分是光学仪器。光学仪器需要注意维护与保

养，这里以裂隙灯显微镜为例，介绍光学仪器的维护与保养问题。

1. 裂隙灯显微镜是一种精密的光学仪器，通常情况下，仪器应放在通风良好、环境干燥、相对湿度不超过50%的室内，否则对仪器的金属零件镀层和光学零件表面都有不良的影响。

2. 裂隙灯显微镜的光学镜片是保证仪器正常使用的关键，务必经常保持清洁，当镜片沾染灰尘时，可用随机备件中的拂尘笔将灰尘轻轻拂去，如果镜片有油污时，可用脱脂棉花蘸60%的酒精和40%的乙醚的混合液，轻轻擦拭，除去油污。

3. 光学镜片表面应尽量避免与手和人体其他部位接触，因为人体上的汗渍和油脂会直接影响光学零件表面的质量；如果因操作不慎接触后，应及时擦拭干净，以保证镜片能长期使用。

4. 仪器的聚光镜容易积灰尘，可取下灯盖和灯座，用拂尘笔将灰尘轻轻拂去，以保证仪器在正常工作时的光源质量。

5. 仪器的运动底座上的横轴暴露在外面的部分，应经常擦拭干净，并均匀地涂上一层极薄的润滑油，使之保持光滑；否则横轴容易生锈或沾染污垢而直接影响仪器的灵活操作。

6. 仪器在搬动时，应将运动底座、裂隙灯臂和显微镜臂上的紧固螺栓拧紧，以防止在搬运时仪器滑出导轨或使其失去重心，摔坏仪器。仪器在正常使用时应将这三个螺栓松开。

7. 仪器使用完毕后，应及时套上仪器的防尘外罩，以防止仪器沾染灰尘和污物。

8. 仪器和备用光学零件（或附件）应贮藏在盛有干燥剂的干燥缸内保存。

9. 仪器在使用前请注意当地的电源是否符合本仪器对电源的使用要求。

10. 以上各点维护与保养事项也适用于其他眼视光仪器。

第二节　裂隙灯显微镜常用附属仪器

一、房角镜

（一）光学原理

解剖上，前房角被不透明的组织所遮盖，因此从正面是看不见房角结构的，另外，通常从前房发射出来的光线将在角膜与空气的界面上发生全反射。所谓全反射就是当光线从折射率较高的介质进入折射率较低的介质时，折射角大于入射角；当折射角等于90°，入射角达到临界角；当入射角超过临界角时，光线向后被反射回原先的介质内。通常情况下，角膜表面的角膜-空气分界面的临界角大约是46°。来自前房角的光线从折射率较高的房水进入折射率较低的空气，其入射角大于临界角，光线在角膜-空气界面发生全内反射（光线折射回对侧前房），因此光线无法到达检查者的眼内，如图2-9所示。

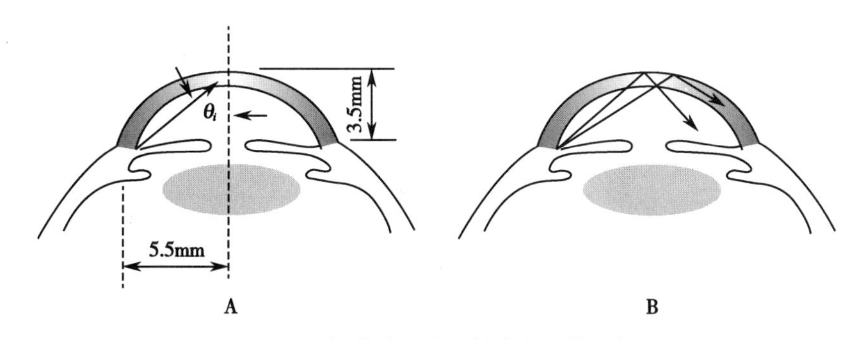

图2-9　角膜-空气界面的全内反射现象

A. 角膜-空气分界面的临界角　B. 当来自前房角的光线从折射率较高的房水进入折射率较低的空气时，若其入射角大于临界角，光线将折回前房，无法到达检查者的眼内

解决上述问题的关键是消除角膜-空气界面的全内反射,这可通过在角膜上放置一个由光学玻璃或有机玻璃制成的特殊房角透镜或房角棱镜,使得接触镜、接触镜液、角膜和房水在光学上耦合成一体。接触镜的折射率接近角膜的折射率,因此在这两种类似折射率介质分界面上产生很小的折射,房角发出的光线得以进入接触镜,其后通过两种基本类型的前房角镜。在直接前房角镜,半球形房角透镜的前曲面使光线入射角小于临界角,入射光线在接触镜-空气界面被折射离开接触镜(图2-10A);在间接前房角镜,入射光线被房角棱镜的反射镜反射,并在与接触镜-空气界面接近直角而离开接触镜(图2-10B)。就是说,直接和间接前房角镜的折射率与角膜折射率类似,使光线能够进入接触镜并在接触镜-空气界面上产生折射(直接前房角镜)或反射(间接前房角镜),并到达检查者眼内。到达检查者眼内的光线,需先经放大镜或显微镜使图像放大,才能观察到前房角内精细结构。

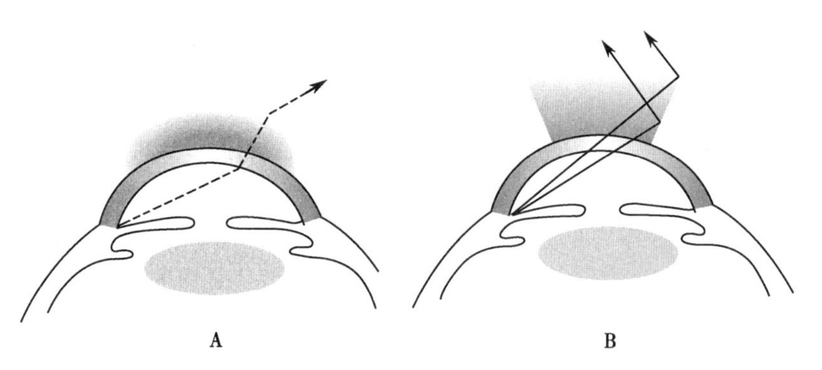

图2-10 直接前房角镜(A)和间接前房角镜(B)

前房角检查的基本组件是前房角镜、合适的接触镜液和具有优越照明的显微镜系统。

(二) 直接前房角镜

直接前房角镜检查由房角透镜、裂隙灯显微镜组成,其典型为圆顶状 Koeppe 型接触镜,具有不同直径(14~16mm)和后曲率半径,50D 凹透镜型接触镜本身放大 1.5 倍,并由性能相等的全光学玻璃或有机玻璃制造。裂隙灯显微镜(也可用间接检眼镜)可提供 15~20 倍放大率,它可以手持或者安放在特制的吊架装置上(立地悬挂式、滑车悬吊式或弹性带)以减少检查者的疲劳及利于同时进行手术操作。

(三) 间接前房角镜

间接前房角镜检查由接触镜(房角棱镜)和裂隙灯显微镜组成,其典型为 Goldmann 型单面反射镜。接触镜凹面直径为 11~12mm,后曲率半径为 7.38mm。Goldmann 型两面反射镜可同时观察两侧房角。Goldmann 型三面反射镜中,半圆形的为59°倾斜的反射镜,用于检查前房角及锯齿缘;梯形的为67°倾斜的反射镜,用于观察赤道部至周边视网膜;横长方形的为75°倾斜的反射镜,检查30°至赤道部范围的眼底。与仅附有单面或两面反射镜的 Goldmann 型接触镜一样,其中央部分可用来检查30°范围之内的眼底和玻璃体。三种 Goldmann 型接触镜如图2-11所示。

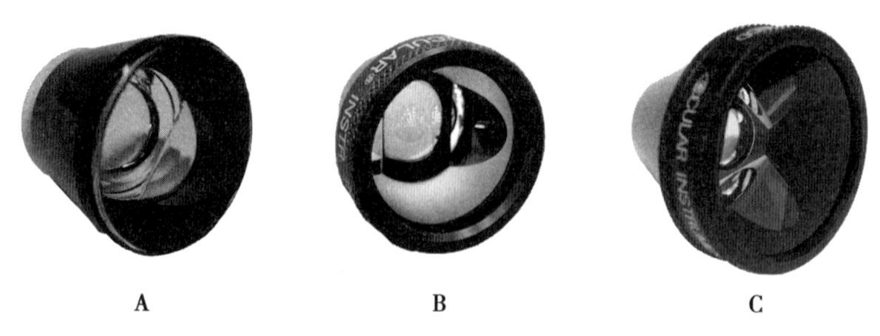

图2-11 三种 Goldmann 型接触镜

A. Goldmann 型单面反射镜 B. Goldmann 型两面反射镜 C. Goldmann 型三面反射镜

上述三种 Goldmann 型接触镜需要采用较黏稠物质充填其与角膜之间的空隙，后曲率半径改良为 8.4mm。Goldmann 型房角棱镜可解决这个问题。表面涂有抗反射层的改良 Goldmann 型房角棱镜可兼作激光小梁成形术用。

Zeiss 型房角棱镜具有四个 64°倾斜的反射镜（图 2-12），可同时观察全周房角而不需旋转接触镜。早期的 Zeiss 型接触镜被安放在一个手持叉状支撑物上或在可校调的裂隙灯靠架上，较新的改良是牢固镶嵌在一个圆柱形或多边形铝手柄上（如 Posner 型接触镜）。

图 2-12　Zeiss 型房角棱镜

Zeiss 型接触镜的凹面直径为 9mm，故直接与中央部角膜接触，后曲率半径为 7.72mm，类似角膜前曲率半径，病人自身泪液可充作液桥，故不需接触镜液。Goldmann 型或 Zeiss 型接触镜，都是经反射镜镜面间接观察对侧 180°处的前房角（倒像），如改良为具有双重反射镜，则可直接观察前房角（正像）。

（四）接触镜的清洁和消毒

1. 清洁　主要包括：①检查完毕，用冷水或微温水（<43℃）彻底冲洗，以清除盐、黏液、黏稠物质和碎屑；②用数滴中性肥皂溶液蘸湿脱脂棉球或用手指蘸少许肥皂溶液，以柔和旋转移动除去接触镜表面油脂及黏稠物质，其后用冷水冲洗，擦镜纸吸干，干燥存储在镜盒内。

2. 灭菌消毒　主要包括：①浸于 2% 的戊二醛溶液中约 10～20 分钟，或浸于 1∶10 的次氯酸钠溶液中约 10 分钟，其后以冷水冲洗，揩干并保存在镜盒内；②置于专门设计来保持接触镜与消毒溶液接触的特殊容器内；③环氧乙烷气体灭菌剂消毒；④禁用高压、高热消毒。切勿使用丙酮、酒精或过氧化氢等损害接触镜的溶液。

二、角膜厚度计

角膜厚度测量在临床检测中备受重视，原因之一就是接触镜的验配，需要通过角膜厚度测量来检测角膜的完整性。同时，由于角膜屈光手术的开展，角膜厚度的测量成为术前测量和术后监控的重要参数。测量角膜厚度的方法有多种，其中一种最常见的就是测量角膜光学切面的显性厚度，该方法是 Koby 在 1928 年提出的，目前在临床应用广泛。

还有一些不需裂隙灯显微镜配合的测量角膜厚度的仪器及方法，如：眼科超声检查仪（包括 A 型超声检查仪或超声生物显微镜），利用超声波在角膜前后表面产生的回波（或回声光带）来测量其间的距离而得到角膜厚度；角膜地形图仪，尤其是新型眼前节全景仪，可利用光学裂隙扫描装置在获取角膜地形及前后表面及高度数据的同时测定角膜厚度；光学相干断层成像仪（相干光断层成像仪），基于光学干涉原理的测量方法，观察角膜每层结构并测量厚度；角膜共聚焦显微镜，可以对角膜的各层进行测量并显示其细胞结构。各具体测量方法将在本书相关章节中进行介绍。

这里主要介绍需要裂隙灯显微镜配合的角膜厚度的光学测量方法。角膜厚度测量仪可看作裂隙灯显微镜的一个附件，使用时它架在显微镜的物镜座上，显微镜的左侧物镜被厚度测量仪阻挡，右侧物镜前是两块玻璃平板重叠放置，一块玻璃平板在另一块的上方，从水平角度将物镜等分为二。下方的玻璃平板固定，上方的玻璃平板可以旋转，当上方玻璃平板转动时，这块平板的水平方向厚度逐步增加，根据平板在光路中能产生光路位移量的原理，随着转动角度的增加，所见图像的位移量也增加，即通过两块玻璃平板可以看到两个相同但具

笔记

一定移开距离的角膜光学切片，其移开的相对距离取决于上方玻璃板的转动量。因此，通过裂隙灯观察，并同时转动上方玻璃平板至一个角膜光学切片的上皮与另一个角膜光学切片的内皮对齐时，此时转动的量（有标尺）就是角膜厚度（图2-13）。

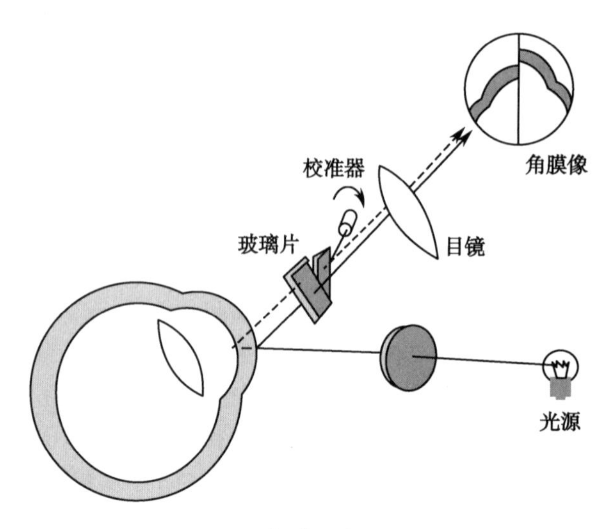

图2-13 角膜厚度计光路图

为了提高该装置的精确度，Haag-Streit设计了一种特殊的目镜，称为分像目镜，该目镜的作用就是将视场中的角膜光学切面消除一半，目镜的放大倍率为10×，配备两个附属成分，一个微小的水平裂隙放置在目镜的检查者这一侧，另一个顶为水平的双棱镜放置在目镜的被检眼一侧，这样裂隙通过目镜和物镜成像在玻璃平板平面，双棱镜的顶部通过物镜成像在角膜上。在对焦正确的情况下，角膜的上半部分只能通过双棱镜的下半部分看到，角膜的下半部分只能通过双棱镜的上半部分看到，裂隙和双棱镜的组合使得角膜的上半部分通过玻璃平板的上方玻璃平板，而角膜的下半部分通过下方的玻璃平板，如图2-14所示。

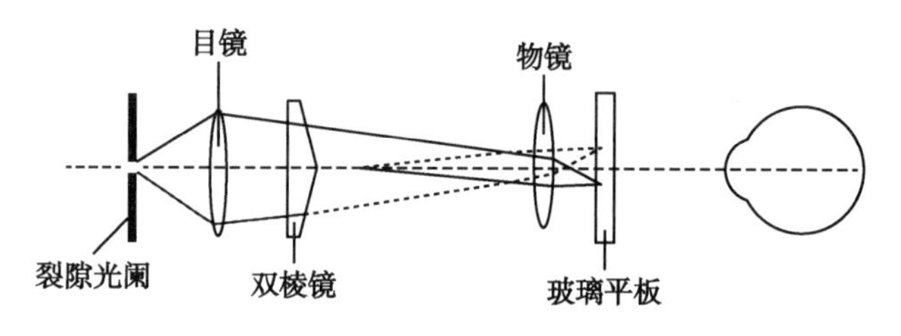

图2-14 Haag-Streit厚度计的光路图

角膜的显性厚度因显微镜和裂隙灯的角度而异，所以在测量前应确定此值，Haag-Streit裂隙灯的角度被确定在40°。

测量前安装好角膜厚度测量仪，用分像目镜置换裂隙灯显微镜的右侧目镜，调整到+2.5D，并将分像目镜内所看到的分像的分界线放在水平位置，调整裂隙灯使其投射的光线位于0°的位置，而显微镜恰在40°，以保证40°的观察角。

使被测者坐在裂隙灯前进行检查，首先使裂隙灯最窄光束通过测量仪左侧隔板上的裂隙，照在角膜上，并准确清晰地调整好角膜光学切面。测量角膜中央厚度时，应准确定位。可以利用瞳孔做标志，首先使角膜的光学切面恰好通过瞳孔中央，并将瞳孔分为左右两半，同时调整好分像目镜的水平分界线，使之通过瞳孔中央，将其分成上下两半。当角膜光学切面和分像目镜的水平界线垂直相交，恰将瞳孔分为四个相等的象限时，这就是测量角膜顶点厚度的准确位置，从刻度尺上即可直接读出角膜厚度的毫米数。

三、激光光凝装置

裂隙灯显微镜配置激光光凝装置，使裂隙灯显微镜从原来只具有检查功能的仪器，发展为具有检查和治疗功能的仪器（图 2-15）。该装置主要由激光器、光传输系统、控制系统、瞄准系统组成。激光的生物学效应有热效应、光化学效应、光学击穿效应等，可用于治疗多种眼部疾病。眼科常用的激光器有氩离子激光器、氪离子激光器、倍频 Nd：YAG 激光器、近红外激光器、射频激励 CO_2激光器、准分子激光器、超短脉冲激光器等，而半导体激光器因其体积小，电光转换效率高，有着很大的发展前景。

眼科激光在实际应用中，需要一个导光系统将激光准确地传导到病人的病变部位，同时必须按需要自由移动激光的位置。这个导光系统直接影响到激光治疗的效果，因此，要求它体积要小，操作灵活，传导过程中激光能量损失少，并且能够保持激光原有的特性。激光一般可以通过镜面反射和导光纤维两种方式来传导。镜面反射是用一块或数块反射镜，将激光反射到所需治疗的部位。导光纤维（optical fiber），简称光纤，是由折射率较高的石英玻璃纤维芯和折射率较低的玻璃包层两部分构成，是目前眼科激光器上使用最多的一种导光纤维，通过导光纤维可以灵活地将激光引向远处目标，但通过导光纤维后激光的平行性会受一定的影响。有些波长的激光现在尚不能用导光纤维传导。

由于眼球本身具有自己的光学系统，对入射光线可以产生透过、聚焦、吸收、反射等作用。各种激光的波长、性质、作用方式又互不相同，因此将激光引入眼内的途径也有所不同。主要可以利用直接检眼镜、间接检眼镜、裂隙灯显微镜、激光探针、接触和非接触照射等方法。

目前眼科临床上常用的激光器大部分是通过反射镜或导光纤维将激光光束引入裂隙灯的光路中，通过裂隙灯的光路将激光反射入眼内（图 2-16）。经过裂隙灯显微镜对治疗区及其周围组织可以进行立体、清晰地观察，并具有较大的放大倍数。另外，在裂隙灯显微镜下能够使用接触镜（Goldmann 三面镜、Volk 超黄斑 2.0 检眼镜、Rodenstock 全视网膜镜、Ocular Karickhoff 玻璃体镜、前房角镜等）和非接触式透镜（60D、78D 或 90D），中和角膜的屈光力，精确地对眼前节或后节的病变进行激光治疗，这一优点是其他方法所不能比拟的。

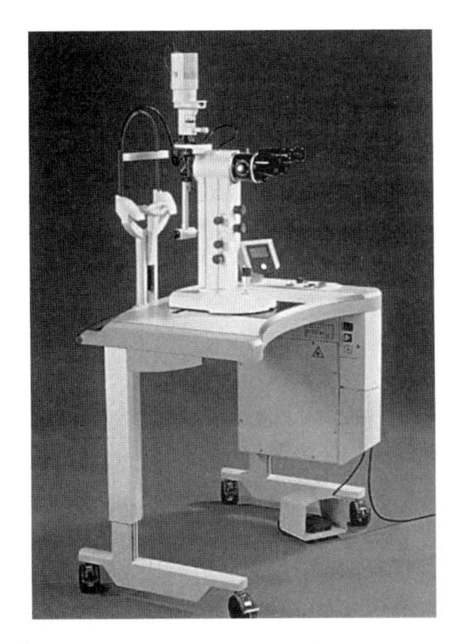

图 2-15 激光裂隙灯显微镜

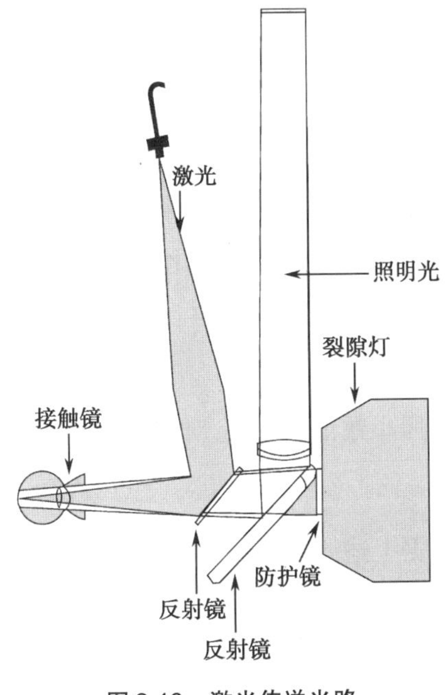

图 2-16 激光传送光路

四、视网膜视力计

（一）干涉条纹视力

干涉条纹视力（interference visual acuity, IVA），又称视网膜视力（retina visual acuity, RVA），是近年来随着激光技术的发展和人眼调制传递函数的研究深入而产生的测定视网膜功能，尤其是黄斑部及视神经功能的一种新方法。其原理是利用一定的光学系统，将两束激光（相干光）投射到眼睛的视网膜上形成干涉条纹，被检者就能观察到干涉条纹。将干涉条纹作为视标，通过改变干涉条纹的宽窄，依据被检者能分辨的程度，就可以测定视网膜的视觉锐度，此法测定的视力称为干涉条纹视力（IVA）。

干涉条纹视力检查与传统视力表视力检查，在技术上是不同的。干涉条纹视力是直接在视网膜上形成干涉条纹，所测定的视力是视网膜到大脑系统的视力。它可以忽略眼球屈光系统的影响，在眼球屈光系统异常、白内障、角膜混浊以及角膜表面形态不规则时也可测定视力。临床实验已经证明，视网膜视力在白内障术前，进行视力预测具有一定的意义，也可以用于视网膜脱离、黄斑裂孔、黄斑前膜、穿透性角膜移植及青光眼手术前预测术后视功能恢复的情况，同时在评价弱视治疗效果及指导弱视治疗中具有一定的应用价值。

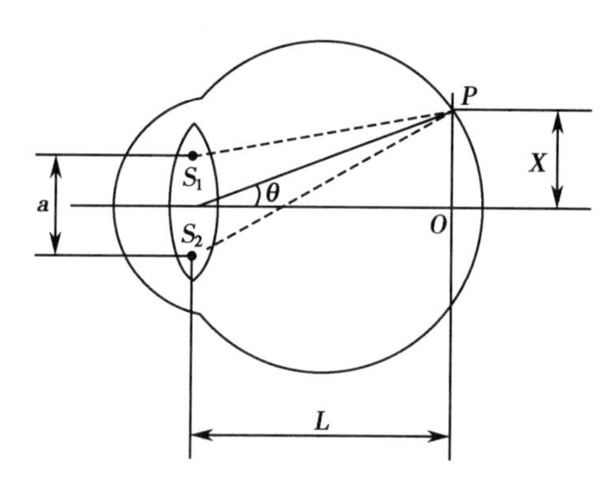

图 2-17 干涉条纹产生原理

（二）视网膜视力计

根据光的干涉理论，两个相距为 a 的相干点光源在距离光源为 L 的屏上重叠时，会产生明暗相间的干涉条纹，如图 2-17 所示。

在距离 O 点为 X 的 P 点的干涉图样的光强分布为：

$$I=4I_0\cos^2[\pi\cdot a\cdot X/L\lambda]$$ 公式 2-2

式中 a：为两相干光源之间的距离。

I_0：为单束相干光波强度。

L：为观察屏到两点光源之间的距离。

X：为观察点 P 距离 O 点的距离。

λ：为所用光波的波长。

从上式可以看出，只要改变两相干光源的距离 a，即可获得对应不同视力的条纹宽度。

相邻干涉条纹强度变化 1 周，所对应的干涉条纹的角度为：$\alpha=\lambda/a$（弧度）

对应 I_0 的干涉条纹数，即空间频率（spacial frequency, SF）为：

$$SF=a\pi/180\lambda\text{（周/度）}$$ 公式 2-3

按照小数记录方法，对应的干涉条纹视力值 IVA 为：

$$IVA=SF/30=a\pi/5400\lambda$$ 公式 2-4

根据上述原理设计的干涉条纹视力计，可以检查视网膜视力。它的原理如图 2-18 所示：光源（source）经干涉滤光片（filter）、弥散片（diffuser）后照明小孔（aperture），在准直镜（collimating mirror）作用下，以平行光出射，矩形光栅（grating）在平面波的照射下，产生衍射，能量主要分布 0 级和±1 级衍射（光栅条纹透光区和不透光区宽度相等），衍射光线经过目镜（eyepiece）后在目镜的后焦平面上可以获得两点——S_1、S_2，此两点可以作为相干光源从被

笔记

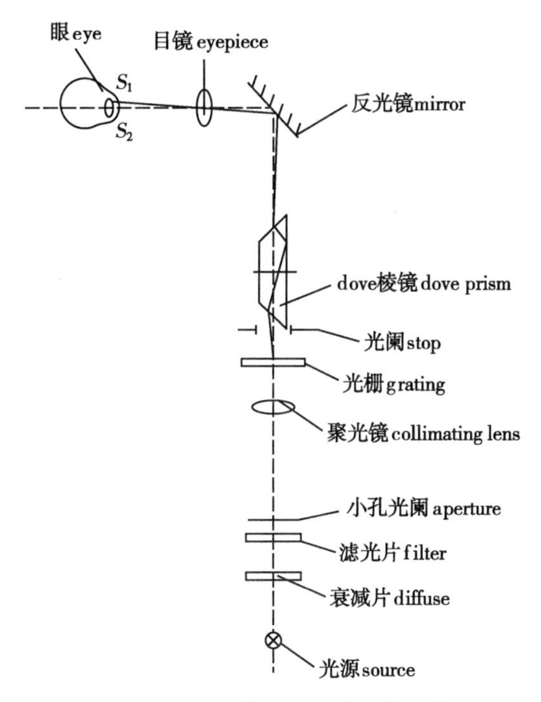

图 2-18 干涉条纹视力计光学系统

检眼晶状体附近(节点)进入眼内,则患眼可以看到明暗相间的干涉条纹。改变光栅常数 d 或光栅空间频率值,从而改变 S_1、S_2之间的距离,即改变 a 值大小,以获得不同的视力值。道威棱镜(dove prism)使光线发生偏折,使得条纹方向发生改变,以获得不同方向的视标。

干涉条纹视力计可以通过机械系统连接在裂隙灯显微镜的前部,作为裂隙灯显微镜的附加装置。医师可在病人散瞳检查眼底前,直接进行视网膜视力的检查。

(三) 潜在视力测量仪

潜在视力测量仪(potential acuity meter, PAM)是一种通过混浊介质后直接测量视网膜 Snellen 视力的定量测量装置。其基本原理利用 Maxwellian-view 原理,与裂隙灯配套,发出直径为0.1mm 的窄光束,光束含有 Snellen E 视标投射到视网膜。检查者可以调整光束的位置,使光束避开浑浊的屈光介质,病人就像没有屈光介质混浊一样阅读 Snellen 视力表,并得出视力。这种方法可以对轻、中度屈光间质混浊的病人检查,进而为预测治疗效果提供了一种客观的方法。

现在 PAM 和 IVA 检查已经成为大多数白内障和其他一些屈光介质浑浊的基本检查方法,并已用于一些其他领域,如:青光眼、视网膜黄斑疾病、角膜病、弱视、玻璃体疾病等。

与借助裂隙灯的观测和照明系统的检测体系相关的附件还有 Goldmann 眼压计、眼底检查镜系列等,分别放在相关检测领域的章节中表述。

第三节 裂隙灯显微镜数字化图像系统

当今,电子计算机已迅速应用于各个领域。裂隙灯显微镜数字化图像系统,就是计算机技术在裂隙灯显微镜上的应用,是裂隙灯显微镜的现代化发展。

一、基本结构和原理

近代的裂隙灯显微镜,一般已经设计有一个摄影接口或摄像接口,利用这个接口,接上一个光学适配器,将图像导入 CCD 摄像头。从摄像头出来的视频信号,送给计算机。经放大和 A/D 转换后变换成数字化图像,存入计算机内存。系统框图如图 2-19 所示。

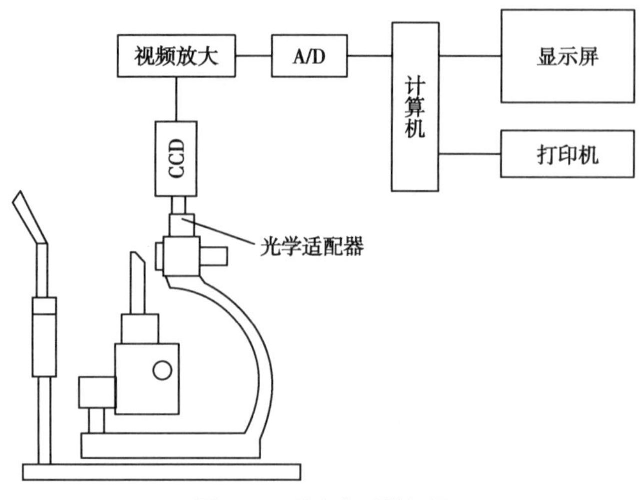

图 2-19 数字化系统框图

通过专用图像分析软件,对图像进行分析处理,并做出结论,再对结论进行储存和打印报告。

这一系统既能对图像进行储存和处理,也能实时显示和记录检查过程,具有快速、定量、明确等特点。

二、图像的筛选和分析处理

筛选就是判别视场中是否有我们所感兴趣的内容(如白内障)。依靠图像中景物的几何形态和其灰度,按照一定的图像处理程序进行分析,就可以认知某一景物。为了从繁多的数据集合中提出能够反映模式特征的量,需压缩数据,剔除与识别无关的信息,提取那些对模式识别有重要价值的信息。模式识别系统的基本功能是判别各个模式所归属的类别。在计算机模式识别技术中,最基本的判别方法之一是选用一个线性判别函数进行模式分类。如有白内障时,裂隙灯显微镜采取"后照法"的照明方式,就会看到晶状体出现散射现象。当出现散射现象时,图像处理软件就会重点考虑散射的参数。将这个图像同模板(样板)进行比较,就可判断白内障的程度和级别。该系统还具有精确测量角膜曲率和厚度、晶状体厚度、前房深度等功能。

最新推出的眼前段分析系统就是裂隙灯显微镜数字化图像系统的一种,如图 2-20 所示。

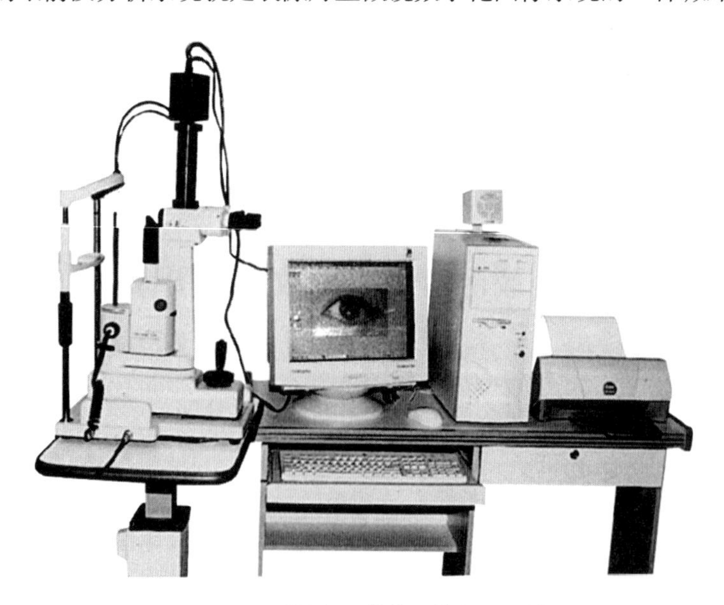

图 2-20 裂隙灯显微镜图像处理系统

它的系统功能主要包括常规裂隙灯显微镜检查功能，在此基础上通过附加裂隙灯显微镜及 CCD 进行图像采集功能，采集后的图像经过一定的图像分析系统进行图像的处理，包括调整对比度、明暗度、色度、调整图像的大小、调整图像显示方式及其他常规图像处理。这种系统还具有测量角膜厚度、角膜直径、前房深度、晶状体厚度、病变部位面积及周长、角度等功能，并能编辑及打印分析报告。为眼科医师和视光师进行眼前段检查和相应的图形资料收集提供了很好的帮助。

现在，裂隙灯显微镜数字化图像系统，还能在所采集的图像信息中，确立一些特征点，并以这些点为基础，虚拟重建眼的模型，为科研和临床提供更多的信息。

（吕　帆　姚　进）

二维码 2-1
动画　光路

二维码 2-2
扫一扫，测一测

笔记

3-1

二维码 3-1
课程 PPT
角膜形态测量有关仪器

第三章

角膜形态测量有关仪器

本章学习要点

- 掌握：人眼的角膜几何模型；角膜测量仪器的基本原理。
- 熟悉：角膜曲率计和角膜地形分析系统的使用。
- 了解：最新角膜地形分析系统的发展。

关键词 角膜形态 长椭球 非球面系数 角膜盘 曲率计 角膜地形图 轴向图 正切图

自然角膜具有中央接近球形而向周边逐渐平坦的光学结构特征。根据 Gullstrand 模型眼，角膜前表面中央曲率半径为 7.8mm，后表面中央曲率半径为 6.8mm，折射率为 1.367，等效角膜屈光力为 43.05D，折合眼睛总屈光力为 2/3。

角膜的表面具有非球面性，非球面是指中心到周边的曲率存在差异性变化，角膜的子午线截痕形态呈椭圆形，一般为长椭圆形（prolate），如图 3-1 所示，即角膜顶点曲率最大或曲率半径最短，从角膜顶点向周边的曲率半径逐渐增大，其变化呈连续性。角膜椭球模型可以用公式 3-1 描述。

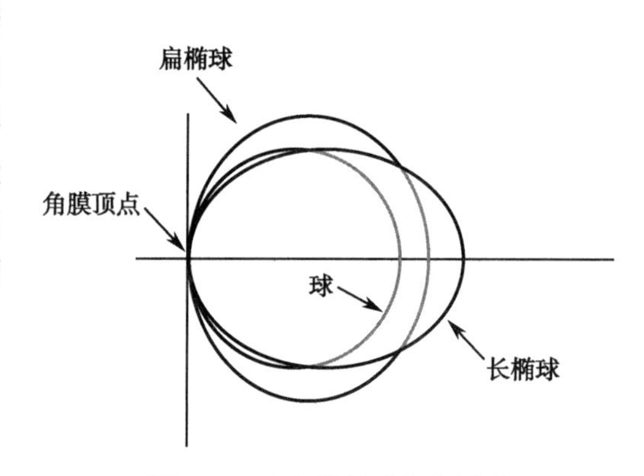

图 3-1 球形、长椭球和扁椭球

$$\frac{x^2}{R_1}+\frac{y^2}{R_2}+\frac{z^2}{c}=c$$

$$c=\frac{R}{(1+Q)} \qquad \text{公式 3-1}$$

$$R=\frac{2R_1R_2}{(R_1+R_2)}$$

角膜非球面性特点的参数在文献中的描述有：偏心度（eccentricity）（e）、外形因子（shape factors）（p）和非球面系数（asphericity coefficient）（q 或 Q），各参数之间可以互相换算。偏心度为非球面曲率对于球形表面曲率的偏离程度，也表达了周边平坦/陡峭的程度；外形因子或非球面系数是角膜表面非球面形态的量化值，用数学定义角膜表面非球面性的程度。它们之间的关系如下：

$$p=1-e^2$$

$$Q=-e^2=p-1 \qquad \text{公式 3-2}$$

$$p=1+Q$$

角膜非球面性参数是角膜表面非球面性的量化指数，它的各子午线截痕一般表现为椭

笔记

圆形,其所有截痕综合呈现为非对称性的椭球面形态,角膜的非球面特性对于人眼完善外界物体成像的像质起着非常重要的作用。

由于角膜具有非球面性形态,作为一个光学面的角膜常被分成几个区域进行分析,图3-2所示为Sampson(1965年)的分区方式,其将角膜分为:①中心区域或角膜顶部(角膜帽);②旁周边区域;③周边区域。

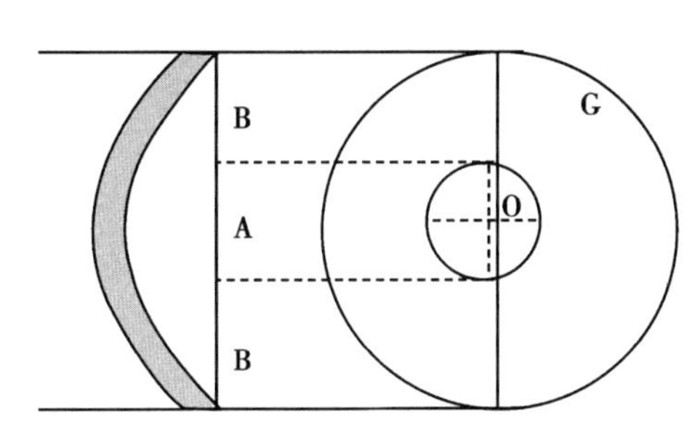

图3-2　角膜分区
A. 中心区　B. 旁周边区　G. 周边区

对于角膜中央区域概念的建立是基于:①靠近角膜中心的角膜曲率变化较小,该中心区域可以假定为球性表面并且每条径线上的曲率相同;②该中心区域的各径线上曲率的变异是很有限的,并且是不显著的;③角膜曲率计不是准确测量几何中心的曲率,而是测量中心两边1.2~1.8mm距离的角膜曲率作为近似值。

角膜形态的测量意义:①估计屈光不正;②评估角膜的病理变化;③预测或评价角膜接触镜的验配;④评估角膜接触镜的配戴效果;⑤评估屈光手术的效果;⑥为特殊角膜接触镜设计提供参数。

角膜形态测量的设施基本采用两大类方法,即光学法和接触法。光学法有:①光学反射法;②光学轮廓法;③干扰量度法/相干波纹法。接触法有:①浇铸/模压;②超声波;③试戴角膜接触镜法。由于接触法在测量过程中会改变角膜形态,很耗时间,同时数据理解和处理困难,所以目前常规使用的角膜地形测量设施基本采用了光学反射法设计的设备。目前用于临床的主要有:①角膜盘和照相角膜镜;②角膜曲率计;③角膜地形分析系统;④其他。

第一节　角膜盘和照相角膜镜

角膜盘(placido plate)和照相角膜镜(photokeratoscope)(图3-3)是用来研究角膜形态或获得角膜信息的比较旧式的方法和装置,虽然现代已经比较少地应用它们,但是很多现代设施的基本原理或设计原理基于角膜盘,所以有必要在这里作些阐述。

图3-3　角膜盘和照相角膜镜的示意图

角膜盘是利用暗亮相间环在角膜上反射的Purkinje像,通过中心的放大镜片来观察,如果外环有较大的角度,会产生模糊的周边图像。通过照相角膜镜或Placido角膜盘可以观察到各种图形,显示角膜的形态变化,如:图形呈椭圆形,表示散光;扭曲图形,表示角膜瘢痕或角膜不规则。

照相角膜镜和Placido角膜盘的缺点是:轻微的变化很难被发现,如角膜散光大于3.00D才能被发现,而且中央的镜片妨碍反射图像的观察,因为角膜弯曲的图像,摄影时的焦深有限也影响对角膜地形的正确表达。

第二节　角膜曲率计

一、角膜曲率计的原理

角膜曲率计的原理是利用角膜前表面的反射特性定量测量其曲率半径。在角膜前某一

笔记

特定位置放置一特定大小的物体，该物体经角膜前表面反射后成像，测量出此像的大小，便可算出角膜的曲率半径。其光学原理如图 3-4 所示。可以看出，像的放大率为 h'/h，h'为像的大小；h 为物的大小，由相似三角形得角膜曲率半径为：

$$r=2mx \quad \text{公式 3-3}$$

这里 m 为像的放大率。

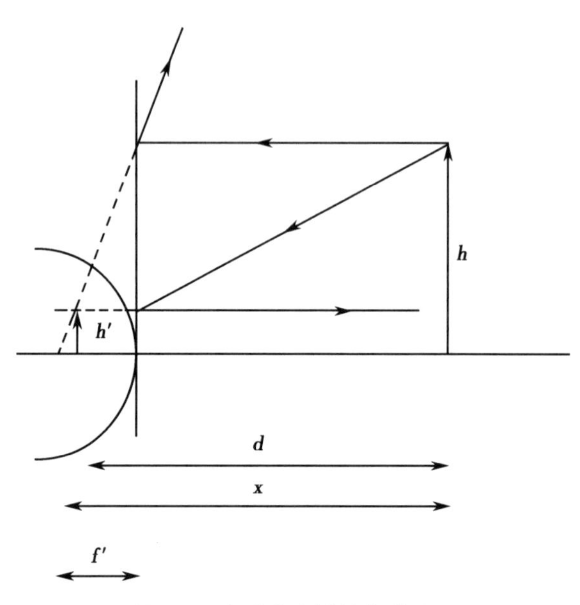

图 3-4 角膜曲率计的光学原理

如果角膜曲率计的测试光标（test object）离被检眼前面 15cm，其所成像的放大率约为 0.03，这个放大率（确切地说是缩小率）使物像如此小，以至于要使用一复合显微镜来精确测量其像的大小（图 3-5）。

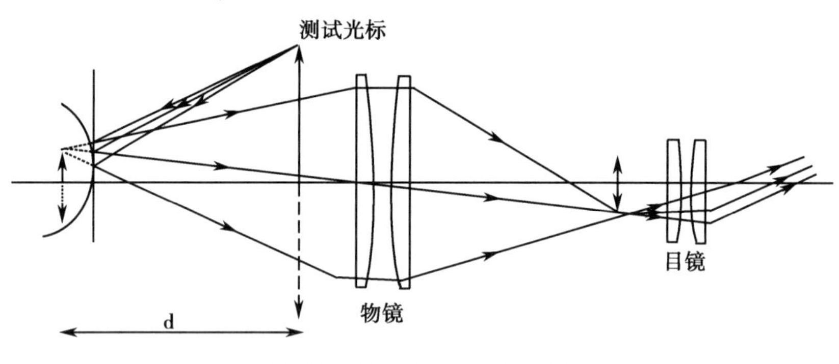

图 3-5 复合显微镜的光路图

因为测试光标大小已知，离显微镜的距离不变，当光标里物像距离为 d 时，只要对焦准确，通过显微镜就可看清光标像。如果 d 很大，那么光标像的位置非常靠近角膜（作为反射镜面）的焦点，即 d 约等于 x，这时公式 3-3 可写成：

$$r=2md \quad \text{公式 3-4}$$

公式 3-1 为角膜曲率计精确计算公式；公式 3-4 为角膜曲率计近似计算公式。因为仪器中 d 为常数，所以角膜曲率半径与放大率成正比。

从理论上讲，在显微镜内放置一测量分划板（measuring graticule）就可以量出测试光标像的大小。然而，由于被测者的眼睛一直在动，因此光标像也动，要想精确测量极其困难，使用双像系统（doubling system）成功地解决了上述问题。双像系统原理如图3-6所示。从图中可见，由双像棱镜（biprism）产生的双像距离取决于棱镜与物镜的相对位置：两者距离减少，双像距离增加；两者距离增加，双像距离减少。通过变化双像棱镜的位置，使双像距离等于像的大小，这时记录棱镜的位置，便可算出像的大小。这时无论眼怎么动，已对准的双像不会改变。光标的外观如图3-7所示，符合上述原理的角膜曲率计称为可变双像法角膜曲率计。另外也可以通过改变测试光标的大小而获得对准的光标像，这时双像距离恒定，这种设备称为固定双像法角膜曲率计。

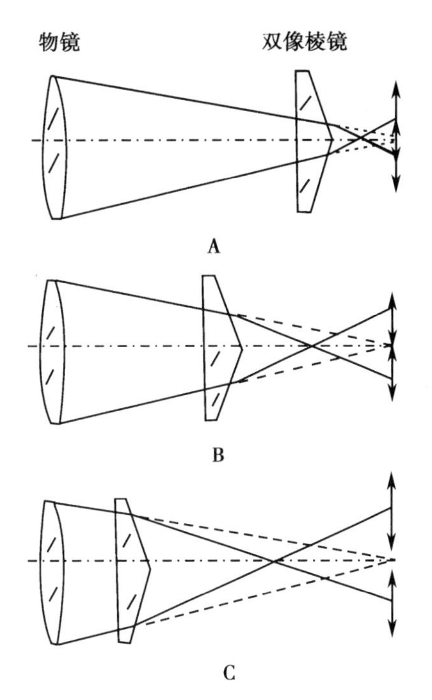

图3-6　双像距离取决于双棱镜的位置
A. 双像距离小于视标像大小　B. 双像距离等于视标像大小　C. 双像距离大于视标像大小

所以根据获得对准像的方法不同，我们把角膜曲率计分成两组：

1. 测试光标固定而改变双像距离的角膜曲率计。

2. 双像距离固定而改变光标大小的角膜曲率计。

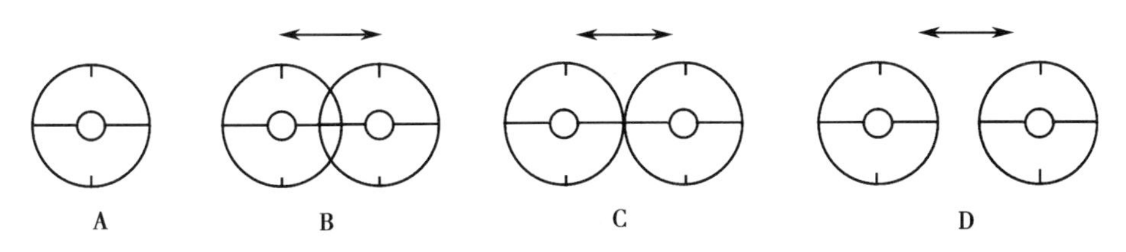

图3-7　双像的外观和变化示意图
箭头指的是角膜曲率计和双像系统的轴线

二、散光测量

一般角膜表面不是完善的球面，而是呈环曲面（toric），即两条相互正交子午线的角膜曲率半径不相等。为了能完整地精确测定，必须测量角膜的两条主子午线。测试光标经呈环曲面的角膜成像后，不同子午线上放大率不一样，在角膜的两条主子午线上产生最大和最小放大率。图3-7A所示的光标，经呈环曲面的角膜反射后，在45°和135°子午线上的成像（图3-8A）。改变分像距离或光标的大小使两个椭圆像并列（图3-8B），旋转角膜曲率计，使双像轴与角膜主子午线中的一条重合，就可以获得正确的光标像对准位置（图3-8C、D），经两次测量后，得出角膜的精确曲率半径：沿45°子午线的曲率半径为7.8mm；沿135°子午线的曲率半径为7.4mm。

三、一位和二位角膜曲率计

因为环曲面的两个不同曲率半径的子午线通常相互垂直（正交），所以某些仪器制造者设计的角膜曲率计配有两个独立的双像系统来测量相互垂直的两条子午线。虽然这种仪器也得绕前轴和后轴旋转，找出呈环曲面样角膜的一条主子午线，但是一旦这个位置找到，就

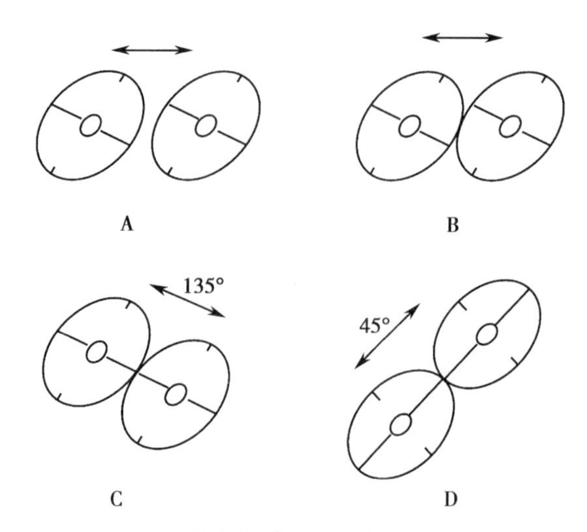

图 3-8 经散光角膜反射后的光标像的外观

不必再旋转仪器沿第二主子午线做半径测量。这种仪器称为一位角膜曲率计(one position keratometer),而那种需要旋转 90°测量第二主子午线的仪器称为二位角膜曲率计(two position keratometer)。

环曲面透镜(toric lens)的两条主子午线总是相互垂直,但角膜表面不一定是这样规则的环曲面,两个不同半径的子午线就不一定互相完全垂直,尤其在周边部,用二位角膜曲率计时,其光标在双像系统轴的最边缘,这样容易调准位置获得比较准确的散光轴向。

四、角膜的测量区域问题

从图 3-8 中可以看出,光线经角膜反射后不是来自角膜的中央,而是主光轴两侧的小区域,这两个区域的大小取决于角膜曲率计物镜光圈的大小。角膜曲率计的设计基础是假定这两个区域是球面,实际上人们早就知道,正常的角膜不是球面,而是向周边逐渐平坦。由于不同的角膜曲率计光标反射的角膜区域不同,所以用两个不同的角膜曲率计测同一角膜时常会有两个不同的曲率度数。

由于角膜曲率计仅仅表达角膜的小区域曲率形态,在病人随访检查时特别要注意的是:有时候角膜的不规则部分可能位于被测区域之外,这时仅看角膜曲率计上的度数可能会得出正常的读数,这一点必须引起重视。

五、角膜曲率计上的屈光刻度换算

所有新近生产的角膜曲率计,除了可测量角膜前曲率半径外,还可以估算角膜的总屈光度(total diopter),即前后面的总和屈光度。要做到这一点,必须确定一个角膜折射率,大多设计都采用 Listing 和 Helmholtz 所采用的值,他俩设计的模型眼,把角膜简略成单曲面,其折射率等于 1. 3375(角膜的实际折射率为 1. 376)。后来,Gullstrand 做了研究,表明采用 1. 333 比用 1. 3375 计算角膜屈光度更精确些。大部分角膜曲率计都采用折射率 1. 3375 来计算总屈光度,但也有些角膜曲率计采用 1. 336 或 1. 332,各自计算出的总屈光度有些差异,但对于计算角膜散光时并无显著意义。

在角膜接触镜配戴中,屈光刻度的主要价值在于便于接触镜验配师计算残余散光量(residual astigmatism)(配戴硬性球性接触镜),因为泪液的折射率与角膜曲率计计算角膜总屈光度的折射率很接近,用角膜曲率计测出的散光量类似于由戴接触镜后的"泪液镜"的中和量,所以通过比较角膜曲率计测出的散光量和验光测出的散光量,就能迅速估算出残留散光。

六、角膜曲率计的设计类型

（一）Jaual Schiötz 角膜曲率计

Jaual Schiötz 角膜曲率计(Jaual Schiötz keratometer)是一种双像系统固定而改变光标大小的二位角膜曲率计(图 3-9)。光标装在小灯室的前面,灯室位于圆弧形导轨上,该导轨的曲率中心位于眼角膜的中心处,转动旋钮,光标沿导轨做相对移动。棱镜置于物镜后面。整个装置可绕光轴旋动来测量任意一条子午线。

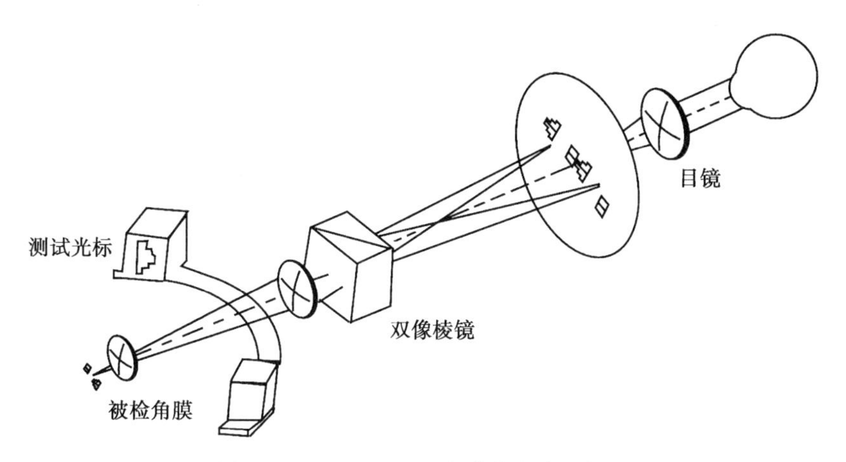

图 3-9　Jaual Schiötz 角膜曲率计示意图

Jaual Schiötz 型的光标,梯形光标上盖个绿色滤片,方块光标上盖个红色滤片,当光标重叠时呈黄色,有助于辨认。通过显微镜双像系统所看到的光标像分以下几种情况:①光标像距离太大(图 3-10A);②光标像距离太小(图 3-10B);③光标像对准(图 3-10C);④经散光角膜反射后的光标像,其轴与角膜曲率计的轴不重合(图 3-10D)。

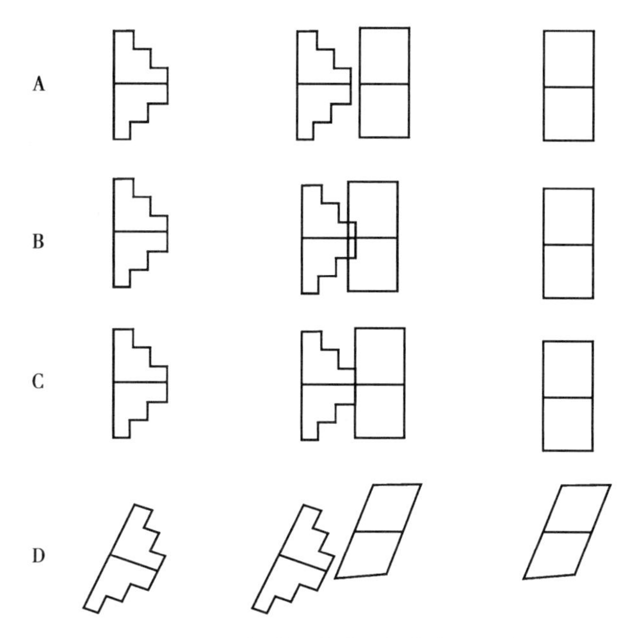

图 3-10　Jaual Schiötz 角膜曲率计光标像在不同情况下的位置

（二）Bausch-Lomb 角膜曲率计

Bausch-Lomb 型角膜曲率计(图 3-11)是一种双像系统可变的角膜曲率计。两个独立的可调节的棱镜,放在一个特殊的光圈托上,使光标双像呈在相互垂直的子午线上。

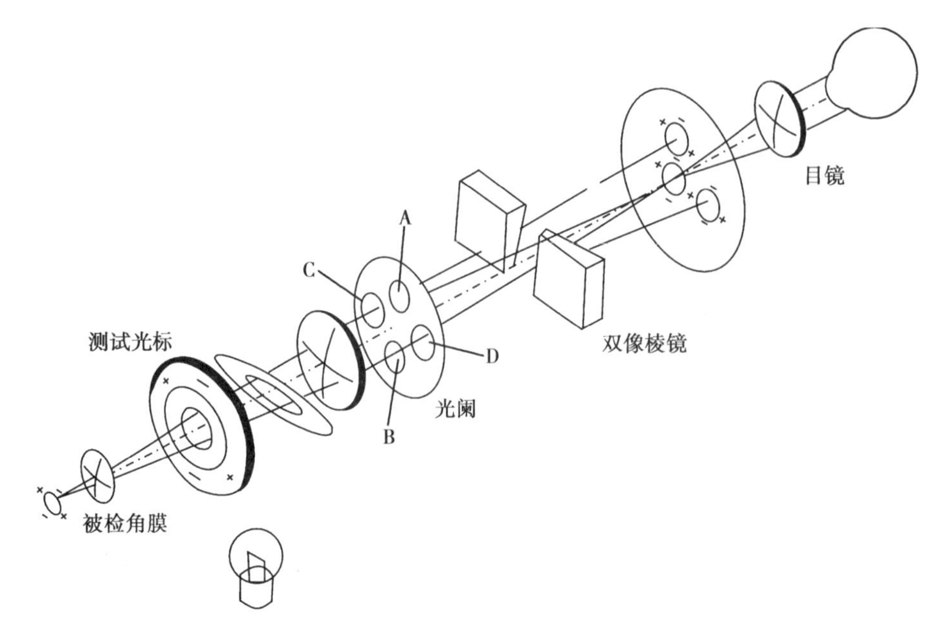

图3-11 Bausch-Lomb角膜曲率计的光路示意图

当角膜曲率计对准时，操作者可以看到三个光标像：第一个由通过孔C的光束形成，此像有垂直移位，其移位大小可通过移动C处棱镜来改变；第二个由通过孔D的光束形成，此像有水平移位，其移动大小可通过移动D处的棱镜来改变；第三个由通过孔A、B的光束形成，无论移动哪个棱镜，经A、B孔形成的中间像不受影响。A、B孔具有Schiener盘的作用，当经物镜产生的中间像不落在目镜的焦点上时，光标的中间像为两个不清晰像，凭这一点可用来检测调焦是否正确。

Topcon OM-4型角膜计的光标如图3-12所示，光标像分以下几种情况：

1. 双像在垂直方向距离正确，水平方向距离太小（图3-12A）。
2. 垂直方向和水平方向距离均正确（图3-12B）。
3. 水平方向距离正确，垂直方向距离太大（图3-12C）。
4. 经散光角膜所形成的光标像，角膜轴与角膜曲率计轴没对准（图3-12D）。

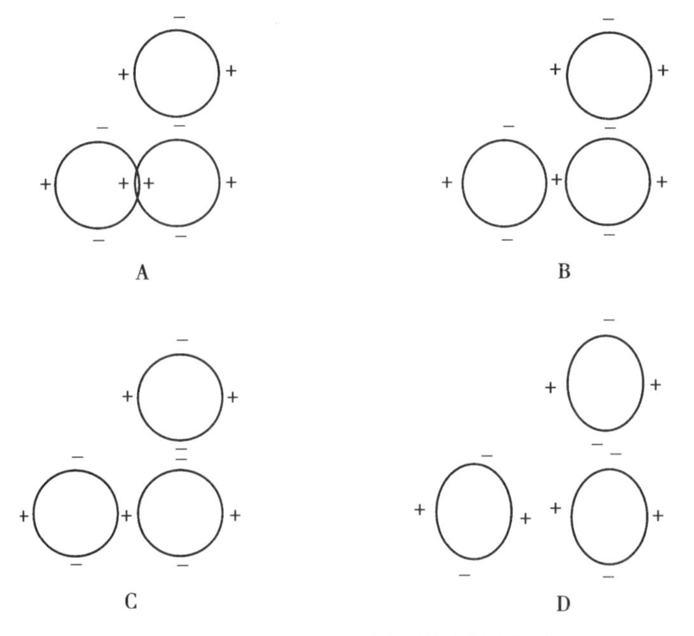

图3-12 Topcon OM-4型角膜计的光标像

（三）Zeiss 角膜曲率计

Zeiss 角膜曲率计（Zeiss keratometer）是一个双棱镜可变、两位的角膜曲率计，其光学设计能减少对焦而造成的误差，主要特点是：①将光标放置在正镜后，正镜将光标成像在无穷远（平行光标）；②将双棱镜系统放置在远焦点上（远心原理）。

Zeiss 的双棱镜系统设计比较特殊，它由两个柱镜构成，两个柱镜垂直于光轴而相互对移（图 3-13），由该双棱镜系统产生的量，即棱镜效应与它们移离光轴的量成正比。

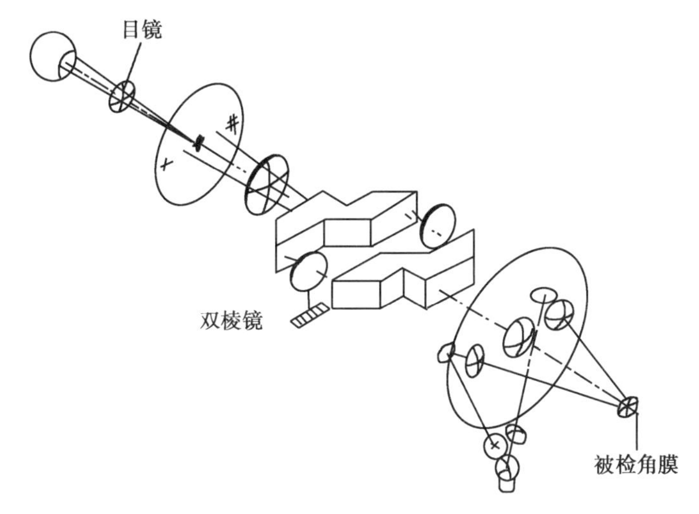

图 3-13　Zeiss 角膜曲率计示意图

Zeiss 角膜曲率计的记录系统也比较特殊，它拥有两个记录标尺：一个记录角膜前表面的曲率半径和屈光力，另一个记录角膜前表面的散光量。

（四）Humphrey 自动角膜曲率计

Humphrey 自动角膜曲率计（Humphrey auto keratometer）沿水平子午线测量角膜曲率半径，让病人盯视仪器做中心角膜测量，让病人分别偏鼻侧 13. 5°和颞侧 13. 5°测周边角膜，借助计算机输入系统，计算角膜顶点位置，给出一个相似系数，该相似系数能告诉检测者被测角膜与理论角膜如何匹配，所有的匹配参数都存在仪器里，如果被测角膜与理论角膜极不匹配，则说明该角膜形状不规则。

Humphrey 自动角膜曲率计不需操作者进行光标像对准，Humphrey 仪的光标由三个红外发射二极管组成，呈三角形排列。在观察者处，有一个硬件探测仪，记录经角膜反射后的每一个二极管的位置。输入计算机用这些信息标记光标像的大小和角膜的曲率半径，探测仪的探测速度很快，眼球运动对此无影响，该仪器不含有双像系统。

七、扩大角膜曲率计的测量范围

有时候，角膜曲率计需要测量标准值范围外的曲率半径，如测量巩膜接触镜的曲率半径，通过在角膜曲率计物镜上附加负度数透镜可测量较大的曲率半径，通过在角膜曲率计物镜上附加正度数透镜可测量特别小的曲率半径，这样，可扩大整体的测量范围。

在实际应用中，扩大测量范围最简单的方法是：①安装负度数附加透镜（屈光度大小为 -1. 00D），测量曲率半径很平坦的角膜球面半径，然后用千分尺测量直径。操作者可建立刻度转换系统；②安装正度数附加透镜（屈光度大小为+1. 25D），可测量异常陡的角膜。

由于角膜曲率计可以用于屈光处方中的散光分析，因此，临床上使用的一些自动验光仪系统中直接配置测量角膜曲率的自动测量系统，并与屈光度数同时显现。其基本光学原理同上，通过计算机系统，自动对焦调整和读数显现，增快了角膜曲率的测量速度。

第三节 角膜地形分析系统

临床上早期使用的角膜曲率计仅能测量角膜总面积的8%,由于取点少,对角膜描述不全面;角膜镜(12环)虽测量面积可达70%,但主要对角膜形状进行定性描绘。

地形图(topography)是地质学的一个名词,其定义为:对一个地区的天然的和人工的地势的描绘,简称地形描绘。而角膜地形图(corneal topography),顾名思义,即将角膜表面作为一个局部地势,用不同的方法进行记录和分析。随着计算机分析、彩色标识的问世,角膜表面形态更为直观而确切的表达,逐步形成两大类:①表达角膜前表面的计算机辅助角膜地形图分析系统;②综合角膜前后表面形态的系统及一些新近开发的精密仪器。

一、计算机辅助角膜地形图分析系统

角膜地形分析仪(corneal topography)起源是Placido盘,后来Gullstrand将一架照相机连到Placido盘上,能对光标像进行拍摄,该仪器就称为角膜摄影仪,Gullstrand通过测量光标像的大小和形状,可以计算角膜的形态,其理论同角膜曲率计。

Ludlan和Wihenberg(1966年)阐述了Gullstrand角膜摄像仪的缺点:问题之一就是光标平板的曲率,因为像是曲面的,平板上的环不可能全部聚焦,这个问题的解决办法就是将环画在碗形结构内,而不是画在平板上。第二个问题是病人角膜与角膜摄像仪的对准问题,角膜曲率的测量都是沿视线方向的(视线与角膜顶点重合)。问题之三就是无法对图像的质量进行精确地分析和测量。

Wesley-Jessen Inc研究了一种角膜摄像仪,称为PEK,解决了由Ludlan等提出的上述许多问题,该仪器的光标设置在一个椭圆碗形结构的内面。1970年Townsley设计了一种新的数学处理方法,将角膜照相图片输入电脑,计算最平坦和最陡的两条子午线的角膜部分参数。

此后,角膜屈光手术的诞生和普及使人们重新对角膜地形分析产生极大兴趣,多种类型的照相角膜仪和录像角膜仪应运而生,它们将电脑技术的最新进展结合到检测和分析中,获得快速而精确的测量结果。

(一) 角膜地形图的构成原理

尽管角膜地形图仪发展迅速,产品种类很多,但其基本结构由以下三大部分组成(图3-14):

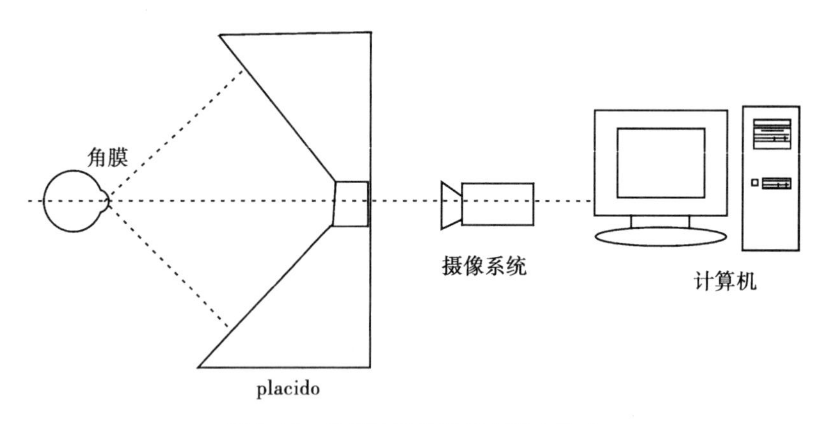

图3-14 角膜地形仪的三大基本构成

1. Placido盘投射系统 该系统类似Placido盘,它可根据需要将许多圆环投射到角膜并将每一圆环分割成许多点,目前在角膜上最多可提供14 000个数据点,使精确分析角膜形

态成为可能。

2. 实时图像监视系统　该系统对投射到角膜上的圆环进行实时观察、监测和调整，当角膜图像处于最佳状态时，可将图像储存起来，以备分析。

3. 计算机图像处理系统　计算机将储存的角膜图像数字化，然后进行分析，结果用屈光力数字或彩色图像显示在荧光屏上，彩色图用14种或者更多种颜色代表角膜表面不同的屈光力，暖色代表屈光力强的部位，冷色代表屈光力弱的部位，每种颜色代表一定的屈光度变化。通过计算机按照设定的计算公式和程序进行分析，不仅可将不同的彩色图像显示在荧光屏上，数字化的统计结果也可同时显示出来。

角膜地形三维重建算法

最新的反射角膜地形分析仪采用三维重建算法，获取角膜上每一点的三维坐标(X,Y,Z)。高分辨率的成像采集，高空间分辨率的反射成像目标，先进的图像处理技术和算法及准确的聚焦技术保证了采用光线追踪技术的三维重建算法的高精度。对于已知的检测反光体，三维重建可以达到微米以下的测量精度。三维重建算法的精度取决于Placido反射盘的大小、角膜顶点的距离、聚焦距离的精度、图像采集的空间分辨率(像素的大小和数量)、图像处理和重建算法。通常，较大的Placido盘对聚焦误差的敏感程度优于较小的Placido盘。

目前显示描述角膜地形图的有以下两种方法：

1. 等高线法(contour method)　等高线是由地面高度相同的点所连成的闭合曲线，反映地势起伏高低的等高线地形图用等高距标记高程，等高距是相邻两条等高线之间的高度差。等高线密集代表地面坡度陡峭；等高线稀疏代表坡度缓和；等高线间隔均匀，说明坡度均一，为直线坡；如高处的等高线稀疏，向下等高线逐渐密集，说明坡度上缓下陡；反之，如高处的等高线密集，向下等高线逐渐稀疏，说明坡度下缓上陡。

2. 分层设色法　等高(深)线的底图上按不同高(深)层次，涂染代表不同高度的各种颜色，以代表地形起伏的方法。可使人产生深刻的视觉效果(图3-15)。

(二) 角膜地形图的特性

角膜地形图不同于角膜曲率计，角膜曲率计仅能测量角膜表面3mm直径范围的两点间的平均角膜屈光力和曲率半径，并不反映角膜表面的整个形状；而角膜地形图是对整个角膜表面进行分析，其中每一投射环上均有很多点，通常至少256点(或每一度取一个点，也可以任意设定点数)计入处理系统，因此，整个角膜就有约7000到10 000以上个数据点计入分析系统。

角膜地形图有如下特点：

1. 获取的信息量大　角膜曲率计仅能测量角膜总面积的8%，12环的角膜镜可测70%，更多的Placido环数测量的角膜面积更大。一个典型的角膜地形图可包括14 000个数据点以上，检查者可根据需要加以选择。

2. 精确度高　常规的角膜曲率计只能测出角膜表面大约相距3mm两点之间的平均角膜曲率半径值，即使在所测的3mm范围内也不能肯定度数相同。而角膜地形图对角膜表面8mm范围内测量精确度达99.03%～100%，在人眼的测量误差值在±0.25D范围以内甚至更低。

3. 易于建立数字模型　以相对和绝对高度标志的球面减数图以及角膜子午线曲率标志图，由于采用光栅摄像测量技术，用高度点而非曲率来解释角膜表面的变化。

角膜地形图仪显示的角膜地形图主要有轴向图(axial map)和正切图(tangential map)两种，分别提供角膜前表面的弧矢曲率半径(sagittal radius)和正切曲率半径(tangential radius)的分布，用数学的方法处理这些数据，推算出角膜前表面各子午线截痕的Q值以表示角膜表面的非球面特性。

4. 受角膜病变影响较小　以往的检查仪器(如角膜曲率计)很易受角膜病变影响，导致

笔记

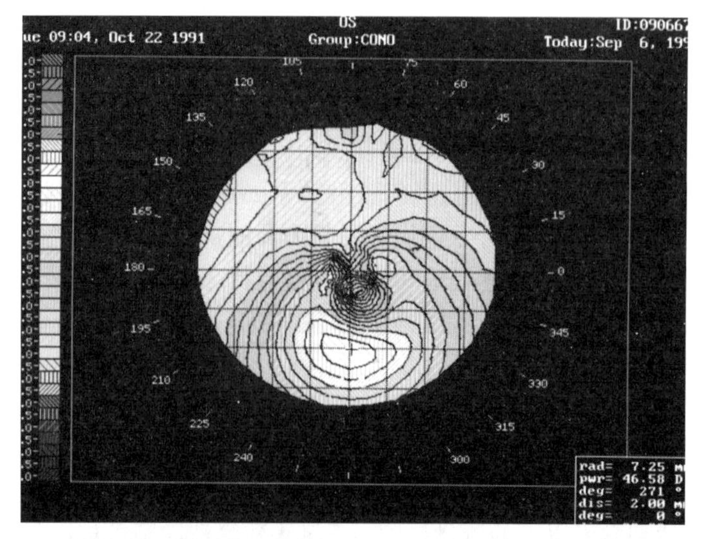

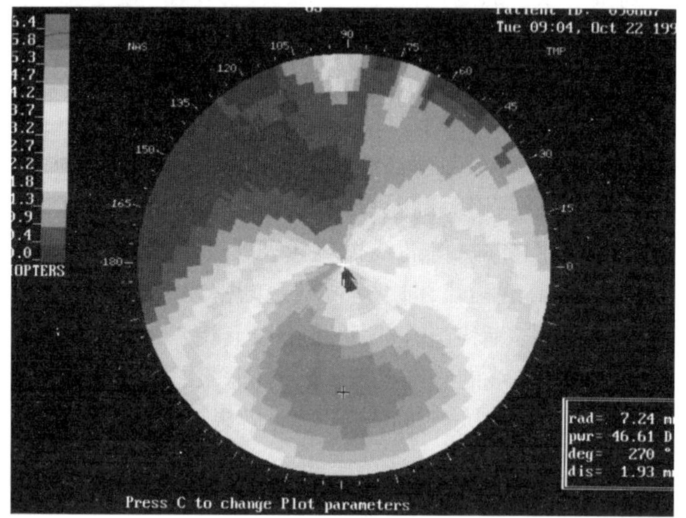

图 3-15 等高线法和分层设色法

检查结果不准确或者无法检查。最近问世的角膜地形图仪 PAR、CTS 不仅可对上皮缺损、溃疡及瘢痕的角膜进行检查，而且其检查结果很少受到角膜病变影响，因此检查结果具有重要参考价值。

（三）角膜形态相关参数

角膜地形图以彩色屈光力图表示角膜表面形态，此外，还可以进行相关数据计算分析，以参数表达角膜的形态如下：

1. 表面规则指数（surface regularity index，SRI） 反映角膜瞳孔区 4.5mm 范围内角膜表面规则性的一个参数，即对 256 条子午线屈光力的分布频率的评价，正常值为 0.05±0.03。

2. 表面非对称性指数（surface asymmetry index，SAI） 反映角膜中央区对称性的一个参数，即对分布于角膜表面 128 条相等距离子午线相隔 180°对应点的屈光力进行计算，正常值为 0.12±0.01。理论上，一个屈光力相对称的曲面的 SAI 应为 0。

3. 模拟角膜镜读数（simulated keratoscope reading，Sim K） 指模拟角膜镜影像第 6、7、8 环读数最大子午线的平均屈光力及与之相垂直子午线的平均屈光力，这组数据近似角膜曲率计的读数，包括两个正交屈光力和角度（正交角度相差 90°）。

4. 潜视力（potential visual acuity，PVA） 是根据角膜地形图反映的角膜表面性状所推测出的预测性角膜视力，表明与 SRI 和 SAI 的关系，在一定程度上反映了角膜形态的优劣。

（四）常见角膜彩色屈光力图形态

从角膜地形图上可以看出角膜前表面的形态，角膜中央一般均较陡峭，向周边逐渐变扁平，多数角膜大致变平约4.00D。角膜地形图有以下几种常见类型：圆形、椭圆形、对称或不对称的蝴蝶结形（或称8字形）和不规则形，如图3-16所示。

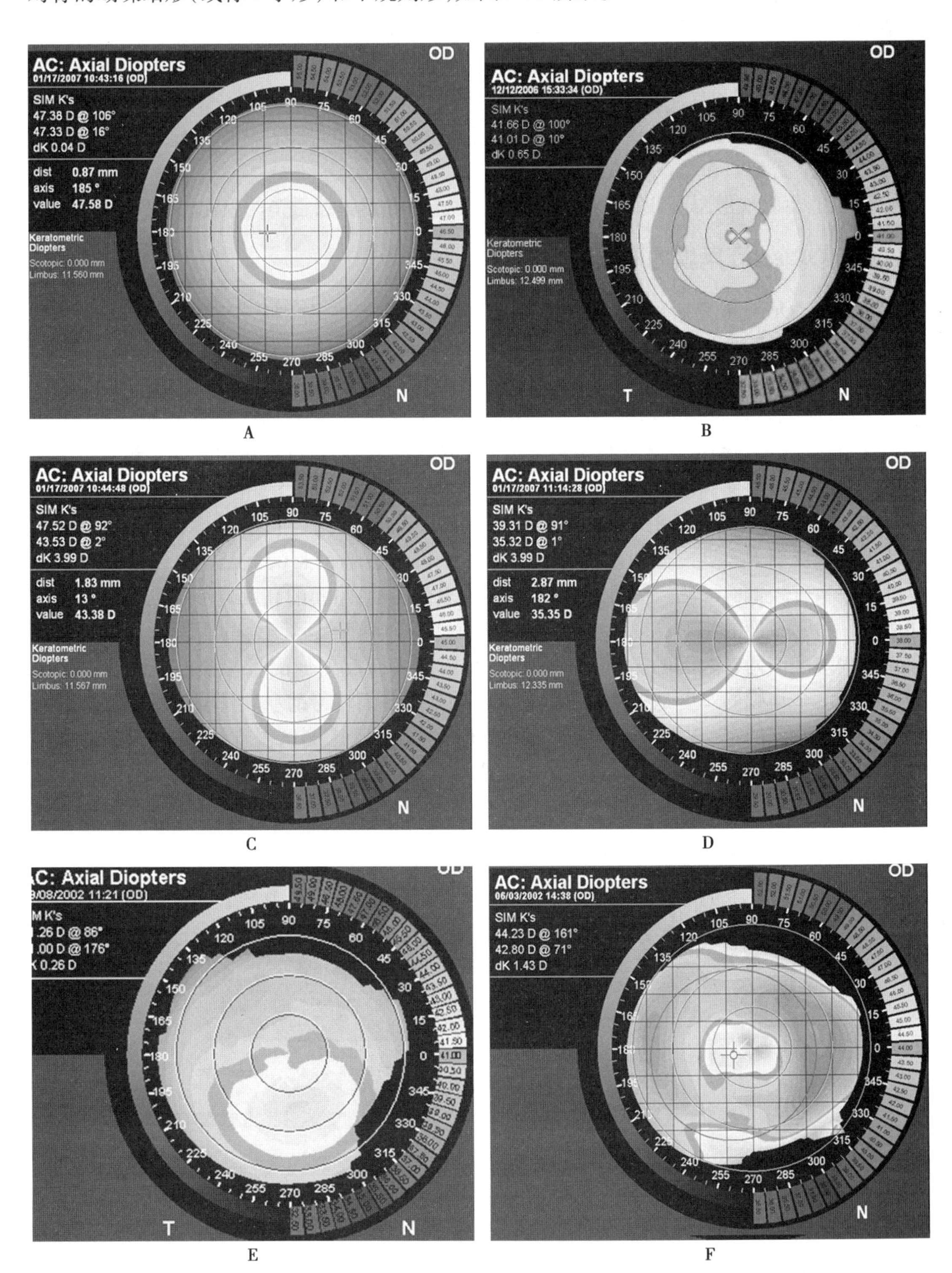

图3-16　常见的角膜地形图形态

A、B. 圆形、椭圆形，角膜屈光力分布均匀，从中央到周边逐渐递减　C. 规则蝴蝶结形，角膜屈光力分布呈对称领结形，提示存在对称性角膜散光，领结所在子午线的角膜屈光力最强　D. 不规则蝴蝶结形，角膜屈光力分布呈非对称领结形，提示存在非对称性角膜散光　E. 不规则形，提示存在圆锥角膜　F. 不规则形态，多见于早期激光屈光治疗引起的角膜中央岛

（五）角膜地形图临床应用

1. 角膜地形图可用于角膜屈光手术的术前检查和术后疗效评价，术前根据角膜地形图充分了解角膜形态，尤其是角膜散光、圆锥角膜及接触镜诱发的角膜扭曲等；角膜地形图引导的激光屈光个性化手术不仅极大地提高了激光屈光手术的术后视觉质量，而且可以修复复杂角膜和二次手术引起的不规则角膜。术后可根据角膜地形图评价疗效。

2. 现代白内障手术可通过手术切口中和术前散光，因此可根据手术前检查的角膜地形图来指导手术切口设计。

3. 角膜地形图可以对角膜移植术后角膜散光做出准确的判断，从而指导矫正角膜移植术后的散光。

4. 根据角膜地形图可计算角膜表面的屈光力，指导角膜接触镜的验配，提高准确性。

二、Orbscan 角膜地形图系统

1997 年，Orbscan 角膜地形图系统应用于临床及科研。它分别从左右两边发射 20 条裂隙光以 45°投射于角膜进行水平扫描。共拍摄到 40 个裂隙切面，每个切面得到 240 个数据，共 9600 个数据，最后计算出全角膜前、后表面的高度，角膜前表面屈光力地形图及全角膜厚度图（corneal pachymetric map）。此外，它还可检测前房深度、晶状体厚度等参数。这个系统和镜面反射无关，它根据光线透过角膜组织发生散射的图像，通过三角测量得出相对于参考平面的角膜前后表面高度值。这个系统的几何原理与条纹投照方法相似。

Orbscan Ⅱ 地形图仪是由 Orbscan 系统加 Placido 盘组成，结合 Placido 盘镜面反射测量的角膜前表面反射像点坡度得到角膜曲率值。增加 Placido 盘的目的就是解决直接裂隙成像计算曲率精度较低的缺陷。测量对象和参数：①表面高度：角膜的高度地形彩色编码图显示角膜与一参考平面的相对高度；②Diff 值：Diff 值是每个角膜实际测得的后表面顶点与理想参考球面基准值两者之间的差值；③曲率值：角膜前表面反射像测量角膜前表面曲率值分布；④厚度：全角膜的厚度是根据角膜前后表面的高度差而获得的。软件同时也能够辨别角膜的最薄点及它的定位；⑤前房深度和晶状体厚度：根据临床测试报告结果分析，制造商推荐 Orbscan Ⅱ 测量常用的校正系数为 0.92（图 3-17）。

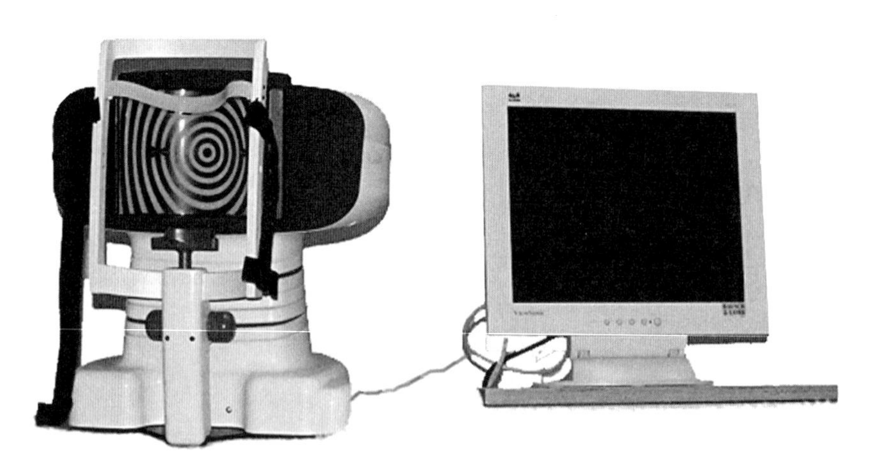

图 3-17　Orbscan Ⅱ 地形图仪外观

三、Pentacam 眼前节测量及分析系统

Pentacam 眼前节测量分析系统是根据 Scheimpflug 成像原理进行旋转扫描三维测量的眼科仪器。Scheimpflug 定律认为移动三个平面，如果被摄图像平面、镜头平面和胶片平面彼此相交于一条线或一个点，便可获得更大的焦深。因此 Scheimpflug 相机比普通相机聚焦景

笔记

深更大，图像更清晰。Pentacam 内置的 Scheimpflug 摄像机用波长 475nm 的蓝色光源，在 2 秒内随同被检眼光轴旋转 180°，扫描得到共轴的 50 帧裂隙图像，采集到 25 000 个不同的高度点（elevation points），计算机软件分析和构建出三维的眼前段图像，它的中心还有一台摄像机用于监视眼球的运动，并进行内部校正。测量结果显示有：①角膜前后表面高度图；②角膜前后表面地形图，即角膜屈光力图（refractive power map），根据高度点计算；③角膜厚度，由前后表面高度差得到；④前房深度（ACD）、前房容积和前房角；⑤晶状体密度和囊膜结构。

正如其他的角膜地形仪，该系统还可以通过基于高度点数据的 Zernike 多项式（Zernike polynomials）计算，得出角膜前后表面的波前像差资料（图 3-18）。

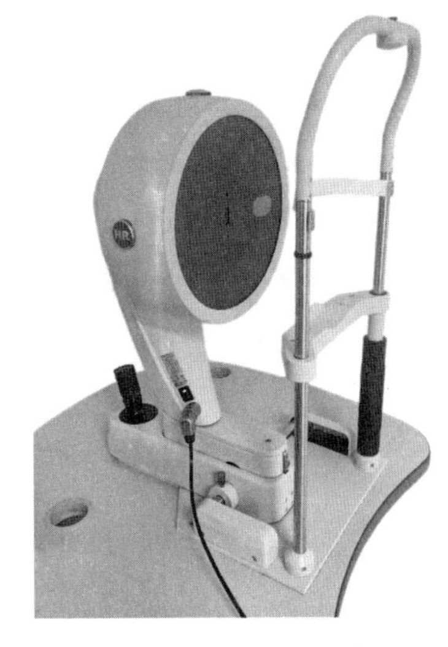

图 3-18　Pentacam 眼前节测量及分析系统外观

四、前节 OCT 分析系统

眼前节 OCT，即眼前节光学相干地形图（anterior segment optical coherence tomography，AS-OCT），是应用低相干干涉仪产生高分辨率的图像，通过一定波长光源产生多点扫描像点，聚合构建成类同 B 超的二维图像。具备高速的扫描功能、高强的轴向分辨和横向分辨率。

有关前节 OCT 设备的具体内容，详见本书第十章。

五、点阵反射型角膜地形分析系统

Cassini 角膜散光分析仪是一种基于彩色点阵照明的反射型角膜分析仪。该仪器采用多点彩色 LED 点阵照射角膜，并利用多点光线追踪算法，测量角膜的散光并用于屈光和白内障的手术计算中。该技术的特点是不仅可以测量角膜外表面的点反射，也可以采集第二 Purkinje 反射点对角膜后表面进行测量，所以达到全角膜散光的测量（图 3-19）。

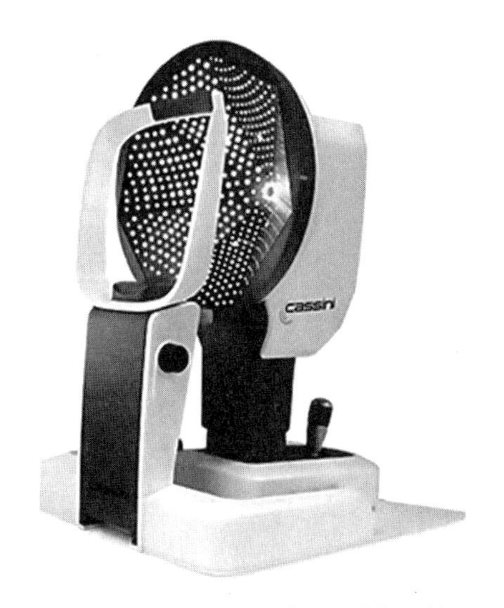

图 3-19　Cassini 角膜散光分析系统

二维码 3-2
扫一扫，测一测

（刘党会　施明光）

二维码4-1
课程PPT
验光及眼视光学检测仪器

第四章

验光及眼视光学检测仪器

本章学习要点

- 掌握：检影镜的结构、原理及相关概念；综合验光仪的基本构成。
- 熟悉：检影误差来源；不同类型验光仪的基本原理。
- 了解：检影镜历史、操作过程；综合验光仪投影系统和视力筛查仪。

关键词 检影镜 验光仪 综合验光仪

验光是检测眼屈光状态的过程，其过程涉及一系列器械的使用。验光方法大体分为客观验光和主觉验光。客观验光是利用一系列的设备，在被测者相对配合的情况下，通过检测从视网膜反射出来的光的影动或亮度等来判断被检眼的屈光状态，主要设备有检影镜、电脑验光仪、摄影验光设备等；主觉验光是利用一系列矫正镜片，在被测者完全配合的情况下，经过综合判断以确定被检眼的屈光状态，主要设备有综合验光仪、系列镜片试戴系统、Young验光仪、自动主觉验光仪等，配合主觉验光的过程，同时还需要许多附属设备，如各种注视视标等。

第一节 检影镜

视网膜检影(retinoscopes)是一种测量眼屈光状态的客观方法。该方法利用检影镜将光线照射入被检眼内，这些入射光线从视网膜反射回来，经过眼球的屈光介质后发生了改变，通过检测反射光线的聚散度(vergence)以判断眼的屈光力(图4-1)。

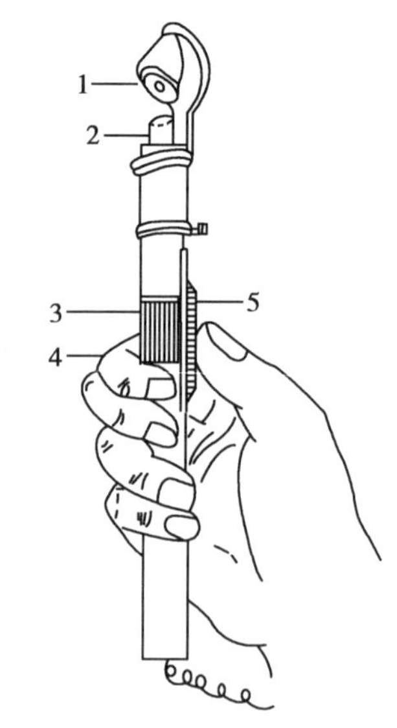

图4-1 镜面反射式检影镜
1. 平面反光镜及中央小孔 2. 集光板 3. 条纹套管 4. 持镜的手法 5. 活动推板(上下动)

1859年William Bowman用Helmholtz检眼镜观察散光眼底时发现了一条很特别的带状眼底反射光线。1873年F. Cuignet使用一简单的镜面检眼镜(将灯光折射入眼睛)，通过镜面视孔观察时发现奇怪的反射光，该反射光因被观察眼的屈光度不同而异，他还发现移动反射镜面时，眼底反射出来的光线也会移动，有时候与镜面移动一致，有时相反，其反射光的大小、亮度、移动的速度对每一被检者而言均存在一定差异。Cuignet认为该反射现象由角膜所致，所以将该方法命名为“keratoscopie”。

1878年M. Mengin确定了反射光线来自视网膜，并发表论文简述了这一方法，检影法开始推广。1880年H. Parent从光学角度进行计算，并能用镜片精确测量屈

笔记

光度数,开始了检影法的定量测量过程,并命名"retinoscopy。1903 年 A. Duan 在对散光眼的检影过程中引入了柱镜的使用,E. Landolt 提出远点理论解释检影现象,并将照明光源装在检影镜内。

目前根据检影镜投射光斑的不同,分为点状光检影镜(spot retinoscopes)和带状光检影镜(streak retinoscopes)两种。两种检影镜的特点分别是:点状光源发自单丝灯泡,而带状光以带状光作为光源,其他特性两者基本相同。但由于带状光检影的光带判断更加简洁精确,目前临床基本选择使用带状光检影镜进行检影,因此本章着重介绍带状光检影镜。

一、检影镜结构

1. 投影系统 检影镜的投影系统照明视网膜,该系统(图 4-2)包括以下成分:

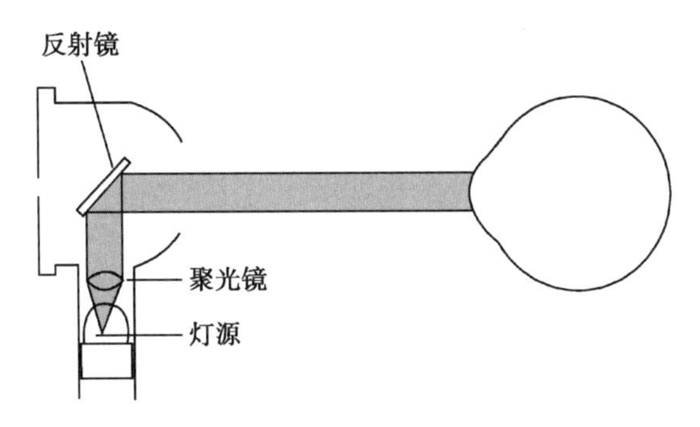

图 4-2 光线投射系统

(1) 光源:线性灯丝灯泡,或称带状光源,转动检影镜套管就转动了带状光源,我们称之为子午线控制。

(2) 聚焦镜:设置在光路中,将光源来的光聚焦。

(3) 反射镜:设置在检影镜的头部,将光线转 90°方向。

(4) 聚焦套管:套管改变灯泡与聚焦镜之间的距离,将投射光源变成为发散光源,或会聚光源;套管上移或下移就改变了投射光线的聚散性质,套管上下与光线聚散的关系因检影镜的品牌而定,因为有的检影镜的套管移动是移动聚焦镜,而有的则移动灯泡(图 4-3)。

2. 观察系统 通过观察系统可以窥见视网膜的反射光,视网膜反射光的部分光线进入检影镜,通过反射镜的光圈,从检影镜镜头后的窥孔中出来,因此我们通过窥孔观察到视网膜的反射光,当我们将检影镜的带状光移动时,可以观察到投射在视网膜上的反射光的移动,通过分析光带和光带移动的性质以确定眼球的屈光状态(图 4-4)。

二、检影法原理

检影时,检影者持检影镜将光斑投射在被检眼的眼底,并沿一定方向来回移动光斑,通过观察经被检眼反射和折射后的光斑的移动方向,检影者可以此判断出被检眼是否恰好聚焦在检影者眼平面、眼前或眼后,然后在被检者眼前放置具有一定屈光度数的镜片,当放置的镜片使被检眼眼底的光斑恰好与检查者眼平面共轭时,根据放置镜片的屈光力及被检眼与检查者之间的距离就可以获得被检眼的屈光不正度数。图 4-5 从光学角度表达了当入射光线为平行光时,检影镜位置与眼球光学系统远点的位置所形成的眼底影动与检影镜位动的关系。

这里 ASD(apparent source distance)为显性光源位置,RA(residual ametropia)为残余屈光不正,WD(working distance)为工作距离,SD(spectacles distance)为眼镜顶点距离。当入射光线为发散或平行光时,在远视状态时,光斑像成在检影者视网膜上,当空间像向上移动,成在

笔记

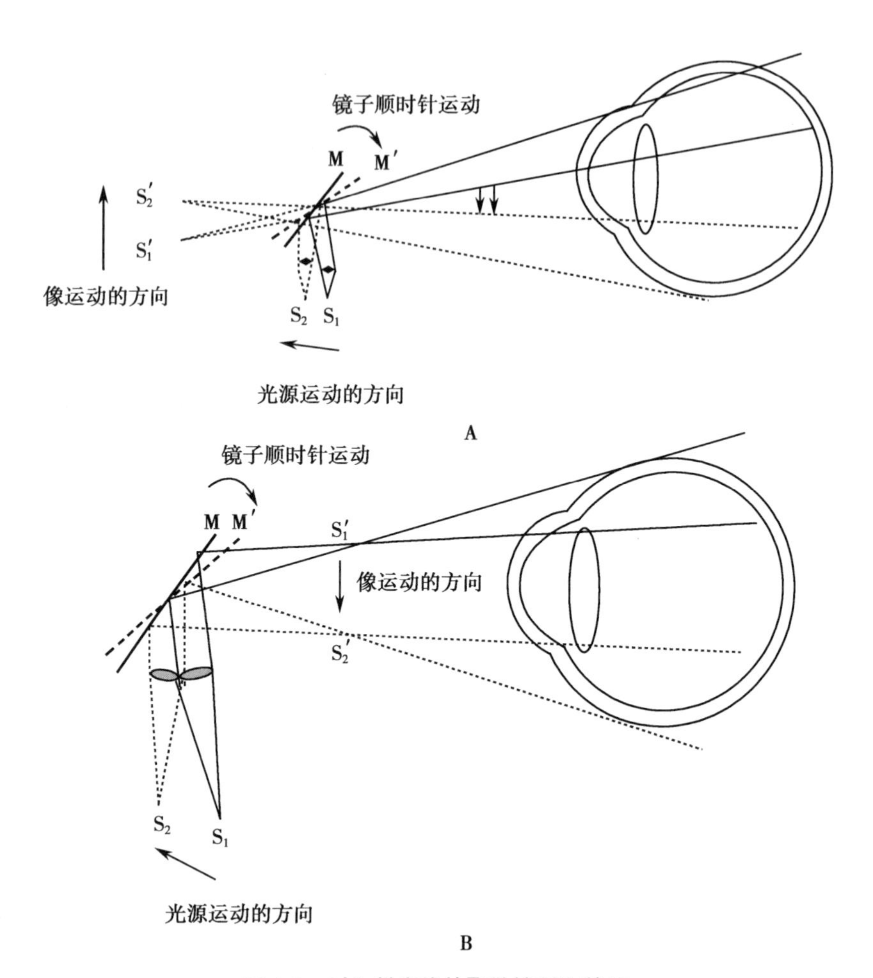

图 4-3 对入射光线的聚散控制和效果

A. 若光线呈现发散状态入射，如同灯源从镜后发出 B. 若光线呈会聚发出，如同灯源在检查者和被检眼之间

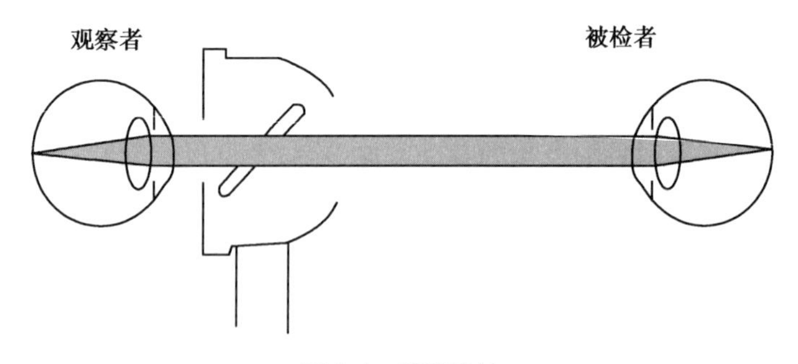

图 4-4 观察系统

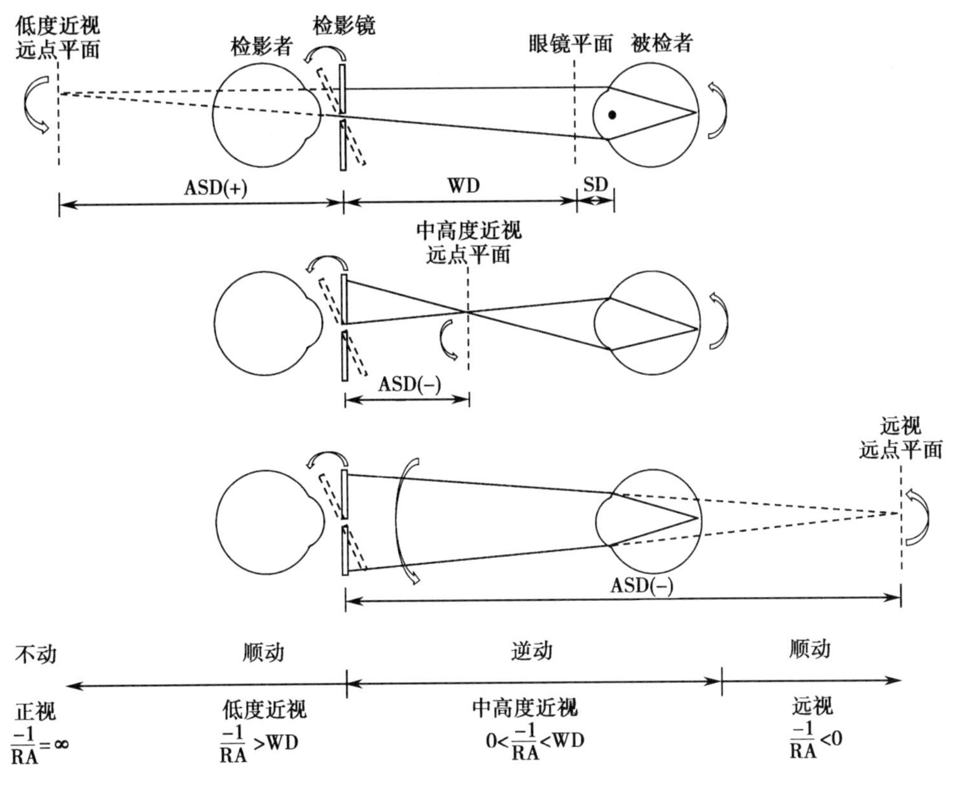

图 4-5 检影法原理图

该图表明了平面镜式检影镜是如何在被检者眼底形成一离焦光斑的，同时也表明了当平面镜倾斜时，该眼底光斑的移动情况与眼屈光的关系

检影者视网膜上的朦像也向上移动；对于近视者来说，光斑像同样成在检影者视网膜上，不同的是空间朦像向上移动，成在检影者视网膜上的朦像却是向下移动的。当空间恰好形成在检影者瞳孔平面时，即恰位于反转点或称中和点时，检影者整个观察野均为均匀照明，即无运动产生。

举例说明，如图 4-6A 所示，入射光为会聚光，显性光源与高度近视眼的远点共轭，如图

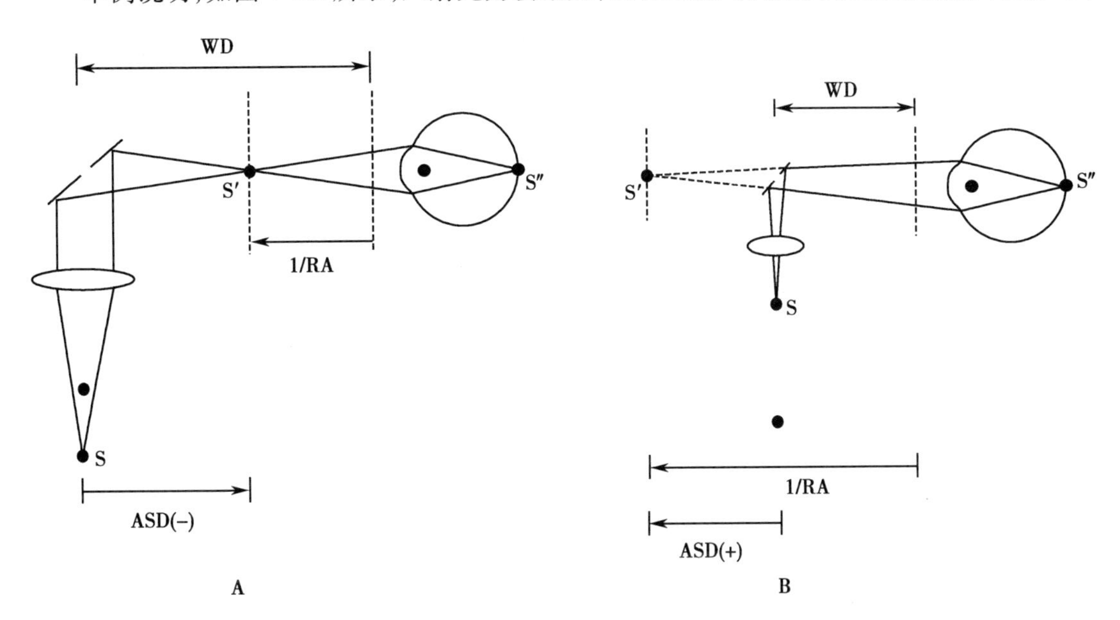

图 4-6 中和时不同屈光状态与入射光线的关系

A. 会聚入射光线显性光源位置与高度近视眼的远点共轭 B. 发散入射光线显性光源位置与低度近视眼的远点共轭

4-6B 所示，入射光为发散光，显性光源位置与低度近视眼的远点共轭，所以 1/RA = ASD+WD。

三、概念的理解

（一）视网膜光源

检影镜将视网膜照亮，观察从视网膜反射出来的光线，将视网膜看成是一个光源。当光线离开视网膜，眼球的光学系统对光线产生会聚，如果用平行光线照亮视网膜，根据眼的屈光类型，反射回的光线，正视眼为平行光线，远视眼为发散光线，而近视眼则为会聚光线(图 4-7)。

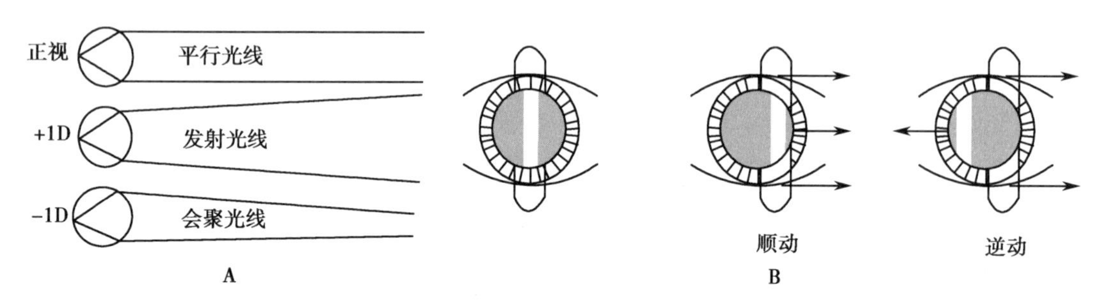

图 4-7 来自照亮的视网膜的光线和影动关系
A. 视网膜反射光线特点 B. 影动关系

假设检测者坐在被检者的眼前，从检影镜的窥孔中观察，可以看到被检者瞳孔中的红色反光，移动检影镜，反射光聚焦位置在检查者眼睛之前为逆动，聚焦位置在检查者眼睛之后，或在无穷远，或发散状态，为顺动。

（二）工作镜

显然在无穷远处进行检影是不可能的，但可以通过在眼前一定距离放置工作镜使从视网膜反射的光线聚焦于眼前，聚焦的位置恰好是检影距离。例如检查者在距离被测者 0.5m 距离作检影(图 4-8)，就应该将+2D 的镜片放置在被检者的眼前，这就相当于检查者在无穷远作检影，临床上工作距离常为 67cm 或 50cm，相应的工作镜应为+1.50D 或+2.00D。

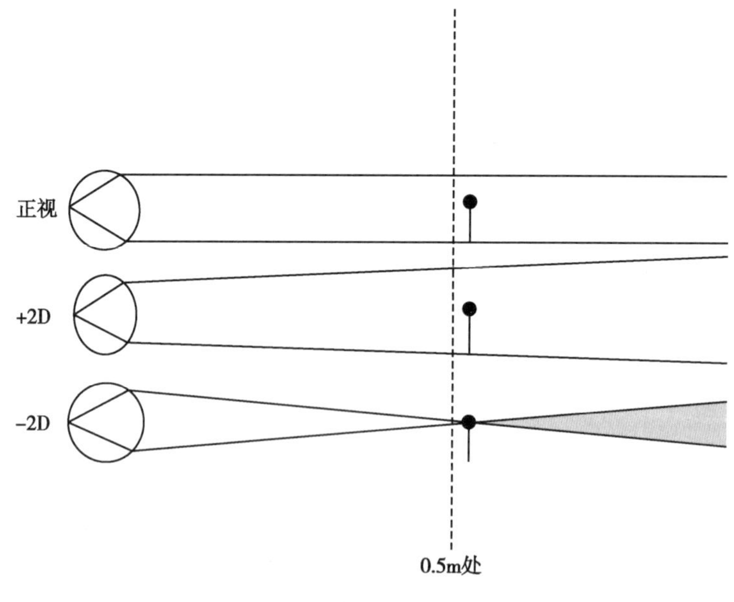

图 4-8 在 0.5m 处检影

（三）反射光的性质和判断

顺动和逆动：观察反射光时，首先需要判断影动是逆动还是顺动，由此判断被测者眼的远点在检查者的前面或后面（图4-9）。为快速并准确判断与中和点之间的差异，应该观察以下三点：

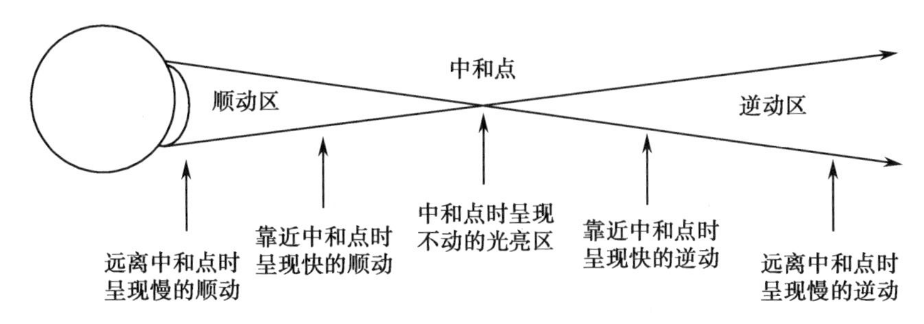

图4-9 在中和点两边的影动特点和光带的形态

1. 速度 离远点远时，影动速度很慢，越接近中和点，影动速度越快，而当到达中和点时，瞳孔满圆，即观察不到影动。换言之，屈光不正度数越高，影动速度越慢，而屈光不正度数越低，影动速度越快。

2. 亮度 当远离远点时，反射光的亮度比较昏暗，越接近中和点，反射光越亮。

3. 宽度 当远离远点时，反射光带很窄，接近中和点时，光带逐渐变宽，到达中和点时，瞳孔满圆红。但是有些情况在远离远点时光带非常宽，该现象称为“假性中和点”，常见于高度屈光不正，此时光带非常暗淡。

以图4-10为例，被检眼的中和点在检测者眼之后，应表现为窄光带的顺动，在工作距离保持不变的前提下，在被检眼前增加正镜片，中和点移近，光带变宽，直至中和点时，瞳孔满光亮。

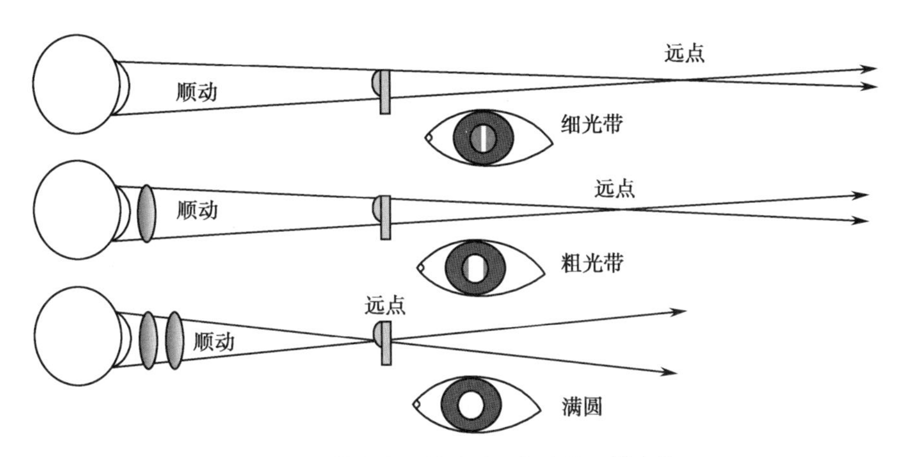

图4-10 获得中和的方法及相应的光带变化

（四）中和的理解

人们总认为中和点是一个“点”，实际上它不是一个点，由于受球差和其他因素影响，中和点是一个“区”。该中和区的大小受到被检者瞳孔大小的影响，瞳孔小，该区就小，瞳孔大，该区就大；同时中和区的大小还受工作距离的影响，当工作距离变小时，该区变小。如果中和区太小，判断的误差就比较大，即稍微少量的判断误差就导致大的屈光度的误差（图4-11）。

笔记

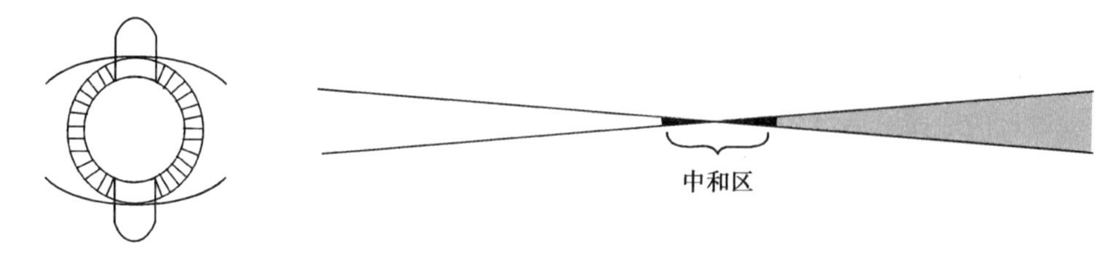

图 4-11 中和区

四、检影镜的操作基本过程

一般是先做右眼检影,再做左眼检影。检影时嘱被检者正视前方小注视灯或视标,检查者坐在被检者前方 0.5m 处,右手执检影镜柄,用大拇指将套管推至最高位,示指置于外管前方缺口处,与内管壁接触,以使内管旋转,让光带照射在皮肤上的不同径线上,进行平面镜检影验光(图 4-12)。检查者由平面镜中央小孔观察被检眼瞳孔内光带。检查者位于被检眼的正前方,被检者双眼注视正前方小注视灯或视标,观察者尽量保持正位,偏差角应低于 10°。

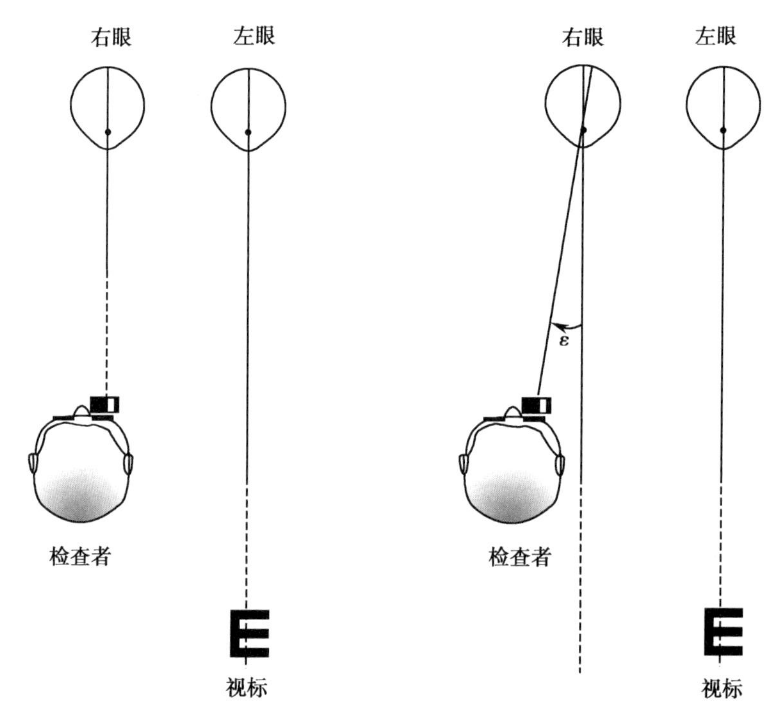

图 4-12 检影的正确位置

检查 180°径线上的屈光不正时,应将光带置于 90°处并左右移动;在检查 90°径线上的屈光不正时,应将光带置于 180°处并上下移动。同理,在检查 45°径线上的屈光不正时,应将光带置于 135°处使之沿 45°径线移动。总之,移动的方向要与光带垂直。与平面镜检影原理相同,当工作距离为 50cm 时,凡远视眼、正视眼及小于-2.00D 球镜的近视眼,光带呈顺动;大于-2.00D 球镜的近视眼光带呈逆动。-2.00D 近视时,光带充满瞳孔区,移动时呈全亮或全暗,称光带中和。检影时除观察光带呈顺动、逆动、中和外,还须注意光带的宽窄、明暗及运动的快慢。一般高度屈光不正的特征为光带窄且暗,移动较慢;低度屈光不正的特征为光带宽且亮,移动较快。检查时示指可徐徐旋转灯座管,以观察各径线瞳孔光带是否有区别,主要应比较 90°与 180°径线、45°与 135°径线光带是否有区别。在用示指旋转灯座管作比较时,切勿同时移动套管。若各径线瞳孔内光带无区别,表示属单纯性远视或单纯性近视;若有区别,则表示有散光(图 4-13)。

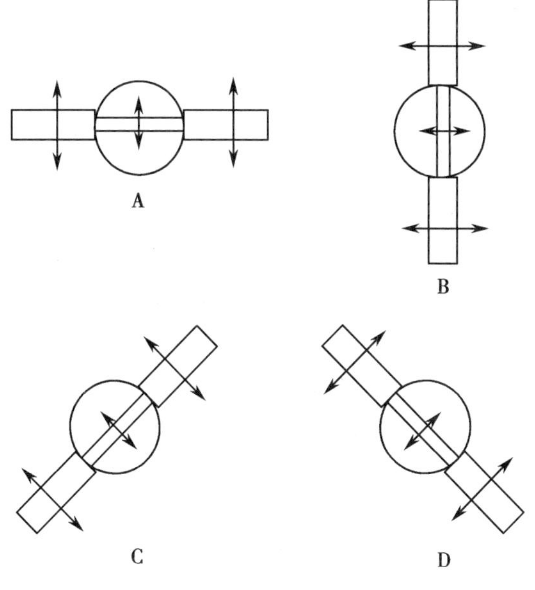

图4-13　四个子午线检测

五、与提高检影镜精确度有关的仪器参数

为了使检影时的反光运动容易被辨别，反光光斑的边缘应尽可能明显且易辨认，反光运动也应较缓慢，以下两种参数可满足上述目的。

1. 尽可能应用小窥孔。当接近中和时，反光将聚焦或接近于检查者的眼睛，但落在检影者视网膜上的像仍是离焦的，通过缩小检影镜的窥孔，势必也将减少该像的模糊度，使像的边缘变得锐利和清晰。不过，缩小窥孔也减少了反射光的亮度。目前的检影镜已设计了一系列可由检影者控制的可变窥孔，这就允许检查者在亮反光和反光边缘锐利清晰这两种情况中自主作出选择，如果被检者屈光介质不清，就可选择较大的窥孔以获得较亮的反光；当被检者为正常屈光介质，而反光也较亮，可选用小窥孔以获得较高的敏感性。

2. 将直接光源置于靠近平面镜处，可产生两种效果。首先，可减缓反光运动的速度，镜面转动时，直接光源的可移动量与其与镜面之间的距离成正比。其次，当检影结果接近中和时，被检眼的光源像将变得锐利，从而将产生锐利且易辨认的反射光。另外，保持较小的眼底反射光斑，也将有助于认清反光运动，该效果可通过利用较小的光源来获得。实际上，具有单丝灯泡的带状光检影镜比相同大小点状检影镜的光源要更小，从而也更容易满足保持小光斑的要求。

六、检影法的误差

通过对检影验光和主观验光结果的差异进行研究发现，这两种方法所得差异与年龄有关系。在年轻组，检影验光的结果相对于主观验光方法更趋向正值；在老年组，情况恰相反，检影方法的结果比主观验光方法结果更趋向负值。以下四种原因可能导致了这两种验光方法之间的差异。

1. 对准效果　作检影检查时，实际上被检者的视线不可能恰好精确地位于视轴，即屈光度误差有可能是由于未对准被检者中心凹验光所致。研究表明只要未超出视轴外10°，则误差在可接受的范围内。

2. 球差　角膜的周边曲率较为扁平是导致球差的主要原因，事实上眼睛的球差很小，因此，其产生误差的可能性也很小，不过，球差的存在会使被检者瞳孔中央与瞳孔周边反光运动不一致。

3. 色差 由于视网膜的反光颜色为红色,因此检影方法比应用白光的主观验光方法得到更远视化的结果。但色差仅能部分解释这两种方法所得结果存在差异的可能原因,并不能说明这种差异与年龄有关。

4. 反光部位 一般均假设检影时视网膜的反光部位在视细胞层,事实上,如果反光来自视细胞层的前面,则产生偏正的结果(远视性误差);如果反光是来自视细胞层的后面,则产生偏负的结果(近视性误差)。一般认为,在视网膜内有两层作为主要的反光层,即内界膜和 Bruch 膜,有研究指出年轻人的视网膜反光主要来自内界膜,因为该层位于视细胞前面,故多产生远视性误差,随着年龄的增长,从这层产生的反光成分逐渐减少,到了老年阶段,反光主要来自 Bruch 膜,故多产生近视性误差。

5. 检影者的屈光状态 检影验光中要求有屈光不正的检查者,其本人的屈光不正必须矫正。否则,可能会因其未校正的屈光状态而导致检影结果存在一定差异。其原因一方面是检查者的屈光矫正状态将一定程度上影响检影的影动。另一方面,若检查者屈光状态未矫正,会因为看不清检影的影动,影响检影结果。

第二节 验 光 仪

验光仪(optometer)是测量眼睛屈光状态的仪器。这里介绍验光仪的基本原理和构造特点,并介绍几种有代表性的验光仪,验光仪从类型上可以分为主观型和客观型两种。主观型验光仪是通过让被检者调整测试视标至清晰时的位移量来判断屈光不正程度的仪器,而客观型验光仪则包含了一套能判定来自眼底反光聚散度的光学系统。

一、主观验光仪

首先介绍两种最基本的主观验光仪,此类验光仪较多用于临床研究和实验研究,较少做临床常规检测使用,但通过对它们的介绍却可说明现在一些较复杂和较先进验光仪的基本原理,综合验光仪在第三节单独介绍。

(一) 单纯验光仪

这是一种仅由单片验光透镜和一个可移动视标板组成的验光仪(图 4-14),通过验光透镜后的视标光线聚散度取决于视标板的位置,要求被检者移动视标板的位置,使视标由模糊变清晰,一旦视标最清晰的位置被确定,即可从该仪的屈光度标尺上读出被检者的屈光度。但这种验光仪存在以下问题:①由于被检者已知视标位于近处,几乎总是产生调节;②视标从最初的清晰位置再移近一些也会诱导被检者产生调节;③由于焦深的存在,使测量结果不精确;④屈光度标尺的刻度非线性;⑤视标产生的视网膜像大小随着透镜位置的变化而变化;⑥不能测量散光。其中视标位置不同导致的产生视网膜像大小不同和标尺的非线性这两个问题可以通过将验光透镜的焦点移至与下列三点中的一点相重合来克服,这三点是:①眼的节点;②眼的前焦点;③眼的入瞳。符合这种条件的验光装置称为 Badal 验光仪。

(二) Young 验光仪

这是一种应用 Scheiner 盘原理的简单验光仪(图 4-15)。该仪器的视标通常为一点光源,前后移动点光源,直至被检者看到该光源为一点。当视标未被准确聚焦在视网膜上时,视标会被看成是离焦模糊的两点。尽管两针孔的分离使该仪器敏感度增高,但即使将两针孔分开得更大,敏感度也不能提高很多。对于散光病例,除了当针孔轴恰好与被检眼的散光轴一致时能作出判断外,其他轴位均不能测量。虽然这种最基本形式的验光仪目前已极少应用,但它的原理已被应用于 Zeiss(Sena)验光仪和 6600 自动验光仪。

(三) 现代主观验光仪

自动主观验光仪是一种含有一系列测试视标和不同屈光力透镜的箱式仪器,最初是以

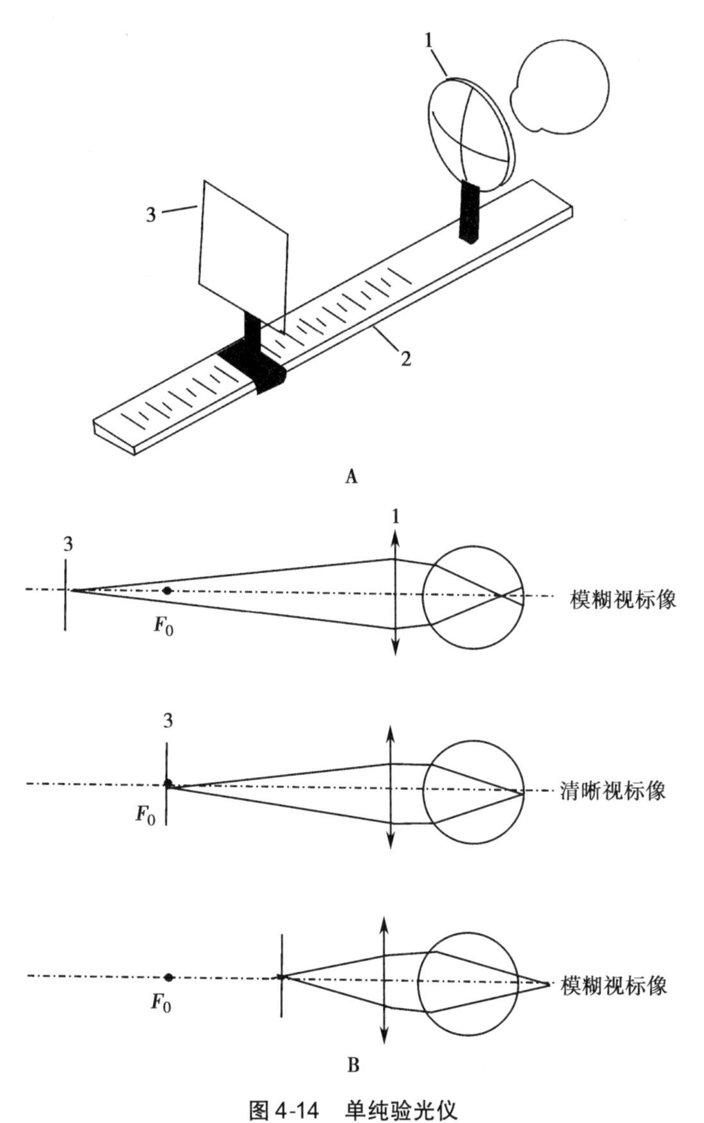

图4-14 单纯验光仪

1. 验光透镜 2. 屈光度标尺 3. 视标板

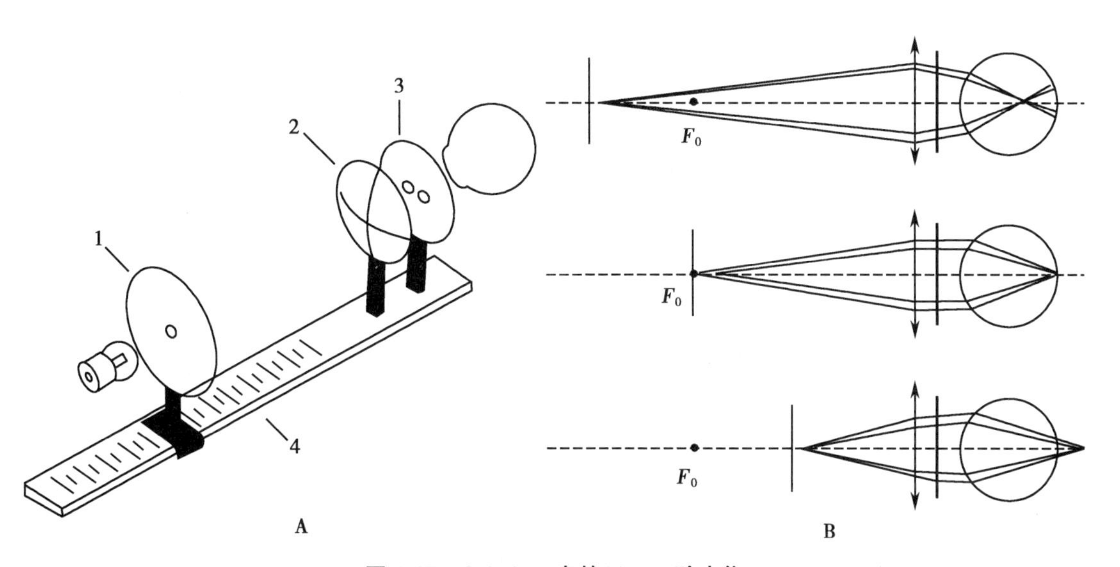

图4-15 Scheiner盘的Young验光仪

1. 针孔镜 2. 验光透镜 3. 双针孔镜 4. 标尺

1972 年 Guyton 的设计为基础。操作时,被检者按照检查者的指令自行调节验光仪透镜系统的屈光度,经过一系列的调整,被检者屈光不正的性质和度数即在仪器上显示出来。自动主观验光仪的光学原理和结构实际上是本节已叙述的简单主观验光仪的延续和发展,其光学系统示意简图见图 4-16。被检者通过观察和判断仪器中的视标清晰度来操纵旋钮使反射镜装置来回移动,从而达到调整球面屈光力的目的;通过旋钮使柱镜组合中的中央柱镜前后移动以调整柱面屈光力,这三片组成的柱镜组合可变换出一定范围内的所有柱镜屈光度;同时由于柱镜组合中的中央柱镜与位于其两边的柱镜成直角,屈光力与这两片柱镜屈光力的总和相等,因此绕光轴旋转可变化出所有柱镜轴位。

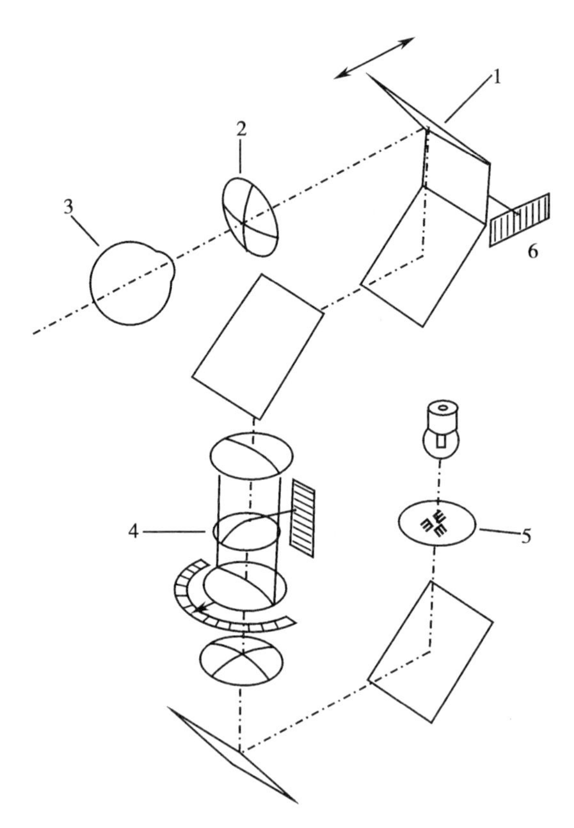

图 4-16 自动主观验光仪示意图

1. 反射镜组 2. 验光透镜 3. 被检眼 4. 柱镜组
5. 视标 6. 球面屈光度标尺

由于光学技术和电脑技术的发展,现代的自动主观验光仪验光融合了主觉验光规范过程中的基本程序,基本能实现以下特点:①具备主觉验光的基本程序,如视标的设定和变化,消除调节的雾视镜;②应用柱镜来测量散光,因此在测量中,调节的波动将不影响散光的测量;③能直接开出眼镜处方。

二、客观验光仪

虽然检影验光法是较好的客观验光方法,但是需要相当的技巧,需要检查者经过较长时间的训练,而自动化的电脑验光仪,简称自动验光仪,不依赖于检查者的经验,可加快客观验光的速度。

大部分客观验光仪的设计原理基于间接检眼镜,使用了两个物镜或聚焦镜和一个分光器,光源直接由瞳孔缘进入,检测光标可以沿着投影系统的轴向移动,位于前焦面的投影镜片,其像将在无穷远处,则在正视眼的视网膜上清晰聚焦,如果被测者为屈光不正眼,检测光标前后移动,使得其像在视网膜上聚焦,大部分自动验光仪就是通过改变进入眼睛的光线聚

散度来使光标清晰地成像在视网膜的反射面上而自动计算出眼的屈光度。

几乎所有的验光仪都要求被检者注视测试光标或光标像，结果刺激了调节而使得检测结果近视过矫或远视欠矫，虽然测试光标通过光路设计在无穷远处，由于仪器非常靠近被测者的脸部，就诱发了近感知调节。因此在设计过程中，将测试光标“雾视化”，在测量开始前，被检者先看到一个“雾视”光标，以此来放松调节。

一些验光仪在照明光路中放置一个橘黄色滤光片，减少进入被测者瞳孔的光亮，减少眩光现象。由于经过视网膜反射的光为橘红色，对检测者来讲光线是足够的。

以下列举几种常用的电脑验光仪。

（一）Astron 验光仪

这是一种在照明系统中加上一个可移动视标的直接检眼镜（图 4-17），移动视标可以改变进入被测眼光线的聚散度，检查者通过一个已补偿验光者和被检者屈光不正的透镜来观察成在被检者视网膜上的视标反射像。实际上，Astron 验光仪是验光者借助直接检眼镜来判断视网膜像清晰或模糊的简单验光仪，该仪器存在的问题是：①不能聚散光线；②像的亮度差；③角膜反光干扰观察；④焦深大；⑤被测眼易产生调节。

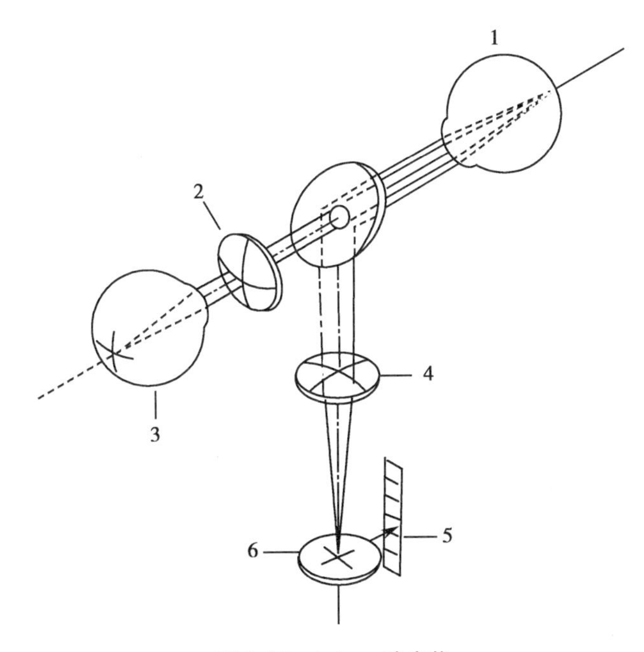

图 4-17　Astron 验光仪

1. 被检眼　2. 会聚透镜　3. 验光者　4. 验光透镜　5. 屈光度标尺　6. 可移动视标

（二）Rodenstock 验光仪

该仪器也是利用检眼镜来观察被检者视网膜上的像，但与 Astron 验光仪不同的是它应用的不是直接检眼镜，而是间接检眼镜，这种改进避免了角膜反光的干扰，视标和验光透镜之间的距离不是通过移动视标本身来改变，而是通过前后移动位于光路中的棱镜来实现（图 4-18）。观察者可以通过调整目镜使光阑 S_1 清晰成像以补偿观察者本身的屈光不正，经过这种调整后的观察系统就不需要再改变了，这是因为观察望远透镜与棱镜调节器已组成机械耦合。

该仪器的全部光阑可从图中看到，首先是 S_2，它置于照明系统内以使进入眼睛的光线成为环状，其次是 S_1，位于观察系统内，作用为限制观察系统内视网膜返回的旁轴光线，这两个光阑均成像在瞳孔平面，从而避免了反光。

笔记

Rodenstock 验光仪的视标能够绕光轴旋转，它是由一系列仅允许小孔和裂隙通过光线

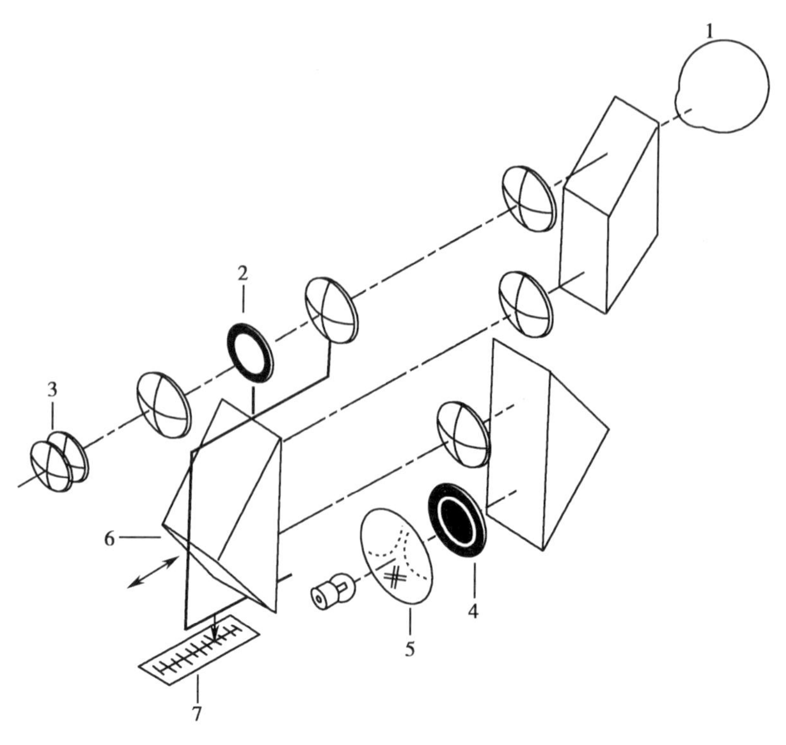

图 4-18 Rodenstock PR 50 型验光仪

1. 被检眼 2. 光阑 S_1 3. 目镜 4. 光阑 S_2 5. 视标 6. 可移动棱镜
7. 屈光度标尺

的不透明板组成，因此该仪器对光的测量是较敏感的，散光轴位可直接从连接到该视标上的刻度标尺中读出。

Rodenstock 验光仪克服了 Astron 验光仪存在的角膜反光和不能测量散光两大问题，但其仍存在的问题是：①像的亮度差；②被检眼仍存在调节；③焦深较大。

（三）Hartinger 一致式验光仪

由于一般客观验光仪的一个主要问题是不能精确判断视标是否已准确聚焦在被检者视网膜上（图 4-19A），因此 Hartinger 一致式验光仪引入了一个能够做出较准确判定的改进。这种改进将视标一分为二，让视标的每一半光线通过瞳孔的不同部分，如视标为三条垂直线，如图 4-19B（1），这样通过视标上半部的光线经过瞳孔的左边，通过视标下半部的光线经过瞳孔的右边，视网膜像将随着被检者屈光不正的不同而变化。如近视病人，两个半像将互相分离，如图 4-19B（2），而对于远视眼，将以与近视相反的方向分离如图 4-19B（3）。正视验光者通过调整进入眼睛光线的聚散度使两个半像被对准，如图 4-19B（4），从而达到测定屈光度的目的，这就是该仪器测定屈光状态的原理。由于人眼对对准判断比对聚焦判断更加敏感和精确，因此从理论上来说，这种验光仪的精确性是较高的，其基本原理与 Young 验光仪的 Scheiner 盘原理相似，不过在 Hartinger 验光仪，像的标准是由检查者进行判断而非被检者本身。

三、红外线验光仪

上面所述的验光仪均采用可见光，因此这些仪器的所有视标对于被检者均是可见的，其缺点是不能有效地控制被检者产生的调节现象，因为随着从视标发出来的光线聚散度发生改变，被检者受到的调节刺激也发生了改变。如果将测试视标设计成对被检者来说是不可见的，仅让被检者看一种经特殊设计，鼓励其放松调节的独立注视视标，则由于视标刺激导致的调节问题得以克服，红外线验光仪即是根据这种设想而诞生的。它通过将一种仅让红

笔记

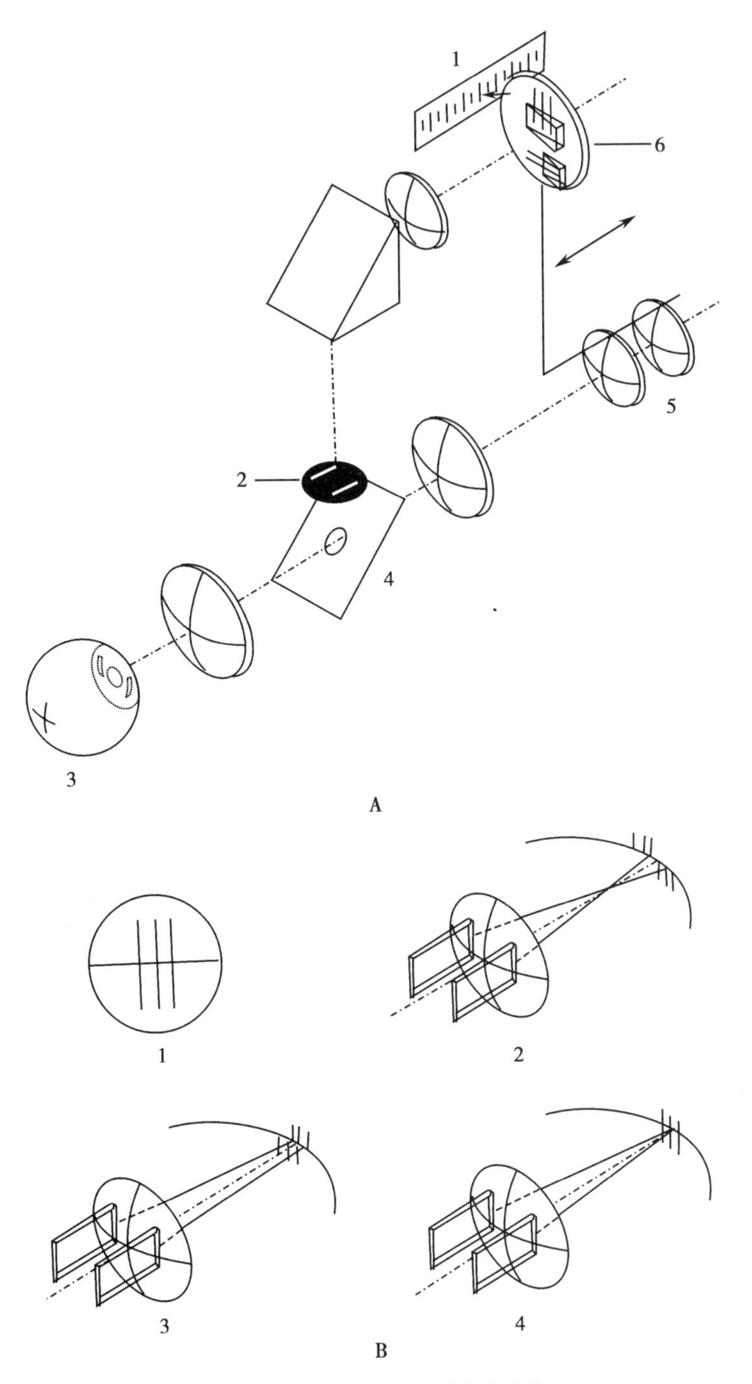

图 4-19 Hartinger 一致式验光仪

A. 结构示意图(1. 屈光度标尺 2. 双裂隙光阑 3. 被检眼 4. 半反射镜 5. 目镜 6. 与棱镜接触的视标)

B. 视标在不同屈光不正状态下网膜成像的不同(1. 视标本身 2. 近视 3. 远视 4. 正视)

外线穿过的滤片置于光源前来达到使被检者看不到测试视标的目的。同时,观察系统内安装电子聚焦接收器或安装一种可将从视网膜返回的红外线转换为可见光的图像转换器来代替验光者,许多产品已采用前一种方式,因为它具有完全客观的优点(即不需要操作者进行判断)。

近年来,已有大量的红外验光仪出现在市场上,但所有的红外线验光仪都不外乎以下几种基本原理中的一种:条栅聚焦原理,如 Dioptron 验光仪等;检影镜原理,如 Nikon 验光仪等;Scheiner 盘原理,如 Topcon 验光仪等;Foucault 刀刃测试法,如 Humphrey 验光仪等。

（一）条栅聚焦原理的代表仪器：Dioptron 红外线验光仪

这是一种完全客观的红外线验光仪（图 4-20），只要对准被检眼，即可进行球柱验光。Dioptron 红外线验光仪应用了一种称为视网膜成像验光（retinal image refraction）的技术，其基本原理与 Rodenstock 验光仪相似。光线从光源发出后需要经过一滤光片，作用是仅让不可见的红外线通过，然后经过一个有许多相等空隙的转鼓，该鼓即作为视标，该视标像将成在靠近被检者视网膜或正好成在视网膜表面，形成在视网膜表面的视标像的部分光线将反射回来通过有条纹的模板，然后被光电管接收，当鼓旋转时，通过鼓上光栅的移动使到达光电管的信号产生波动，当转鼓上的像恰好聚焦在视网膜上时，则光电管接收到的信号将变得最大，光电管接收信号的幅度也变到最大。光电管接收信号的幅度大小又可用于自动控制验光透镜的位置，通过移动验光透镜进而可以控制进入被检眼光线的聚散度。

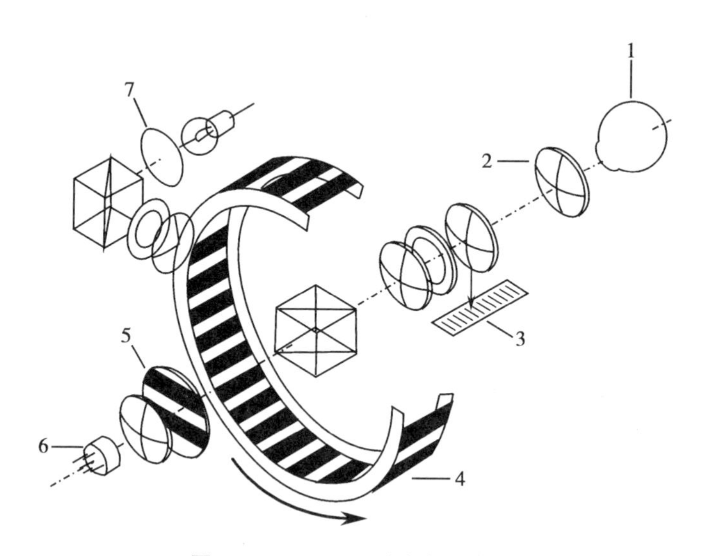

图 4-20 Dioptron 验光仪示意图

1. 被检眼 2. 验光透镜 3. 屈光度标尺 4. 转鼓 5. 模板 6. 光电管 7. 红外滤片

Dioptron 红外线验光仪在自动记录下被检眼的一条子午线屈光度后，将继续测量另外的 5 条子午线屈光度，通过 6 次测量后自动计算出被检眼的完整屈光状态，增加了验光的可信度。

Dioptron 红外线验光仪还采用“双视标”来避免眼的调节。但它仍不能完全代替主观验光。据统计，30% 的验光结果误差超过 0.50D，10% 的结果误差在 0.75D 到 1.6D 之间，因此有人认为该仪器主要价值是作为屈光不正的普查仪器。

（二）检影镜原理的代表仪器：Ophthalmetron 红外验光仪

Ophthalmetron 红外验光仪应用的是检影镜原理（图 4-21），光线从经过红外滤片的主光源发出，通过聚光镜，Chopper 鼓和两个半反射镜进入眼内，其中 Chopper 鼓以每秒 720 次的速度旋转来截断来自光源的光束，从而产生了一种在被检眼视网膜上移动光斑的效果，这种连续运动与检影镜相似，故这部分又被称为扫描光源，而观察系统由一个探测器和一对光电管组成，一对光电管又与称为时相鉴别器的电子仪器相连接，其作用是鉴别光带是顺动还是逆动。同时又将信号输入伺服电机，使探测透镜发生移动，以达到视网膜与探测透镜相重合的状态。为测量散光，探测透镜可以绕视轴旋转，该仪器的另一个特点是其注视系统后视标通过透镜稍呈雾视状态，以诱导被检者放松调节。

Ophthalmetron 验光仪与检影法和主观验光结果相比，仍有差异；且对于被检者的合作度

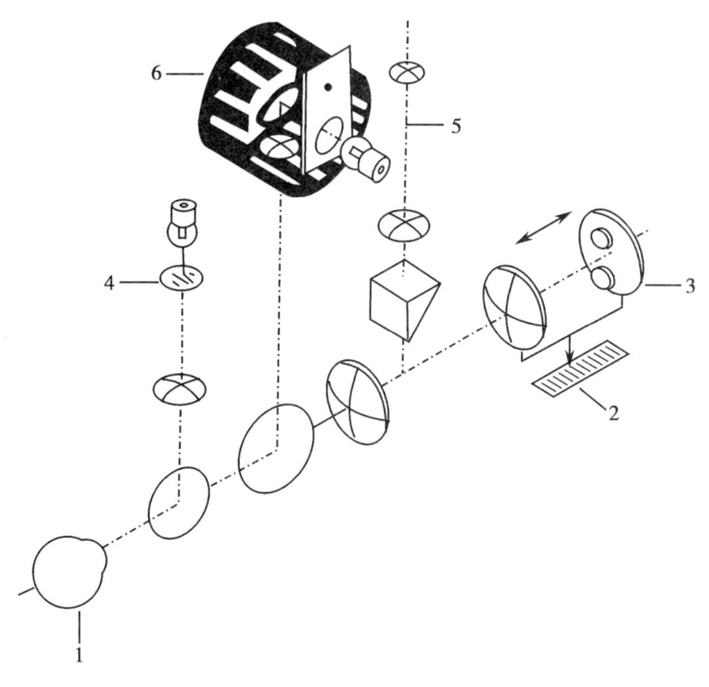

图 4-21 Ophthalmetron 验光仪结构示意图
1. 被检眼 2. 屈光度标尺 3. 光电管 4. 注视视标 5. 对准辅助系统 6. Chopper 转鼓

有一定的要求。

(三) Scheiner 盘原理的代表仪器：Topcon RM-2000 型自动验光仪

Topcon RM-2000 型自动验光仪是根据 Scheiner 盘原理设计的红外自动验光仪，但它不是使用两个针孔，而是将两个光源稍稍偏离照明光路系统的主轴(图 4-22)，这两个光源成像在被检者瞳孔面上。

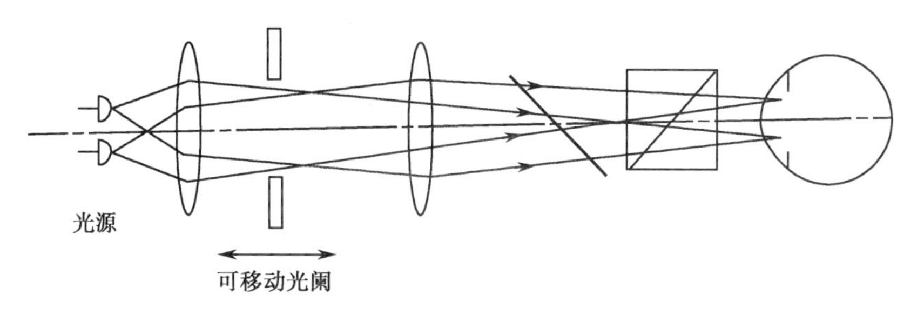

图 4-22 验光仪的光源成像在被测者瞳孔面

该自动验光仪的光标是一个可移动的光阑，当该光阑与被检者的视网膜反射平面不是共轭时，会在视网膜上产生两个模糊的像(分别来自两个照明光源)，前后移动光阑直至两个模糊像重叠为一个像时，就获得了被检者的屈光状态。

为了发现和测量散光，该自动验光仪设置了另外两个光源，与第一对光源相垂直，相当于在一个圆形空间均匀分布，这两对光源相互交替点亮，当一对光源检测与另一对光源检测不一致时，探测系统就会感知，随即转动位置进行测量，直至两对光源的成像一致，这时所记录的位置转动度数即为被检者的散光轴位，两者之间的位置屈光度的差异为散光量。

检查者在操作过程中，观察四个光源在角膜上的反光，从而获得仪器在横截面的一致。在测量过程中，被测眼注视一个经过正镜和针孔的暗绿色灯光，据报道，这样的注视灯光可以有效减少调节的发生。

（四）Foucault 刀刃测试法的代表仪器：Humphrey 自动验光仪

Humphrey 自动验光仪使用了刀刃测试法的原理，其光学原理如下图 4-23 所示。

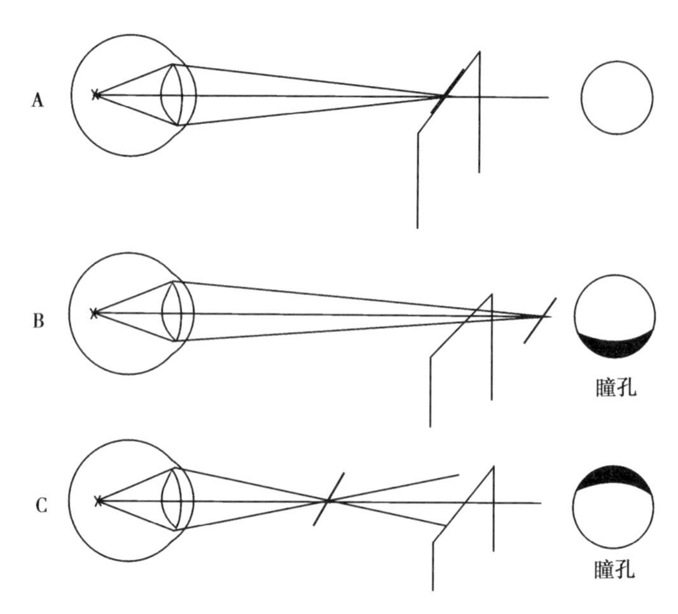

图 4-23 刀刃测试法的光学原理示意图

A. 说明光束在视网膜上的离焦片 B. 与刀刃相对远视的光束模糊像，经过瞳孔的下缘，被刀刃所阻挡 C. 近视眼的光束模糊像，经过瞳孔的上方，被刀刃所阻挡

由上图 4-23A 看出，小光源在视网膜上的成像大部分情况下为离焦像。从图 B、C 中可以看到，当被检者的远点位于刀刃之前或之后，则该离焦光束像成在空中，若远视，表现为瞳孔下方亮区，若近视，表现为瞳孔上方的亮区。

Humphrey 自动验光仪是由四个象限的光探测仪和镜片系统取代了检查者的主观判断，该类探测系统的任务就是窥测出当光分布在不同的象限均匀相等时的屈光状态。

近年来，随着电子技术和计算机技术的发展，验光仪器也在不断的进步。新产品也不断推出，如一些验光仪将主观法和客观法两种融于一机之中，但直至现在，验光仪仍不能完全代替检影验光和主观试镜。

四、摄影验光器械

各种主、客观验光仪，包括电脑验光仪在一定程度上都需要被检者的合作，但儿童的合作程度较差，而婴幼儿几乎不能合作，同时保持注意力的时间也极短，因此各种验光仪均难以在儿童中推广应用。有鉴于此，Howland 于 1974 年创立了一种应用摄影来推断被检者屈光状态的方法，称为正交摄影验光（orthogonal photorefraction），适合于注意力不易集中的婴幼儿屈光检查和普查。1979 年，Howland 等又发展了一种称为各向同性摄影验光（isotropic photorefraction）的方法。上述两种摄影验光方法，其摄影光源均位于镜头中心，故称为中心摄影验光法。在中心摄影验光法发展的同时，Kaakinen 于 1979 年创立了一种称为角膜、眼底反光同时摄影（simultaneous photography of the corneal and fundus reflexes）的摄影验光方法。由于该法摄影光源偏置于摄影镜头中心的一侧，故又称为偏心摄影验光法（eccentric photorefraction）。

（一）摄影验光的光学原理及特点

按照摄影光源与摄影镜头的相对位置，摄影验光仪主要可分为中心摄影验光与偏心摄影验光两种。无论是中心摄影验光或是偏心摄影验光，其基本原理都是静态检影与

Bruckner 试验及 Hirschberg 试验的联合应用。

1. 各向同性摄影的光学原理　图 4-24 为其光学原理图，被检眼位于右侧，左侧为光源及照相装置。

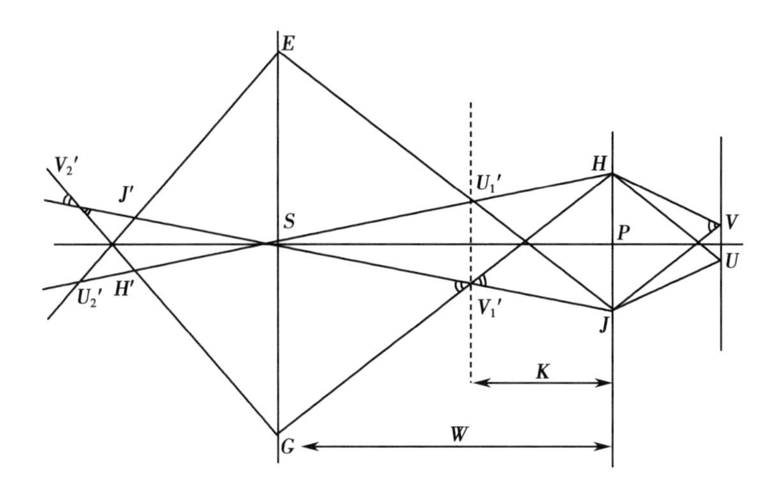

图 4-24　各向同性摄影验光光学原理

图 4-24 表明了这一方法在检查近视时的原理，照相机镜头与眼睛的距离为 W（假设照相机镜头是薄的，且紧贴光源），来自光源 S 的光线充满了瞳孔，遂形成了网膜朦像 UV，然后再次成像为 $U_1'V_1'$，$U_2'V_2'$的像平面显然与视网膜共轭，如果眼睛是处于非调节状态，$U_1'V_1'$的成像平面就是被检眼的远点平面，从被检眼主点 P 至远点平面的距离为 K，光线 SHU 沿着原光路返回，而光线 UJU_1'则通过瞳孔对侧边缘到达照相机镜头平面位置 E。如图 4-24 所示的近视病例，就是这一光线 UJV_1'限定了照相机镜头平面的朦像大小。

当处于镜头中心的光源 S 触发时，除照亮了病人的面部外，也同时将光源成像在病人的双眼视网膜上，光源的视网膜像又可作为第二光源，使视网膜像再次成像在与视网膜共轭的远点平面上。

如果被检眼恰恰聚焦在照相机镜头前面的光源处（即被检眼的远点恰在光源处时），则入射光线从视网膜返回光源时，就不能通过照相机镜头，在照片上看到整个瞳孔区是暗的，当眼睛的远点不落在光源处时，一个圆形弥散斑（blur circle）或椭圆形弥散斑（blur ellipse）在视网膜上形成，从而可见到照片上环绕着光源出现一个照亮区，这个照亮区的大小随着屈光不正大小的变化而变化。如图 4-24 所示，其视网膜共轭点离摄像机调焦面越远，其拍摄到的弥散斑越大。

在各向同性摄影验光图像中，散光状态可在照相平面上产生一个椭圆形朦像，而这个椭圆形斑的长轴即为散光眼的轴向，所以由此可以很容易求出散光轴向。

通过弥散斑大小可以估算屈光力的大小，而采用光线追迹的方法可以提高计算的准确性。Howland 应用一种称为 MACSYMA 的电子计算机程序和模型眼（schematic eye）对摄影验光进行光路追迹。并以实际结果加以校正，得出经验计算方法（empirical calibration），从而得到了更精确的结果。

2. 正交摄影验光　与各向同性摄影验光不同的是在照相机镜头前加了四块+1.50D 的扇形平凸柱镜。所以当光源照亮被检者眼底时，返回光线经四块平凸柱镜在相机镜头后胶片平面上得到的不是椭圆形朦像，而是一个十字形的星形像。

图 4-25 为正交摄影验光的柱镜装置图。被检者眼睛聚焦在照相机平面之前或之后，导光纤维顶端的像经眼睛后聚焦在视网膜之前或之后，从视网膜弥散像返回的光线（即虚光线）落在四块平凸柱镜上，并在胶片平面成像为十字星形。十字星的臂长度与相应子午线上

笔记

的离焦程度以及瞳孔大小成一定比例，当被检眼聚焦在照相机平面时，在视网膜上将形成一个清晰的导光纤维顶端像。

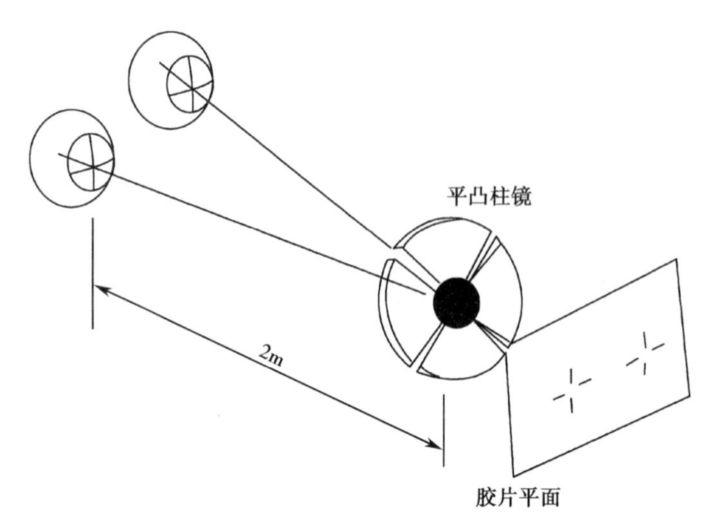

图 4-25　正交摄影验光的柱镜装置图

3. 偏心摄影验光的光学原理　图 4-26 所示为偏心摄影验光的光学原理，图 4-26A 表示被检眼为近视，图 4-26B 表示远视。F 示照明光源，C 为接收镜头，FC 为高度 h。

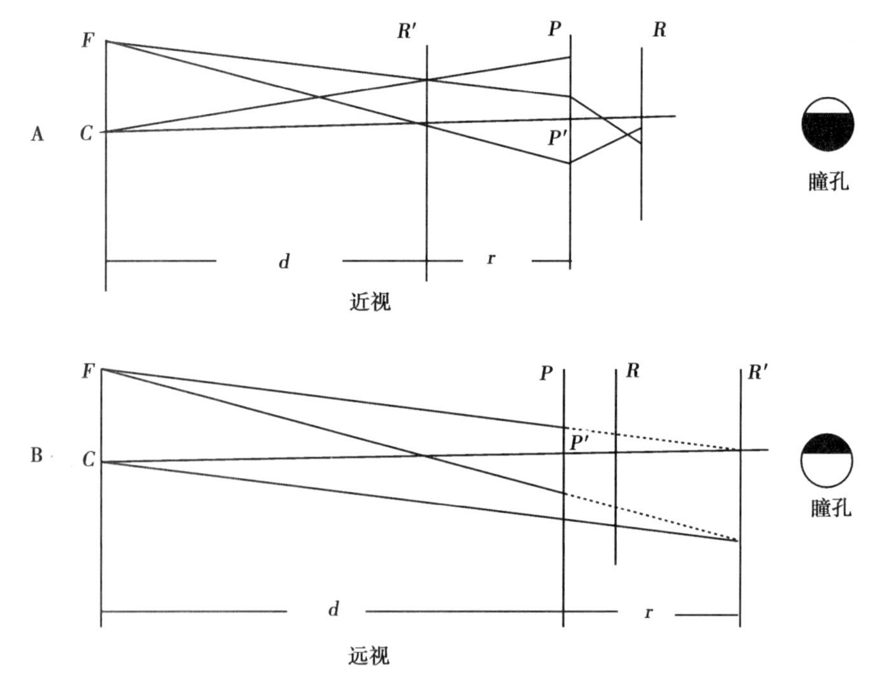

图 4-26　偏心摄影验光光学原理图

令瞳孔暗区的高度为 P'（暗区位于上方为正值，下方为负值）；r 为被检眼远点距离；R 为屈光不正度（负值为近视，正值为远视）；d 为检查距离（单位为米），则从以下公式可以定量地测量屈光不正度。

$$\frac{P'}{h}=\frac{r}{d+r}$$

$$r=\frac{P'd}{h-P'}$$

$$R=\frac{h-P'}{P'd}$$ 公式 4-1

4. Hirschberg 试验和 Bruckner 试验　Hirschberg 根据角膜反光点偏离位置来确定眼位偏斜性质和偏斜程度，如角膜反光点位于瞳孔缘，则偏斜度约为 10°～15°；位于瞳孔缘与角膜缘中间约为 25°～30°；位于角膜缘处，则为 45°。Bruckner 试验是 Hirschberg 试验的进一步发展。它除了包括 Hirschberg 法的内容之外，还通过观察眼底反光的强弱、颜色、大小等信息来判断是否有眼位偏斜。Bruckner 认为，由于黄斑中心凹处色素较多，故反光较弱，而偏离黄斑部的眼底反光因色素较少而增强。因此，斜视病人固视眼的眼底反光比非固视眼的眼底反光要弱。还可通过观察瞳孔大小、瞳孔反应以及某一侧眼连续照明（continuous illumination）后的注视运动来判断弱视眼的存在。Tongue 等认为这是检查弱视非常有效的方法。而其他因素如屈光参差、瞳孔不等大、屈光介质混浊和后极部肿瘤都将能引起眼底反光的改变而使两眼眼底反光不同。该法对戴镜或手术眼残留的微小角斜视的检出尤为敏感。Von Bruckner 所用的器械为一高强度电检眼镜。而摄影验光是用电子闪光灯作为照明光源，并以照相的形式将验光结果永久地记录下来。

（二）摄影验光的优点

与现有的验光方法相比，摄影验光具有以下特点：

1. 易于接受　由于本检查方法为非接触式，同时本仪器以人们熟悉的照相机、闪光灯形式出现，故不会对被检儿童产生心理压力。

2. 无特殊眼位要求　此法在检者注视相机镜头的瞬间按下快门即完成全部检查。

3. 简单易行　摄影验光所需的器械中，照相机往往是主体，所以器械的体积小而灵巧，全部器械拆卸后可装入手提包中。所需的检查环境要求也不高，一般约 2m×1.5m 的地方，布置成半暗室就可使用，这无疑为大规模普查带来方便。

4. 一次检查可同时获得双眼的多种信息，即不仅能检出屈光不正、斜视，而且还能检出如上睑下垂、“牛眼”、小角膜、瞳孔不等大和白内障等其他眼部异常。

5. 操作方便　摄影验光的操作过程与一般的摄影无太大差异。

6. 经济、省时　一般可用普通的 21～27DIN 黑白胶卷为摄影验光记录之用，而且分辨力高，经济易得。

7. 眼部情况可以得到永久且客观的记录，可作为健康档案保存。

五、视力筛查仪

视力问题是学龄前儿童最常见的健康问题之一。高度远视及高度屈光参差等屈光不正儿童多数发展为弱视，从而导致单眼盲率增高。预防视力发育不良最重要的手段是在早期出现假性近视阶段能及时发现、及时矫正。在学龄前儿童视力筛查中，因儿童依从性差导致常规验光方法无法获得准确的验光结果。

视力筛查仪检查无需病人严格配合，适用于婴幼儿或残障病人的视力筛查，包括近视、远视、散光和屈光参差。最常用的视力筛查仪是手持式 Suresight 视力筛查仪（图 4-27）。

图 4-27　Suresight 视力筛查仪

（一）光学原理

Suresight 视力筛查仪是利用 Hartmann-Shack 原理设计的（图 4-28）。光线经眼的屈光系统聚焦折射到感受器上，

经过处理得出双眼的球径、柱径和轴位等屈光数据。其光学原理为光源系统发出的光线，通过分光镜照射进眼底，眼底把光线反射回仪器。反射光束在仪器内部经过中继镜，并且通过微透镜阵列分割反射，并将其反射的平行光线聚焦到探测器上。如果入射波前为理想平面波前，则每个透镜所形成的光斑将准确落在其焦点上，如果入射波受到介质的干扰，则每个微透镜所形成的光斑将在其焦平面上偏离其焦点。探测由各个子孔径的光斑阵列相对标定光的偏移量，计算出人眼的屈光度。

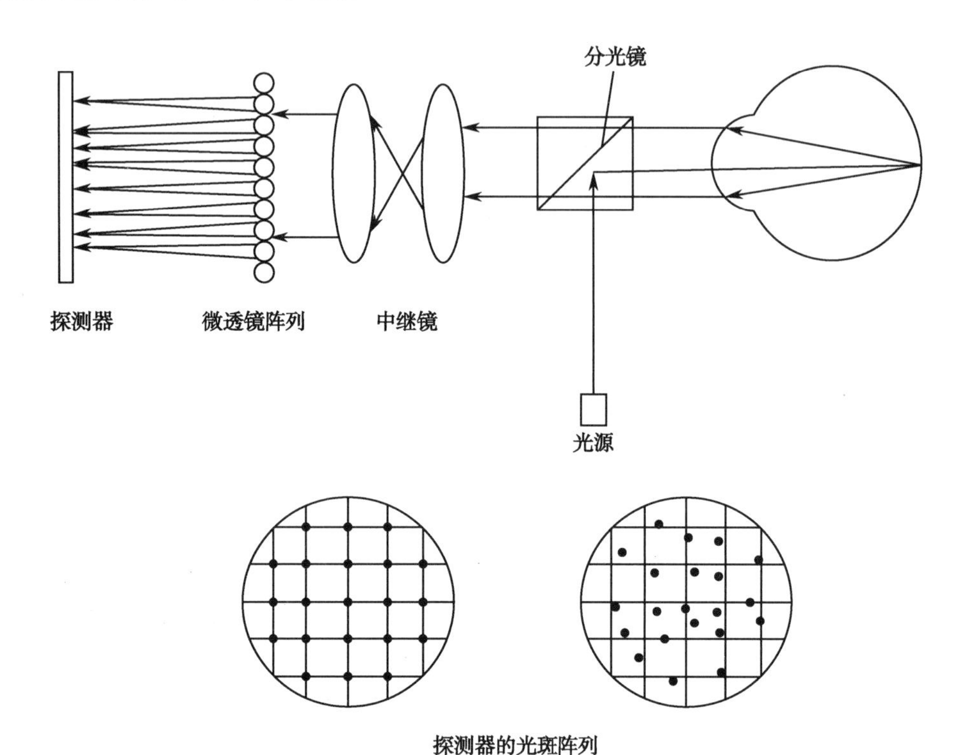

图 4-28 Suresight 视力筛查仪结构示意图

（二）视力筛查仪的特点

1. 简便易携 手持式仪器可持续近 3 小时测试，使用干电池的打印机能够随时随地将结果打印出来。

2. 筛查范围广 适合筛查婴儿、儿童和成年人；也适合筛查戴眼镜或角膜接触镜人士。Suresight 可通过闪烁的灯光和声音吸引婴幼儿的注意，使儿童放松，只需稍加配合即可完成测试。

3. 自动、无损伤性 距离 35cm 一键即可进行检查。

4. 检测速度快 5 秒钟可完成双眼自动测试。

5. 操作简便，检查时对病人无特殊要求 需要较小的依从性，尤其合适婴幼儿、儿童及语言障碍的病人。

6. 客观性 自动测试并显示准确读数。

第三节 综合验光仪

验光是眼科学与视光学临床实践中主要的检查手段之一，目前国际上公认的常规验光设备仍是综合验光仪（phoropter），它又称为屈光组合镜，顾名思义，就是将各种测试镜片组合在一起。Phoropter 由两个词根组成：Phoro+optometer，Phoro 的含意是测量肌肉；optometer 的含意是验光，这两种意思至今仍能很好地体现综合验光仪的作用，即综合验光仪不仅仅用于验光，而且还用于隐斜等视功能的检测。

最早的 Phoropter 是由 De Zeng 在 1908 年研制的，当时的综合验光仪由四个系列盘组成，一个系列盘有八片以上的镜片，旋转系列盘，可分别将+15.00D 至-20.00D 的不同镜片转至视孔前，另外还可将含有柱镜的系列盘转至视孔前，用以矫正散光。

大部分的现代综合验光仪将球镜和柱镜安装在三个转轮上，如图 4-29 所示，最靠近病人眼前的转轮上装有高屈光度数的球性镜片，中间转轮是低度数球镜，最外面转轮是柱镜镜片。两个球性镜片转轮与由一联动齿轮系统控制，通过旋转一个转轮便可使镜片度数以一定的级率增减；柱镜的轴向由单个旋钮来控制，通过一行星齿轮系统来使柱镜落在同一轴向上，这样的设计加速了验光过程，从而使验光医师不必在每次改变柱镜度数时重新确定柱镜的轴向。

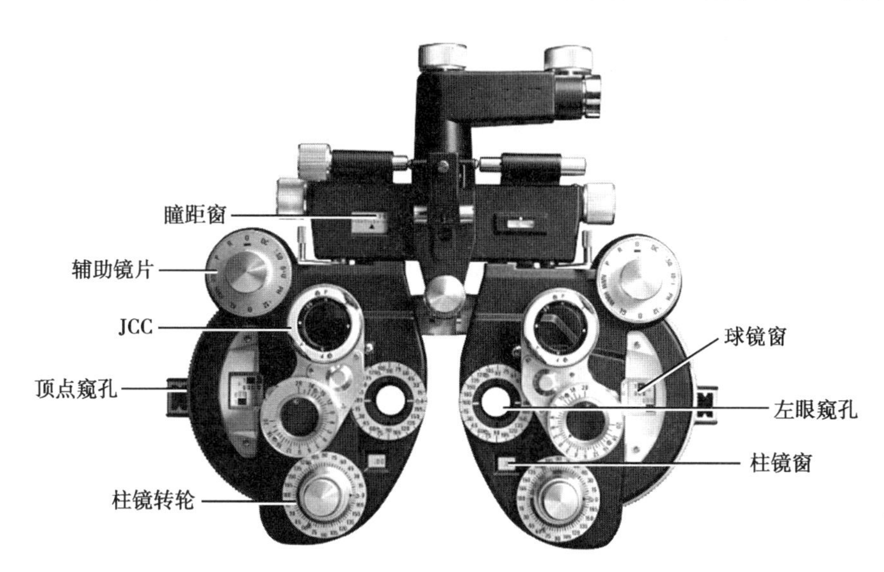

图 4-29 综合验光仪头部示意图

除了球镜和柱镜外，现代综合验光仪还有一个大转盘，含有各种实用的附加镜片，如遮盖镜、Maddox 杆、+1.50D(或+2.00D)的检影工作距离抵消镜、针孔镜、偏振片、分离棱镜，此外还有一组 Risley 棱镜和交叉柱镜，装在翼臂上，可旋转至视孔前。大部分综合验光仪的交叉柱镜轴与柱镜轴是联动的，这样在旋转柱镜轴时可使交叉柱镜的轴向自动跟随转动。

一、综合验光仪的构成和特点

(一) 镜片调控

综合验光仪主要由两类镜片调控(lens controls)，一类为控制球镜部分，另一类为控制负度数柱镜部分。

1. 球镜调控(spherical lens control) 综合验光仪中两侧分别有两个球镜调控转轮，小的为球镜粗调转轮，以±3.00D 的级距变化，大的为微调球镜轮，以±0.25D 的级距变化，两组调控转轮加在一起，可以提供从+20.00D 至-20.00D(0.25D 级距变化)的球镜范围。

总球镜度数可从球镜度数表上读出。

2. 负度数柱镜调控 负柱镜镜片安装在一个旋转轮上，转动柱镜调控转轮可以改变柱镜的轴向和度数。

柱镜由两个旋钮来控制，即柱镜度数旋钮和柱镜轴向旋钮，柱镜刻度表显示柱镜度数，柱镜轴向箭头所指为负柱镜的轴位。

(二) 附属镜片盘

附属镜片盘(auxiliary lens knob/aperture control)(图 4-30)主要有以下几种：

O(open)：无任何镜片孔；

图 4-30 附属镜片盘

OC(occluded or BL,blank):遮盖片,表示被检查眼完全被遮盖;

R(retinoscopy lens aperture):将+1.50D 或+2.00D 置入视孔内,以抵消检影验光工作距离所产生的相应屈光度数;

±0.50D:±0.50D 的交叉柱镜,用于检测调节滞后或调节超前,常用于 FCC 测试;

PH(pinholes):针孔片;

RL 或 GL:红色滤片或绿色滤片,常用于双眼融像测量;

RMH/VMH(Maddox rod):水平位和垂直位的 Maddox 杆,用于检测隐斜;

P(polariod):偏振片,用于检测立体视或双眼均衡;

10I:底朝内 10 棱镜度,常用于双眼平衡测试;

6U:底朝上 6 棱镜度,常用于双眼平衡测试。

(三) 辅助镜片

综合验光仪有两至三组辅助镜片(ancillary units),可以在需要的时候转至视孔前。

1. Jackson 交叉柱镜(Jackson cross cylinders) 交叉柱镜上的红点表示负柱镜的轴向,白点表示正柱镜的轴向,手柄位于偏离柱镜轴 45°处,即折射轴处。

JCC 在相互垂直的主子午线上有相同度数,但符号相反的屈光力,一般为±0.25D,也有±0.37D,±0.50D 的,主子午线用红白点来表示;红点表示负柱镜轴位置;白点表示正柱镜轴位置,两轴之间为平光等同镜,一般将交叉柱镜的手柄或手轮设计在平光度数的子午线上,JCC 的两条主子午线可以快速转换,图 4-31A 示±0.25D 的交叉柱镜。

2. 棱镜转动轮 棱镜转轮或 Risley 棱镜(图 4-31B)上的标记,指明棱镜底的位置和棱镜度数,当在水平子午线为零时,箭头所指为底朝上或底朝下;当在垂直子午线为零时,箭头朝内为底朝内,反之底朝外。

(四) 调整部件

调整部件(图 4-32A):为适应病人综合验光仪还包括一些调整。

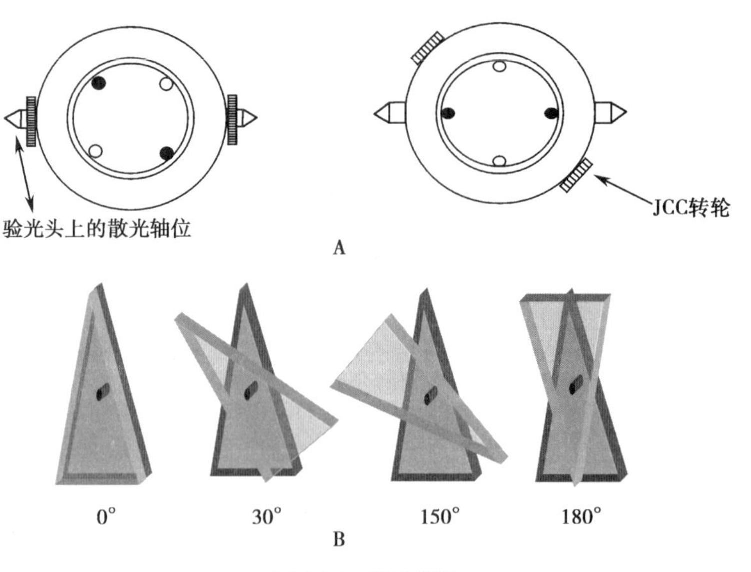

图 4-31 辅助镜片

A. JCC B. Risley 棱镜外观极其构成原理

1. 瞳距旋钮 保证镜片的光学中心位于瞳孔中央。

2. 近距瞳距调整器 做近距测量时使用。

3. 水准调整器 使得综合验光仪能保持水平位置,特别在散光检测时应注意。

4. 顶点距离调整 了解被测者角膜顶点距离,估计综合验光结果与实际框架眼镜的度数差异。

5. 多镜倾斜控制 调整以保证综合验光仪的垂直平衡。

6. 近视力表杆 做远距测量时可将该杆直立,作近距测量时,悬挂近距视力表,并有标尺显示检测距离(图 4-32B)。

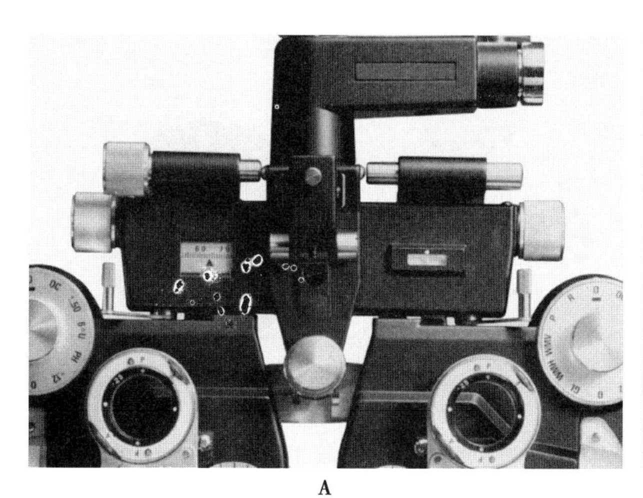

A

B

图 4-32

A. 调整部件 B. 近视力表杆

二、远距视标投影系统

综合验光仪一般配备投影视力表系统以加速验光的规范和进程,投影系统(图 4-33)类似幻灯投影系统,各种视力表系统根据需求进行调整,其主要构成有:①常规视力表系统;

K 0.05
DEC 0.1 HON 0.16
TKPEB 0.2 ARFSH 0.3 CNDTZ 0.4
KOZFT 0.5 PVHAD 0.6 RZCNB 0.7
VSHEL 0.8 APFCB 0.9 RDZTG 1.0
HKNST 1.2 OVEFG 1.5 DACZR 2.0

ЭШM 0.1 MEШ 0.2
0.3 0.4 0.5 0.6 0.7 0.8 1.0 1.2 1.5

458 0.1 293 0.2
54367 0.3 68294 0.4 32865 0.5
28563 0.6 93427 0.7 56984 0.8
94527 1.0 68349 1.2 59283 1.5

0.1 0.2 0.3 0.4 0.5 0.6 0.7 0.8 1.0

0.3 0.4 0.5 0.63 0.7 0.8 1.0

图 4-33 各种常用视标

②特殊视标系统。

1. 视标构成 主要包含:①E 字视力表;②C 缺口视力表;③数字视力表;④卡通视力表。这些视力表的特点是基于 Snellen 设计原理,在应用过程中可以操纵成单行、单个等,视标大小标志在视标右侧。

2. 钟形散光表 主要用于主觉测量残余散光(图 4-34)。

3. 红绿视标 两种红绿视标分别为:①独立的红绿视标,在主觉验光过程中使用;②可以在原视力表的基础上,覆盖上红绿色,亦在主觉验光过程中使用。

4. 蜂窝视标 在主觉验光过程中用 JCC 做散光检查时使用(图 4-35)。

5. 点光源 通常在进行 Maddox 杆测试的时候用。

6. Worth 4 点视标 用于测量双眼融像试验(图 4-36)。

图 4-34 钟形散光表

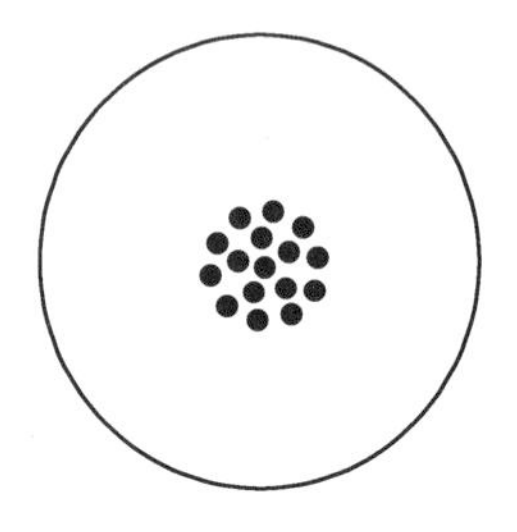

图 4-35 蜂窝视标

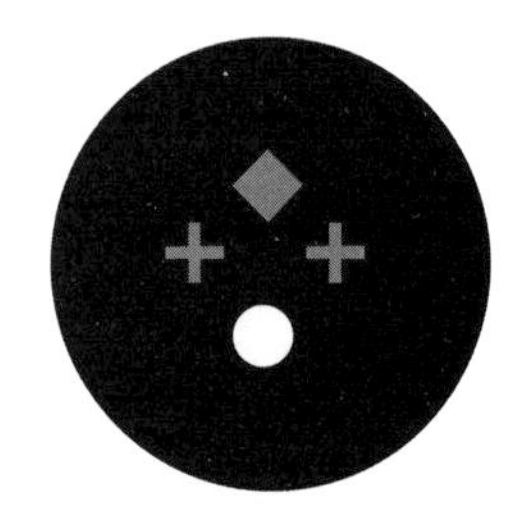

图 4-36 Worth 4 点视标

7. 偏振片视标 配合综合验光头中的偏振镜片,检测双眼融像能力和问题(图 4-37)。

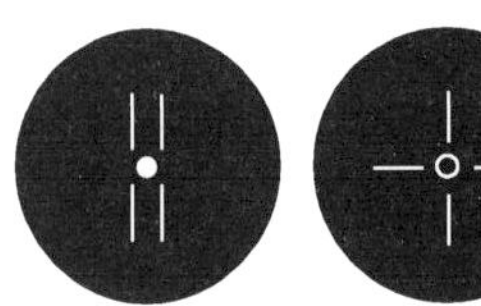
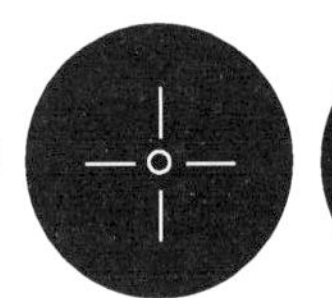
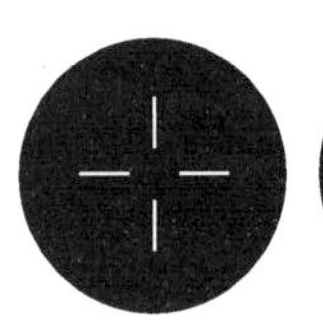
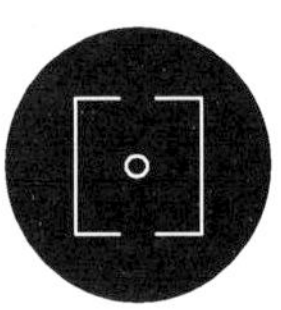
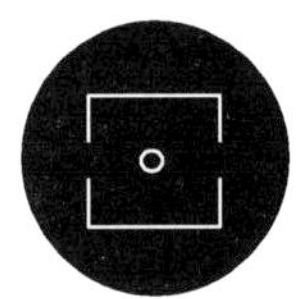

图 4-37 偏振片视标

投影式视力表将各种视力检查表聚合在一起,操作时用遥控器进行选择和控制,极大地提高了检测效率。

二维码 4-2 扫一扫，测一测

实际上,投影式视力表是视力表幻灯片的投影。将各种视力表幻灯片安装在转盘上,转动转盘,将所需的视力表转到被投影的孔中。

(吕 帆 沈梅晓)

笔记

第五章

眼底检测仪器

本章学习要点

- 掌握：眼底检测仪器的分类、结构、工作原理。
- 熟悉：眼底检测仪器的主要组成部分。
- 了解：眼底检测仪器操作过程。

关键词 眼底成像设备 检眼镜 眼底照相

眼底是指眼球内位于晶状体以后的部位，包括玻璃体、视网膜、脉络膜与视神经。眼底检测仪器可分为形态学检测仪器和功能检测仪器两大类。本章主要介绍临床常用的视网膜形态检测仪器的原理、功能和临床应用，视网膜功能检测仪器、眼科超声检查仪器和OCT等在本书其他章节中介绍。

第一节 检 眼 镜

检眼镜(ophthalmoscopes)是检查眼屈光介质和视网膜的仪器，故亦称眼底镜，是眼科一种重要的常用仪器。检眼镜分为直接检眼镜和间接检眼镜两类。应用直接检眼镜看眼底，检查者观察到的是视网膜本身，是没有立体感的正像；而应用间接检眼镜，检查者观察到的是由检眼镜形成的视网膜立体倒像。直接检眼镜的角视野(angular field)远远小于间接检眼镜的角视野。一般直接检眼镜的角视野范围约为10°~12°；而间接检眼镜观察到的角视野范围可大到60°。两类检眼镜的眼底像放大倍数也不相同，直接检眼镜的放大倍数约为15倍左右；而间接检眼镜的放大率仅约2~3倍。总的来说，直接检眼镜和间接检眼镜两者的功能各有特点，应用直接检眼镜能在高倍放大的情况下观察较小范围的眼底像；而应用间接检眼镜时，能在较小的放大倍率下观察到较大范围的眼底立体像。目前，临床上一般同时使用两类检眼镜检查：首先用间接检眼镜观察较大视野下有否病变，然后再用直接检眼镜高倍率下检查眼底特定区域细微结构改变和形态特征。

一、直接检眼镜

1850年Hermann von Helmholtz在柏林的物理学术报告会上展示了世界上第一台眼底检查设备，该设备采用一个镜片将照明光源发射出来的光线折射到被检查者的眼底，眼底的反射光线通过观察孔进入检查者眼中，使人类第一次看清活体人眼的视网膜。在随后召开的哥尼斯堡医学科学学术会议上，Helmholtz将其命名为“Augenspiegel”，意即“检查眼底的仪器”。由于物理光学和材料学的发展，目前临床使用的直接检眼镜在性能上已得到极大的提高，然而，其基本光学原理仍然沿用160年前的Helmholtz检眼镜原理。为了更好地理解直

接检眼镜(图 5-1)的检查原理,以下先对传统的梅氏检眼镜作一介绍。

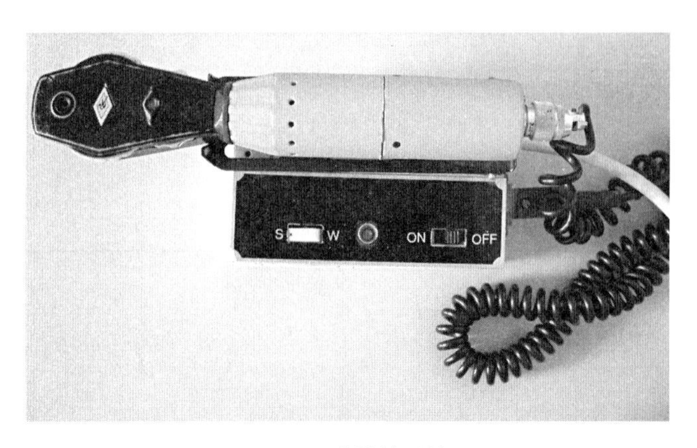

图 5-1 直接检眼镜

梅氏检眼镜是一种典型的直接检眼镜(图 5-2)。照明光源采用直流 25V,0.75W 灯泡。聚光镜采用平凸形、屈光度 200D、焦距 5mm 的透镜。平的一面朝向灯泡,以减少像散。灯泡的灯丝位于聚光镜的焦面上,以使光线在通过聚光镜后形成平行光。光阑(aperture)的直径为 1mm。梅氏棱镜的作用是使光线会聚和转向,其折射面为半径为 5mm 的球面,因此屈光度值为 100D。如果光阑置于物方焦点上,则出射的是平行光;若光阑位于焦点内,则出射的是发散光,反之,则出射会聚光。光源发出的平行光会聚于棱镜的像方焦点,此点正好在棱镜斜面上,或者在斜面的附近处,它是典型的柯拉照明。

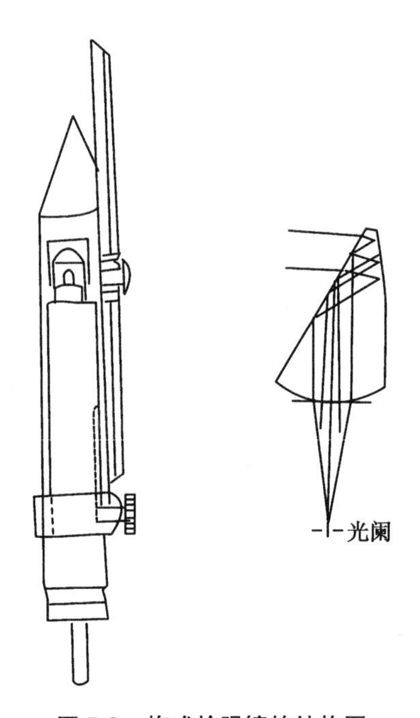

图 5-2 梅式检眼镜的结构图

补偿透镜的作用为补偿被检眼和观察眼的屈光不正,使观察清晰。补偿盘可绕轴旋转,通过旋转补偿盘可选择合适的补偿片,补偿范围+20D ~ -25D。调焦沟的作用为移动灯泡和光阑,以保证被检眼为屈光不正时,也能将光阑清晰地成像在眼底。如被检眼为远视,光阑应远离棱镜;如被检眼为近视,光阑应移近棱镜。

(一) 直接检眼镜的结构和基本原理

光学上,直接检眼镜包括照明系统和观察系统两部分。照明系统包括灯泡、聚光透镜、投射透镜和反射镜。灯泡通常预先确定好中心位置,以保证灯丝像恰好位于反射镜前面,一些直接检眼镜灯泡里充满了卤素气体,使灯丝可达到较高温度,以增加光亮度。

聚光透镜的作用是将灯泡发出的发散光会聚成平行光线。光阑位于聚光透镜和投射透镜之间。光阑可控制投射在视网膜上的照明光斑大小。一些早期的直接检眼镜在照明系统中插入一绿色滤光片(filter),也称为无赤光滤光片(red free filter)。由于该滤光片能去除照明光束中的长波光线,因此在显示眼底时可产生两种效果:首先,它增加了视网膜血管和背景的对比度;其次,它有利于检查者鉴别是视网膜损害还是脉络膜损害。视网膜损害显示为黑色,而脉络膜损害则显示为棕灰色,这种差异是由于视网膜组织的短波光散射所致,这种现象的出现也可由发射大量短波长光线的直接检眼镜光源所产生。现代的直接检眼镜一般应用钨丝灯泡作光源,这种光源比之早期的直接检眼镜光源来说具有许多优点,但缺点是该光源发射的短波长光线极少,如果将无赤光滤片置于这种直接检眼镜的照明系统内,就将吸收大量的入射光线,从而使被检眼底的亮度大为降低。为克服这些问题,制造厂家已精心设计

了一些滤光片，使得相当量的长波光线能够通过，但这些措施仅稍增加视网膜血管和背景的对比度，对于鉴别视网膜和脉络膜损害却更为困难了。

投射透镜的作用在于将通过光阑的平行光线聚焦在反射镜的斜面上。各种直接检眼镜所用的反射镜不同，有的使用金属平板作为反射镜，而另一些则采用棱镜或平面镜。直接检眼镜成像原理如图 5-3 所示。

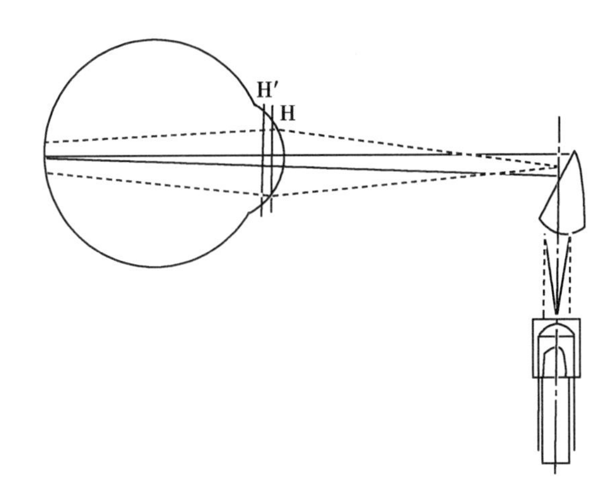

图 5-3　直接检眼镜成像原理

现代的直接检眼镜的观察系统包含窥孔和聚焦（补偿）系统。聚焦（补偿）系统是用于补偿或中和检查者和被检者两者结合的屈光不正，以获得对被检者眼底的清晰观察。这个系统包含了一些具有不同屈光力透镜的补偿镜片转盘，其中的某一屈光力镜片恰位于窥孔前，检查者通过指轮来改变窥孔前面的透镜，大多数直接检眼镜将各聚焦（补偿）透镜沿着转盘的边缘安装，如图 5-4 所示，有些检眼镜将这些透镜安装在链上；后者可使更多的透镜被装上直接检眼镜，从而获得较大的聚焦（补偿）范围，同时相邻透镜间的屈光度间距也较小。除了上述链式或轮式聚焦透镜转盘外，大部分直接检眼镜还附加上较高屈光度的正、负透镜，与链式或轮式转盘结合后，就使聚焦（补偿）的范围更为扩大。

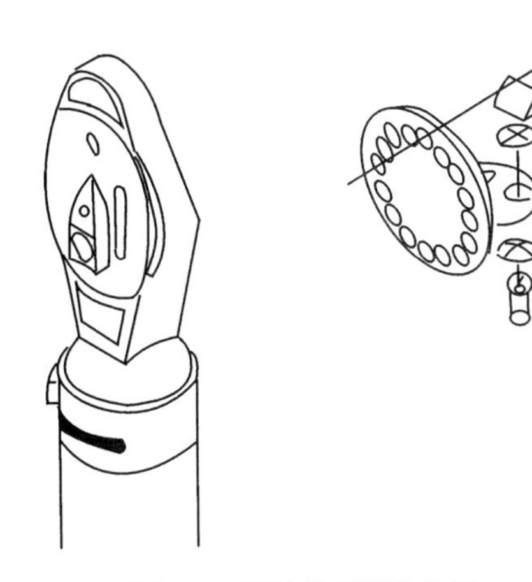

图 5-4　直接检眼镜结构图

直接检眼镜的窥孔直径一般为 3mm，其观察系统光路轴线固定在稍偏于照明光路轴线的一侧，这种设计排除了观察视野一侧的角膜反光，如无这种设计，直接检眼镜的灯泡通过角膜这个“凸面镜”而形成的灯泡像（角膜反光）就可能落在观察视野的中央，恰好阻挡检查者观察病人眼底，这种反光的强度和位置由下列参数所决定：

1. 照明光路和观察光路之间的夹角　尽管照明和观察光路之间角度的增大使得角膜反光偏移，但它也同时减少了照明系统和观察系统两者重合在视网膜上的光量，基于以上原因，这个角度一般是很小的。

2. 检查者与被检查者之间的距离　照明光路和观察光路在角膜上的实际间距也取决于检查者与被检查者之间的距离。检查者离被检查者越近，角膜反光偏离观察光路越远，这种情形在检查者实际操作时很容易得到证实，检查者如想从一定的距离开始观察黄斑，例如从 10cm 距离开始，然后逐渐移近被检者，就可以看见角膜反光逐渐地偏离观察视野的中央，从而使得黄斑容易被检查。

3. 照明系统光阑的大小　角膜反光的强度还取决于照明系统光阑的位置和大小，光阑

笔记

越大，照明光束落在角膜上的横截面积也就越大，从角膜反射回观察系统的反光量也越多。这个因素的重要性显然还未被某些直接检眼镜设计者所认识，因为这些设计者还未能提供一个小到足以方便检查黄斑的光阑。照明系统孔径光阑大小所决定的照明光束在角膜上的断面大小如图 5-5 所示。

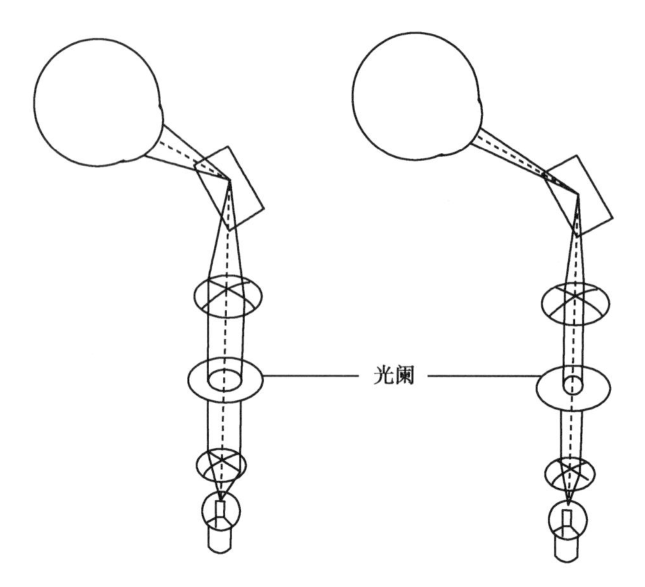

图 5-5 照明系统孔径光阑大小所决定的照明光束在角膜上的断面大小

4. 窥孔直径的大小 角膜反光大约形成在角膜后 4～5mm 处，由于检查者看到的这个像是相当离焦的，其朦角的大小将取决于窥孔的直径，当窥孔变小，角膜反光的朦像也随之变小。但是，小窥孔也减少了观察所需的光量。因此，现代的直接检眼镜的窥孔直径，一般保持在 3～4mm。

另一种方法是通过对照明系统和观察系统的正交偏振（cross polarizing）来除去角膜反光。因为来自角膜的镜面反射包含了各向的偏振光，而来自眼底的弥散反光并不如此。于是对照明系统和观察系统的正交偏振就能选择性地去除角膜反光。但是，这种技术也有两个缺点：①当光线通过起偏器和检偏器时，大量的光能损失了；②血管的反光也是镜面反射，因此也损失了，而这些对于估计视网膜血管情况是很有价值的。

（二）观察视场和照明视场的一致性

理想的直接检眼镜设计应是照明视场和观察视场大小相等。照明视场大于观察视场的缺点在于：第一，较大的照明视场会导致不必要的光量进入眼内，这些额外的光量使瞳孔变小，致使观察视场变小；第二，较大的照明视场会引起较强的角膜反光，从而影响眼底检查。

对于一种典型的现代直接检眼镜和一个瞳孔直径为 3mm 的病人来说，观察光路的角视场一般为 12°，因此，位于照明系统之内的孔径光阑也应做到与观察视场等值。当直接检眼镜用于观察瞳孔已散大到 6mm、观察视场接近于 20°的病人眼底时，显然应该有另一个可使照明视场达到 20°的较大孔径光阑。此外，直接检眼镜还应有一个适合于观察黄斑的小光阑。因此较为理想的直接检眼镜至少应有 3 个孔径光阑：一个小的观察黄斑，一个中等大的通过正常瞳孔观察眼底，再有一个大的观察已扩瞳的眼底。

大多数直接检眼镜的聚焦（补偿）透镜离开角膜大约为 2～3cm，在高度近视时，这距离产生了较大的放大率，因此，为了克服这个问题，可以让病人戴上自己的矫正眼镜，这是因为矫正眼镜离角膜比直接检眼镜的聚焦透镜离角膜近。

二、间接检眼镜

间接检眼镜的发展历史经历了两次重大的变革。1852 年，Ruete 发明了第一台间接检眼镜，由于采用单目设计，与直接检眼镜相比无明显优势，因此未受到临床医生的重视。1861 年，Giraud Teulon 发明了双目间接检眼镜，它具有视野范围大、立体感强的优点，很快成为最受关注的眼底检查技术之一。20 世纪 50 年代，Schepens 对双目间接检眼镜进行了一系列改进，光学系统渐趋成熟，在眼底检查方面凸显优势，形成现代双目间接检眼镜的雏形。目前，在长期习惯使用直接检眼镜的国内眼科界，间接检眼镜日益普及，在玻璃体视网膜疾病诊疗技术发展较好的医院，间接检眼镜甚至已成为临床诊疗的常规手段。

间接检眼镜与直接检眼镜的不同之处在于检查者用间接检眼镜观察到的并不是眼底本身，而是通过放置在检查者和被检者之间的检眼透镜而产生的倒像。各种间接检眼镜在尺寸上和复杂性方面有很大差异，最基本的间接检眼镜如图 5-6 所示，其成像原理图如图 5-7 所示。+15D ~ +30D 范围的检眼透镜以手持方式置于病人眼前，该透镜具有两种功能：①它将照明系统的出瞳和观察系统的入瞳成像在病人瞳孔处；②它将病人的眼底像成在检眼透镜和检查者之间。

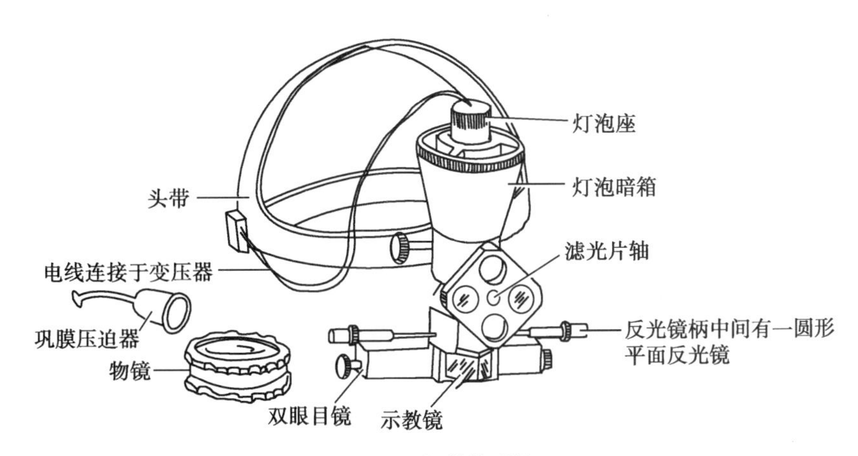

图 5-6　间接检眼镜

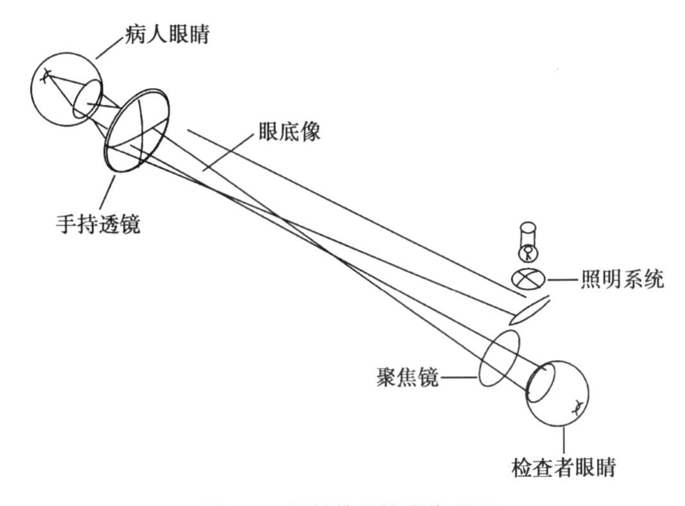

图 5-7　间接检眼镜成像原理

眼底像的位置随病人的屈光状态和检眼透镜的屈光力大小而变化，如用 13D 的检眼透镜来检查正视眼的眼底，形成的眼底像在检眼透镜前面 77mm 处。如果检眼透镜距离检查者 60cm，则检查者就可能需要付出额外的 2D 调节力才能看清病人的眼底像。如果病人是

笔记

远视眼或者检查者想将眼底像成在更近处,以使被观察的眼底放大得较大,则必须付出更多的调节。一般间接检眼镜总是常规附加聚焦(补偿)透镜于窥孔前面。

对于具有一定直径的高屈光力检眼透镜来说,它降低了放大率,却可增大观察视场。但由于制造高质量、高屈光力和大孔径的检眼透镜在工艺上较为困难,因此高屈光力的透镜直径往往较小,故并不能获得一个较大的观察视场。为了减少检眼透镜的像差,提高眼底像的质量,大部分检眼透镜被制成非球面形式,透镜较凸的一面应对检查者。因为光源通过检眼透镜,产生了两部分额外的反光,一部分来自透镜的前表面,另一部分来自透镜背面,为了保持这些反光的强度尽可能小,检眼透镜通常涂上一层抗反光物质,残余反光则可通过适当倾斜检眼透镜去除。

间接检眼镜的一个明显特点是通过精心设计,实现了从观察视场中完全除去角膜反光。Gullstrand 是制造无反光检眼镜的先驱。1992 年,Henker 对无反光检眼镜进行了改进,奠定了现代间接检眼镜的基础。Gullstrand 简化型间接检眼镜的光线通过一成像在病人瞳孔平面的狭窄裂隙进入眼内。眼底的观察则通过一个也成像在病人瞳孔平面的圆孔,即照明系统的出瞳(裂隙)和观察系统的入瞳(圆孔)分别成像在病人的瞳孔平面,为了使眼底像质量尽可能的好,一般观察系统的入瞳成像在瞳孔中央。Gullstrand 简化型无反光检眼镜及其光路图如图 5-8 所示。

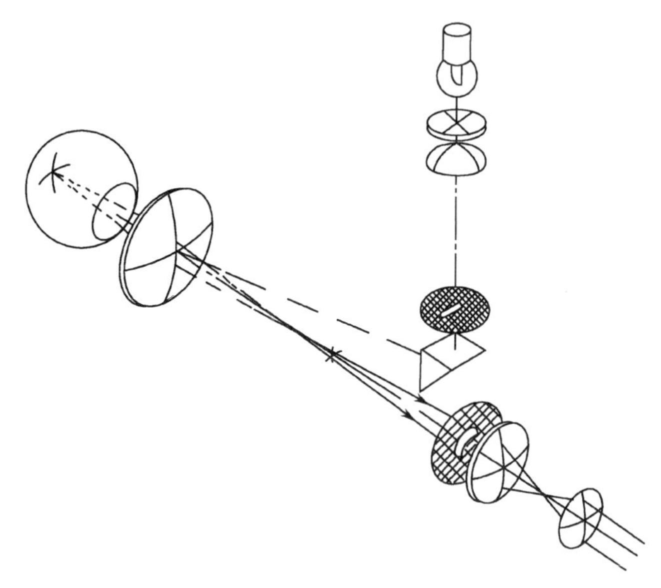

图 5-8 Gullstrand 简化型无反光检眼镜及其光路图

双目间接检眼镜的临床应用:近年来随着玻璃体视网膜手术的发展,双目间接检眼镜已成为眼科常规设备之一。因为是双目同时观察,故有立体感。尽管由于检眼镜的两次反射,使左右眼的视线靠近了很多,但仍然存在足够的两眼视差角,产生立体感觉。目前双目间接检眼镜以头戴式或眼镜式最为普遍。同时,观察眼与眼底像存在一定距离,极有利于手术过程中进行检查和手术操作。双目间接检眼镜可按被检眼瞳孔大小调节光源像和检查者双眼瞳孔像在被检眼瞳孔中的位置,三者靠近即作小瞳检查;而瞳孔散大时,则三点尽量移开,以获得较好立体视觉,并能更好地避开角膜反光。

三、检眼镜的放大作用

(一)直接法检眼镜的放大作用

直接检眼镜观察到的是一个放大的正虚像。如图 5-9 所示,当被检眼为正视眼时,眼底像成在无穷远处;对观察眼来说,相当于有一物 $A'B'$ 放在明视距离处观察。因此放大率为:

$$\beta=\frac{A'B'}{AB}=\frac{250}{-f}=\frac{250D}{1000}=\frac{D}{4}$$ 公式 5-1

式中，D 为眼的屈光度。对正视眼而言，D 为 58.64，故 β 为 14.66。

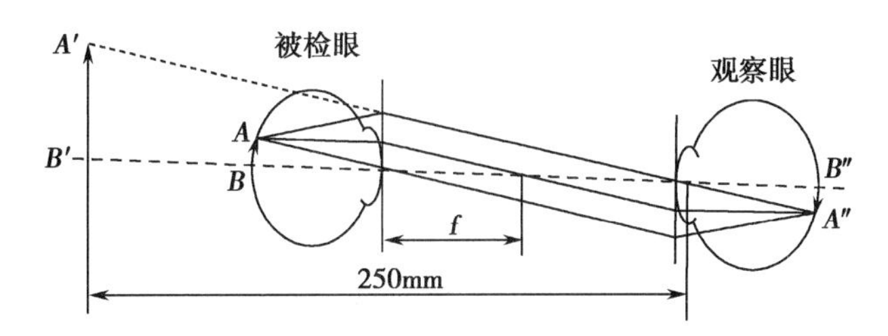

图 5-9　检眼镜直接法观察时的放大作用（正视眼）

如被检眼为非正视眼，例如为近视眼，其屈光不正为 D，则眼底成像在远点处，到角膜顶点的距离为 L。此时窥孔处应转入相应的补偿透镜，以使光线经过此补偿透镜后，成平行光进入观察眼（图 5-10），因此被检眼的远点即为补偿透镜的前焦点。此时的放大率为：

$$\beta=\frac{A'B''}{AB}\times\frac{A''B''}{A'B'}=\frac{-L+f}{f}\times\frac{250}{-f_0}$$ 公式 5-2

如式中资料以 m 为单位，则

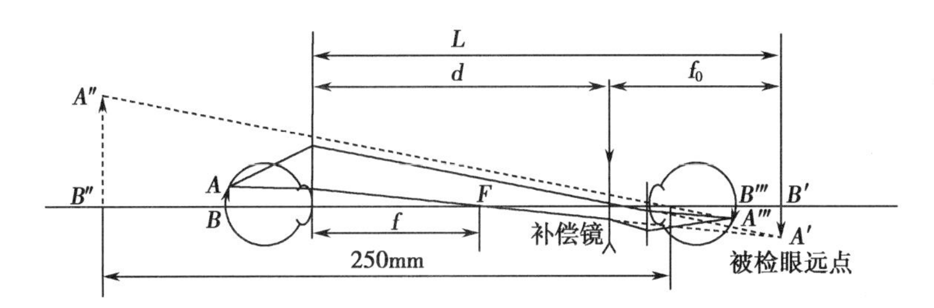

图 5-10　检眼镜直接法观察时的放大作用（非正视眼）

$$\beta=\frac{-L+f}{f}\times\frac{1}{-4f_0}$$ 公式 5-3

$$\frac{1}{D'}=L=-d-f_0$$ 公式 5-4

$$f=-\frac{1}{D}$$ 公式 5-5

$$\beta=\frac{\frac{1}{D'}-\frac{1}{D}}{\frac{1}{D}}\times\frac{1}{4\left(-d-\frac{1}{D'}\right)}=\frac{D'+D}{4(1+dD')}$$ 公式 5-6

已知 D 为 58.64，根据不同的 d 和 D'，可求得 β 值如表 5-1 所示。β 与 D' 的关系曲线见图 5-11。

表 5-1　检眼镜直接法观察时的放大率

D(D)	β（放大倍率）	
	d=0.03m	d=0.01m
13	12.88	20.24
10	13.20	18.87

续表

D(D)	β(放大倍率)	
	d=0.03m	d=0.01m
8	13.44	17.79
5	13.83	16.70
3	14.14	15.87
1	14.48	15.06
0	14.86	14.66
–1	14.86	14.27
–3	15.29	13.49
–5	15.78	12.74
–8	16.66	11.65
–10	17.37	10.94
–13	18.70	9.93

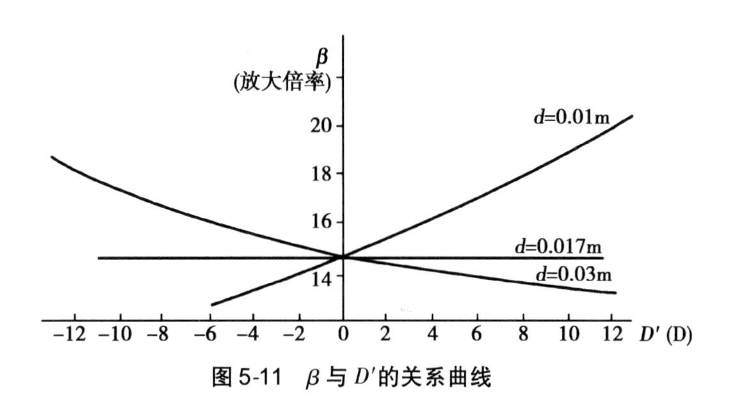

图 5-11 β 与 D′的关系曲线

由计算可知，用检眼镜直接法观察眼底时，如被检眼为正视眼，其放大率约为 15 倍。如果 d 取为 30mm，则被检眼为近视眼时，放大率要大些，当屈光不正达–15D 时，约为 20 倍。远视眼的放大率要小些，当屈光不正达+15D 时，约为 12 倍。

（二）间接检眼镜的放大作用

用间接检眼镜观察时，看到的是一个放大的倒实像。

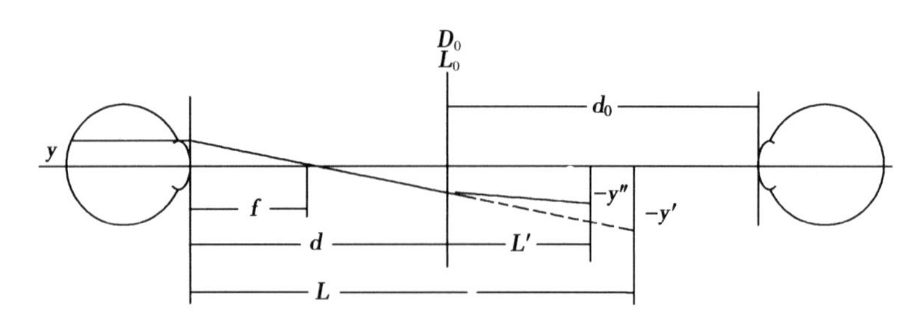

图 5-12 间接检眼镜观察的放大作用（近视眼）

如图 5-12 所示，眼底 y 成像在远点处，设远点距为 L，屈光不正为 D'，像高为 y'，则放大率 β_1 为 y'/y。

$$\beta_1=\frac{y'}{y}=\frac{-L-(-f)}{-f}=\frac{\frac{1}{D'}+\frac{1}{D}}{\frac{1}{D}}=\frac{D+D'}{D'} \qquad \text{公式 5-7}$$

笔记

实际上此像在到达远点前，已被凸透镜成像，像距为 L'，像高为 y''。第二次成像的放大率为 $y''/y'=L'/[L'/(-L-d)]$。设凸透镜的像方焦距为 f'，其屈光度为 D_0，则根据成像公式，可得：

$$\frac{1}{L'}-\frac{1}{-L-d}=D_0$$

$$\frac{1}{L'}+\frac{1}{\frac{1}{D'}+d}=D_0$$

$$L'=\frac{1+dD'}{D_0+dD'D_0-D'} \qquad \text{公式 5-8}$$

$$\beta_2=\frac{y''}{y'}=\frac{L}{-L-d}+\frac{1+dD'}{D_0+dD'D_0-D'}\times\frac{-1}{\frac{1}{D'}+d}=\frac{-D'}{D_0+dD'D_0-D'} \qquad \text{公式 5-9}$$

$$y''=\beta_1\beta_2 y=\frac{D+D'}{D'}\times\frac{-D'}{D_0+dD'D_0-D'}y=\frac{-(D+D')y}{D_0+dD'D_0-D'} \qquad \text{公式 5-10}$$

观察者看到的视角为：

$$\mathrm{tg}\omega''=\frac{y''}{d_0-L} \qquad \text{公式 5-11}$$

如果观察者直接观看 y，则应置于明视距离（1/4m），其视角为：

$$\mathrm{tg}\omega=4y \qquad \text{公式 5-12}$$

为取得最大视野，凸透镜的位置应使窥孔和被检眼的入射光瞳共轭，而观察眼的节点和窥孔间的距离相对于 d_0 来说很小，可略去不计。故根据成像公式，下式成立：

$$\frac{1}{d_0}-\frac{1}{-d}=D_0$$

$$d_0=\frac{d}{D_0d-1}$$

$$d=\frac{d_0}{D_0d_0-1} \qquad \text{公式 5-13}$$

$$d_0-L'=\frac{d}{D_0d-1}-\frac{1+dD'}{D_0+dD'D_0-D'}=\frac{1}{(D_0D-1)(D_0+dD'D_0-D')} \qquad \text{公式 5-14}$$

因此，用检眼镜间接法观察时的总放大率为：

$$\beta=\frac{\mathrm{tg}\omega''}{\mathrm{tg}\omega}=\frac{\frac{y''}{d_0-L'}}{4y}=\frac{\frac{-(D+D')y}{D_0+dD'D_0-D'}\times(D_0d-1)(D_0+dD'D_0-D'')}{4y}$$
$$=\frac{(D+D')(1-dD_0)}{4}$$

对正视眼，$D'=0$，$D=58.64$，凸透镜用+13D，检查距离取 0.5m，则放大率为：

$$\beta=\frac{1}{4}\times58.64\times(1-0.095\times13)=-3.44$$

即观察者看到的是一个放大 3.44 倍的倒像。

此外，由放大率公式可知，β 和 D' 成线性关系，其曲线是一条直线。图 5-13 即为 β 与 D' 的关系曲线（β 取绝对值）。β 如果取 D_0 为固定值（常数），当检查距离加大时，d 加大，从而

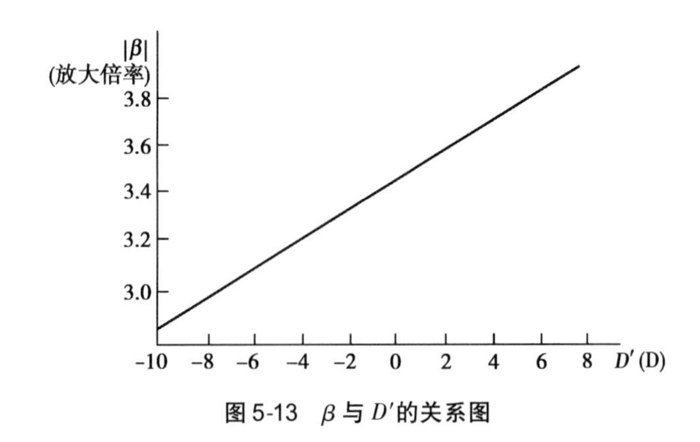

图 5-13 β 与 D' 的关系图

使 $|\beta|$ 加大。

四、检眼镜的视场

检眼镜是用来观察眼底的，除了放大倍率是一项很重要的因素外，视场（能观察到的范围大小（observable area，OA）显然也是重要的指标，必须在设计时加以充分考虑。

（一）直接检眼镜检查时的视场

假设窥孔很小，可认为是一点，则视场受到瞳孔边缘光线 CH 的限制（图 5-14）。C 为瞳孔的边缘。设 H' 为 H 的像点，则 CH' 连线和眼底的交点 Q 即为视场的边缘。设眼底视场直径为 y，瞳孔直径为 p，则

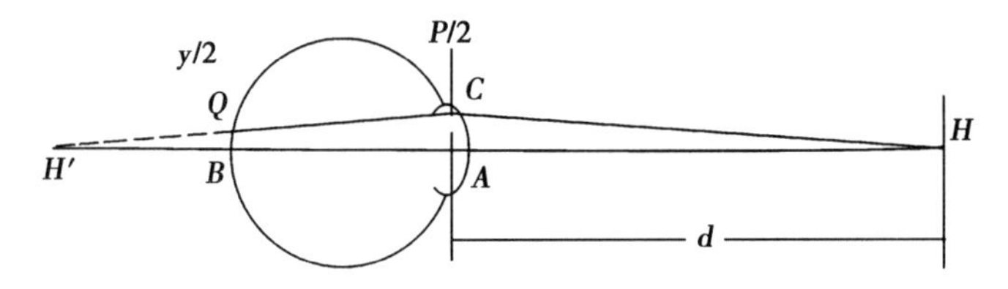

图 5-14 直接检眼镜检查时的视场

$$\frac{y}{p}=\frac{H'B}{AH'}=1-\frac{AB}{AH'}$$ 公式 5-15

根据球面成像公式，得：

$$\frac{n}{AB}-\frac{1}{L}=D$$

$$AB=\frac{n}{D+D'}$$ 公式 5-16

$$\frac{n}{AH'}-\frac{1}{-d}=D$$

$$AH'=\frac{nd}{dD-1}$$ 公式 5-17

$$\frac{y}{p}=1-\frac{n}{D+D'}\times\frac{dD-1}{nd}=\frac{dD'+1}{d(D+D')}$$ 公式 5-18

而视场为：

$$y=\frac{p}{4d\times\frac{(D+D')}{4(dD'+1)}}=\frac{p}{4d\beta}$$ 公式 5-19

笔记

式中 d 为眼瞳孔到窥孔之间的距离，以 m 为单位。

根据公式 5-19 可知，p（瞳孔直径）加大，d（窥孔到被检眼的距离）减小，β（放大率）减小时，可使视场加大。例如取 p 为 4mm 时，可计算得视场大小，如表 5-2 所示。

表 5-2　用检眼镜观察时的视场（直接检眼镜）

p=4mm						d=30mm						
D(D)	13	10	8	5	3	1	0	−1	−3	−8	−10	−13
y(mm)	2.59	2.52	2.48	2.41	2.86	2.30	2.24	2.24	2.18	2.0	1.92	1.76

当被检眼为正视眼时，视场为 2.27mm，约相当一个半乳头的大小。远视+13.00D 时，视场加大至 2.59mm，近视−13.00D 时，视场减小为 1.78mm。

又根据公式 5-19，得：

$$y=\frac{(1+dD')p}{d(D+D')}=\frac{\frac{1}{D}+D'}{D+D'}p \qquad \text{公式 5-20}$$

视场和各项因素的关系如图 5-15 所示。

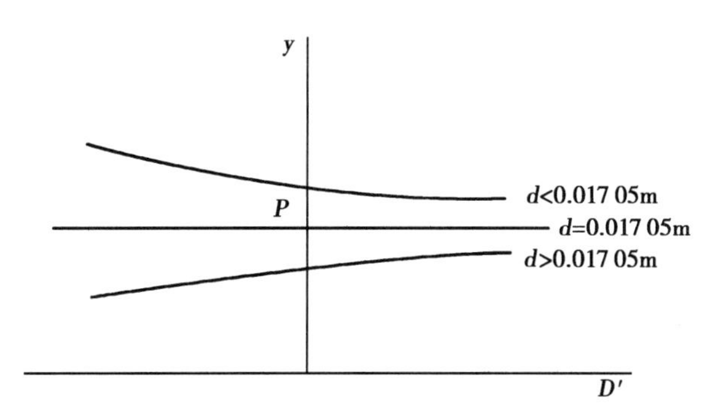

图 5-15　视场大小(y)与屈光不正(D')之间的关系

（二）用间接法检查时的视场

用间接法查时，眼底像首先成在远点处，又经凸透镜成像为 y''。凸透镜有一定的大小，即使成像比较大，但由于部分光线被凸透镜边框所挡住，所以观察者能看到的像的大小受到限制，因而视场也就受到了限制。如图 5-16，凸透镜孔直径为 a，则边框 E 就限制了 y''。根据相似三角形定理可得：

$$\frac{y''}{\frac{a}{2}}=\frac{d_0-L'}{d_0} \qquad \text{公式 5-21}$$

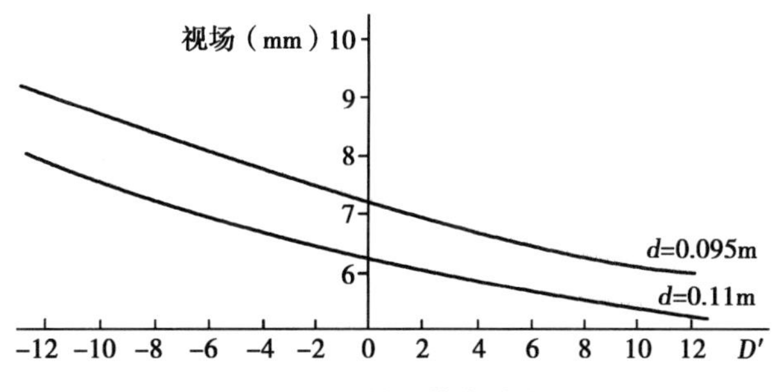

图 5-16　以间接法检查时的视场

笔记

将公式 5-13 代入公式 5-21,得:

$$y''=\frac{\frac{a}{2}}{(D_0d-1)(D_0+dD'D_0-D')d_0} \qquad \text{公式 5-22}$$

又由公式 5-9 得:

$$y=\frac{D_0+dD'D_0-D'}{D+D'}y'' \qquad \text{公式 5-23}$$

将公式 5-22 代入公式 5-23 得:

$$y=\frac{\frac{a}{2}}{d_0(D_0d-1)(D+D')} \qquad \text{公式 5-24}$$

考虑到用间接法观察时,

$$\beta=\frac{1}{4}(D+D')(1-dD_0) \qquad \text{公式 5-25}$$

又考虑视场不计正负,则视场(OA):

$$\mathrm{OA}=\frac{a}{d_0(D_0d-1)(D+D')}$$

或写成:

$$\mathrm{OA}=\frac{a}{4d_0\beta} \qquad \text{公式 5-26}$$

式中 d_0以 m 为单位,视场的单位和 a 的单位相同。

根据上式可知,当 a(凸透镜孔径)加大,d_0(窥孔到凸透镜,或总的检查距离)减小,B(放大率)减小时,可使视场增加。若 a 取 40mm,D_0取 13D,检查距离为 0.5m,则可计算得视场为 7.18mm。因此对正视眼而言,间接法时的视场约为直接法时的 3 倍。将公式 5-12 代入公式 5-25,得:

$$\mathrm{OA}=\frac{a}{d(D+D')} \qquad \text{公式 5-27}$$

根据公式 5-27 可更清楚地看出,若加大凸透镜孔径,缩短检查距离,则可加大视场。近视眼视场要大于远视眼的视场。

第二节 与裂隙灯合并使用的间接检眼镜

眼视光医师习惯使用与裂隙灯并用的间接检眼镜。此系统的优点是眼底图像具有三维效果,放大率可调整,照明系统可随时变化,系列间接检眼镜可提供各种范围的观察视场。

由于角膜和晶状体的屈光力问题,裂隙灯显微镜只能观察从外眼至玻璃体前段的眼部组织,要想进一步深入观察,可以通过以下两种方法来解决:①用一个高负屈光度的镜片中和角膜的屈光力(图 5-17A);②使用一个高正屈光度的镜片在显微镜的焦平面形成一个视网膜的中间像(图 5-17B)。

一、观察视网膜的非接触式镜片

最早的非接触式检眼镜是 Hruby 设计的,为高负镜片(-55D),用于中和角膜屈光力,该镜片提供了一个直立的视网膜虚像,它的主要局限就是其观察视场很小,所有负的检眼镜的

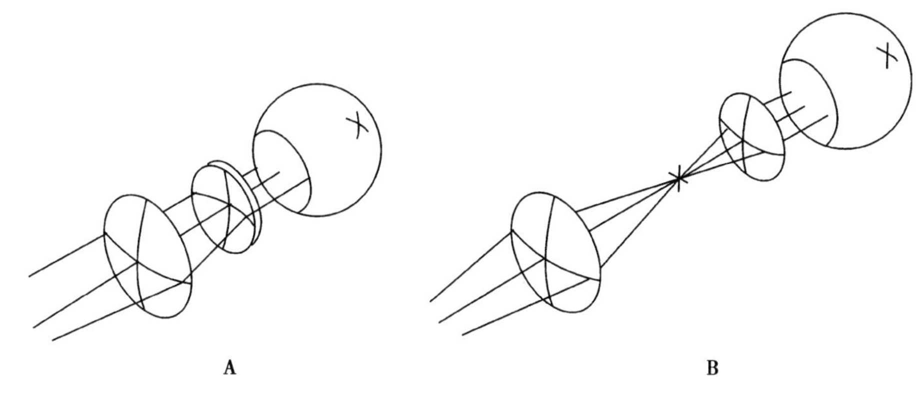

图 5-17 使用裂隙灯显微镜检测眼底

A. 使用负镜片 B. 使用正镜片

视场均受到瞳孔直径的限制，如当时的 Hruby 镜片所观测到的范围只有 5°～8°，即一个视盘的直径。

视场的问题在 1953 年得到了解决，EI Bayadi 设计了一个+60D 的附属镜片，该镜片将视网膜像成在镜片和裂隙灯显微镜之间，是一个倒像，视场大约 40°，其观察系统完全与传统的间接检眼镜一样，由于使用了裂隙灯显微镜，所以不但成像立体而且放大率可调。虽然 EI Bayadi 解决了视场问题，但是其像质很差。后来发展出 Volk 双非球面镜片，极大提高了像质，目前此类镜片有 90D、78D 和 60D，其视场大约为 70°，它们的放大倍率取决于裂隙灯的放大倍率。正间接检眼镜在临床非常实用，因为它提供了非常高的放大倍率，大视场，不需要传统式的角膜接触。

二、接触式检眼镜

最常见的接触式检眼镜是由 Goldmann 设计的检眼镜(图 5-18)，该镜片的度数为-64D，视场 30°～40°，同样视场的观测范围受瞳孔的限制，瞳孔相当于一个置于负镜系统中的光阑。

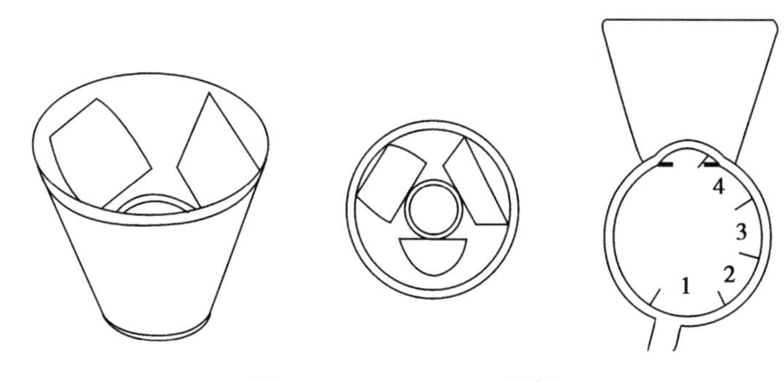

图 5-18 Goldmann 三面镜

Goldmann 检眼镜呈锥形，与所有的接触镜一样，限制了被测眼的瞬目活动，减低了镜片前表面的光学质量。

该镜片通常由 3 个系列镜片组合而成，分别呈稍微不同的角度，通过连续分别观察 3 个镜片，可以检查眼底的全部，检眼镜可以在眼上旋转，以调整照明方向和观察轴向，对准和看清所要观察的眼底部位。

使用 Goldmann 检眼镜的目的一般是获得大的放大倍率，如需要观察视盘和黄斑的细节，该检眼镜也常用于视网膜光凝治疗时。一般常规的眼底检查不用该方法，因为连续使用 3 个镜片需花费较多的时间，同时由于观察视野小，容易遗漏细节。

Rodenstock 和 Volk 也成功地设计了正度数接触式检眼镜，这些检眼镜的视场都比较大，大约达 90°(图 5-19)。

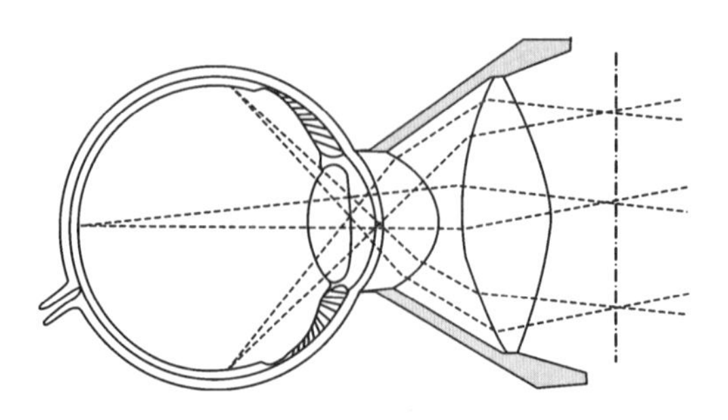

图 5-19 Volk-Quardraspheric 检眼镜

第三节 眼底照相机

眼底照相机是基于 Gullstrand 无反光间接检眼镜的光学原理设计而成，照明系统的出瞳和观察系统的入瞳均成像在病人瞳孔区，这样的设计能保证角膜和晶状体的反射光不会进入观察系统。眼底照相机有两个光源，第一个是钨丝灯，用在对焦时作眼底照明，光源类型与其他间接检眼镜相同；第二个是闪光灯，用以在瞬间增加眼底照明至一定强度而进行拍摄。眼底照相机如图 5-20 所示。

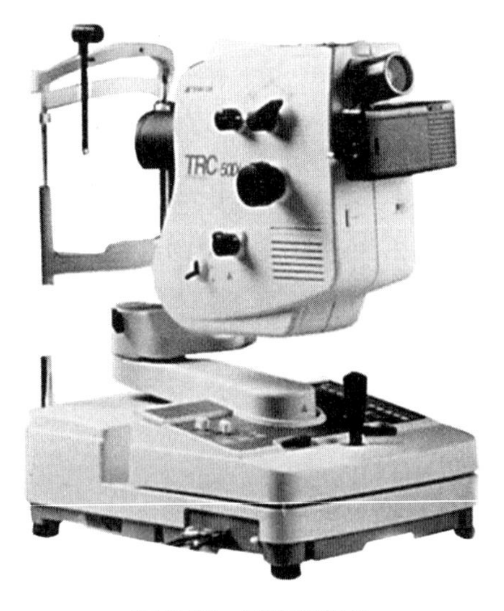

图 5-20 眼底照相机

正视眼的眼底位于该眼光学系统的焦点上，因此对观察者来说，正视被测眼的眼底在无穷远处，这样任何一种检眼镜都得解决好两个相互联系的复杂问题，即照明和观察。这可以用以下两种方式来解决：①用由 Goldmann 研究的接触镜来消除眼的屈光力，将眼底变成近焦位置用显微镜观察；②比较常用的方法就是采用望远系统观察眼底，眼底照相机就是依照该原理研制的。

眼底照相机原理与间接检眼镜相同，即让观察者和被测者的瞳孔与眼底处于双光学相关(mutual optical correlation)。检眼镜中透镜 O，实际就是眼底照相机的前镜，它有 3 个目的：①假设被观察者为正视眼，该镜将被观察者眼底上出来的发散光线变成眼外平行光线，这些光线由 O 镜收集并形成中间像 F，经过适当的光学方法处理后由观察眼 P 所见，或被拍摄；②将观察者的瞳孔或摄影装置的入瞳成像在被测眼的瞳孔上，使观察者和被测眼的瞳孔共轭，来保证获得一个大视场，视场大小由镜 O 的角径所决定；③将仪器中的光源投影到病人的眼中以照明眼底。

眼底由前镜转换成中间像，然后通过一个光学系统(放大镜)被观察或被投影到组像胶片上，对于一个正视眼，线性的放大很简单：$\gamma=\beta$。对于屈光不正眼，由于眼的屈光力的变化，放大率和中间像的位置发生了改变，增加了检查眼底的难度和复杂性，可以经过矫正屈光不正，或补偿散光的方式来进行。

眼底照相机测量眼底时，就要求建立眼底长度与底片长度的关系。由于眼的几何长度差异很大，唯一可用的关系是线性胶片距离和离瞳孔中心距离的角膜及眼底长度。角放大率对一个仪器来说是一个常数，此关系对任何非正视眼来说也是常数，这就需要精密设计。

笔记

此外眼底照相机不能产生变形像，眼底上最小可辨别的细节，由衍射、照相机的光学像差和眼本身的像差所决定，应相互匹配。衍射和系统的光通量要求照相系统的光圈越大越好；但另一方面，如果光圈太大，光学像差迅速增大，达不到成像质量的要求。

眼睛瞳孔的特性不仅限制了光圈，而且限制了眼底可见视场。当偏离轴 15°时，斜向光束的像散和视场弯曲不容忽略。原则上可以通过适当的设计来补偿，但是，由于这些效果变化很大，故仍不能忽略。

照明系统

任何眼底照相机都需两个共轭的光学系统，即照明系统和观察系统，从眼底出来的光线密度是进入眼内光线的一小部分，所以要小心避开照明光路的反射干扰观察系统。

有两种反射源的可能性：眼和光学元件。与眼反射有关的主要是角膜，晶状体有时也起部分作用，这些可以通过照相机的设计原理予以避开，即两个系统严格隔离，观察线路通过的眼前部分不受照明系统的光影响，也就是说，两个系统必须位于眼的同一平面，但不会相互作用（图 5-21）。

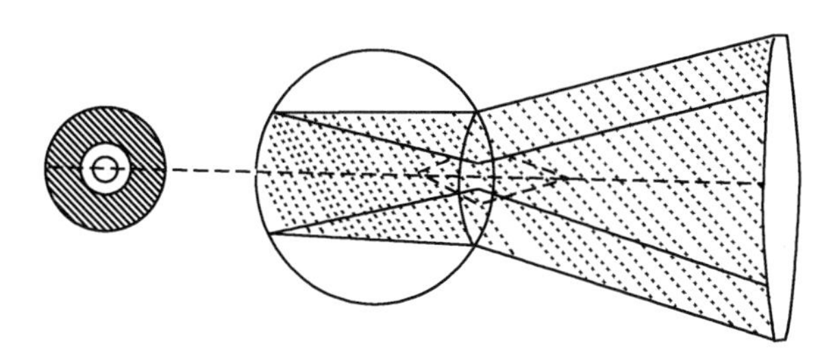

图 5-21　瞳孔区的隔离

瞳孔区的中央部分通常作为观察决定瞳孔平面的光束横截面，如果光在瞳孔平面这样分布时，检眼镜作为观察和照明的共同区，镜片要做成环形，尽量避免反射。

用于观察眼底的光度用于拍照片可能不够强，但连续用高光度来拍照会使病人不舒服，理想的办法是建立双重照明系统，由中等大小的白炽灯做检查，电闪光灯泡拍照片。两种照明光源设计在同一光轴上（图 5-22）。

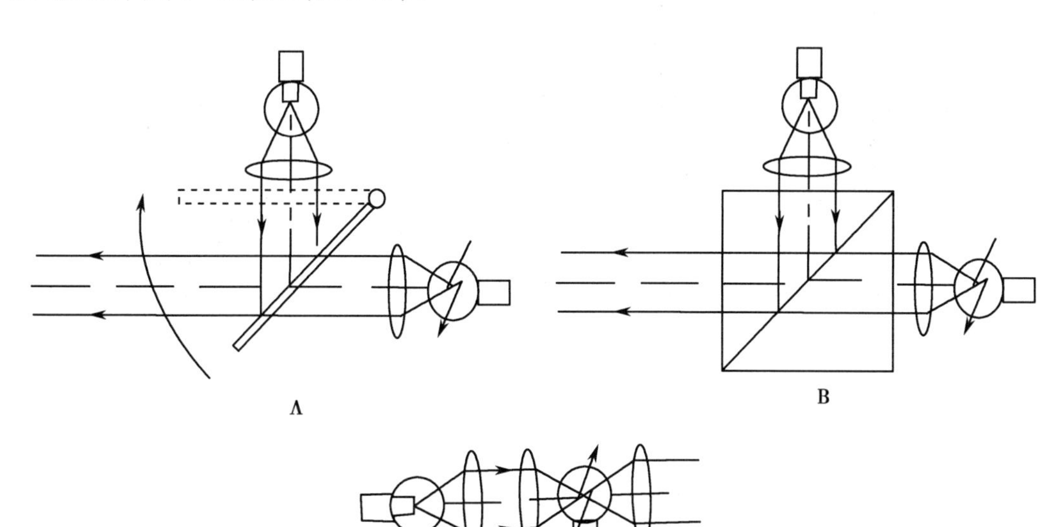

图 5-22　光线分离法
A. 分光镜　B. 半透半反镜　C. 转换照明

如图 5-22C 所示重叠了两个照明光源，该系统所采纳的原理称为转换照明。

为了更好地了解眼底照相机，我们以 Topcon TRC 50X 眼底照相仪为例进行剖析（图 5-23）。图所示为各种不同的元件，闪光灯和白炽灯在同一光路中，插入光阑来限制光束的横截面，使其直径与瞳孔相匹配，或者插入滤光片。在(4)位置可插入针棍，成像在一平面。光源的像经(2)、(1)的转换到达病人的瞳孔，瞳孔中心不被照亮，转成观察系统的光束。环形反光镜(2)中央有一孔，光线不会在此反射，上述目的就是为了避免反射光，通过这样的方式将眼底照亮区域的光线收集到观察系统。视场达到 30°是由非球面的物镜决定，物镜结合了眼的光学特征后产生中间像，像的位置和大小取决于眼的屈光状态。光线由反光镜的斜位中心转换，该孔与用于观察的瞳孔中央暗区共轭，又限制了照明光路的角膜反射。物镜系统在观察中有一个分光镜，将像偏斜到眼底镜盘上，由目镜观察，一按闪光灯按钮，启动镜同时落下。

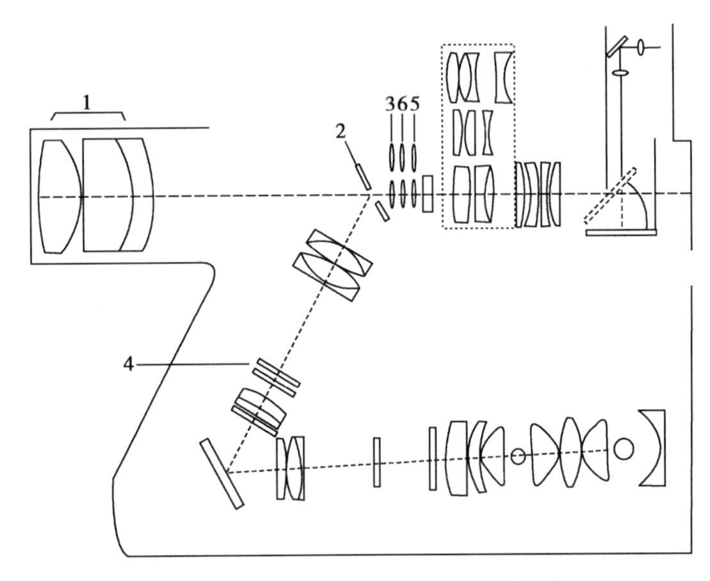

图 5-23 Topcon TRC 50X 照相仪光路示意图

对于屈光不正者，在(3)(5)(6)位置放上附加镜片，重建中间像的清晰度和位置，光路中的柱镜为弥补散光用。

眼底照相机的工作程序由两个条件决定：①光源的像和照相光圈的像必须与被测者的瞳孔共轭；②眼底的像必须同胶片平面共轭。前者可通过确立眼和相机的位置来完成；后者即能否使像聚焦在胶片上，由病人的屈光状态决定，可通过附加镜片来完成。

立体式眼底照相机能在近轴产生两个不同的像。研制立体式眼底照相机有两个目的：①从质上讲，立体的眼底图片更清楚；②从量上说，可以测量眼底病变突起的程度，还可以定期检查它们的发生。立体眼底照相机解决了如上两个问题。几何光学方法可以作眼底的病变测量，但这种测量只是一个相对值。

检查眼底血管的循环具有重要的临床意义，其程序是将荧光素钠快速注入静脉，通过眼底照相机，观察荧光素的扩散来判断血管的流通状态。使用光谱中的激发滤光片来激发荧光素的荧光，该激发滤光片，其透过波长为 480nm，它挡住照明光中的其余光谱成分，而只允许 480nm 波长的光透过，并通过光学系统，进入人眼，照亮眼底。另一种滤光片是加在照相光路中的，称为屏障滤光片，截止波长为 520nm，即只允许 520nm 以上波长的光谱成分通过。自眼底发出的光有两种成分：①由眼底反射或漫射出来的波长为 480nm 的激发光；②波长为 520nm 的荧光。屏障滤光片的作用是挡住了波长为 480nm 的漫反射光和其他杂散光，而只

允许荧光进入摄像系统，以保证荧光照片的清晰度。

根据实际测定，荧光的出现和消失很快，为了便于动态观察、了解眼底的细节变化，必须高频率的曝光。

眼底照相机的光学设计通常也包括两部分。首先根据参数指示和要求，确定所采用的光学系统，然后进行外形尺寸计算以确定系统的纵向、横向尺寸；其次是进行像差平衡计算，确定各镜片的玻璃牌号及结构参数。以下举例说明光学系统总体设计的计算方法，例如要求设计一眼底照相机的光学系统，其指标为：工作距 40mm，视场角 45°用 135 底片，采用通用照相机，仪器长度不超过 450mm，患眼瞳孔直径 8mm。计算步骤如下：

1. 选定系统 选定系统如图 5-24。

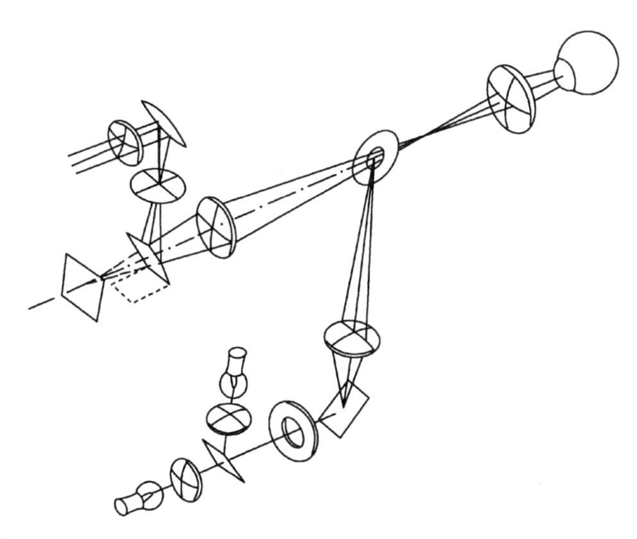

图 5-24 眼底照相机光路系统图

2. 计算照相放大率 底片采用 135 胶卷，每张底片的面积大小为 24mm×35mm，直径 22mm，视场为 45°，则物面高为 17×tan22. 5°＝6. 27mm，视场直径为 6. 27×2＝12. 54mm，这相当于 8 个视盘的大小。照相放大倍率为 11/6. 27＝1. 754(约为 1. 8 倍)。

3. 计算透镜焦距 工作距要求为 40mm，考虑到透镜的厚度，取 50mm。人眼瞳孔在完全放松下为 7mm，经过扩瞳后可达 8mm。图 5-25A 所示为所取的眼角膜处光环尺寸。中空反射镜的尺寸不宜过大，如取图 5-25B 的尺寸，即放大 3 倍，根据放大倍率公式

$$a=3\times50=150$$

又根据成像公式

$$\frac{1}{150}+\frac{1}{50}=\frac{1}{f_1'} \qquad \text{公式 5-28}$$

$$f_1'=37.5\text{mm}$$

如患眼为正视眼，则下二式成立：

$$\frac{-f_1'}{17}\times\frac{L_2'}{L_2}=1.8 \qquad \text{公式 5-29}$$

$$f_1'-L_2+L_2'=450$$

将 $f_1'=37.5$ 代入，解得

$$L_2=-227.2 \qquad L_2'=185.3$$

根据成像公式即可求得

笔记

$$\frac{1}{185.3}-\frac{1}{-227.2}=\frac{1}{f_2'}$$

$$f_2'=102.07\text{mm}$$

将计算结果作图如图 5-26。

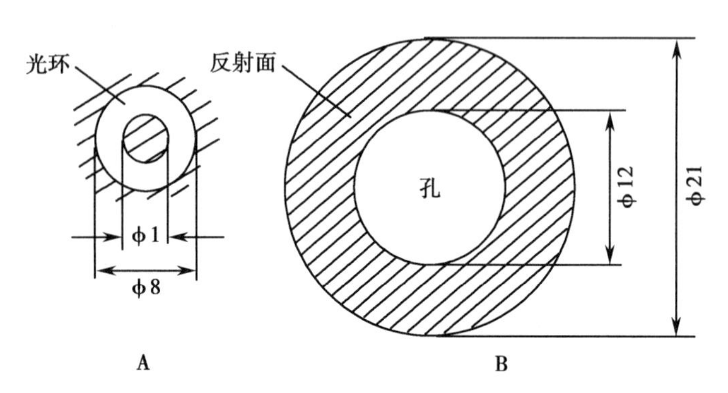

图 5-25 光环中空反射镜尺寸(单位:mm)

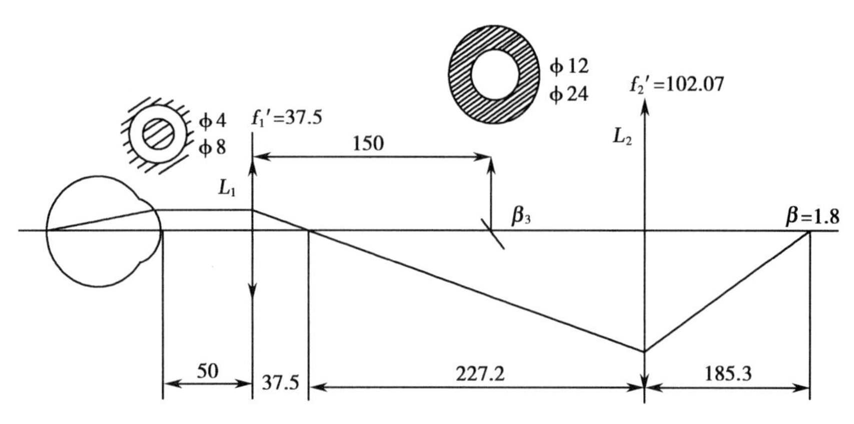

图 5-26 照相系统尺寸图(单位:mm)

4. 确定调焦方式 眼底照相机在使用中应能对不同屈光不正的眼进行调焦,以使眼底和底片共轭而确保成像清晰。调焦的方法有:①移动整个照相系统或移动接目物镜;②移动成像物镜;③移动底片;④同时移动成像物镜和底片,而保持两者在相对位置不变。采用①法时会影响照明。采用②或③法时会引起放大倍率的较大变动。采用④法可保持成像物镜的像差较少变化,放大倍率的变化也较少。现按④法进行计算。如图 5-27,如果患眼屈光不正为 D',则远点距 L_m 为$\frac{1000}{D'}$mm,即眼底应成像(O′A′)在距角膜$\frac{1000}{D'}$mm 处。此像(O′A′)对接目物镜来说是个虚像。该虚像通过接目物镜成像于距接目物镜 L_1'处。则下式成立:

$$\frac{1}{L_1'}-\frac{1}{-L_m-50}=\frac{1}{37.5}\qquad\text{公式 5-30}$$

以 $L_m=\frac{1000}{D_n'}$代入,解得

$$L_1'=\frac{3000+150D'}{80+D_n'}$$

今以正视眼的成像位置为标准位置。屈光不正眼眼底成像位置和该位置的距离记为 Δ,往前移(靠近接目物镜)取负,往后移(远离接目物镜)取正,则

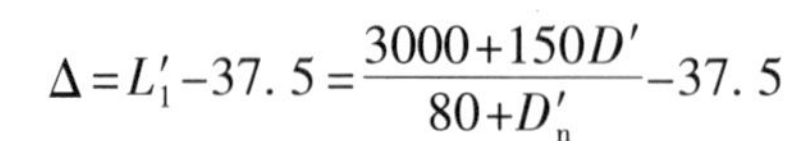

$$\Delta=L_1'-37.5=\frac{3000+150D'}{80+D_n'}-37.5$$

笔记

此即为调焦时应移动的量。此时的放大倍率为

$$\beta=\frac{-L_{m}+7}{L_{a}-7}\times\frac{L_{1}'}{-L_{m}-50}\times\frac{185.3}{227.2} \quad \text{公式 5-31}$$

式中 L_a 眼轴长（mm）

又按简略眼计算公式

$$L_{a}=\frac{1500}{(62.5+D)} \quad \text{公式 5-32}$$

由计算可见，摄影的基本倍率为 1.8（正视眼），如为远视眼放大率增大，$+10m^{-1}$ 时为 1.85 倍；如为近视眼则放大率减小，$-10m^{-1}$ 时为 1.73 倍。可见变动幅度不大，能满足使用要求。

又根据计算可见，成像物镜和中空反射镜之间的标准距离为 114.7mm（正视眼），如为远视眼，则调焦时此距离拉长，即成像物镜和底片应一起后退，$+2.00m^{-1}$ 时后退 22.5mm。

如为近视眼（图 5-27），则调焦时此距离缩短，即成像物镜和底片应一起向着反射镜移近，$20m^{-1}$ 时前移 37.5mm。如果确定摄影范围为 $-20m^{-1}\sim+20m^{-1}$，则调焦移动量为 60mm。

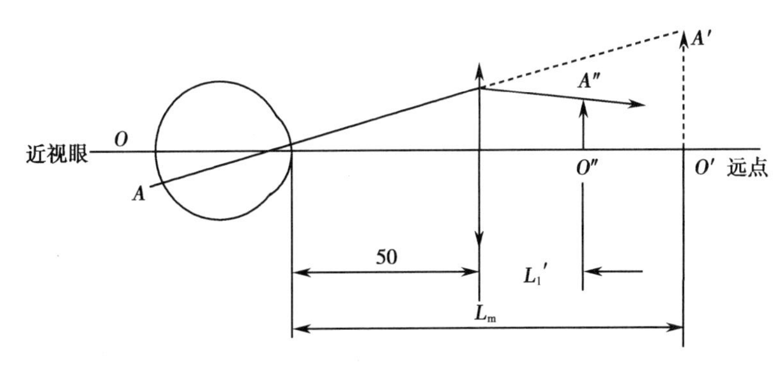

图 5-27　近视眼成像图

大多数眼底照相机的视野为 30°，就是说至少可以摄得视盘的鼻侧和黄斑的颞侧部分，现代的眼底照相机生产厂家均能提供大视野眼底照相机（视野大至 60°），Leutwein 和 Littmaim（1979）指出，由于视网膜周边的斜向散光和斜向曲率，大视野的照相机所拍摄的眼底图像，越往周边，图像质量越差，特别是使用那些原设计拍摄 30°眼底图像的照相机拍摄眼底周边的图像，图像质量就更差了。通过反射方法可以改善周边图像质量问题，因此目前的眼底照相机在此方面有了很多的改善，甚至可以矫正散光系统。

Pomerantzeff（1971）设计了一种特殊的眼底照相机，称之为大圆照相机（equator plus camera），从被测眼节点可以观察 148°的视场，该大视场的获得是通过将照相机的物镜与角膜相接触，照相机通过两个纤维光导束的光亮透过角膜周边而照亮眼底，这样的照明方式需要直径 8mm 的瞳孔。

眼底照相机通常需要瞳孔直径 4～5mm 来照明或拍摄眼底图像，由于强光摄影会使瞳孔缩小，因此这样的瞳孔直径还需散瞳获得。为了减少散瞳的麻烦，一些生产厂家开始考虑设计小瞳眼底摄影系统，主要是提供低强度照明的红外光作为聚焦照明光源，这样的光源不被被测眼所见，因此不会引起反射性缩瞳，从眼底反射出来的红外光线在一个经过装载监控器的 CCD 照相机上成像，可以用来观察和对焦，而该系统的闪光系统是可见光，由于闪光系统速度很快，在拍摄瞬间，被测眼无法对此作出相应的缩瞳反应，这就是小瞳眼底照相机的原理。

小瞳眼底照相机的问题之一就是在闪光灯闪烁之后所产生了延缓性反射性缩瞳会影响

笔记

连续同侧或对侧眼拍摄。有些被测者，如老年人，其瞳孔在正常情况下小于3mm，无法做小瞳眼底照相，所以这一部分人仍然需要散瞳。

第四节 激光扫描检眼镜

激光扫描检眼镜是一种应用激光束作为照明光源的视网膜影像学技术，最早称为飞点电视检眼镜（flying spot TV ophthalmoscope），后改称为激光扫描检眼镜。激光扫描检眼镜的工作原理完全不同于传统的眼底照相机，照明系统采用的是激光束，穿透力强，散射少，对视网膜的横向断面面积很小，大约10～20μm，可透过轻度混浊的屈光间质获得高质量的眼底图像，尤其是眼底的三维地形图。Mainster等于1982年首先将其应用于眼科临床，此后设备和应用技术不断改进，尤其是共焦技术的应用使SLO（scanning laser ophthalmoscope）的功能得到质的飞跃。目前临床上使用的均为共焦激光扫描检眼镜（confocal scanning laser ophthalmoscope，CSLO），典型代表有海德堡视网膜断层扫描仪（Heidelberg retina tomograph，HRT）和Rodenstock CSLO。下文以目前临床上最常用的HRT为例介绍CSLO的原理和临床应用。

激光扫描检眼镜的结构和工作原理：HRT采用的是670nm波长的二极管激光器，进入眼球之前，激光光束被一个转动的多面反射镜反射，产生一个横向视网膜表面的快速水平扫描光束，再被一个反射镜以很低的频率震荡着反射，产生一个垂直的扫描光束（图5-28），两个扫描头联合对视网膜扫描产生一个长方形线形图形（光栅）。在接在输出端的显示装置（visual display unit，VDU）上建立同样的光栅，并同激光光栅同步，从视网膜各个部位的反射光量由监控器正确地变换而组建视网膜的三维图像。

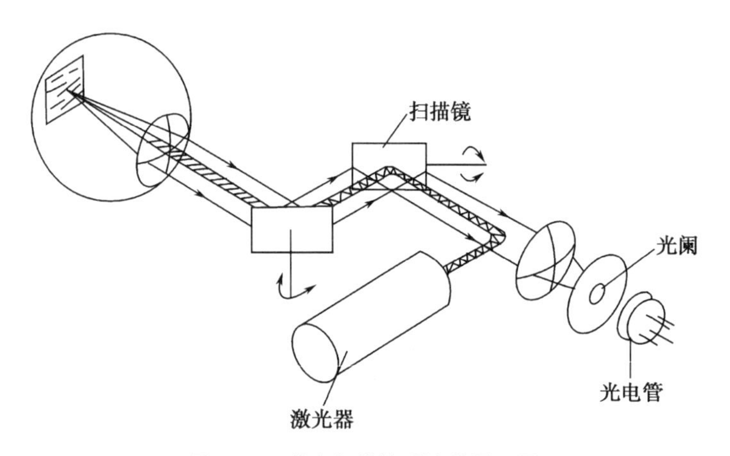

图5-28 激光扫描检眼镜的原理图

对于大部分现代的激光扫描检眼镜来说，反射光在被一个半反射器分离前先通过两个扫描仪，然后反射到一个镜片系统，该镜片系统由一系列的固定光阑组成，然后再到达光电池，上述系统被称为共焦视网膜扫描。固定光阑控制光电池的视场，如果使用小光阑，视场就被限制在激光束直接照明的范围，该系统就被称为“紧密共焦”：如果使用大光阑，近邻区域的间接反射光也落在光电池的接受范围，也被用于显示图像，这种情况下，该系统被称为“松散共焦”。紧密共焦的优点是增加了图像的对比度，光束聚焦区域外的光的散射对图形几乎没有任何影响（图5-29），使用紧密共焦图像处理，仅作简单的聚焦变化，就可以观察视网膜的不同层次。紧密共焦的问题就是减低了光电池的光接受量。

HRT的操作软件提供了对视神经乳头进行三维地形图定量描述和评价的功能，参数包括视盘面积（disc area）、视杯面积（cup area）、盘沿面积（rim area）、杯/盘比（cup/disc ratio）、

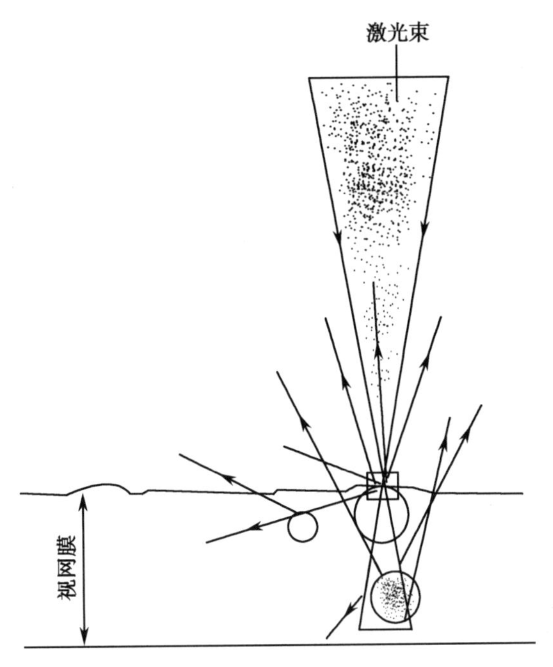

图 5-29 紧密共焦系统

视网膜神经纤维层厚度、视杯的平均深度、视盘中杯状凹陷的平均深度、视杯的最大深度和沿轮廓线的视网膜表面的高度值等。

与传统的检眼镜比较，激光扫描检眼镜有其非常突出的优点和缺点：

优点：

1. 所需的光量大大少于传统检眼镜所需的光量。扫描激光检眼镜的光量为 70μW/cm²，直接检眼镜为 100 000μW/cm²，荧光造影为 4 000 000μW/cm²。低光水平意味着可以不使用散瞳剂，被测者感觉更舒服和自然。只有当需要高放大率时，才需要散瞳。

2. 输出储备在视屏记录器，可以随时显示。

3. 通过光束的调制，可以将复合图像放置在视网膜图上，可以定位盲点或检测视网膜功能。

4. 拥有共焦图像系统后，从光学方面将图像限制在视网膜的单一层次上，获得视网膜不同结构的地形细节信息，如视神经乳头的情况等。

5. 拥有共焦图像系统后，能分辨低对比度的结构，而这些低对比度结构在传统的胶片摄影是无法可见的，因为传统的胶片摄影时其邻近组织的强大的反光冲淡了所观察的结构。

缺点：

1. 分辨力摄像能力的信息局限于 500 线的排列，每线 600 像素。

2. 色彩的局限性 早期的扫描检眼镜使用氦-氖激光，或氩激光、红外激光，产生单色光的图像，新的扫描检眼镜结合了多种激光，能获得有色信息。

激光扫描检眼镜自发明以来已经在眼底图像的获取方面得到了广泛应用。CSLO 通过定量分析视神经乳头地形图特征，可以发现早期青光眼的视盘损害，这种改变早于青光眼的视野损害，有利于青光眼的早期诊断和早期治疗。通过动态监测视盘参数的变化，为青光眼病人治疗效果和病情变化的判断提供可靠的依据。对于黄斑部病变，如黄斑裂孔、黄斑水肿和黄斑前膜，CSLO 也能提供三维地形图和立体参数，对病情的诊断、治疗效果的判断和随访均有重要价值。

近年来，随着软硬件技术的不断开发和应用，激光扫描检眼镜在眼科临床的应用得到了更大程度的发挥，如 CSLO 微视野检查技术、CSLO 视网膜微视力检测技术及 CSLO 眼底血管

造影技术等。CSLO 微视野检查技术是一种将眼底解剖部位与视功能点对点对应,精确测量中心 40°以内视野的新技术,该技术采用氦-氖激光作为刺激光源,高穿透力的非可见近红外光作为扫描光源,避免了屈光间质混浊对检查的影响,可为临床提供高精确度和高可信度的视野信息。CSLO 视网膜微视力检测技术同样采用氦-氖激光和近红外光作为检测光源,可以透过混浊的晶状体和玻璃体检测视网膜微视力,准确预测白内障术后的潜在视力。CSLO 眼底血管造影技术以海德堡 HRA 为代表,由于采用共焦激光扫描系统获取眼底的三维图像,因此,可实现视网膜和脉络膜的同步显影,将 FFA 和 ICGA 结合,全面了解眼底病变的程度和眼底各组织的病理变化,特别对年龄相关性黄斑变性(age-related macular degeneration,AMD)等同时伴有视网膜和脉络膜病变的眼底病的诊断和治疗具有重要的意义。

近年来,在 HRA 的基础上开发出的共焦眼底血管造影联合相干光断层成像技术(HRA+频域 OCT 系统),将 FFA、ICGA 和 OCT 三种眼底检查技术有机结合,精确地定位获取眼底病变的二维、三维和解剖层次病理改变的信息。对于脉络膜新生血管(choroidal neovascularization,CNV)的诊断,在荧光素眼底血管造影(fundus fluorescein angiography,FFA)和吲哚青绿脉络膜血管造影(indocyanine green angiography,ICGA)定位 CNV 的同时,OCT 可以克服 CNV 伴发病变的荧光遮蔽,较好地显示 CNV 的位置和性质。在中心性浆液性脉络膜视网膜病变(central serous chorioretinopathy,CSC)的诊断方面,应用该系统对视网膜的荧光素渗漏点进行准确定位断层扫描,可显示视网膜色素上皮层病理组织结构改变,极大地提高了微小色素上皮脱离(pigment epithelium detachment,PED)的检出率。

第五节 偏振激光扫描仪

偏振激光扫描仪是在共焦激光扫描检眼镜的基础上加上偏振调制器,利用视网膜神经纤维层(retinal nerve fiber layer,RNFL)的光学双折射特性定量检测 RNFL 的厚度。该仪器最早于 1992 年应用于神经纤维的分析,目前眼科临床上使用的仪器称为 GDx 神经纤维分析仪(GDx nerve fiber analyzer,GDx NFA)。

GDx NFA 工作原理:GDx NFA 采用 780nm 的近红外偏振激光做光源,利用 RNFL 的光学双折射特性,当偏振光通过 RNFL 时,平行于 RNFL 排列的光反射比垂直于 RNFL 的光反射快,产生偏振延迟现象,延迟量的大小决定于 RNFL 的厚度。偏振反射光通过偏振调制器的检测,测量不同象限的延迟值,应用软件计算出 RNFL 的相对厚度,并与设备内置的年龄相关的正常数据库进行比较。检查结果包括眼底图,RNFL 厚度图及偏差图,并提供 TSNIT 平均值(temporal,superior,nasal,inferior,temporal average),上方平均值(superior average,SA),下方平均值(inferior average,IA),TSNIT 标准差(TSNIT SD),双眼间对称性(inter-eye symmetry),视网膜神经纤维指数(nerve fiber index,NFI)等参数。

由于眼部所有双折射结构均会使激光束产生偏振改变,因此检测到的总延迟量包括了角膜、晶状体和 RNFL 厚度。为克服角膜双折射对延迟量的影响,GDx NFA 整合了角膜补偿模式,分别为可变角膜补偿模式(variable corneal compensation algorithm,VCC)和强化角膜补偿模式(enhanced corneal compensation algorithm,ECC)。在一项应用 GDx NFA 对我国正常成年人的 RNFL 厚度进行检测的研究发现,VCC 模式和 ECC 模式的检测值无明显差异。然而,对近视眼病人的检测发现,使用 VCC 模式会产生不典型延迟图像,影响测量的准确性,而使用 ECC 模式可以大大降低不典型延迟图像的出现频率,因此对于近视眼病人应使用 GDx ECC 模式。

GDx NFA 的优缺点:与 OCT 相比,GDx NFA 具有容易操作,在正常光线下检查,无需暗室,无需散瞳,非接触,检查时间短,可重复性好的优点。结合角膜补偿系统 VCC 和 ECC,GDx NFA 明显降低了角膜双反射导致的测量误差,提高了与 OCT 测量结果的相关性。然

而，眼表疾病、屈光间质混浊、脉络膜视网膜瘢痕及眼球运动对检测结果均会产生影响，在临床应用中需注意。

临床上 GDx NFA 主要用于青光眼的早期诊断，可以发现视野损害前的 RNFL 缺损。应用 GPA 青光眼进展随访软件，可以动态观察对比 RNFL 的改变，指导临床治疗。对于糖尿病性视网膜病变病人，GDx NFA 可以在检眼镜发现眼底血管性病变前检测到 RNFL 厚度的下降。

第六节　立体视神经乳头分析仪

立体视神经乳头分析仪是通过变换位置摄影获得视盘不同角度的照片，经过软件系统的计算分析形成视神经乳头的立体图像。

视神经乳头的立体摄影可以通过同时眼底摄影或连续眼底摄影获得，同时摄影方法需要一种特殊的照相机在同一个时间里，沿着瞳孔分隔 2 ~ 3mm 的轴，同时拍摄两张眼底照片。连续立体摄影使用标准照相机（无立体）连续拍摄眼底视神经乳头，两张拍摄之间稍稍移动照相机，这种移动还可以借助 Allen 分离器，该分离器在摄影光路将每次拍摄的路径稍向侧方偏移，其重复性比同时摄影的立体图像效果好。

立体摄影的精确性取决于以下几种因素：①照相机的几何性质，以及由眼球和照相机的光学所产生的图像变形特性；②两张图片的移开位置取决于视轴的相隔距离，一般为 2 ~ 3mm，虽然从理论上讲，相隔距离越大，其深度识别率越高，但图像的质量受到了影响，特别是在眼球的周边图像。

分析由立体眼底摄影系统获得图片的最简单的方法就是使用立体描绘器，通过立体描绘器观察配对图片而产生立体图像的感觉，该技术被广泛应用，可以获得视神经乳头的整体的有用资料。但是，该方法比较花时间，需要训练有素的专业人员，因此需要更自动的图像处理系统，使得分析应用更广泛。

Rodenstock 视神经乳头分析仪为自动获得立体视神经乳头图像信息并自动分析的仪器，该仪器是根据立体眼底照相机的原理设计，但使用了高敏的单色光 CCD 照相机，而不是使用标准的胶片，从照相机捕获的图像直接进入计算机分析系统。为了防止图像移开可能丢失的视神经乳头深度的重要细节，Rodenstock 采用了一项新技术，即将一系

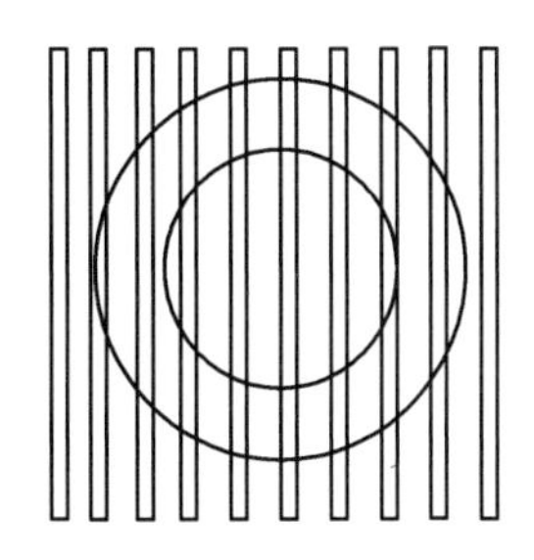

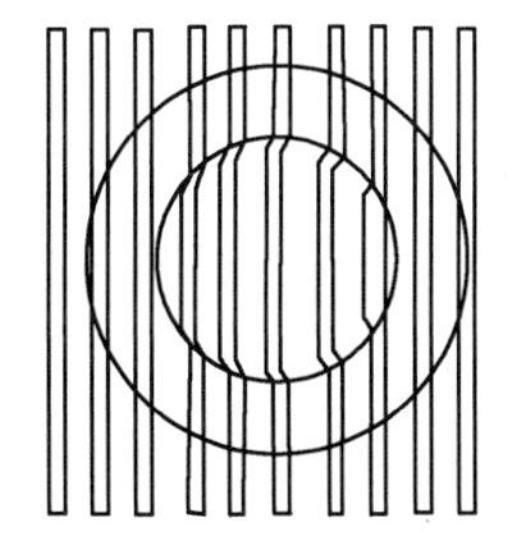

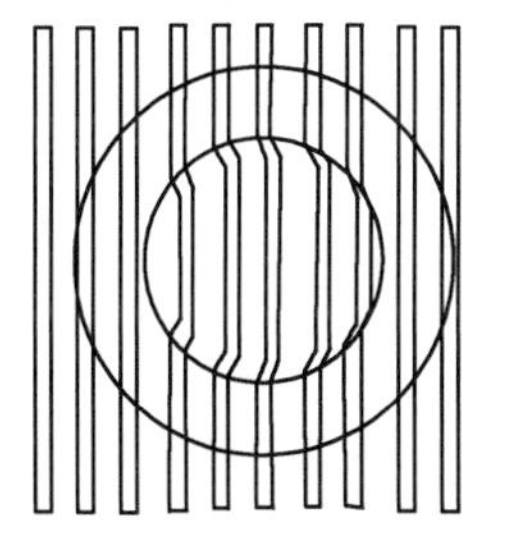

图 5-30　Rodenstock 视神经乳头分析仪原理示意图

笔记

二维码 5-1
扫一扫，测一测

列垂直线条沿着一个特定的角度投影在眼底，从投影条纹的变形中获得视盘的深度信息（图 5-30）。

除了分析深度，Rodenstock 视神经乳头分析仪能分析图像的轮廓，可以通过将系列有色的滤片插在照明系统中获得图像，合成后就产生了视神经乳头的灰白图。

（徐国兴　朱德喜）

第六章 眼压计

本章学习要点

- 掌握：眼压的测量原理；Goldmann 压平眼压计结构和设计原理。
- 熟悉：眼压计的分类；不同眼压计的优缺点；导致 Goldmann 压平眼压计和非接触眼压计检查误差的原因。
- 了解：其他眼压计的设计原理。

关键词 眼压 眼压计 压陷眼压计 压平眼压计

眼压(intraocular pressure,IOP)是眼球内容物作用于眼球壁的压力。正常眼压有维持眼球的正常形态和光学完整性、保持眼内液体循环的作用。眼压与房水生成、房水排出和上巩膜静脉压有关,房水的生成是眼压形成的主要因素。在正常情况下,房水生成率、房水排出率和眼内容物的容积三者处于动态平衡,如果平衡失调,就会导致病理性眼压。

统计学上,正常眼压范围是10~21mmHg,代表95%正常人群的生理性眼压范围。青光眼是一组以特征性视神经萎缩和视野缺损为共同特征的疾病,病理性眼压增高是其主要危险因素。有少数正常人眼压高于21mmHg,但并没有青光眼性视神经和视野的损害,称为高眼压症;也有部分青光眼病人,眼压在正常范围却有青光眼性视神经和视野损害,称为正常眼压性青光眼。因此不能机械地把眼压>21mmHg认为是病理值。另一方面,眼压降低也可导致屈光改变等。正常人一般双眼眼压差不应>5mmHg,24小时眼压波动范围不应>8mmHg。

眼压计(tonometer)是用来间接测量眼压的仪器,眼视光师和眼科医生用眼压计来辅助诊断青光眼。

第一节 眼压测量原理

眼压测量可分为直接测量法、指测法和眼压计测量法三种方法。

直接测量法是将一个套管或针头直接插入前房,另一端与液体压力计连接,直接测量眼压。用这种方法测量的眼压最精确,但临床上并不可行。

指测法检查时嘱病人向下看,检查者用双手示指尖交替,轻轻触压眼球,力度以刚好感觉到眼球波动为适度。眼球波动表示巩膜被压陷,眼球的张力会反映在固定不动的食指上。以触及唇、鼻尖、额部的压力感来描述低眼压、正常眼压及高眼压。通过这种方法可以粗略估计眼压的高低,若能熟练应用,在临床上也有一定的实用价值。

眼压计测量法也叫间接测量法,主要是根据眼球受力与变形的关系来推算出眼压的数值。

笔记

设实际眼压为 P_0，当角膜被压陷或压平后，被人为升高的眼压为 P_t。眼压计压力或多或少会改变眼球的容积，故 $P_t>P_0$。用眼压计测得的眼压即为 P_t，通常比真正的眼压高，有时甚至高许多。根据眼压计测得的眼压 P_t，可利用公式和图表换算出眼压 P_0。无论何种类型的眼压计，其基本原理就是利用力的平衡原理，以不同类型的眼压计作用于眼球壁上，根据所用的压力和压平的角膜面积或压陷的深度测量出眼球壁的张力，得到间接的眼压。眼压计的自身重量为 W，放在角膜上，压陷或压平的面积为 A，用公式 6-1 换算即可得到眼压的数值。

$$P_t=(W/A)P_0+\Delta P \quad 公式 6-1$$

用眼压计测量眼压时，有一定的重量压在角膜上，使角膜下陷或部分角膜被压平（图 6-1），眼球容积会减少一些。而液体是无压缩性的，此减少的容积除少量为血管床压瘪而被抵消外，余下的就传递到巩膜，造成它的扩张。巩膜组织的弹性、硬度来抵抗这种扩张时，就产生了压力增量。另外角膜在变形时，由于弹性作用也会产生抗力。因此，眼压计所测量的数值提示的是真正的眼压和角膜及巩膜的弹性抗力（ΔP）之和（公式 6-1）。其中角膜的弹性抗力很少，可忽略不计，而巩膜的弹性抗力和眼球壁硬度和压陷（压平）的体积有关。根据大量实验结果，当眼压以毫米汞柱为单位时，下式成立：

图 6-1 压陷（A）和压平（B）眼压计的角膜变形

$$lgP_t=lgP_0+EV \quad 公式 6-2$$

式中 P_t 为眼压计测得值，P_0 为真正的眼压，E 为巩膜硬度（弹性）系数，V 为眼球容积改变量（被压平的体积）。

1948 年，Friedenwald 根据眼球容积变化与眼压对数呈线性关系的经验公式，计算出眼球硬度系数 $E=0.0245$ 的转换表。1955 年，他对此表又作了修正，得出了 $E=0.0215$ 的转换表，因此可得关系式：

$$lgP_t=lgP_0+0.0215V \quad 公式 6-3$$

第二节 眼压计的种类

根据不同的作用原理，眼压计主要分压陷和压平眼压计。

一、压陷眼压计

压陷眼压计（indentation tonometer）是用一定重量的压针将角膜压成凹陷样，在压针重量不变的条件下，压陷越深其眼压越低。Schiøtz 眼压计属于压陷眼压计，由 Schiøtz 于 1905 年发明，由金属指针、脚板、活动压陷杆、刻度尺、持柄和砝码组成（图 6-2）。脚板置于角膜上，活动压陷杆在脚板的圆柱内可自由活动，压陷角膜的程度可通过指针在刻度尺上显示。砝码分别为 5.5g、7.5g、10g 和 15g，一定重量的砝码加压在角膜上，压陷越多，指针的读数越高，所测得的眼压越低，刻度尺上每 0.05mm 代表一个刻度单位，测量后查表得出眼压值。

Schiøtz 眼压计价廉、耐用、易操作，眼压测量值范围广，最高可达 100mmHg 以上。但眼球壁的硬度和角膜的形状会影响眼球对外力压陷的反应，从而导致测量误差。当眼球壁硬度较高时，如高度远视、突眼和长期存在的青光眼，测量的眼压值偏高；而眼球壁硬度较低

时,如高度近视、较长时间使用强的缩瞳剂、视网膜脱离用压缩气体填充复位治疗者,所测的眼压值偏低。用 Schiøtz 眼压计的两个不同重量的砝码可以估计眼球壁的硬度。如在半分钟内用两个砝码(如:5.5g 和 10g 砝码,7.5g 和 15g 砝码)测量同一眼的眼压,查专用的换算表得到眼球壁的硬度和校正眼压值。

Schiøtz 眼压计所测得的眼压值还受眼部其他因素如房水流畅性、房水生成率、上巩膜静脉压和眼部血容量的影响。

以下因素会影响压陷眼压计的测量值:

1. 由于其设计原理局限,受眼球壁的硬度影响很大。

2. 使用前必须校准,使刻度在"0"位。如果未在"0"位,会影响测量的结果。

3. 每个病人测量前后应消毒、清洁、干燥眼压计,以免分泌物或泪液导致压针和套管间摩擦阻力,影响测量结果。

4. 病人紧张、用力闭目、衣领过紧压迫颈静脉等可导致眼压增高。

5. 病人固视不好会影响测量结果,检查者的手影响病人看固视标的视线会导致测量误差。

6. 病人注视目标的距离应适宜,如注视目标过近会使睫状肌收缩,造成房水流出率增加,眼压测量值下降。

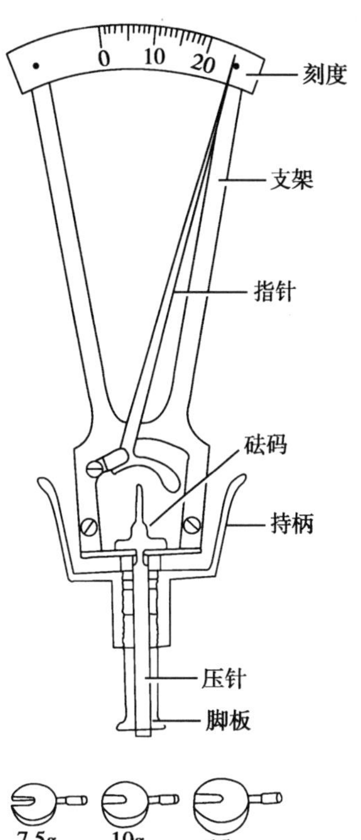

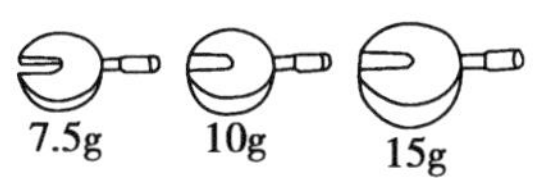

图 6-2　Schiøtz 眼压计

7. 眼压计脚板未垂直放在角膜上、眼压计触及睫毛引起眨眼会影响测量结果。对病人眼球施加压力还会导致眼压增高。

8. 眼压计的持柄套管过低,使压针或套管不能下降,可影响测量结果。

9. 眼压测量次数不应超过 3 次,眼压计放在角膜上一般应在 2~4 秒钟测完,以免影响眼压结果,甚至导致角膜上皮擦伤。

10. 角膜厚度、角膜形状、角膜瘢痕和翼状胬肉会影响测量结果。

11. 眼球震颤、情绪高度紧张和敏感的病人检查结果不准确,不宜用此法检查。

二、压平眼压计

压平眼压计(applanation tonometer)是通过外力将角膜压平来测量眼压。压平眼压计测量眼压时,使角膜凸面变平而不下陷,眼球容积改变很小,因此受眼球壁硬度的影响小,可认为:$P_0=P_t$。根据测量时角膜压平的面积或固定压力大小又可分为:变力压平眼压计和恒力压平眼压计两种。变力压平眼压计是固定压平面积,检测压平该面积所需力的大小,所需力小者眼压低。恒力压平眼压计是固定压力检测角膜压平的面积,压平面积越大眼压越低。变力压平眼压计种类较多,临床应用最广,Goldmann 压平眼压计、非接触眼压计、Perkins 压平眼压计、Tono-Pen 眼压计和气动眼压计都属于变力压平眼压计。恒力压平眼压计种类少,使用也较少,如 Maklakoff 压平眼压计。

(一) Goldmann 压平眼压计

Goldmann 压平眼压计为国际公认的标准眼压计,它属于固定压平面积、调整压力式的压平眼压计。Goldmann 压平眼压计是根据 Imbert-Fick 定律来设计的,压平角膜面积的直径选定为 3.06mm,面积为 7.354mm^2,由于压平的面积很小,眼球的容积改变也很小,仅

0.56mm³,这部分眼球容积的改变使原始眼压约升高3%,影响极小,因此受眼球壁硬度的影响极小。从理论上讲,Goldmann 压平眼压计所测得的眼压 $P_t=P_0$。当压平角膜面积的直径为3.06mm(即0.306cm),面积为7.354mm²(即0.07354cm²)时,所需重量根据 $P_t=W/A$ 公式计算,设 $W=1g$,则 P_t 的厘米汞柱=1g/0.07354cm²×13.6=1,即10mmHg(汞的比重是13.6g/cm³。所以,1g的外力(重量)相当于10mmHg。

Goldmann 压平眼压计主要由测压头、测压装置、重力平衡杆组成(图6-3,图6-4)。

图6-3 Goldmann 压平眼压计

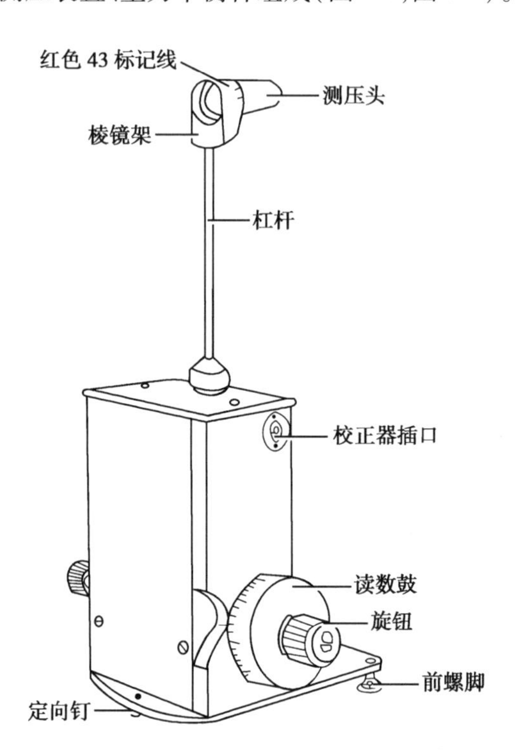

图6-4 Goldmann 压平眼压计的构造

为了准确观测角膜被压平面的直径,该仪器设计的测压头是一个双棱镜头,与角膜接触的直径为3.06mm,由此观察角膜压平处产生错位的两个半圆环(图6-5)。当角膜被压平面直径达3.06mm时,通过裂隙灯显微镜看到的两个半圆环的内缘正好相切,刻度鼓上所显示的压力数值乘10即为测量的眼压结果(毫米汞柱数)。

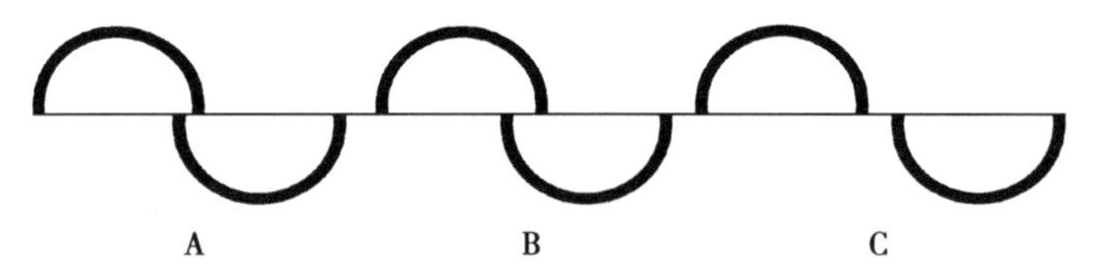

图6-5 Goldmann 压平眼压计的使用

A. 角膜压平直径为3.06mm时,两个荧光素半环的内界刚好相贴 B. 为加压太大,应减少压力,直至两环的内界相贴为止 C. 为加压过小,应继续压力,直至两环的内界相贴为止

总体讲,当压平眼压计压平角膜的直径>3.5mm时,眼球壁的硬度较低,眼球的张力变化较大,会导致假性的低眼压,影响测量的精确性。如果压平眼压计压平角膜的直径<3mm时,说明角膜上皮与角膜内皮间的面积大小不等,也影响测量的结果。当压平角膜的直径为3.06mm时,房水容积的变化仅为0.56mm³,此时 P_t 非常接近 P_0,且不受眼球壁硬度的影响。

尽管 Goldmann 压平眼压计所测量的眼压值可靠而精确,但测量不当也会导致误差,误差主要来源于以下几个方面:

1. 检查者对眼球施加压力，或病人在测量时挤眼，所测得的眼压可能偏高，所以要告诉病人不要紧张，尽量放松。

2. 病人眼球必须固视、平视远方，以减小调节对眼压的影响。

3. 测压头把睫毛压在角膜上会影响测量的准确性。

4. 测压头不应与角膜接触时间太长，不超过半分钟，否则会影响检查结果。

5. 荧光素对泪液膜的染色不够充分，所测得的眼压可能偏低，可能是由于荧光素滴入后时间太长和测量时间过长，应在滴入荧光素后一分钟内测量眼压。

6. 角膜表面荧光素染色的泪液过多时，荧光素半环太宽，所测出的眼压可能比实际偏高。

7. 角膜白斑、不规则角膜和角膜水肿会使荧光环变形或观察不清，很难获取眼压数值，应进行相应的调整。

8. 角膜散光度数>3.00D 会影响测量准确性，每 3.00D 散光约产生 1mmHg 的偏差。眼压在顺规性散光时测得的眼压偏低，在逆规性散光时所测得的眼压偏高。

9. 中央角膜厚度会影响眼压测量值。中央角膜偏厚眼压会高估，中央角膜偏薄眼压会低估，准分子激光屈光性角膜手术后角膜变薄所测的眼压值偏低。

（二）非接触眼压计

非接触眼压计（non-contact tonometer）也属于压平眼压计，是利用电子学、光学和气流学的技术，以空气脉冲作为压平的力量，气流压平角膜一个恒定的面积，测压头不与眼球接触。测量时喷出的气流压力快速增加，其压力增长与时间呈线性关系。

非接触眼压计测压头包括脉冲气体释放系统、协调光发射器和光接收器的角膜压平监控系统及固视标。当气体压平角膜至设计的直径 3.6mm 时，角膜作为反光镜把协调光线反射入接收器的光量最多。根据气体压平角膜的时间与眼压成比例的原理，处理器将压平时间转换成眼压值，以数字形式显示出来（图 6-6，图 6-7）。

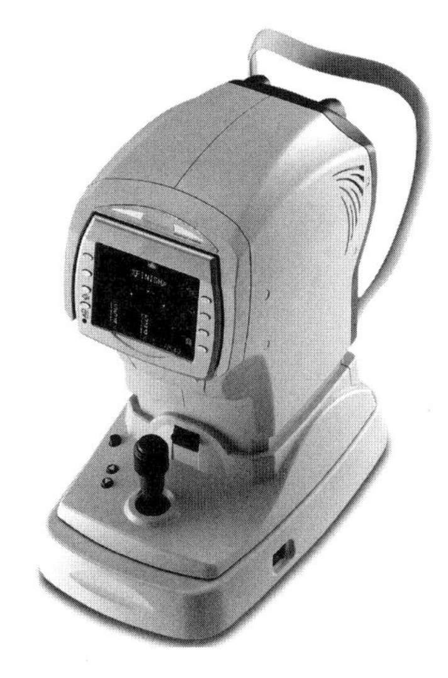

图 6-6　非接触眼压计

图 6-7　非接触眼压计（手持式）

与 Goldmann 压平眼压计所测得的眼压相比，非接触眼压计在正常眼压范围内其相关性非常好，但测量范围更小，在高眼压时其测量值可能出现偏差，角膜异常或注视受限的病人测量误差较大。

非接触性眼压计操作简单，不接触角膜，避免了交叉感染。检查前，应告诉病人喷气时不要害怕。非接触眼压计测量的是瞬间眼压，应多次测量取其平均值，以减少误差。非接触眼压计内有一个校准系统，应定期进行校准。

影响非接触眼压计测量值的因素如下：

1. 病人的配合不佳，眼的注视方向不正确，气流斜向角膜，则需较大力量使角膜压平，读数偏高。

2. 泪液过多时，读数偏高。

3. 仪器与眼球接触导致瞬目、挤眼可影响读数。

4. 角膜表面要光滑，否则反射不佳不易读数。

5. 角膜混浊、高度散光和固视不佳会导致不易读数或测量不准确。

（三）Perkins 压平眼压计

Perkins 压平眼压计的构造原理与 Goldmann 压平眼压计相似（图 6-8），所测眼压值受眼球壁硬度的影响小。眼压计上方有额部固定器，利于检测，使用方式与直接检眼镜相似。即检查者用右手持眼压计，用右眼检查病人右眼；检查者用左手持眼压计，用左眼检查病人左眼，观察两个荧光素染色的半圆环，在其内缘相接触时得出读数，乘以 10 就是眼压的毫米汞柱值。

Perkins 压平眼压计测量可在任何体位下进行，适合于手术室、床边、小儿和不能坐在裂隙灯下检查的病人的眼压检查。Perkins 压平眼压计用电池做光源，驱动力来源于操作者手动变换的弹簧。Perkins 压平眼压计易携带，还适合于社区和边远地区的眼压筛查。

Perkins 压平眼压计的测量范围 1～52mmHg，测出的眼压值与 Goldmann 压平眼压计所测的值非常接近。但当眼压超过 30mmHg 时，所测值可能偏低。

（四）Tono-Pen 笔式眼压计

Tono-Pen 笔式眼压计是一种手持式含微电脑分析系统的电子眼压计（图 6-9）。采用电池驱动，针芯直径为 1.02mm。传感器和针芯平板相连，当针芯压平角膜时，传感器将其电压变化进行放大。若此时电压波谷形状适当，则单芯片微处理器会将其数字化并贮存起来，同时在液晶显示器上显示平均眼压值。当读数超过 30mmHg 时，传感器的灵敏度会发生改变，使其适合高压范围的测量。

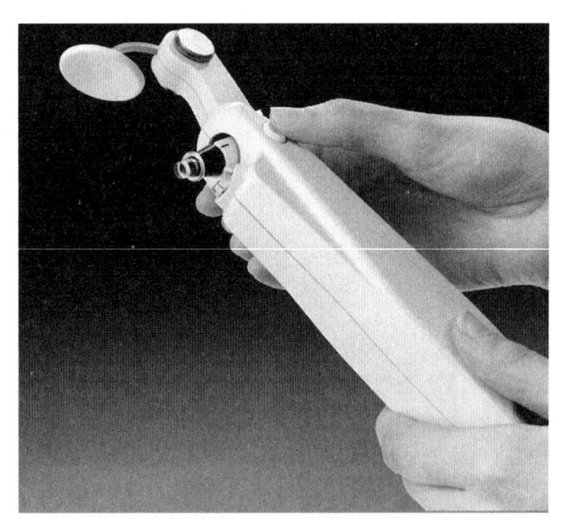

图 6-8 Perkins 压平眼压计

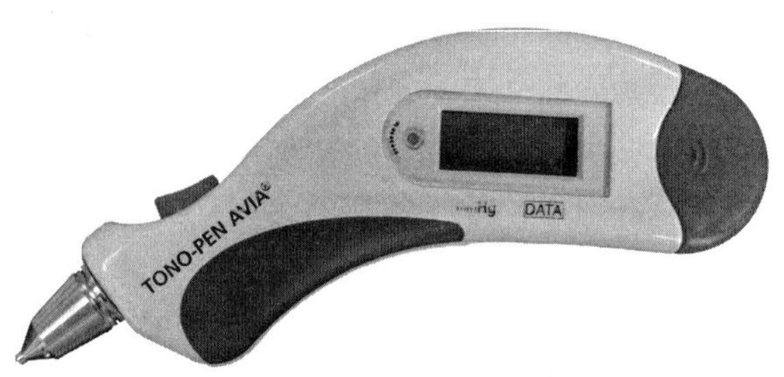

图 6-9 Tono-Pen 笔式眼压计

由于 Tono-Pen 笔式眼压计压平角膜直径仅 1.02mm，压平面积很小，因而角膜瘢痕、不规则角膜对其测量的眼压值的影响很小，直接在治疗性软性平光接触镜上测量的眼压值也较准确。该眼压计体积小，重量轻，便于携带，特别适合社区筛查。

（五）气动压平眼压计

气动眼压计（pneumatic tonometer）的气动测压头由硅胶隔膜覆盖的气室构成。压平角膜所需的压力传递到测压装置。传感器转换气室的压力为电子信号，气体从气室隔膜上排

气管的喷嘴排出，当测压头的隔膜与角膜接触时，与角膜垂直的排气管受阻，其排气量减少，致使气室的压力上升。当气室压力上升与眼压平衡时，仪器会发出一声笛声，传感器将气体信号转化成放大的电信号，眼压测量值以数字形式连续显示出来或在纸上描记出来，所以还可进行眼压描记。

气动眼压计在高眼压情况下测量的准确性低于 Goldmann 压平眼压计和 Tono-Pen 笔式眼压计。该眼压计所检测的眼压范围窄，低眼压时高估，高眼压时低估。但因其测压头与角膜接触的面积小，可用于角膜表面瘢痕、不规则角膜和角膜水肿病人的眼压测量。此外，气动式眼压计在国际上被广泛应用于青光眼动物模型的眼压测量。

（六）眼反应分析仪

眼反应分析仪（ocular response analyzer，ORA）是一种新型的喷气式非接触眼压计（图 6-10）。采用动态双向压平原理，眼压计读数是依赖喷出的气体压平一定面积的角膜所产生的力量，在压平角膜的同时，再喷出一定量的气体在压平角膜的基础上压陷角膜，并测量其恢复压平状态的力量。与第一次压平角膜测量的眼压不同，第二次测量的是角膜的生物力学特性（滞后性）。该仪器能自动显示眼压读数和角膜生物力学特性。

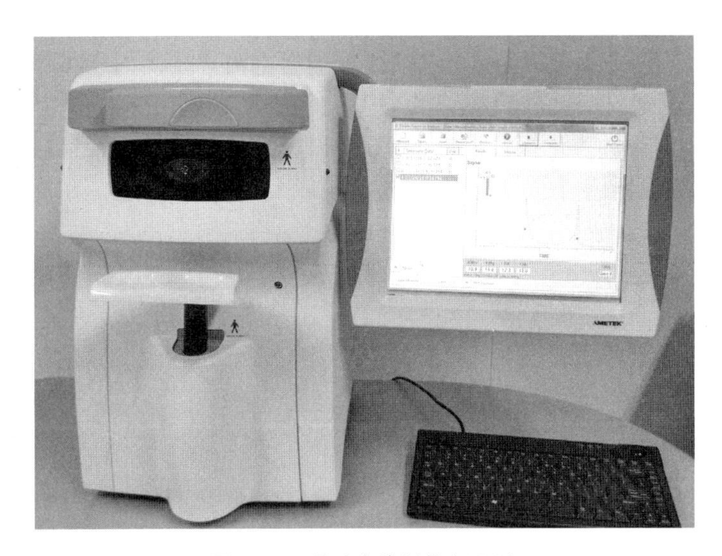

图 6-10　眼反应分析仪（ORA）

（七）Maklakoff 压平眼压计

Maklakoff 压平眼压计与上述几种压平眼压计检测的方法不同，属于恒力压平眼压计，它用的是恒定的外力，通过压平角膜面积换算眼压值。此眼压计由金属持柄把持不同重量的平底砝码，其底部各镶嵌坚硬的白色圆板，以此接触角膜表面。砝码重量有 5g、7.5g、10g 和 15g 四种。

测量前先表面麻醉，病人仰卧位，将特定染料涂在砝码的表面，砝码垂直放在角膜上，砝码与角膜接触部位出现一个白色印迹，这个印迹表示角膜受压而变平的面积。角膜压平的面积通过印迹可直接或间接测量出来，眼压按所用砝码和压平角膜的面积经公式：$Pt=A/\pi(d/2)^2$ 计算得到，所测得的单位是 g/mm^2；再除 1.36 即得到眼压的毫米汞柱值。

Maklakoff 压平眼压计在俄罗斯使用较多。这种眼压计与其他压平眼压计相比，对眼球容积的影响较大，但小于 Schiøtz 眼压计，所测得的眼压值受眼球壁硬度的影响，可用两种不同重量的砝码测量眼压进行校正。

三、其他类型眼压计

（一）动态轮廓眼压计

动态轮廓眼压计（dynamic contour tonometry，DCT）是一种新型的数字化接触式眼压计，

笔记

可同时测量病人的眼压及眼压波动幅度,并通过液晶屏动态显示测量数值。

DCT 的测量探头呈弧形,与 Goldmann 压平眼压计的平面测量探头不同。探头中央内置一个电晶体压力感受器,当其与角膜表面相贴时,可使角膜形态产生改变并可将角膜的压力导向压力感受器,当弧形探头表面两边的压力相等时,压力感受器即可自动测出病人的眼压,并显示在液晶屏上(图 6-11)。

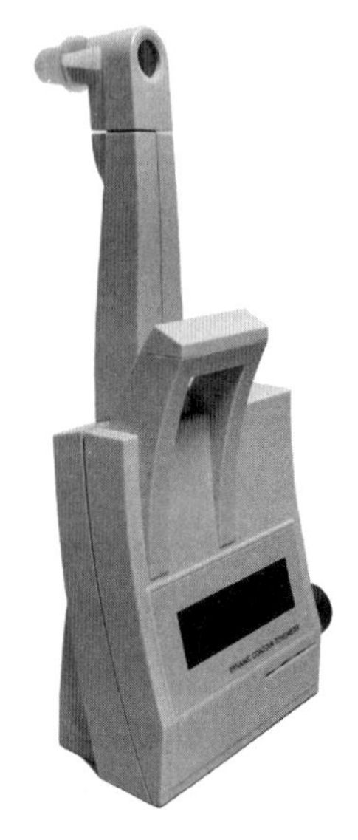

图 6-11 动态轮廓眼压计(DCT)

DCT 测量眼压重复性良好,很少受到角膜厚度、角膜曲率、角膜表面不规则和屈光不正的影响。

眼压脉动振幅(ocular pulse amplitude,OPA)是 DCT 测量 3 ~ 5 个心动周期内连续的收缩期眼压和舒张期眼压波动的幅度范围,是脉络膜灌流的间接指标。

(二) 回弹眼压计

1996 年,芬兰人 Antti Kontiola 发明了基于回弹原理测量眼压的技术,2003 年设计出第一台回弹眼压计。

回弹眼压计属于电测式压力计,采用感应回弹技术,探针插入眼压计后被磁化,产生 N/A 极,眼压计内螺线管瞬时电流产生瞬时磁场,因同极相斥原理,探针向角膜运动,碰及角膜表面减速回弹。控电开关能监视到回弹的磁化探针引起的螺旋管电压,处理器计算探针碰及角膜后的减速度,整合信息转化为眼压值(图 6-12,图 6-13)。

图 6-12 回弹眼压计(医用)

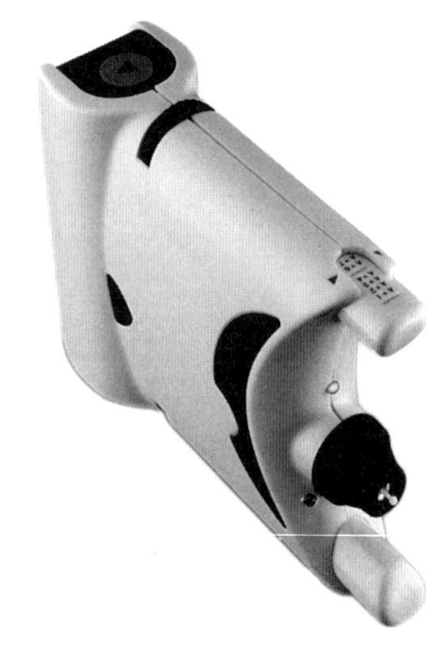

图 6-13 回弹眼压计(家用)

二维码 6-1 扫一扫,测一测

回弹眼压计测量结果比非接触眼压计精确,与 Goldmann 压平眼压计测量的结果有较高的一致性。该眼压计有不用麻醉、使用便捷的优点,对儿童、痴呆和行动不便病人测量更有优势,同时角膜水肿、混浊和表面不平的病人也可以测量。

(兰长骏)

笔记

第七章 视 野 计

本章学习要点

- 掌握：视野检查的原理和方法。
- 熟悉：视野计的种类。
- 了解：影响视野检查结果的因素。

关键词 视野 视野计 自动视野计 视野指数

视野(visual field)是指眼向前方固视某一点时所见的空间范围。相对于中心视锐度而言，视野反映的是周边视力，即视网膜黄斑部注视点以外的视力。视网膜的视敏感度以黄斑中心凹为最高，距黄斑部越远则敏感度越低。一般将距注视点30°以内的范围称为中心视野；30°以外的范围称为周边视野。视野内的景物在眼底视网膜上的投射方位是相反的，即视野上部的景物投影在下方视网膜上，鼻侧视野的景物投影在颞侧视网膜上，以此类推。

视野检查是视功能检查的基本内容。有些疾病如晚期视网膜色素变性、青光眼，尽管中心视力尚可，但若视野小于10°范围，仍被列为盲的范围。一些眼病可以导致视野缺损，它们可以表现为孤立的光敏感度下降的区域。使用视野计(perimeter)的一个主要目的就是检查出这些视野变化。视野检查对视路疾病的定位诊断，对青光眼、眼底病等疾病的鉴别诊断有重要价值，定期视野检查还能用以判断某些疾病的发展，指导治疗。目前自动视野计已基本取代了手动视野计，现代的视野检查法不但实现了标准化、自动化，而且与其他视功能检查如蓝黄色的短波视野检查、高通视野检查、运动觉视野检查、频闪光栅刺激的倍频视野检查相结合。在现代视野计的发展中，了解软件的功能比硬件的性能更重要，因为需要应对不同的被检者、不同的检查目的选择不同的检查策略，同时应学会自动视野图的检查结果的分析。

第一节 视野检查的原理和方法

一、视野检查的原理

视野检查分为动态视野检查法和静态视野检查法两大类：

(一) 动态视野检查法(kinetic perimetry)

动态检查的方法建立在中心视野比周边视野更敏感的基础上。一个较弱的刺激视标在视野的边缘不能被看到，当它向黄斑中心凹靠近时，可以被发现。检查者选择一个视标，从视野的周边逐渐靠近中央，记录病人发现视标的那一点，这就是视野的范围或者刺激的阈值。因为视标是运动的，所以叫做动态检查法。为了发现阈值内的暗点，检查者要把光标继

续移近中心凹，告知病人是否发现光标变暗或消失。从不同方向使用动态刺激视标检查，可以描出一圈敏感度相同的点来，把这些点连线后，就是等视线。通过使用不同的视标，可以描出很多等视线，它们距离中心凹的距离不等。这些等视线画在一起，就构成了类似等高线描绘的“视野岛”（图7-1A）。动态视野检查法的优点是检查速度快，缺点是对小的、旁中心相对暗点发现率低。

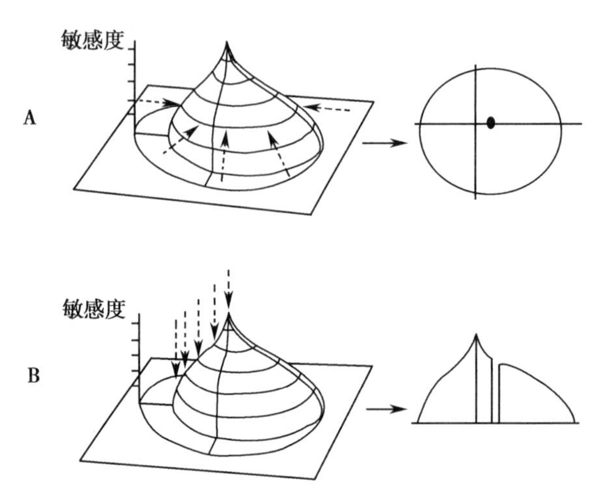

图7-1 动态视野与静态视野

A. 动态视野：固定强度的检测光标沿着各子午线向固视点移动，各子午线上第一次看见视标的点连成一条等视线 B. 静态视野：静态视标的强度不断从阈下强度增加直到受检者发现视标，这些阈值构成了视岛的剖面图

（二）静态视野检查法（static perimetry）

静态视野检查法可进一步分为静态阈值检查法和超阈值静点检查法。静态阈值检查法是在视屏的各个选定点上，由弱至强增加视标亮度，被检者刚能感受到的亮度即为该点的视网膜敏感度或阈值。将某一子午线上的阈值点连接起来，就构成峰形的阈值曲线（图7-1B）。超阈值静点检查法是在某一视野范围内，如某一等视线内，用超阈值视标静态呈现来探查暗点的方法。静态视野检查定量较细致，易于发现小的旁中心相对暗点，但是检查速度慢，操作繁琐。静态视野检查法是自动视野计中最常用的方法。

动态视野检查宜于确定周边视野的范围，而静态视野检查宜于做视野的定量分析及缺损深度的判断，两者各有所长。

二、视野检查的方法

（一）对照法

对照法以检查者的正常视野与被检者的视野作比较，以确定被检者的视野是否正常。方法为检查者与被检者面对面而坐，距离约1m。检查右眼时，检查者遮右眼，被检者遮左眼，被检者右眼注视检查者的左眼。检查左眼时反之。检查者将手指置于自己与被检者的中间等距离处，分别从上、下、左、右各方位向中央移动，嘱被检者发现手指出现时即告之，这样检查者就能以自己的正常视野比较被检者视野的大致情况。此法的优点是操作简便、不需仪器，且适用于卧床病人、儿童和智力低下的受检者；缺点是不够精确，且无法记录供以后对比。

（二）手动视野计检查

最常使用的手动视野计检查方法采用Armaly-Drance筛选程序，这一程序主要用于检测

青光眼的早期视野缺损。它最初开发用于 Goldmann 视野计，现在已经应用于许多仪器（图 7-2）。本程序结合了周围视野的动态检查和中心视野的超阈值静态检查。

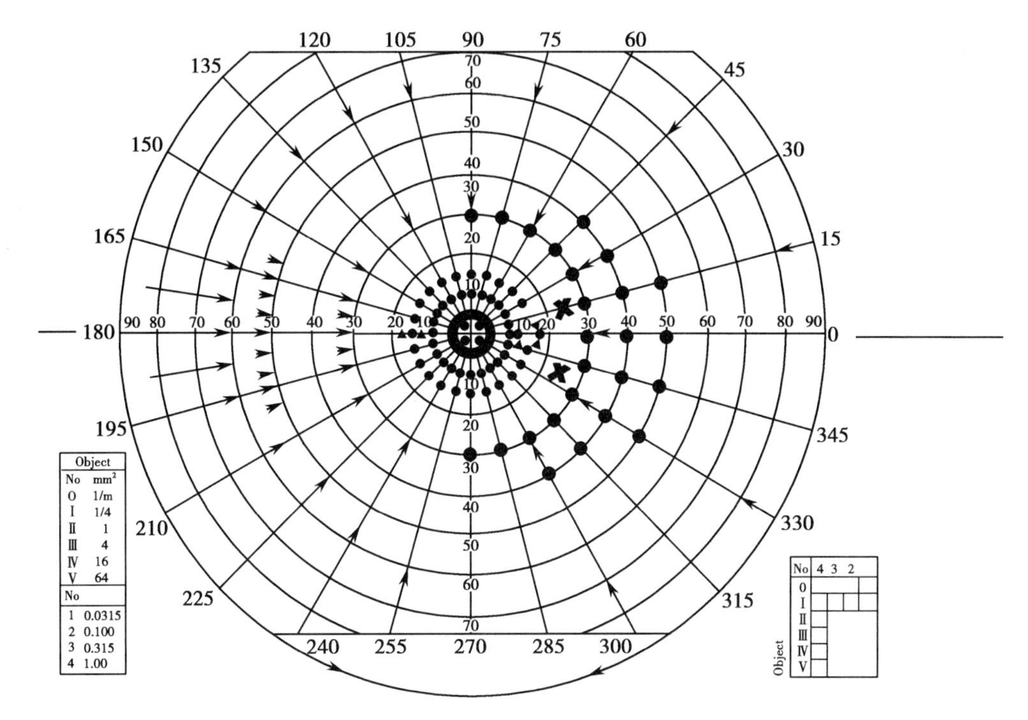

图 7-2　Goldmann 视野图包括动态（点）和静态（箭头）检测

这种检测被认为是发现早期青光眼较可靠的检查方法。I-4e 光标用于周边视野鼻侧阶梯的检测。周边颞侧视野的检测可以对少数以颞侧视野缺损为早期表现的青光眼病人进行识别

采用动态视野检查技术，预测中心 25°内的超阈值光标，通常使用 Goldmann I-2e。应用该光标动态地测绘中心等视线，分别检测鼻侧、颞侧和垂直阶梯，并特别注重骑跨于水平和垂直中线 15°范围的视野检查。用该光标也可以测绘盲点，即从盲点中心 8 个方向向外移动光标，然后以同一光标静态呈现，检测旁中心暗点和弓形暗点。使用更强的光标，例如 Goldmann I-4e 测绘周边等视线，以寻找鼻侧阶梯和颞侧扇形缺损。如果检查者使用动态检查技术，必须使用不同大小和亮度的光标。

高质量的手动视野检查需要训练有素和认真负责的检查者，但即使是最好的检查者，每天的检查结果也不完全相同。自动视野检查变得越来越普遍，计算机静态视野检查至少和质量最高的手动视野检查一样好。

（三）自动视野计检查

自动视野的检查方法主要有超阈值检查、阈值检查和快速阈值检查三大类，检查方法如下：

1. 超阈值检查　在不同区域呈现比期望阈值略强的刺激强度，并以是否看见加以记录。检查时，如果刺激出现而看不见，再次出现仍然看不见，则记录为看不见。刺激还可以增大到最大亮度以探测缺损是绝对性还是相对性，为视野的定性检查，分别以正常、相对暗点和绝对暗点表示。此方法检查快，但可靠性较低，主要用于眼病筛查，可发现中到重度的视野缺损（图 7-3）。

2. 阈值检查　阈值检测是标准检查程序。每一个点阈值的确定需逐步经过由弱到强（以 4dB 光阶）及由强到弱（以 2dB 光阶）的光阶刺激，即两次跨越阈值方能确定（图 7-4）。通常一些点被检查两次以确定阈值的波动，一些随机试验可以监测注视并评价被检者的假阳性和假阴性反应。该方法为定量检查，结果精确，但因检查时间长，一般正常者单眼检查需 15 分钟，异常眼检查时间更长，所以此方法被检者易疲劳，波动大，较难接受。

笔记

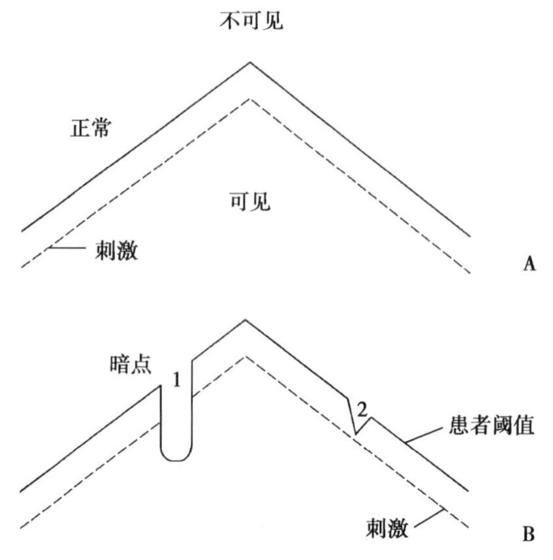

图 7-3 阈值相关检测

A. 首先用比期望阈值亮 4dB 或 5dB 的单刺激，如果受检者看见刺激，该部分视野被认为是正常 B. 缺损 1 用这种检测方法可以被发现，但缺损 2 则会被错过

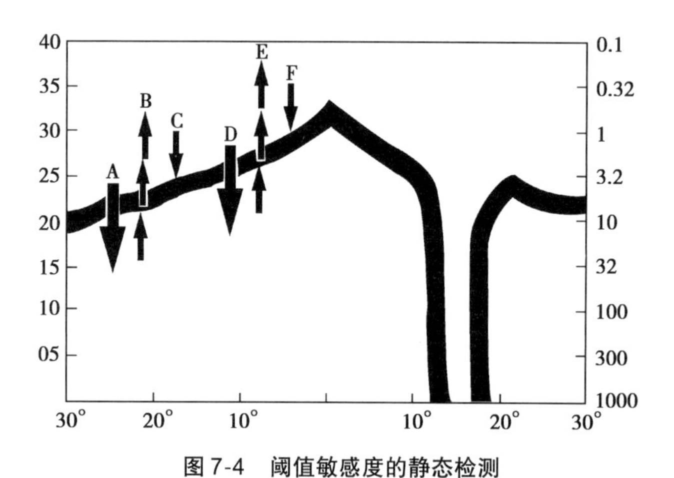

图 7-4 阈值敏感度的静态检测

A. 受检者能看见的亮刺激 B. 刺激强度逐渐降低到受检者看不到 C. 然后刺激强度再增加到受检者能看到。这样检测到视网膜上某一点的阈值敏感度 D～F. 在视网膜上相邻点重复进行上述过程。刺激强度变化率决定了检测的敏感度

3. 快速阈值检查 也称交互式阈值检查。为了开发耗时较短而同时有较好准确性和可重复性的阈值检查，瑞典人倡导一种交互式阈值检查程序（SITA）。这种检查方法利用视野敏感度曲线、数学模型和阈值预测的知识，在阈值检查过程中，当测量错误达到一定的水平时，阶梯检查程序中断，这样减少刺激呈现次数和检查时间。因放弃了检查假阳性反应的捕捉实验，而使用了更为有效的时间策略呈现不同的光标，检查时间也得以缩短。SITA 检查方法和较早的阈值检查方法进行比较，表明 SITA 标准视野检查结果和全视野阈值检查一致，而 SITA 快速检查程序和 FASTPAC 程序检查结果也一致。与其他阈值检查方法比较，两种 SITA 检查方法获得的视敏感度值较高，但检查出的视野缺损更深，界定更准，其原因可能是在检查或复查过程中降低了因被检者疲劳而产生的变异度。标准的 SITA 平均检查时间

笔记

大约是全视野检查程序的一半，同 SITA 标准检查程序相比，快速 SITA 检查耗时还要少 30% 的时间。SITA 标准检查程序检查时间显著减少，但不降低准确性，不增加检查中的噪声水平或变异度。另外，SITA 程序的正常值资料库、概率图和常态的概率界限较标准的阈值检测程序更为严密。这种特性能在青光眼早期阶段将正常和异常视野区分开，并能够更好追踪随访视野变化。

趋势导向检查（TOP）：TOP 检查程序是 Octopus 视野计中的快速阈值检查法，它对正常及异常视野的检查时间相似，检测时间约 3 分钟。TOP 程序在检查每 1 点的阈值时，对其周围 4 点的阈值记录也产生影响及评估，从而减少后续点阈值前的检查步骤。另外其初始刺激从中段开始检查，其光阶变化按黄金分割法。

4. 其他　除了测定视网膜阈值外，还开发了多种检查视功能的方法。例如，青光眼早期选择性损害 M 型节细胞，测量 M 细胞功能的检查方法就可用来诊断早期青光眼。目前采用白光检测阈值的视野检查将会继续作为确诊和随访的标准方法。在青光眼检查中，另有一些可能存在一定价值的视野检查方法如下：

（1）蓝/黄短波视野检查（short wavelength automated perimetry）：在黄色背景下投射蓝色刺激光的视野检查。这种检查方法可能对青光眼早期视野损害更为敏感。用蓝/黄（短波长）视野检查发现早期青光眼视野缺损的比例较常规白/白视野检查更高。但是受老年晶状体变黄影响，阈值变异偏大，需要良好的配合度。

（2）高通分辨视野检查（high pass resolution perimetry）：用来检查视野的光标是大小不同的环行光标，它由中间亮两边暗双线的暗环组成（图 7-5）。光标的平均亮度与背景照明相等。通过刺激环的大小（空间分辨阈值）改变光标刺激强度。使用高通分辨视野计检查耗时比常规视野计短。由于变异小，其对视功能的监测可能优于传统视野计。

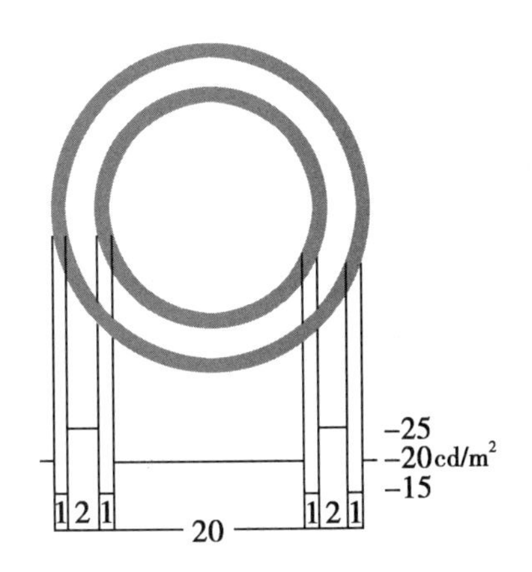

图 7-5　高通分辨视野刺激视标

（3）倍频视野检查（frequency doubling perimetry）：这种视野检查采用了低空间频率（0.25c/d）、快速反转（25Hz）的闪烁刺激，产生正弦光栅。当一个低空间频率刺激以这种方式呈现时，亮带和暗带交替呈现是实际出现的两倍，因此称为倍频。这种刺激可能优先激活 M 细胞，因此在探测青光眼早期视野损害时较为敏感。

（4）闪烁敏感度检查（flicker perimetry）：本方法测量被检者在一个恒定光刺激中识别一个不断闪烁的光刺激的能力，其对比度可以改变，受老年人、白内障的影响小。但目前没有标准的操作程序。

第二节　视野计的种类

视野计的发展大致可分为三个阶段：早期是以 1856 年 Albrecht von Graefe 的平面视野计和 1869 年 Forster 的弓形视野计为代表。第二阶段始于 1945 年，以 Goldmann 半球形视野计的产生为标志。它仍属于手工操作的动态视野计，其特点是有严格的背景光和刺激光的亮度标准，为以后视野计的定量检查提供了依据。第三阶段即 20 世纪 70 年代才问世的自动视野计。它是利用计算机程序控制的静态定量视野计，具有很多检查程序供选择。检查中无需问答，被检者看见刺激只要按反应键，计算机根据反应情况自动调整刺激亮度及变换刺激位置，自动记录并打印结果。

视野计在设计上的发展有以下几个方面：一是背景屏的设计，由平面、弧形到半球形。但是有些30°的视野计仍采用平面的背景屏；二是刺激视标的光阶，由等量递增，到倍数递增，即对数等级，采用分贝（dB）为单位；三是刺激视标的种类，为检测不同视网膜神经节细胞功能，除标准的白光刺激外，还有单色光、条栅光、闪烁光、运动光标等刺激；四是对检测中固视的监测，从人工的观测镜，到自动的生理盲点监测法（随机的对生理盲点进行光刺激，正常情况下受试者没有反应，如果受试者有反应，说明其固视偏移）、计算机的角膜反光点监测，甚至计算机还可监测刺激时是否眨眼，眨眼时的刺激是无效的；五是操作方面，由早期的人工控制，到计算机的自动及智能控制，其意义不仅是减轻了操作者的工作强度，更重要的是实现了检查过程的标准化，避免了操作者先入为主、人为的诱导作用。一些快速阈值检测程序，可以智能地根据被检者以前的视野情况或此次检查每一步骤的检查反应，预测下一个刺激应给的最佳刺激强度。

下面就各种视野计的设计原理和构造分别叙述。

一、平面视野计

平面视野计（tangent perimeter）是简单的中心30°动态视野计，一般用黑色绒布制成的无反光布屏，屏的背面为白布，并用黑线标记出6个相间5°的同心圆和4条径线，视野屏中心有一白色固视点，屏两侧水平径线15°～20°，用黑线各缝一竖圆示生理盲点。以黑色无反光长杆前端装有不同大小的圆盘作为视标，最小视标直径为1mm，常用2mm白色视标来检查。视屏与受检眼的距离为1m，检查时用不同大小的视标绘出各自的等视线。

二、弧形视野计

弧形视野计（arc perimeter）是简单的动态周边视野计，其底板为180°的弧形板，半径为33cm。弧形视野计多为白色背景，以手持视标或投射光作为刺激物，旋转弧形板于不同角度就可测定视野的不同径线。在视野表上将各径线开始看见视标的角度连接画线，即为受检眼的视野范围，将各方向视标消失及重现的各点连接起来，则可显示视野中的暗点。弧形视野计操作简便，用于测定周边等视线。

三、Amsler方格

Amsler方格（Amsler grid）为黑色（或白色）背景上均匀描绘的白色（或黑色）正方格线条，划分为400个小方格，每小格长宽均为5mm，线条均匀笔直，检查距离30cm时，Amsler方格表相当于10°视野。被检者固视于中心固视点，回答是否有直线扭曲、方格大小不等、方格模糊或消失现象。结果可让被检者自己标记在记录图上。Amsler方格检查除用检测表格外，不须任何设备，是极为简单、迅速和灵敏的定性检查。主要用于中心大约10°范围视野检查，对检查黄斑部极有价值，黄斑病变病人自备Amsler方格可自己掌握病变进展情况。

四、Goldmann视野计

Goldmann视野计为半球形视屏投光式视野计，半球屏的半径为30cm，内面为均匀白色背景，背景光亮度固定为31.5asb，后面右下方是光标开关旋钮，用来控制光标的出现和消失。光标刺激强度和投射部位可以调节，在视野计后面有三个横槽，两个控制光标的亮度、一个控制光标的大小，光标的大小和亮度都以对数梯度变化。第一横槽是亮度细调节，分为a、b、c、d、e五个档次，从a档到e档，光标刺激强度以0.1对数单位（1dB）递增，即0.4、0.3、0.2、0.1和0.0对数单位。第二横槽是亮度粗调节，分为1、2、3、4四个档次，从1档到4档，光标刺激强度以0.5对数单位递增，即1.5、1.0、0.5和0.0对数单位。第一横槽和第二横槽

笔记

组合使用,可以得到0.1对数单位(1.26倍)变换,共20个光阶。例如1和a组合,即为1.5+0.4=1.9对数单位;4和e组合,相当于0.0对数单位。第三横槽标控制光标面积,分为0、Ⅰ、Ⅱ、Ⅲ、Ⅳ、Ⅴ六个档次,光标面积是以0.6对数单位(4倍)变换,从0档到Ⅴ档,分别为1/16mm²、1/4mm²、1mm²、4mm²、16mm²、64mm²。通过三个横槽各档次的不同组合,即可得到一系列不同刺激强度的标准刺激。光标的投射位置通过一多关节传动系统与记录图纸的位置完全一致对应。Goldmann视野计的背景照明、光标大小和亮度均可标准化,检查中还可监视受检眼的固视情况,提高了检查结果的可重复性。该视野计为以后各式视野计的发展提供了刺激光的标准指标。Goldmann视野计可用于中心视野和周边视野检查,主要用于动态等视线检查,虽然也可做静态阈值定量检查,但因耗时太长而较少应用(图7-6)。

图7-6 Goldmann视野计

五、Fridmann视野计

Fridmann视野计属静态、多刺激点、平面半自动定量视野计,有Mark Ⅰ、Mark Ⅱ和Mark Ⅲ三种型号,分别问世于1967年、1979年和1990年。Mark Ⅰ有46个刺激点,15个多点刺激模式;Mark Ⅱ检查中央25°视野,共有98个刺激点,31个多点刺激模式,2~4个亮度光阶;Mark Ⅲ是半自动的,配一个打印机。该视野计与一般视野计不同之处是它属多刺激点式检查,每次同时闪现2~4个刺激点,所以被检者的回答不是看见与否,而是看见多少个亮点。有人认为多刺激点的"熄灭"现象(extinction phenomenon)易发现一些很轻微的相对暗点。所谓"熄灭"现象是指视网膜某一轻度视功能减低区,该区的投射处给予一个稍微减弱的刺激,被检者可能仍有反应,我们此时难以发现这个暗点。但是在多点同时刺激时,视野的正常区对异常区会有抑制或剥夺作用,正如双眼视时,正常眼对弱视眼的抑制作用,因此在多点刺激时,视功能减低区就感觉不到这个同等的刺激。该视野计越靠近中央,刺激点越小,正好与中央视敏感度高、周边视敏感度低的峰形曲线相吻合。它的刺激光是闪烁光,又是几个象限同时出现,可避免被检者找寻视标。这种视野计的优点是检查速度快,但需被检者密切配合、准确描述有几个闪烁点及其出现的方位,它不适于老年病人检测。再者闪烁光刺激难以实现刺激视标的标准化,因此这种视野计临床上已不使用。

六、自动视野计

自动视野计(automated perimeter)是由计算机控制的静态定量视野计,它有针对青光眼、

黄斑疾病、神经系统疾病的特殊检查程序，能自动监控被检者的固视情况，能对多次随诊的视野进行统计学分析，提示视野缺损是改善还是恶化了。具有代表性的是 Humphrey 和 Octopus 视野计。应强调指出的是，自动视野计仍是一种主观的心理物理学检查。它能排除操作者方面的人为干扰，有利于被检者的随诊观察。但是对被检者精神或生理上的变化因素，它是不能完全排除的。比较好的自动视野计能提供这方面信息，如视网膜阈值的短期波动、假阳性或假阴性反应等，可以帮助判断某些轻微的视野变化是属生理性的，还是早期的病理改变。

（一）Humphrey 视野计

Humphrey 视野计是投射式自动视野计，从 1984 年第一代至今已经历经三十余年发展，其最新型号为 830 型、840 型、850 型和 860 型，可更改为中文操作界面和中文报告，其中部分型号采用全新的液态镜片技术可自动适配患者屈光不正，完善眼位实时监测技术。目前临床常见的型号是 720 型、740 型和 750 型。Humphrey 视野计采用的背景照明 31.5asb，光标亮度的变化范围在 0.08 ~ 1000asb 之间。由于背景照明与办公室照明相似，被检者如同在自然环境中接受检查，感觉舒适。有些机型设置了一套彩色滤光片，可以用来进行彩色视野检查。每次开机，视野计自动检测光标强度。Humphrey 视野计采用标准大小的 Goldmann 的光标，大小从Ⅰ ~ Ⅴ号。光标被投射在白色半球形锅底的表面，由两个步进电动机来控制光标的移动。采用了设置在自动视野计中的生理盲点固视监测技术，视野检测开始时首先确定生理盲点的位置，在检测过程中，随机地把高亮度的光标投射到生理盲点区，如此时被检者应答，记录一次固视丢失。Humphrey 视野计有很多检查程序和分析软件（图 7-7）。

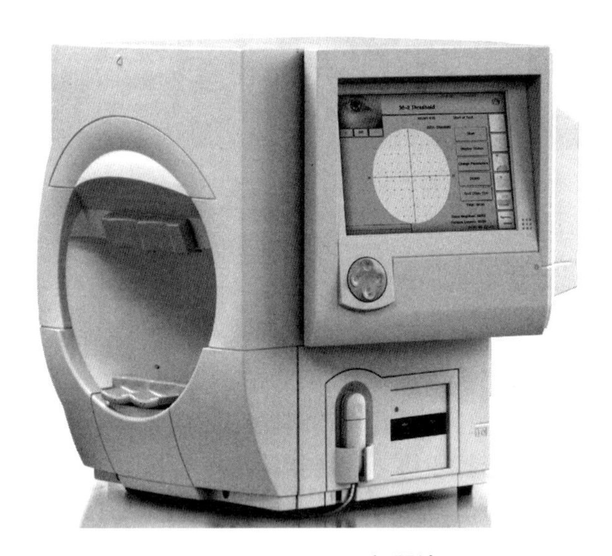

图 7-7 Humphrey 视野计

（二）Octopus 视野计

Octopus 视野计也是投射式自动视野计，首先进入市场的 Octopus 视野计由 Frankhauser 设计，1976 年以此为原型的 Octopus 201 视野计开始使用。以后该系列视野计 Octopus 2000、Octopus 500 和 Octopus 1-2-3 相继问世。1993 年推出 Octopus 101，2007 年进入临床的 Octopus 900 有闪烁视野检查、蓝/黄视野检查功能，除中心视野检查外，可做 90°全视野检查。软件分析有重要区域优先阶段化测量、线性回归分析等。目前应用的 Octopus 101 和 900 背景亮度可以调节，同时还可以采用黄色背景光，蓝色光标来进行早期青光眼视野的检查。投射光标亮度的变化范围在 0.08 ~ 1000asb 之间。开机时光标强度通过一个光电池来计算整个光强度范围。视野计光标的大小和 Goldmann 视野计的光标直径相同，从Ⅰ到Ⅴ号光标。光标被投射在白色的、半径为 30cm 的半球形锅底的表面，光标的移动由两个步进电

笔记

动机控制，每次开机，视野计自动检测和调节光标位置。眼球的固视监测通过视野计中的摄像机拍摄的图像同步传到电脑屏幕上，并能测量瞳孔的大小和自动调节监测的位置。Octopus 系列视野计包括有针对青光眼、黄斑疾病、低视力病人等的多种检查程序，检查中应根据被检者情况选择检查程序（图 7-8）。

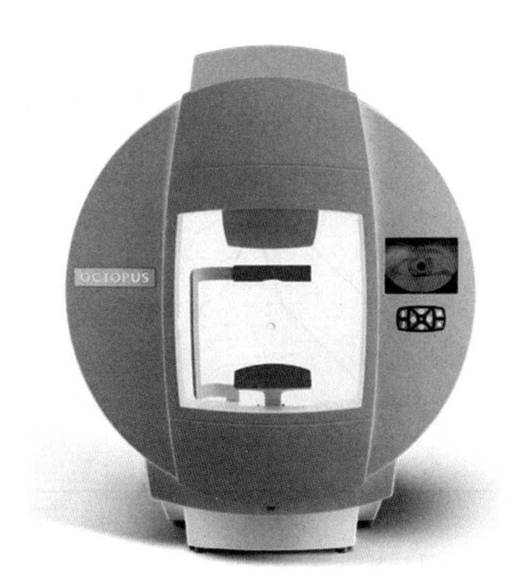

图 7-8　Octopus 视野计

第三节　影响视野检查结果的因素

视野检查属于心理物理学检查，反映的是被检者的主观感觉。被检者、视野计和操作者三个方面的因素都会影响检查结果。

一、被检者方面的影响因素

被检者的注意力不集中会使反应时间延长，检查时间过久会产生疲劳，降低被检者的最佳反应能力，同时视网膜敏感性波动增加，这种波动在异常视网膜区域会更明显。瞳孔过大或过小都会影响视野检查结果，视网膜照明和瞳孔直径的平方大致呈正比，瞳孔缩小，进入眼内的光量也减少，可能导致平均光敏感度下降或等视线向心性缩小。未矫正的屈光不正形成的模糊物像比实际物像面积略大，亮度略暗。在检查周边视野时，周边视网膜有更好的空间积累效应，物像面积增大所增加的刺激强度可在一定程度上弥补物像亮度降低所减少的刺激强度，故未矫正的屈光不正对检查结果影响相对较小；在做中心视野检查时，中心视网膜的空间积累效应相对较差，使有效刺激强度下降，故未矫正的屈光不正对检查结果影响相对较大，会产生假性弥漫性光敏感度降低或等视线向心性缩小。因此，在做中心视野检查时，常规要求被检者根据屈光状态和年龄戴矫正镜片。如果被检者矫正镜片偏心或距眼太远，其边缘就会投射到中心 30°。如果被检者戴错误的矫正镜片，常常会造成视野弥漫性压陷。在实践中，这类错误很少被注意，这有可能导致某次无法解释的视野压陷，而在日后随访检查视野好转。

二、视野计方面的影响因素

平面屏与球面屏视野计的差异，单点刺激与多点刺激视野计的差异，动态与静态视野检查法的差异都会影响检查结果。此外，背景光和视标不同，阈值曲线也不同，如视标偏大背景光偏暗，其阈值曲线较平（图 7-9）；反之，阈值曲线较尖。随诊检查视野有否改变是必须采

用同一种视野计才有可比性。临床视野检查采用的背景照明通常为4～31.5asb。自动视野计上呈现时间是固定的,如≥0.5秒,会发生时间总和效应。换句话说,呈现时间更长的光标更易看见。静态视野计通常将刺激光标呈现时间定为0.2秒或更短。

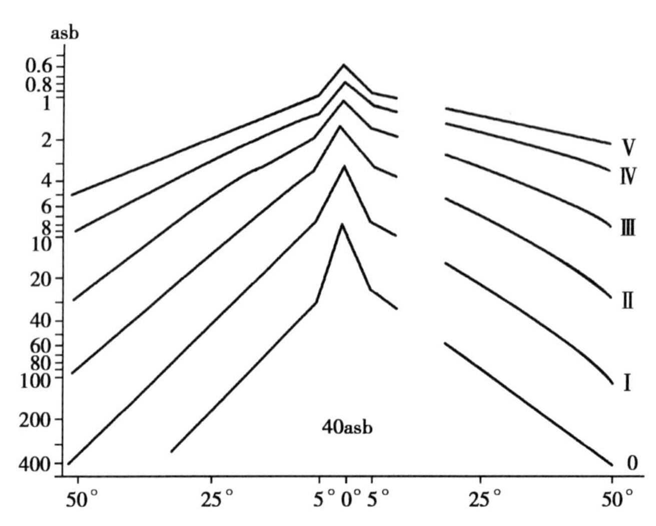

图7-9 背景光及试标不同,阈值曲线就不同,如视标偏大,背景光偏暗,其阈值曲线较平

三、操作者方面的影响因素

不同操作者因检查方法和经验不同会影响检查结果,为了符合预期的诊断而先入为主或使视野图典型化,人为地改变了视野的真实形态会造成假阳性;因时间、精力的限制,操作单调,检查敷衍草率,会造成假阴性。自动视野计由电脑程序控制检测过程,无人为操作的偏差,但是自动视野初次检查的可靠性可能较差,受试者需要一个学习、掌握的过程。

第四节 自动视野计检查结果的分析

一、可靠性指标

对视野检查结果进行分析之前,首先应了解结果的可靠性,自动视野计检查一般设计有假阳性错误(false-positive errors)、假阴性错误(false-negative errors)和固视丢失(fixation losses)三种"捕捉试验(catch trials)"来评价检查结果的可靠程度。

(一) 假阳性错误

在投射型自动视野计检查过程中,光投射装置转动或"快门"开闭可发出声响,为避免被检者仅根据声响反应按按钮,视野计随机发出类似的声响而不呈现光标,如果受检者发生了反应,记录为1次假阳性错误。高假阳性错误率表明受检者过于紧张,而结果有假阴性的可能。在极端病例,高假阳性率可以导致视野中出现不可思议的高敏感值。用生理暗点监测方法发现固视丢失时,也可以发生高假阳性率和高固视丢失率。检查前对被检者进行详尽的讲解有时可以避免这一人为因素。

(二) 假阴性错误

当被检者对某一位置的刺激没有反应,而此前该位置上更弱的刺激却能看见,则记录为假阴性错误。假阴性错误提示被检者的视野可能并不像测试结果那样差,高假阴性错误率表明被检者注意力不集中,而结果有假阳性的可能。然而检查者应该注意:如果被检者有明

显的视野缺损包括边界清晰的暗点,高假阴性率并不证明结果不可靠。在一边界清晰暗点边缘进行测试,即可产生假阴性反应。该处的短期波动值也会明显增加。

(三) 固视丢失

在检查过程中,自动视野计不时在生理盲点中央呈现高刺激强度的光标,以监测受检眼的固视情况(生理盲点检测法)。如光标呈现时被检者有反应,记录一次固视丢失。高固视丢失率表明受检眼固视差。

一般假阳性错误率和假阴性错误率在5%左右,若假阳性错误率和假阴性错误率超过20%,说明检查结果不可靠。此外,重复测量点的波动值也可用于评价视野检查的质量,然而视野损害区域较正常区域波动更大,青光眼视野损害可以导致高的假阴性反应而与被检者的可靠性无关。一般在正常视野两次测量产生的平均波动值应小于2dB,在早期视野损害波动值应小于3dB,中等损害时应小于4dB。在严重视野损害的病例,可以通过观察视野损害最轻区域的波动值来评价视野检查结果的可靠性。

二、检查结果的显示方式

自动视野打印的定量检查图有三类。第一类是数字图,标明了视野各相应点的光敏感值。Goldmann 视野计光标亮度常用对数单位(log)表达,而自动视野计打印结果则以分贝(decibel,dB)为单位表示,对数单位是任何一种基本单位(如 asb)以 10 为底的对数,1dB = 0. 1 对数单位。dB 值越大,该处光敏感度越高,所用的亮度刺激值越小。第二类是灰度图、伪彩色或三维网格图,它是数字图的图形化,光敏感度高处色明或暖色,光敏感度低处色暗或冷色,它能直观地表现出视野缺损的情况,但是灰度图比较粗糙,图中大部分打印点由内推法计算,有时可能产生误导;三维网格图使视野岛更加形象化,但不像灰度图可直接反应视野缺失的形态,灰度图在临床上更加实用。第三类是概率图,总体偏差概率图中每一个位点的数值代表被检者该位点的光敏感度与同年龄组同一位点的正常光敏感值的差值。其下方的概率图是以概率的大小,用不同的符号将其上方的差值转换而成,符号越暗,表示所在位点视野正常的可能性越小。例如:全黑的方块 $P<0.05$,表示在该位点上与正常值的偏差仅可能出现在少于0. 5%的正常人群中,因此该位点应该值得高度怀疑是异常的。特别要注意总体偏差概率图是在点与点的基础上进行比较的。

三、视野检查结果的分析

(一) 自动视野检查结果判读的要点

1. 视野中央部分正常变异小,周边部分正常变异大,所以中央 20°以内的暗点多为病理性的,视野 25° ~30°上下方的暗点常为眼睑遮盖所致,30° ~60°视野的正常变异大,临床诊断视野缺损时需谨慎。

2. 孤立一点的阈值改变意义不大,相邻几个点的阈值改变才有诊断意义。

3. 初次自动视野检查异常可能是受试者未掌握测试要领,应该复查视野,如视野暗点能重复出来才能确诊缺损。

4. 有的视野计有缺损的概率图,此图可辅助诊断。

(二) 中心 30°局限性视野缺损的判断标准

1. 宽松(Loose)标准　≥2 个相邻点,丢失值≥5dB;≥1 个相邻点,丢失值≥10dB;鼻侧水平径线上下,阈值差异≥5dB,范围≥2 个相邻点均为异常。单一点光敏感度下降不如成簇点改变有意义,因为成簇的暗点改变时,各点之间可以互相印证。

2. 中等(Moderate)标准　≥3 个相邻点,丢失值≥5dB;≥2 个相邻点,丢失值≥10dB;鼻侧水平径线上下,阈值差异≥10dB,范围≥2 个相邻点均为异常。

3. 严格(Strict)标准 ≥4 个相邻点,丢失值≥5dB;≥3 个相邻点,丢失值≥10dB;鼻侧水平径线上下,阈值差异≥10dB,范围≥3 个相邻点均为异常。

(三) 自动视野计常见的视野指数及其分析

为了帮助检查者解释阈值测试产生的数据资料,视野计制造厂商开发了一些视野方面的指数,除了与正常视野的差别外,还包括测试与再测试之间的波动,视野异常的其他一些方面的测试指数,包括 Humphrey 丢失标准差和 Octopus 丢失方差,这些指数强调了视野中局部缺损。在用短期波动进行校正后,这些指数被称作矫正丢失标准差和矫正丢失方差。

1. 常见的视野指数

(1) 平均光敏感度(mean sensitivity,MS):为所有检查点测定的光敏感度的平均值。它可反映弥漫性视野缺损的情况。计算公式如下:

$$\mathrm{MS}=\frac{\sum X_i}{I} \quad \text{公式 7-1}$$

X_i为每个刺激点实际测得的光敏感度值,I 为刺激点总数。

(2) 平均缺损(mean defect,MD):是各个检查点测定的光敏感度与其正常值差值的平均数。此值增加反映弥漫性视野缺损。计算公式如下:

$$\mathrm{MD}=\frac{\sum (N_i-X_i)}{I} \quad \text{公式 7-2}$$

N_i为每个刺激点实际测得的光敏感度值。

(3) 丢失方差(loss variation,LV):判断有无局限性视野缺损的指标。计算公式如下:

$$\mathrm{LV}=\frac{\sum (N_i-X_i-MD)^2}{I-1} \quad \text{公式 7-3}$$

(4) 短期波动(short-term fluctuation,SF):为一次性视野检查光阈值出现的离散。其测量方法通常是在一次视野检查时对视野中选定的 10 个刺激点独立进行二次阈值测定,然后计算 10 对阈值的合并方差,并以合并方差的平方根(RMS)代表短期波动值。RMS 是描述每次视野检查中光敏感度阈值变异程度的指数,因此 RMS 是判断每次视野检查可靠性和可重复性的重要参数,还可看作每次阈值测量误差的估计值。

(5) 校正丢失方差(corrected loss variation,CLV):为视野丢失方差的短期波动校正值。

$$\mathrm{CLV}=\mathrm{LV}-\mathrm{RMS}^2 \quad \text{公式 7-4}$$

(6) 模式标准变异(pattern standard deviation,PSD):是 Humphrey 视野计的视野指数,意义与丢失方差相同。

(7) 校正模式标准变异(corrected pattern standard deviation,CPSD):意义与校正丢失方差相同。

2. 视野指数的分析 这些校正的指数有助于对弥漫性视野缺损和局部视野缺损做出鉴别诊断。异常的丢失方差比普遍光敏感度下降有更大的诊断特异性。明显不正常的校正丢失方差表明,在消除测试波动后,视野中某些点与其他点比较,敏感度确实有下降。这样的检查结果提示局部视野损害,见于青光眼和其他一些疾病。如果视野显示平均光敏感度、平均损害异常,但又显示校正丢失方差正常,表明视岛敏感度普遍性下降,见于屈光间质混浊,也可以发生于青光眼弥漫性的损害。

笔记

自动视野检查结果的追踪复查十分重要,它是青光眼等眼病临床试验的金标准。很多方法可以用来分析青光眼一系列视野结果。在缺乏统计软件包的情况下,用手工进行点对点的分析是相当麻烦的。手工分析很难对一系列视野中的大量数据进行有效的分析。

Humphrey 视野计的 STATPAC 程序或者 Octopus 视野计的 Delta 程序有此分析软件。

目前还没有确切而又快速的指标判断视野的进展，然而下列是一些合理的指标：

（1）暗点加深，原有暗点内，可重复性缺损加深≥7dB。

（2）暗点扩大，即暗点邻近出现≥9dB 的可重复性缺损。

（3）新暗点发生，即以前正常视野中出现某点可重复性缺损≥11dB，或两个相邻点缺损≥5dB。

计算和比较视野指数是另一种可以用来进行视野分析的方法。视野指数的分析可以检测出疾病的发展趋势，而这一点可能被点对点的分析方法所忽略。可将原始的视野检查数据输入独立的统计软件程序进行统计分析。目前应用统计软件从不同测试中区分真实的病理性进展和正常波动仍然十分困难。而且检查者在解释一系列视野检查结果时必须记住，波动增加也是一种青光眼病理改变。

无论检查者使用什么方法，准确解释视野随时间的改变需要有一个很好的基线视野。通常被检者会经历一个学习效应，第二次的视野检查比第一次的视野检查有一个明显的提高，应尽可能在疾病的早期获得至少两次视野检查结果，如果它们有明显的不同，应该进行第三次测试。对随后的检查结果与基线视野进行比较，任何随访的视野如果与基线视野有明显的不同，应该进行重复检查以证实视野在改变。

二维码 7-1 扫一扫，测一测

（兰长骏）

笔记

第八章

眼镜片屈光力检测与仪器

8-1

二维码 8-1 课程 PPT 眼镜片屈光力检测与仪器

本章学习要点

- 掌握:镜片焦度计;镜片曲率仪的结构、原理及相关概念。
- 熟悉:眼镜片和角膜接触镜镜片厚度仪的种类和测量精度。
- 了解:角膜接触镜的其他检测和仪器。

关键词 近似屈光力 后顶点屈光力 前顶点屈光力 等效屈光力 有效屈光力

镜片的标示主要有以下四种:①近似屈光力(approximate power)又称名义屈光力,即忽略镜片厚度的情况下,只由镜片前后面的屈光力标示;②后顶点屈光力(back vertex power),前顶点屈光力(front vertex power),分别指对于后顶点或前顶点的出射光线屈光力(refractive power);③等效屈光力(equivalent power):是指等效于一薄镜片屈光力的厚镜片屈光力度数;④有效屈光力(effective power):指对于离戴镜眼某距离的镜片所起作用的屈光力。

后顶点屈光力的测定是现代眼镜师和视光师测量眼镜屈光力的常规方法,镜片测度计包括普通焦度计(lens meter)、投射式焦度计(projection lens meter)和计算机自动焦度计(automatic lens meter)。本章主要介绍有关眼镜片后顶点屈光力的概念,焦度计测量原理及应用。

第一节 后顶点屈光力的定义与概念

临床上所谓眼镜片的度数一般是指后顶点屈光力,上述提到的后顶点屈光力是指对于后顶点而言的出射光线的屈光力,其光学定义是镜片后顶点至第二焦点的简约距离(reduced distance)的倒数。光学上的简约距离是指实际距离被折射率 n 所除的值,对于眼镜片来说折射率是空气折射率,$n=1$。图 8-1 是关于一眼镜片的后顶点屈光力的示意图。

图中镜片有前后两光学面构成,设前表面屈光力为 F_1,曲率半径为 r_1,后表面屈光力为 F_2,曲率半径为 r_2,镜片厚度为 t,折射率为 n,其后顶点屈光力为 F_v。

通过光学成像公式推导得出:

$$F_v=\frac{1}{f_v}=\frac{F_1}{1-\frac{t}{n}F_1}+F_2=F_1+F_2+\frac{t}{n}F_1^2 \qquad \text{公式 8-1}$$

笔记

公式 8-1 表示一眼镜片的后顶点屈光力的实际光学意义。

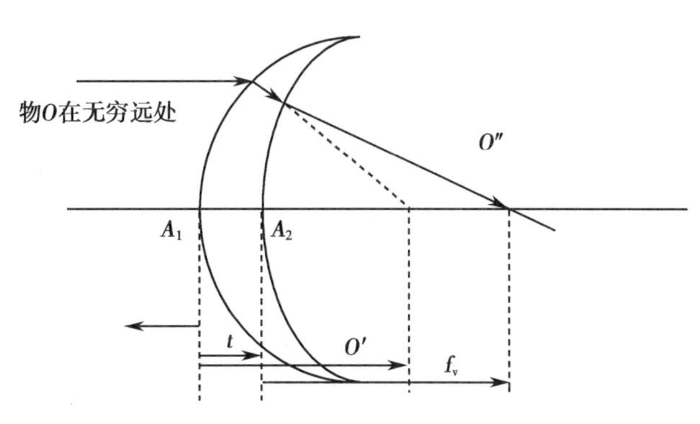

图 8-1　眼镜片的后顶点屈光力的示意图图中镜片由 A_1 和 A_2 前后两光学面构成，O 为物，O′和 O″分别为两光学面的成像

临床上通常采用后顶点屈光力的物理值，其实际临床应用意义是：①对于一已知度数的屈光不正眼，所需要的矫正框架眼镜或接触镜片的屈光力，是要求镜片的像方焦点落在矫正眼的远点上，所以其后顶点至该第二焦点的距离的倒数即为其后顶点屈光力。②对于一既定后顶点屈光力的镜片，镜片的任何形状形式都不受限制，只要能符合该后顶点屈光力的要求即可。

第二节　焦　度　计

一、仪器外形结构和功能

镜片测度计（lens meter）或称顶点测度计（vertometer），简称焦度计，是测量眼镜片后顶点屈光力的光学测试仪器，后来又发展为投影式焦度计和计算机自动焦度计。焦度计的基本结构如图 8-2 所示。

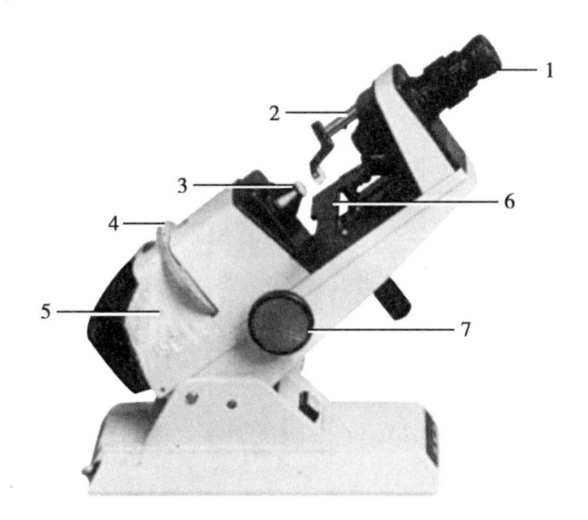

图 8-2　焦度计

图中数字标示各部件名称及其功能：1. 目镜视度调节圈：无测定镜片时通过目镜观察分划板像，转动调节圈至像面清晰　2. 镜片固定导杆：推拉镜片固定导杆可加紧或松开被测镜片　3. 托座：镜片后面对准托座测量　4. 轴位转轮：转动转轮选择要测量的轴位　5. 照明系统　6. 镜片台：被测镜片定位放置　7. 屈光力（镜度）转轮：转动转轮测量屈光力

笔记

二、焦度计的光学原理和刻度

（一）球镜度测量光路

1. 零刻度的光路 图 8-3 是焦度计测量无度数镜片刻度置零点时的光学系统的光路，该光学系统主要由两组光学部件组成，第一组称为聚焦系统（focusing system），包括标准透镜，即准直透镜（collimating lens），被照明的并可前后移动的物标分划板以及镜片托盘（lens stop），准直透镜屈光力 F_s 一般为+20.00～+25.00D，要大于被测镜片屈光力，镜片托座中央有孔，光线通过之，被测镜片的后面顶点正对着座孔，以便测得后顶点屈光力。

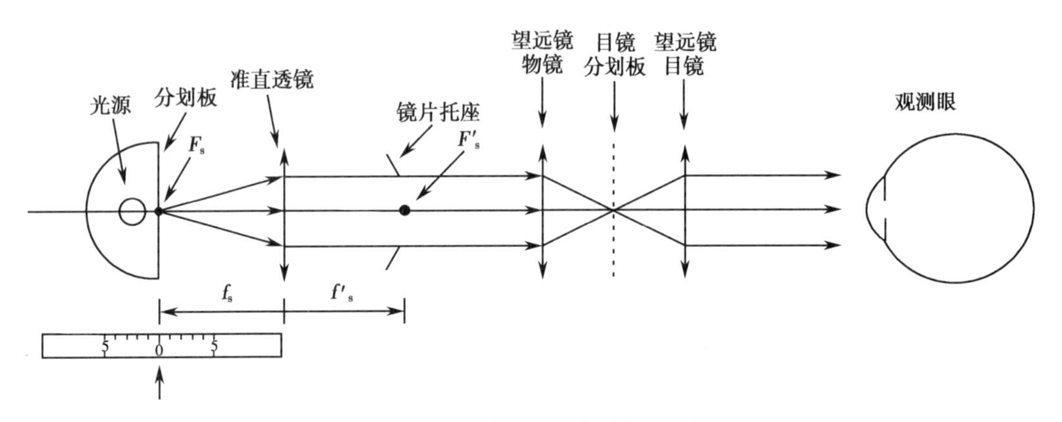

图 8-3 焦度计光学系统（刻度置零）
图中刻度置 0，物镜分划板位于准直透镜第一焦点 F_s

当仪器的刻度置零点时，位于准直透镜第一焦平面 F_s 的物标通过准直透镜后成平行光线，平行光线经过望远镜的物镜后聚焦在目镜的像平面即目镜分划板，再经过目镜后成平行光线进入观察眼，被正视眼或校正正视眼观察到清晰的十字像，此时，镜片托座上无被测镜片或被测镜片平光，所以焦度计刻度尺上被指示线对准的是零度。

2. 负眼镜片测量时的光路 从图 8-4 看出，由于托座上置入一负镜片，所以物标平面需远离准直透镜第一焦平面 F_s，距离 F_s 为 X_s，呈发散光线进入准直透镜，经准直透镜后呈集合光线聚焦于负透镜的物方焦点，经该负透镜后呈平行光线出射，被观察眼看到望远镜的目镜分划板上清晰像。

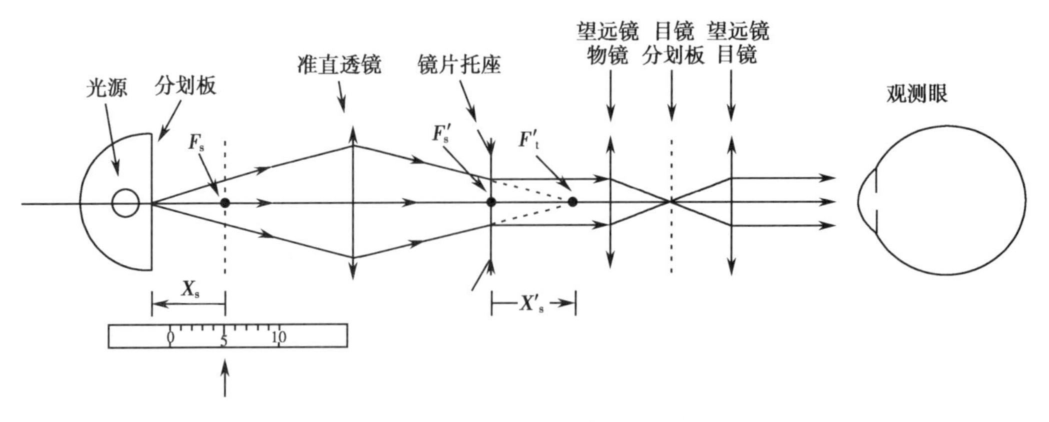

图 8-4 焦度计测量负镜片时的光路图
图中物标远离准直透镜第一焦平面 F_s，距离 F_s 为 X_s

3. 正眼镜片测量时的光路 图 8-5 是测量正镜片时焦度计的光路，从图 8-5 光路可以知道，当镜片托座上置入正眼镜片时，被照明的物标平面移近准直透镜第一焦平面 F_s，距离

F_s为X_s，以发散光线进入准直镜，经准直镜出射光线仍呈略发散状态光线，聚焦于被测镜片的物方焦点，再经被测正镜片出射后呈平行光线，经望远镜的物镜成像在目镜的分划板像平面，被观察眼看到清晰的像。

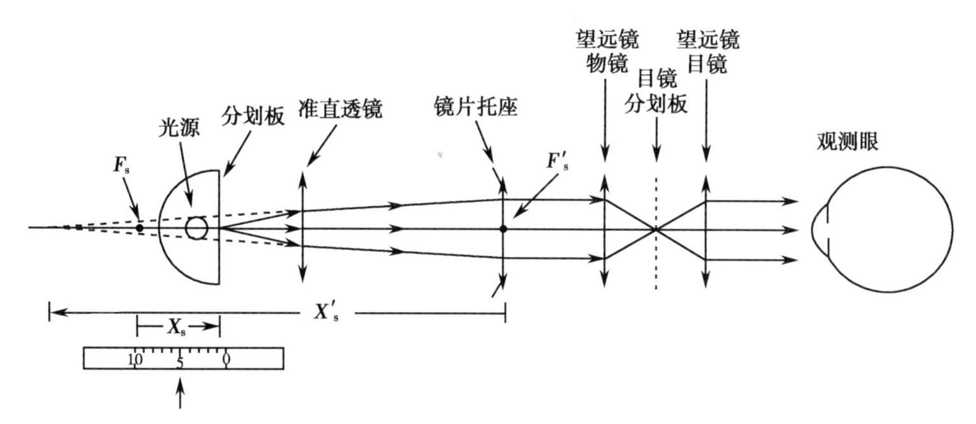

图 8-5 焦度计测量正镜片时的光路图

图中物标移近准直透镜第一焦平面F_s，距离F_s为X_s

（二）焦度计测量刻度推算

图8-3～图8-5表示焦度计测量各种眼镜片的光路，图中的准直透镜焦距为第一焦距f_s与第二焦距f_s'，第二焦点为F_s'，为被测镜片的托座，当被测镜片屈光力为零时，物平面位于准直透镜的第一焦平面；如前所述，当有非零度的眼镜片测量时物标平面就需要作位置的前后移动，测负镜片前移，测正镜片后移，才能使观察者在目镜分划板像平面上看到清晰的像。在测量时转动屈光力刻度手轮，观察到清晰的分划板像面时的屈光力刻度，即为镜片的屈光力。当被测镜片为散光镜时，则需要转动轴位转轮将十字分划板的方向进行旋转，分别测出两个相互垂直子午线屈光力，两者之差即为散光度，详细见后面描述。本小节介绍屈光力刻度标示的测算原理。被测镜片的后顶点正对着托座中心孔，该孔位置正好是准直透镜的像方焦点F_s'，该镜片有负或正的屈光力时，物标分划板将发生相对于准直透镜的物方焦点F_s移动，其距离为X_s，该物标经准直透镜聚焦于被测镜片的物方焦点，经被测镜片以平行光线出射，这时被测镜片物方焦点离被测镜片后顶点的距离X'_s即为镜片的焦距f_t'，其倒数即后顶点屈光力，根据牛顿公式（Newtonian formula）有如下关系式：

$$X_s \cdot X_s' = f_s \cdot f_s' = f_s^2 \quad \text{公式 8-2}$$

因为

$$X_s' = f_t', F_v = 1/f_t'$$

所以

$$X_s = \frac{f_s^2}{X_s'} = f_s^2 F_v \quad \text{公式 8-3}$$

公式8-3告诉我们准直透镜度为一固定值时，f_s^2为一常量，故被测镜片后顶点屈光力与X_s成线性关系，据此关系，可以标定出目镜分划板刻度尺寸及转轮上的刻度，刻度间隔是等值的。

例如：设准直透屈光力为+20.00D时，其焦距$f_s=0.05$，$f_s^2=0.0025$，

$$X_s = f_s^2(F_v) = 0.0025(F_v) = 2.5\text{mm}(F_v)$$

即该焦度计物标平面每2.5mm的移位标示1.0D的后顶点屈光力（F_v）。

（三）镜片的散光度及轴的测量

如上所述，当被测镜片为散光镜片时，要转动焦度计轴转轮对两个相互垂直子午线的屈光力分别测量，从目镜分划板上的像面二次测量得到。图8-6为单一球镜片测量时目镜分划板上的十

笔记

字标,散光轴度即中央的点环像面,左下角为测量标出的屈光力刻度。测量单球镜片时,中央的环形点像表现为均匀的模糊或清晰图,该图标示被测镜片屈光力等于零,左下角的标示线标为0。

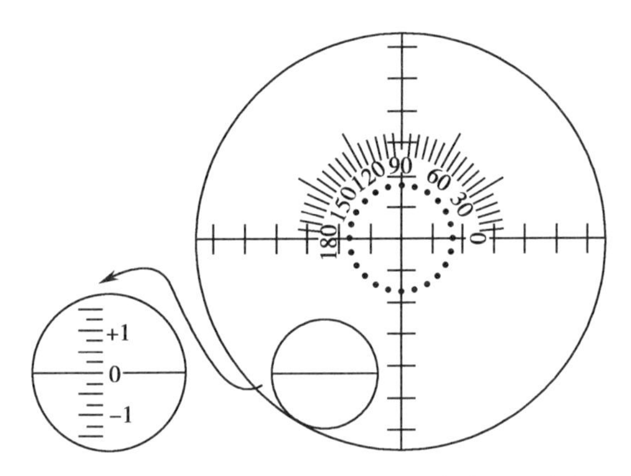

图8-6 测量单球镜片时中央的环形点像均匀清晰图

图8-7中A为轴转盘转至120°时,环像中120°处的线条像最清晰,左下角刻度标示为+1.00,即+1.00@120,B为转盘转至30°时,环像中30°处的线条像最清晰,左下角刻度标示为-1.00,即-1.00@30,两子午线结合结果应写为+1.00DS-2.00DC×120。

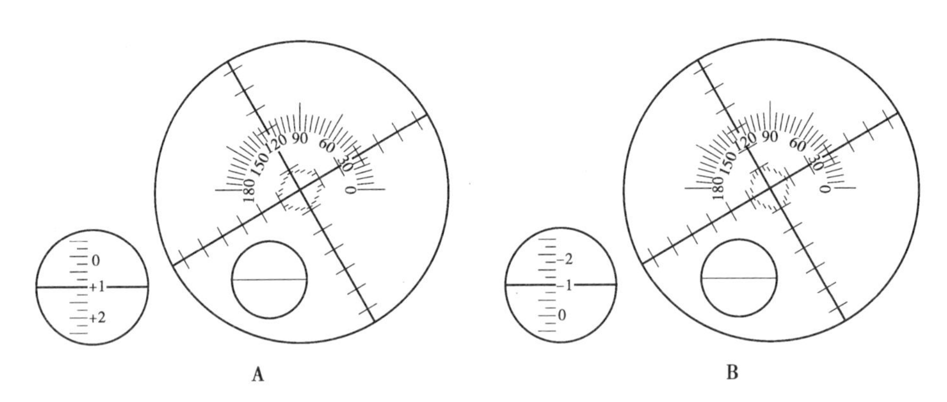

图8-7 眼镜片二次测量时目镜分划板上的图像

测量镜片为+1.00DS-2.00DC×120,其中A为测120°子午线屈光力,B为测30°子午线屈光力

(四) 镜片棱镜度的测量

有棱镜度的镜片,置于托座上测量时,上下左右移动镜片,分划板上十字线中心总是偏离目镜视场中心,通过目镜观察镜片中心置于托座上十字线中心偏离视场中心的轴位与距离(图8-8),即为该镜片的棱镜度及其棱镜方向。

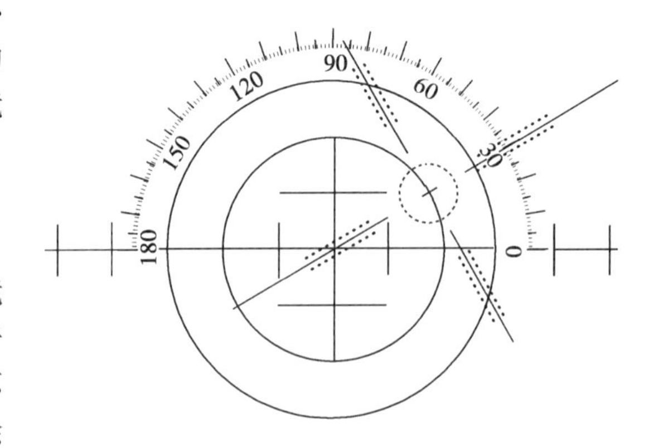

图8-8 棱镜度测量时的目标视场

(五) 角膜接触镜屈光力测量

焦度计也可以用来测量角膜接触镜,即接触镜片的屈光力测量。角膜接触镜菲薄,不存在镜片厚度问题,焦度计置于立式状态,校准目镜的视度调节度,即不测量时像面清晰。漂洗被测镜片,并吸除表面多余的水分,将镜片内面向上置于焦度计的托座上,测量屈光力,得出的是镜片前顶点屈光力。测量应快速(约30秒内)完成,否则太干燥会影响测量的准确度。

另一种测量法是将漂洗后的角膜接触镜片置于一个充满生理盐水的透明槽内，即水槽式载片台（图 8-9），外表面置于上方测量屈光力，测得的屈光力要乘以 4.3，即为镜片的实际屈光力，原理如下：设镜片材料折射率为 1.43，对于空气折射率的差为 0.43，而镜片在水中测量时对于水折射率 1.33 的差为 0.1，两者之比为 4.3，故水中测量值的 4.3 倍才是空气中测量的实际值。

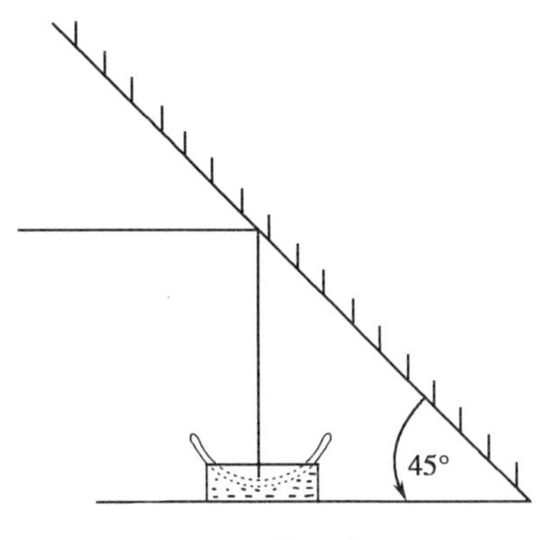

图 8-9 水槽式载片台

（六）焦度计的其他类型

1. 投影式焦度计 该焦度计是将目镜分划板位置上的十字线像投射到投射屏（如平玻璃）上，观察者可直接观察投影屏上的像，其他测量相同于以上的测量。这种测量可避免通过目镜观察像面的视度误差，另外由于直观效果而便于教学示范。

2. 计算机自动焦度计 该焦度计只将被测镜片置入托座上，仪器自身通过计算机对成像光线聚散度和轴位方向进行测量计算，自动快速得出较准确的结果。自动焦度计使用四束光线，一个探测头记录各束光线经过被测镜片后的光线位置，然后输入计算机系统分析，最后显示测量结果。

第三节 眼镜片和角膜接触镜曲率仪

在上一节中介绍的是关于眼镜片（包括角膜接触镜片）的屈光力值的概念及后顶点屈光力的测量，眼镜片的屈光力形成是由于镜片表面的曲弧、镜片材料的折射率结合所致，在实际眼镜验配中必要时需要测量镜片的表面曲率半径值，尤其是角膜接触镜的个体配适时需要后表面的弧半径。测量镜片表面曲率半径的实用方法有以下几种：即弧矢高测量法、模板比较法及角膜曲率计法。

一、弧矢高测量法

弧矢高测量结果通过对曲弧的顶点对应某弦长的距离测量，计算出该曲弧的曲率半径 r，再根据 $F=n/r$，换算出该曲弧的曲率值 F。

图 8-10 是该法的几何原理图，s 是弦长为 $2y$ 时曲弧的弦高，则有如下公式关系：

$$r=\frac{y^2+s^2}{2s}$$ 公式 8-4

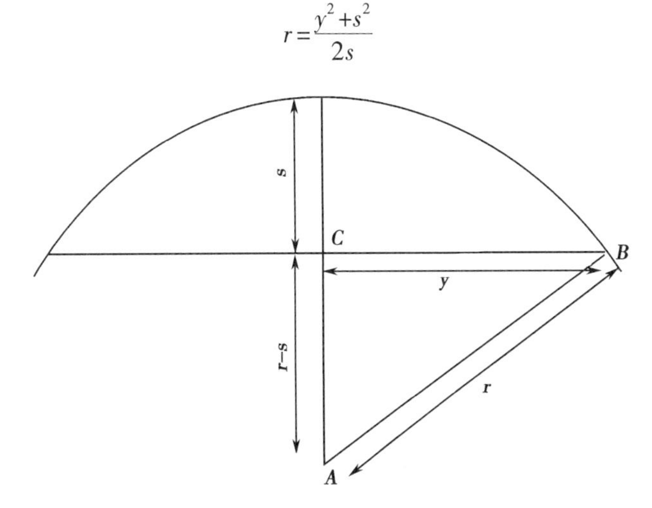

图 8-10 弧矢高测量法几何原理图

根据这一原理人们研制了镜片曲度计(geneva lens measure),也称作透镜卡表,图 8-11 为镜片曲度计的示意图,图中 A 图为镜片曲度计外表,指针所指的刻度为已换算的表面屈光力(D),B 图为弦高对指针移动的原理。

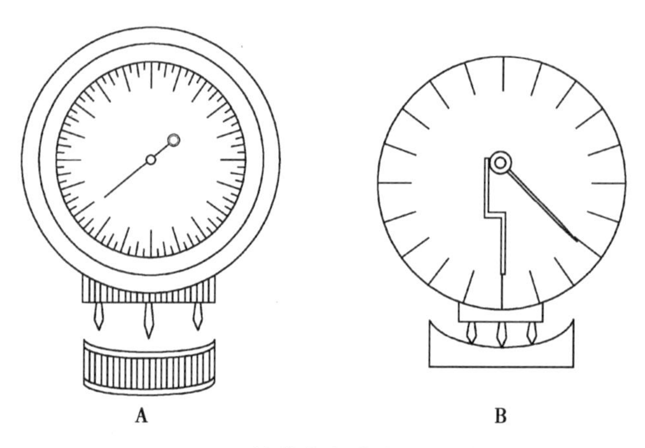

图 8-11 镜片曲度计外形及结构

表下方有三个针腿,外侧两个为固定针腿,中间一个为活动针腿,与一个弹簧连接,当上下移动时可带动仪表的指针转动,并显示该镜片的屈光力。如果是散光面,可将焦度计的针腿转动,测量两个正交子午线的屈光力,记录各子午线值及其屈光力,再结合成球镜度。

值得一提的是该曲度计设计是按镜片材料折射率 $n=1.523$ 的光学玻璃计算的屈光力值,当镜片材料不同时,应予校正,例如国产的光学玻璃折射率 $n=1.53$,现流行使用的树脂材料镜片的折射率更有不同,如 $n=1.56$、$n=1.63$ 等。

二、模板比较法

测量接触镜片基弧可以使用该方法,它是由 9 个标准基弧面的塑料短柱构成的系列标准基弧模(base curve gauging),其曲率半径分别为 6.9mm、7.2mm、7.5mm、7.8mm、8.1mm、8.4mm、8.7mm、9.0mm、9.3mm(图 8-12)。

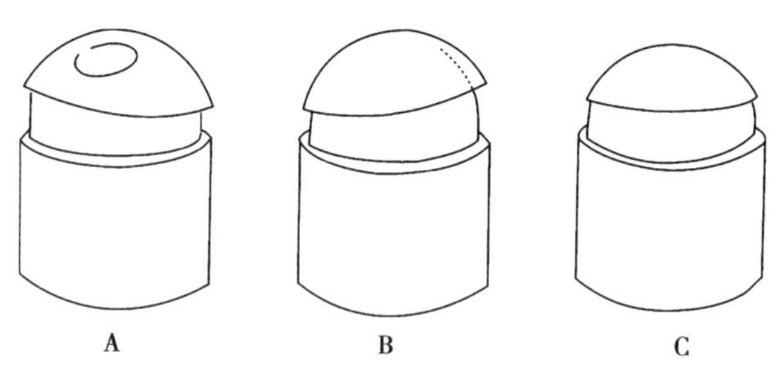

图 8-12 标准基弧组模测量示意图

A. 中央有气泡 B. 周边有缝隙 C. 对齐

测量软镜片时,将镜片依次套到模顶上,至与模顶表面完全对齐即为该镜的基弧。如果不能对齐,则会出现中央有气泡的现象,表示镜片基弧半径小于该标准模基弧,应换小一号基弧模,如出现周边有缝隙,表示镜片基弧半径大于该标准模基弧,更换大一号的标准基弧模。

测量硬镜片时,在镜片内涂少许白色膏剂(如牙膏),然后将镜片内面正置于模顶上,轻微按压,如膏剂积压在镜片中心,表示镜片基弧比标准模小,应更换小一号标准模测量,直至

对齐，反之如膏剂分散于镜片周边部，则提示应更换较大一号的模板测量。

三、角膜曲率计法

用角膜曲率计可以测量角膜接触镜片的表面曲率。

硬性角膜接触镜片测量时，可将镜片的内面置于钢球载片台上加少许生理盐水，使镜片紧贴钢球表面，并减少表面反射，以便于曲率计测量其前表面的曲率。

软性角膜接触镜片测量时，需将镜片内面向上置于生理盐水槽中，将水槽平置于曲率计前方，水槽上方置一45°斜面的反射镜，观察眼通过曲率计的观察系统看到软镜的内表面，测量其表面的曲率值 R 可通过公式 $r=(1.33-1)/R$，换算为内表面实际基弧半径 r(mm)。

基弧仪是附加装置后的角膜曲率计，可以直接测量并读出角膜接触镜片内面的曲率半径。

第四节　眼镜片和角膜接触镜片的厚度仪

一、厚度卡

厚度卡可用于框架眼镜片和硬性角膜接触镜片的厚度测量，如图8-13所示，其游标精度达0.01mm。

二、镜片厚度计

镜片厚度计用于角膜接触镜片的厚度测量，如图8-14所示，下方为一弧顶状载片台，上方有一探头与弧顶紧密接触，探头与一感量极微的弹簧压力表连接。当探头与弧顶直接接触时，压力表指针指向一定刻度值，单位为毫米(mm)，其精确度达0.02mm。

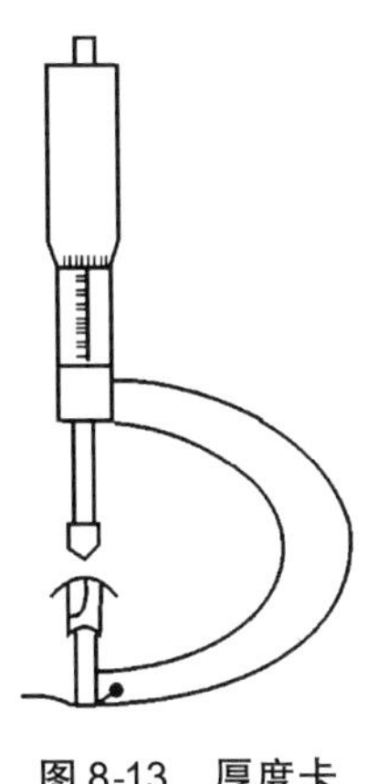

图8-13　厚度卡

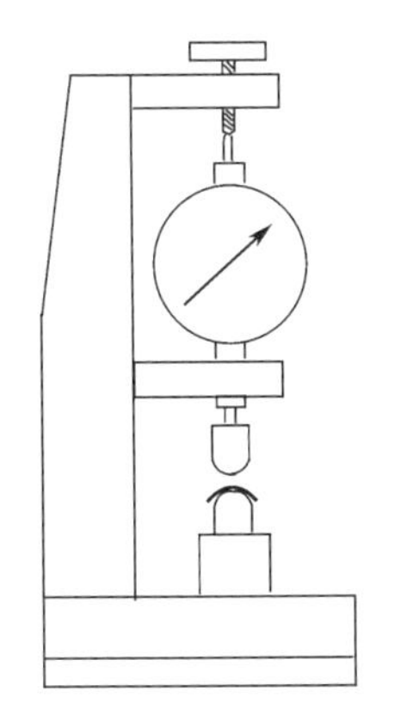

图8-14　镜片厚度计

该厚度计可测量镜片中心厚度，也可测量镜片边中心或边缘的厚度。

三、改良式毫米表

改良式毫米表是根据软镜的电传导性的原理设计而成，如图8-15所示，毫米表的镜片托上有一个电极，电极由电线与一欧姆计连接，当将软镜置于该镜片托上时，将表的上端下旋，直至欧姆计的刻度读数突然下降，此时表中心的读数减去基数就是软镜的厚度。

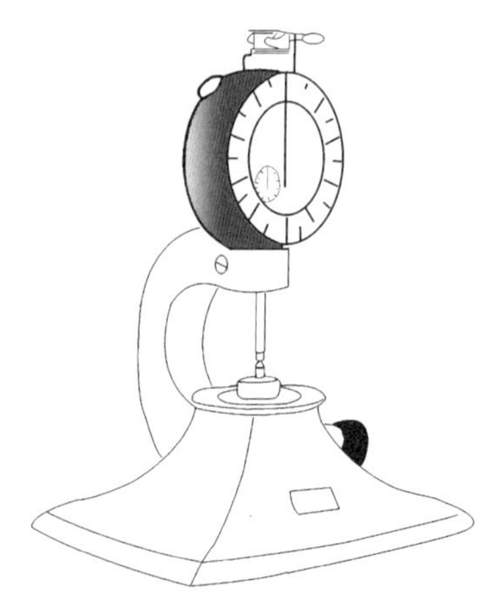

图8-15 改良式毫米表

第五节 角膜接触镜的其他检测及仪器

角膜接触镜还有一些相关质量特殊的参数检查,包括前后表面、弧矢高、镜片含水性等参数需要特殊仪器检测。

一、角膜接触镜片表面质量检测

检查仪器包括普通放大镜、投影仪、裂隙灯显微镜和暗视场角膜接触镜观察镜。

(一)普通放大镜

左手用镊子轻轻夹持清洗过的镜片边缘,使光源从侧面照在镜片的外曲面,右手持放大镜凑近观察镜片表面光洁度,当镜片位于放大镜的焦距内时,可观察到直立放大虚像,可分辨更细节部分。

(二)投影仪

投影仪是用投影物镜将被照亮的镜片像投影在毛玻璃观察屏,进行照片检查。检查时向电槽中注入适量清洁生理盐水,将清洗过的镜片内面向下投入电槽,调整投影仪的照度和焦距,检查镜片是否有缺口、撕裂、毛边、毛面小坑、颗粒、锈斑等缺陷,图8-16为一种投影仪的正面照。

(三)裂隙灯显微镜

采用毛玻璃遮挡宽裂隙光的弥散照射法,用镊子夹住清洗过的镜片,镜片前表面置于照明区,同时采用显微镜低倍率观察镜片的全貌,当使用狭窄裂隙灯的直接照明法时,显微镜可用高倍率观察镜片的细节部分。

(四)暗视场角膜接触镜观察镜

该镜(图8-17)专用于检查角膜接触镜,其基本原理为以会聚光线投射在环形光板上,环形光板系在黑色不透明板上有一环形透明区。该区透过的均匀光线,从各角度照射镜片,用双目显微镜观察镜片。观察镜上还设有两个载镜臂,一个为硅胶软夹,旋转软夹可观察镜片的离水像,另一个为装有生理盐水的水槽,可供观察镜片的水中像。观测过程中可调节光源亮度和显微镜倍率。

图 8-16　投影仪

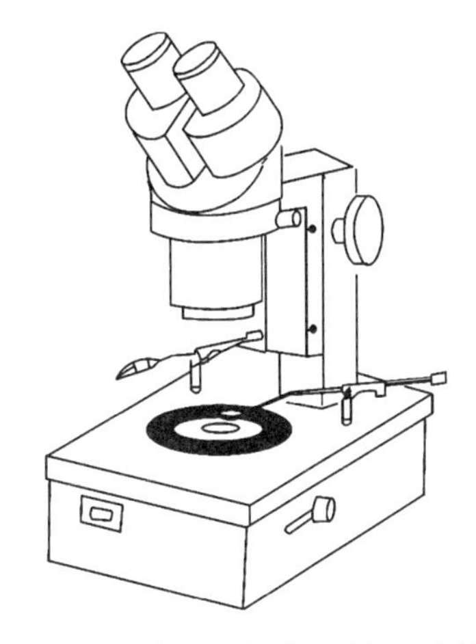

图 8-17　暗视场角膜接触镜观察镜

二、镜片直径和弧矢高的检测

（一）放大镜加刻度镜

将镜片清洗后吸去多余水分，外面向上置于刻度镜上，用放大镜观察镜片与刻度镜，并调整两者的相对位置；读出镜片光学区直径和总直径，可允许误差为 0.025mm。

（二）V 形槽测量器

该仪器用于测量硬镜片，如图 8-18 所示，在长方形容器内一沟槽，左窄右宽渐变槽沟，将镜片纳入槽沟，自右向左推移，至推不动时，读出镜片边缘与槽沟边缘接触点上的刻度读数。

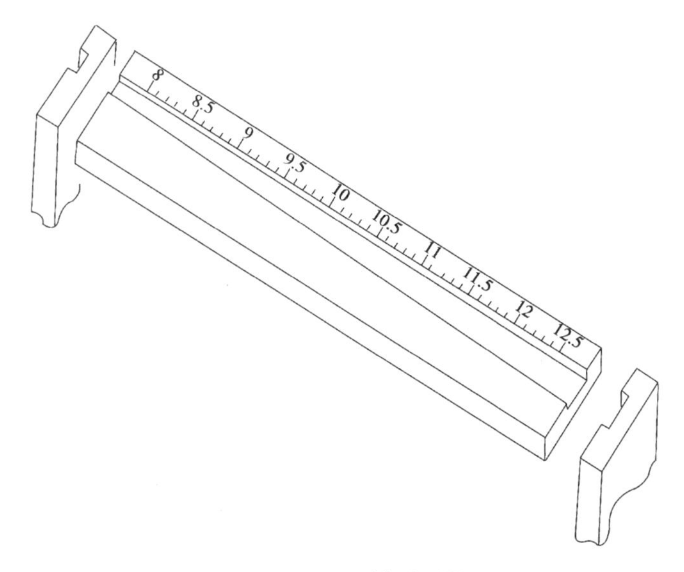

图 8-18　V 形槽测量器

三、含水量检测仪

折射仪可用于测量软镜片的含水量，如图 8-19 所示，仪器的头端有斜面向上的三棱镜

和一个覆盖在三棱镜斜面上的平板玻璃。简单的放大装置将棱镜面的影像投影在一个刻度的平面镜上,另一端为观察目镜。

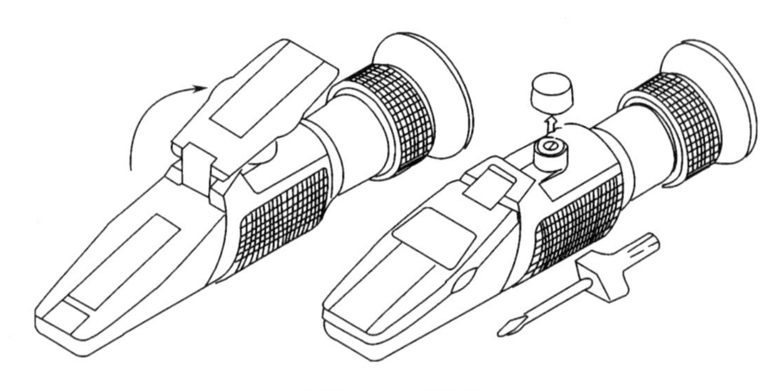

图 8-19 折射仪

将软镜片清洗后吸去多余水分,夹于平面玻璃与棱镜之间,由于镜片与棱镜折射率不同,目镜中可见到上暗下明的现象,分界处称为光界。镜片的含水量与其折射率呈负相关。因而镜片的含水量决定了入射光线的折射角,可从光界在刻度平面上的位置直接读出镜片的含水量。

四、边缘检测仪器

边缘检测仪专用于检测镜片边缘形态。

观察系统为 20~40 倍的显微镜,载片台为一个平整的塑料板,中心有一精密微小的 L 形凸起,称为箱体。长腿侧长度为 0.5mm,短腿侧长度为 0.3mm,腿宽为 0.15mm,腿高为 0.3mm,两腿夹角为标准直角。长腿内侧为基线,又称 A 线,距短腿 0.05mm 和 0.02mm 处有两个标记,称第一刻度和第二刻度。

取两片剃须刀,刀刃对齐并拢,自镜片直径垂直切下,分开刀片,可得到镜片矢状切片的标本。以圆头探针粘住镜片标本纳入箱体,使其内面边缘与 A 线平整对齐,顶端则触及短腿。按 Mandell 边缘系统评估镜片的质量,即用精密刻度尺来测量镜片顶点距 A 线的垂直高度;第一刻度、第二刻度处镜片的厚度和 A 线末端镜片厚度,正常值见表 8-1。

表 8-1 软镜边缘参数正常值表

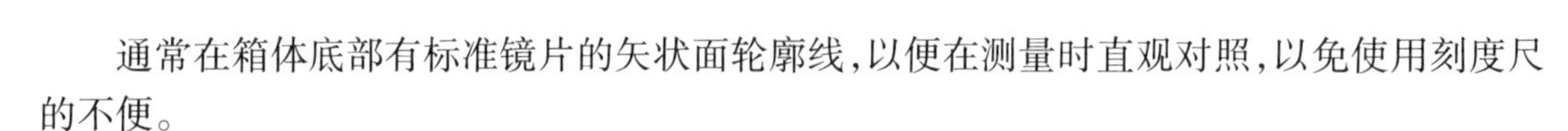

参数位置	正常值(mm)	参数位置	正常值(mm)
顶点高度	0.03	第二刻度厚度	0.14
第一刻度厚度	0.08	A 线末端厚度	0.16

8-2

二维码 8-2
扫一扫,测一测

通常在箱体底部有标准镜片的矢状面轮廓线,以便在测量时直观对照,以免使用刻度尺的不便。

(施明光 刘党会)

第九章

眼科超声仪器

本章学习要点

- 掌握：眼科超声仪器的分类、结构、原理。
- 熟悉：眼用超声仪器的主要组成部分；不同类型眼科超声仪器检查图像的描述。
- 了解：眼科超声仪器发展历史、操作过程。

关键词 眼科超声 A超 B超 超声生物显微镜

随着超声技术的飞速发展，超声诊断仪的型号变得愈发繁多，并且形式多样。通常按以下三种方法对超声诊断仪进行分类：①按图像信息的获取方法分类，可将超声诊断仪分为反射法超声诊断仪、多普勒法超声诊断仪和透射法超声诊断仪；②按图像信息显示的成像方式分类，可将超声诊断仪分为A型、M型、B型、P型、BP型、C型、F型以及超声全息等显示类型，除A型和M型外，其他均属于广义的B型显示；③按超声波束的扫描方式分类，可将超声诊断仪分为低速（手动）扫描、高速机械线性扫描、高速机械扇形扫描、高速电子线性扫描和高速电子扇形（相控阵）扫描等。眼球和眼眶的位置表浅，构造规则，眼球从前到后（角膜、晶状体、玻璃体和视网膜）各结构的界面清楚，声衰减较少，因此眼球是最适合超声检查和诊断的器官之一。

第一节 眼科超声诊断的简史

眼科超声诊断是利用声波传播产生的回声显像进行诊断，掌握超声的物理性质和原理需以解剖学和物理学等形态学为基础，并与临床医学密切结合。由于眼球和眼眶位置表浅，构造规则，从前到后（如角膜、晶状体、玻璃体和视网膜）各组织结构的分界面清楚，声衰减较少，是最适合使用超声检查和诊断的器官之一。

1956年Mundt和Hughes首先研究应用非标准化的A-scan进行眼内结构的活体测量，诊断眼内肿瘤和异物定位。1957年，Okasala对A型超声波在眼科的应用开展了相关的基础研究，如测定A型超声波在眼内各部分的速度等，为眼科超声技术的发展做出了重要贡献。1958年Baum和Greenwood描述了最早应用于眼科诊断的B型超声波，早年的B型超声仪器装置非常庞大和笨重，需要特殊的面罩和座架，使用上存在局限性且不便捷，现已被废弃。

Colcman等在B型超声的眼科临床应用方面开展了大量的研究工作。1967年较简单的手持B型扫描仪问世，它可以用于诊断眼内和眶内疾病。Purnell等设计了相对简单的接触式B型超声扫描仪。但较简单的手持B型扫描仪和相对简单的接触式B型超声扫描仪这两种仪器都过于庞大和笨重。1973年Bronson和Turner设计并制成最早的商品化接触式B

型超声扫描仪,以电视屏幕显示扇形扫描图像。

接触式 B-scan 与标准化的 A-scan 相结合应用,使诊断水平提高了一大步。1994 年美国眼科医师 Ossoinig 首创使用的标准化眼科超声扫描(standardized ophthalmic echography)则更为成功,它在检测、鉴别、定位和测量眼内和眶内病灶的效果是目前为止最好的。标准化的超声扫描包括:标准化的 A-scan(波形),接触式的 B-scan(图像)和超声多普勒(血流声音)。

A-scan 的标准化有几方面:内部标准化是仪器的特别设计和调整,由厂家完成。外部标准化是使用一个特制的组织模型来设定仪器的最适宜灵敏度。Ossoinig 和 Till 等使用 A 型超声测定含有不同量红细胞的抗凝血浆,并将其波幅进行定量,研制出一个组织模型(由一定量的玻璃珠和树脂组成),用它做标准确定一个仪器主机和一个探头结合时的最适宜灵敏度,称为组织灵敏度。该方法最大限度地提高了不同组织之间的声学差别,使不同病灶的波形差别更大,以利于进行超声组织的鉴别和病灶的定性诊断。超声波在通过不同声阻抗组织的界面时发生较强的反射,反射法超声仪器就是基于这一原理进行工作的。A 型、M 型、B 型、P 型、BP 型、C 型和 F 型图像显示方式的超声诊断仪均属反射法超声仪器。多普勒法超声仪器则是基于超声传播的多普勒效应而研发的,有连续多普勒和脉冲多普勒之分。实时二维彩色多普勒血流显像仪是近年来在连续多普勒及脉冲多普勒技术上发展的一项超声诊断新技术,是彩色 B 型显像技术与超声多普勒探测技术相结合的产物,自 20 世纪 80 年代中期超声诊断仪应用于临床以来,至今已有了较快的发展。透射法超声仪器渴望实现超声全息实时动态成像,目前处于研制开发阶段。反射法和多普勒法超声诊断仪技术则比较成熟,已在医学科研和临床中得到普遍应用。

目前眼用 A 型超声扫描仪可分为两大类,即标准化和非标准化。前者如上所述,而后者种类繁多。大多数超声诊断仪是 A 型和 B 型探头共享一个主机,应用电子计算机、微处理机、数字图像处理和电子测量等技术,使超声图像以丰富的灰阶梯度或彩色显示,图像分辨力高,可保存,且数据直接显示于荧屏上,可直接储存;还可输入数据计算人工晶状体的屈光度,使用方便(图 9-1)。

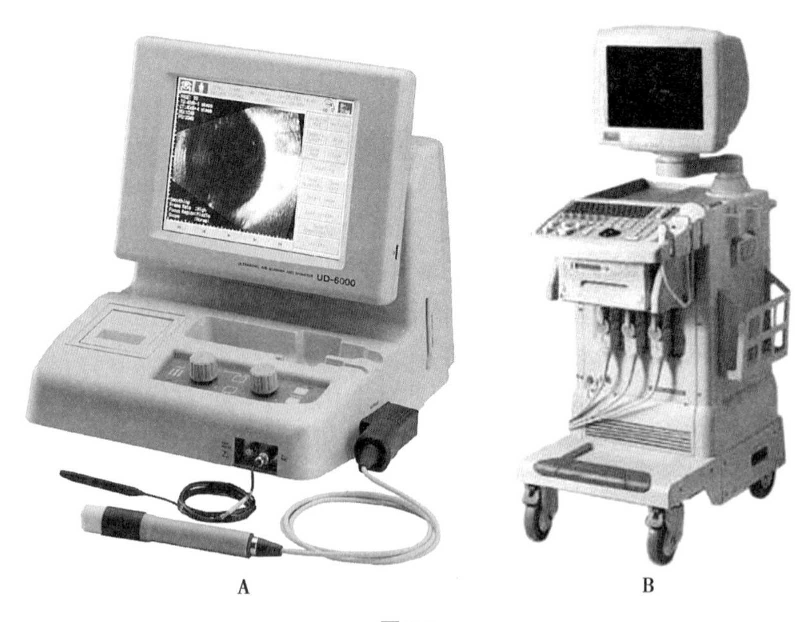

A B

图 9-1
A. 眼科 A/B 超 B. 彩色超声

笔记

第二节　超声波概述

人耳可闻及的声波频率介于16～20 000Hz之间。超声波是一种频率大于20kHz的高频声波，人类的耳朵听不到，所以称为超声。在自然界中，超声波是客观存在的，某些动物如蜜蜂、蟋蟀、海豚等，可以发出超声波。蝙蝠能发出大约50kHz的超声波短脉冲引导飞行和准确捕捉小虫。有些动物如犬能听到1MHz左右的超声。诊断用超声频率在1～20MHz之间，其中，最常用的超声频率在3～10MHz之间，依检查的器官不同而设置不同的超声频率。腹部、心脏的诊断用超声频率为3.5～5MHz；眼科、乳腺等浅表脏器为7.5～10MHz，眼前节检查（超声生物显微镜）为20～100MHz。声波可以用相邻两个波峰或波谷之间的距离来表达，称为波长。波长和频率成反比，与声速成正比。其公式如下：

$$\lambda = c/f \qquad \text{公式 9-1}$$

式中，λ：波长；c：声波传播速度；f：声波频率。声速（人体软组织平均声速为1540m/s）为一常数，所以频率越高，波长越短。这样，波长短的声波，其传播性质与光很接近，基本上是直线传播，无任何反射。但当声波传播到两种不同声学性质介质的界面上时，则会在界面上产生反射和折射现象。如使用声透镜、凹透镜振子，则可使其发生聚焦。

自然界中存在着各种各样的波动现象，如水面上的水波，空气中的声波和超声波，无线电波和光波。这些自然现象存在一个共同点，它们都有一个不断振动的波源，使周围的空间或介质也随之产生振动，并继续向四面八方扩展，构成了我们一般所说的"波动"这一概念。所谓波动就是一般振动状态在空间的传播。波动有两种形式，如果波的振动方向和传播方向互相平行则称纵波，如果相互垂直则称横波，不论纵波还是横波，它们都是振动能量的一种传播形式。

声波在液体或气体中只有一种振动方式，即纵波。这种波动如图9-2所示，它是依次传递着压缩和弛张交替的波动，以疏密形式进行传播。

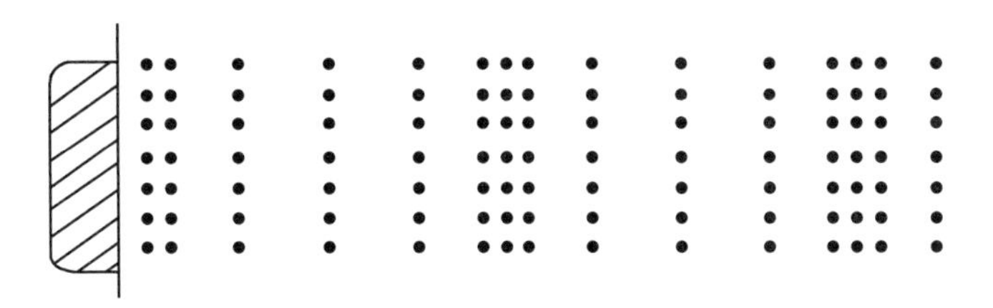

图9-2　声波在液体、固体中传播

超声波在生物体如血液、肌肉、脂肪、骨骼、内脏器官等不同密度介质中传播时，通过透射、吸收、扩散等方式发生衰减，其传播速度也随介质的密度不同而有所不同。

第三节　超声波的物理性质

一、波长、频率、声速

超声波的三个基本物理参数为，波长（wavelength，λ），频率（frequency，f）和声速（velocity，c）。

波长是波在一个振动周期内传播的距离。频率为每秒钟内介质颗粒完成全振动的次数，单位是周/秒，称Herfz，简称赫兹（Hz）。1赫兹即每秒振动1周，百万赫兹称兆赫兹，以

MHz 表示。声速是声波在介质中的传播速度。波长、频率与声速的关系如下：

$$\lambda = c/f$$

如当生物体中声速为1530m/s，频率为35MHz时，波长则为0.44mm。实际上人体各种组织密度不同，声速也有差别（表9-1）。

表9-1 超声在几种眼组织中的传播速度

组织	传播速度（m/s）	组织	传播速度（m/s）
水	1480	正常眼的平均速度	1550
角膜	1620	白内障眼的平均速度	1548
正常晶状体	1640	无晶体眼的平均速度	1532
白内障晶状体	1629		

二、超声波的衰减

声波在介质中传播时按球面状扩散，其强度将随传播距离的增大而减弱，这种现象称为超声衰减（attenuation）。造成衰减的主要原因是介质对超声波的吸收。生物组织的超声吸收取决于其黏滞性、热传导及各种弛豫过程。另外，介质的不均匀性或微小散射体的存在，将引起散射；在人体中，尿、血液、胆汁、囊肿、房水等对超声吸收量小，肌肉组织对超声的吸收量大，而纤维组织及软骨对超声的吸收量更大，骨质最大。由于衰减现象的普遍存在，因此需在仪器设计时使用"深度增益补偿（DGC）调节"，使声像图深浅均匀。

吸收（absorption）即组织吸收声能，使它减弱。超声频率越高，超声图像的分辨力越好，组织对超声能量的吸收越多，穿透力也越差；相反，超声的频率越低，分辨力越差，组织吸收少，穿透力较好。眼球位置表浅，结构精细，不需要太高的穿透力，而要求较高的分辨力，所以，眼科诊断用的超声频率比一般医用超声高得多（表9-2）。

表9-2 眼科超声诊断的最适宜频率

用途		频率（MHz）
A-scan	组织诊断	8
	测量	8～12
B-scan	眼球	10～15
	眼眶	8～10

在眼科超声检查中，超声遇到高密度的组织如钙化灶、骨和金属异物等时，发生强烈的反射和吸收，通过病灶之后，声能明显衰减，病灶后的组织回声很弱或没有回声，在B-scan显示为暗区，称声影。骨组织能大量吸收声能，超声对骨组织的分辨力很差，因此骨科疾病的诊断主要依靠X线，超声主要以显示软组织形态的异常改变来诊断疾病。

三、超声波的反射和折射

超声波在分界面上具有反射（reflection）和折射（refraction）的特性。

超声波在进行传播时像光一样，均匀介质中沿直线传播，当遇到两种不同性质（声学密度和声速）的介质分界面时则发生反射和折射（图9-3）。

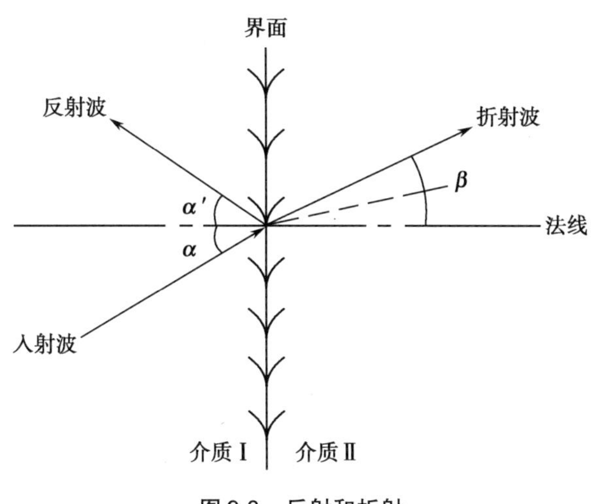

图9-3　反射和折射

反射性能与两种介质的声阻抗差有关，分界面两边的声阻抗值决定入射超声如何在透射和反射之间分配。介质的声阻抗 Z 等于它的密度 ρ 和声速 c 的乘积，即

$$Z=\rho c \qquad \text{公式 9-2}$$

物质的密度一般是固体>液体>气体，超声波在介质中的传播速度是固体>液体>气体，故声阻抗值为固体>液体>气体。眼内组织（如房水、晶状体和玻璃体）的密度、声速和声阻抗与水近似。如果两种介质的声阻抗相等，即 $Z_1=Z_2$时，称为均匀介质，没有界面，不产生反射，如正常的玻璃体。如果声阻抗不同，出现声阻抗差，当两者的声阻抗差大于0.1%时，超声波就会在这两种介质的界面上产生反射与回声。和光一样，超声波反射现象中反射角等于入射角，入射波能量在反射波和折射波之间分配。入射角为90°时，即超声束垂直于界面时，产生最大的反射。

反射系数为

$$R_1=\left(\frac{Z_1-Z_2}{Z_1+Z_2}\right)^2 \qquad \text{公式 9-3}$$

透射系数为

$$r_1=4Z_1Z_2/(Z_1+Z_2)^2 \qquad \text{公式 9-4}$$

式中 Z_1是入射介质的声阻抗，Z_2是透射介质的声阻抗，反射程度取决于 Z_1和 Z_2的相对值。由以上公式可知，当 Z_1和 Z_2相差很大时，无论 $Z_1<Z_2$（气体-固体），还是 $Z_1>Z_2$，都会发生近乎全部反射。如在水和空气的界面上，其 $Z_{水}=1.492$，$Z_{气}=0.00428$，则反射回来的能量比为：

$$R_1=\left(\frac{1.492-0.00428}{1.492+0.00428}\right)^2=0.99 \qquad \text{公式 9-5}$$

此时入射波超声能量中有99%被反射。由此可见，超声从液体向气体中传播几乎是不可能的，反之其从气体向液体（或固体）中传播也同样不可能。所以在临床检查时，要在探头与受检部位之间涂上2%甲基纤维素，防止空气层的存在，类似于我们使用三面镜和前房角镜时要避免气泡一样。

界面反射是超声诊断的基础，如果没有界面反射，就得不到诊断所需要的信息，但是如果超声波反射的能量太强，透射的能量太弱，将影响超声波进入更深层的组织，即穿透力弱使诊断效果受到限制。反射能量取决于：

笔记

1. 仪器的灵敏度 灵敏度高时，声束宽，能量大，反射能量也大，这种声束用来检测和鉴别病灶。灵敏度低时，声束窄，能量较低，这种声束分辨力高，可用于测量正常组织。

2. 声束的方向 声束垂直于被测表面时产生最大的反射。为了显示一个肿瘤病灶的内部结构和反射性，必须使声束垂直于病灶的表面，只有这样才能使从这个面上反射回来的超声波能量最高，且这个回波并不影响来自肿块结构的回波。如果入射的声束倾斜于病灶表面，表面回波不是最高，且与内部结构的回波混淆不清，不能分辨，则无法确认病灶的边界，不能准确测量病灶。垂直声束保证声束通过病灶的中心，并有代表性地截取病灶的一部分来加以分析，初学者一定要通过不断的实践，学会调整声束的方向，使之垂直于病灶的表面，以便得到高反射的表面回波。

在一般情况下，声束的折射常会产生杂音，引起干扰，应该注意避免。但折射现象在视神经测量中特别重要，超声波的折射发生于视神经鞘的外层，且折射波垂直于视神经鞘表面，产生垂直上升和下降的视神经鞘表面回波（图 9-4），两个表面回波的宽度代表超声从视神经鞘的一侧到另一侧的时间，从而可以测量视神经的宽度。

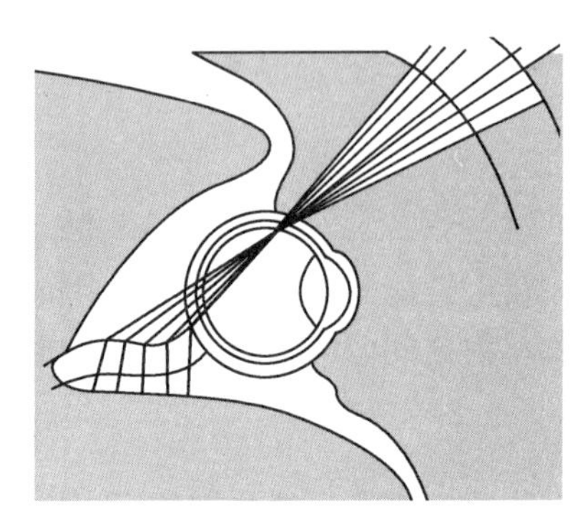

图 9-4 超声束在视神经鞘的外层折射后使其垂直于视神经鞘的表面

当声波在均质介质中传播时，基本上是沿直线传播，且无任何反射。但当声波在两种不同密度的介质分界面上时，则会在分界面上产生反射和折射现象（见图 9-3）。一部分声波在界面处反射而成为返回第一介质的反射波，反射使入射超声能量中的较大部分向一个方向折返，大界面反射应按照斯奈耳（Snell）定律：①入射声波与反射声波在同一平面上；②入射声束与反射声束在法线的两侧；③入射角 α 与反射角 α' 相等。另一部分声波则透过界面被第二介质折射，Snellius 折射定律在这里是适用的（见图 9-3）。

当一个纵波出现在两种介质的分界面上时，其 Snellius 折射定律如下：

$$\sin\alpha/c_1=\sin\beta/c_2 \qquad \text{公式 9-6}$$

式中，α：波的入射角；β：波的折射角；c_1 和 c_2 分别为波在介质Ⅰ和介质Ⅱ中的传播速度。

由上式入射角、折射角与声速的关系可得当 $c_1<c_2$ 时，则 $\beta>\alpha$；在一定条件下将出现全反射。

当 $c_1>c_2$ 时，则 $\beta<\alpha$；不会出现全反射。

在 $c_1<c_2$ 情况下：当 $\beta_0=90°$ 时，$\sin\beta_0=1$，$\sin\alpha_0=c_1/c_2$。此时产生反射条件，即声波不能从介质Ⅰ进入介质Ⅱ中，完全被反射回介质Ⅰ内，把这时的 α_0 称为临界角。

当 $\alpha=0$ 时，$a'=0$，$\beta=0$，这时入射波叫做垂直入射波，反射波叫做返回波，折射波叫做穿透波。穿透波进入第二、第三层介质，又将有第二层面，第三层面的返回波。这些不同密度介质层面的返回波，将先后返回到超声探头，界面反射现象是超声诊断的重要基础。

四、超声波的散射

当声波传播途中遇到障碍物，则在此障碍物处产生多方向的不规则反射、折射和衍射，称为声的散射。其返回到振源的回声能量甚低。此散射回声来自各脏器内部的微细结构，临床意义十分重要。在超声探测中，如果入射波不垂直于反射层面，反射波与入射波之间的夹角为 2α，反射波将不返回到超声探头，这时只有依赖因反射层面的粗糙而形成的散射波使一部分反射波能返回探头。当入射角较大时，即层面与入射线接近平行，这时散射量很小，返回波也非常微弱，这种现象称为“回波失落”。

笔记

五、超声波的衍射

声波传播时,可以越过障碍物的直径小于 $\lambda/2$(λ:波长),再继续前进,这一现象称为衍射。若障碍的直径大于 $\lambda/2$ 时,在该物体表面产生回声反射,而在其边缘仍有衍射发生,但在障碍物的后方有一块没有声振动的区域,通常称为"声影"区。

六、超声波的干涉

如果在一种介质中发生许多声波,并且这些声波在空间内无干扰地传播出去,那么这些波将彼此叠加,于是产生所谓的干涉现象。由于各种不同的干涉现象,在发生器的周围将形成一个包括最大和最小声强地点的声场,而一个像活塞样的振动着的超声发生器呈现一种类似于光学 Frauenhofer 绕射现象的特性。干涉现象使空间某些点处振动始终加强,某些点处振动始终减弱。在相对应的屏幕上可看到明暗相间的条纹,称干涉条纹(interference fringe)。干涉现象是波动形式所独具的重要特征之一,它用于超声全息成像等技术研究。

七、超声波的多普勒效应

当我们在听行进中火车的汽笛声时,火车由远及近,声音的音调变高(频率变高),当火车逐渐远离时,则音调变低,这是一个众所周知的现象。此现象的本质为多普勒效应。超声多普勒检查运动物体(胎心、血液等)的速度 v 时,探头发射频率为 f_0,频率变化为 Δf,人体软组织的声速为 c,探头与被检物体的运动方向之间存在一个夹角为 θ,故频率的变化为

$$\Delta f=\frac{2v\cos\theta}{c}\times f_0 \qquad \text{公式 9-7}$$

则物体的运动速度

$$v=\frac{c}{2\cos\theta}\times\frac{\Delta f}{f_0} \qquad \text{公式 9-8}$$

其中,f 和 c 不变,因此 v 正比于 Δf。即反射波的频率随被测物的运动速度而改变。而可用 Δf 的差异反映出运动速度。

第四节 超声波的声场特性

超声波的声场特性——声束指向性(sonic beam directivity),换能器发射超声声束时,在一定传播距离内基本上保持平行,然后开始扩散(图 9-5)。接近换能器的平行声束为近场。当超声声束开始扩散时,称为远场。当被检查的部位位于近场内时,超声诊断的作用最好。因为声束较为平行,反射界面与换能器又较垂直,其反射回声的强度较大。远场区内场分布均匀,可扫查许多界面,可是越是进入远场的远端,扫查就越困难。

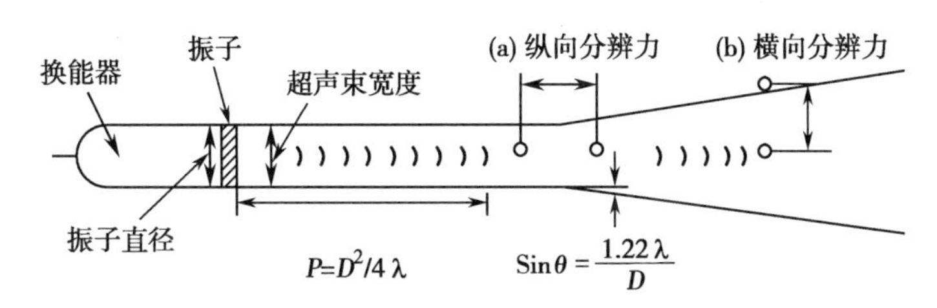

图 9-5 超声近场区、远场区内扩散角与声源半径的关系

超声声束在换能器的近表面处,由于衍射的结果,沿声轴上各点的声场会周期性地出现

笔记

极大值和极小值,沿着平行于换能器表面的方向(垂直于轴向)也有声压的周期性强弱分布。通过讨论轴向声场分布,可以证明,沿着圆片换能器的法线将会相继出现一些声强的极大值和极小值,如图9-6所示。近场区的距离X_0与声源的直径(D)平方成正比,与波长(λ)成反比。如下式:

$$X_0=D^2/4\lambda=D^2f/4c$$ 公式9-9

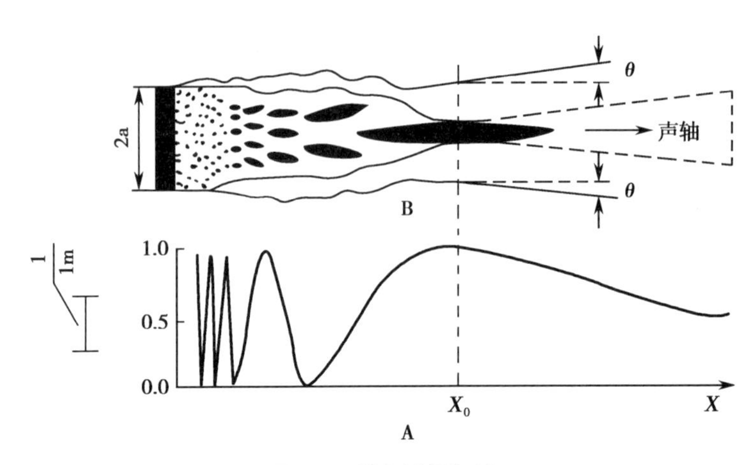

图9-6 轴向近场衍射

A. 声轴上的声压分布 B. 圆片换能器的声场

式中,c为声速。由公式9-9说明,X_0便是声强中最远的一个极大值。所以可以把X_0视为近场和远场的界限。在超声检测技术中常把圆形活塞声源的直径设为D,可以把它看成是无数个频率振幅和相位点声源所构成的。使主瓣两侧指向性函数值首先降为零,所对应的换能器声束的半扩散角为$\theta=\sin^{-1}(1.22\lambda/D)$。在近场区以外,声束开始扩散,进入远场区范围,半扩散角与声源的直径D成反比,与超声波长成正比。显然,θ越小,声束扩散越小,能量越集中,它的方向性越强,也就越能用来有针对性寻找目标物。

不论是圆形平面活塞式换能器,还是矩形平面活塞式换能器、凸球面换能器、凹球面换能器、凸柱面换能器、凹柱面换能器、圆锥面换能器等其他换能器,它的近场区和远场区均有严格的物理定义,都将随着换能器的工作频率、换能器的有效面积而发生变化。所以在超声诊断仪上普遍没有近程、远程调节功能。

超声波在介质中传播时,介质中充满超声波能量,超声波的特性是描述波动能量在一定区域空间分布状态。超声波的中心部分能量最大,周边部分能量逐渐减小,距离探头越远能量越小,规定声能大于最大声能的10倍范围为超声波的声场,分为近场和远场。换能器发出的超声声场呈圆柱形分布,其直径与换能器与晶体管的大小相匹配,其中声能大到足够记录回波的部分称为超声束,具有明显的方向性,与手电光照射相似。在近场(接近探头处),超声束换能器直径略小,声束边界平行。在远场(距探头稍远处),因为存在扩散角,声束逐渐增宽,边界向外散开。仪器灵敏度越高,换能器直径越大,超声频率越高(即波长λ减小),近场区长度就越大,同时远场区发散程度越弱,扩散角越小,能量越集中,超声波束的方向性越好(图9-7)。检查者可通过调整仪器的灵敏度来改变声速的宽窄和能量的大小,而不能改变声场,利用超声传播的方向性可对病灶进行定位,如视网膜脱离的方位、眼内肿瘤的位置等。应用超声透镜使超声束聚焦,B型探头应用聚焦的声束,而A型探头应用平行的声束,所以A型超声的方向性更好。在距探头很近部分,能量很集中,超声束全部透过,不发生反射,没有回声,就没有分辨力,称为盲区。

笔记

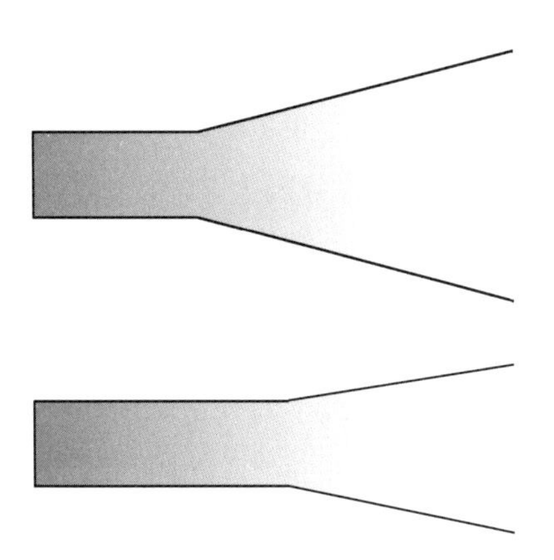

图 9-7　超声的声场分近场和远场，频率高的超声，近场区长度大

第五节　超声诊断仪的分辨力

所谓分辨力，是指在诊断图形上，区分距离上不同的两部分反射波的能力，而不是最小诊断距离。分辨力是描述超声诊断仪性能的重要指标，可分为纵向分辨力、横向分辨力、空间分辨力、时间分辨力和图像分辨力等。超声诊断仪的分辨力与发射电脉冲、换能器、声场特性、待测点的条件、扫查方式、动态范围以及显示系统等都具有相关性。

一、纵向分辨力

所谓纵向分辨力（见图 9-5），指沿超声束传播的途径中能够识别两个界面的最小距离。分辨力与频率成正比，频率越高，波长越短（声速 c＝频率 f×波长 λ，声速为一常量），脉冲宽度越窄，纵向分辨力越好，反之亦然。超声的穿透力与频率成反比，频率越高，介质对超声的吸收衰减越大，因而穿透力也就越减弱。纵向分辨力的优劣直接影响到靶标在深浅方向的精细度。分辨力好则在纵向的图像点细小、清晰。根据诊断的深浅部位选择适当频率，如检查眼球、乳腺、甲状腺，不要求探测较深部的组织器官，通常用 5～10MHz 换能器（亦称探头）。相反，腹部超声诊断要求穿透一定深度，通常用 3.5～5MHz 探头。

二、横向分辨力

所谓横向分辨力（图 9-5），是指在垂直于声束的同一平面上超声能够识别出两个波时，此两个界面间相距的最小距离。超声指向性越好，声束越细，横向分辨力越好。它与声束的宽度、频率、探头的振子（晶片）尺寸大小有关。目前，为了提高横向分辨力，使图像上反映组织的切面情况更真实，根据诊断深浅，常采用电子聚焦（发射电子聚焦和接收电子聚焦），减小晶片尺寸，增加晶片数量、聚焦探头，使声束变细，能量集中，力求提高横向分辨力。

三、空间分辨力

空间分辨力是超声检测能够识别的最小空间体积单元。如彩色多普勒中，既能识别血流信号的边缘光滑程度以及这种信号在管腔内能正确显示的能力，又能同时在空间正确地清晰显示血管中血流方向、流速和血流状态的能力。

四、时间分辨力

时间分辨力是识别心动周期中血流不同相位的能力。如在彩色多普勒中，能迅速识别

并实时成像不同颜色和色谱的能力。

五、图像分辨力

图像分辨力是指构成整幅图像的综合分辨力。

1. 细微分辨力 它用来显示强信号。细微分辨力与接收放大器通道数量成正比。与靶标距离成反比。

2. 对比分辨力 它用来显示弱回声信号。一般约为-40～-60dB,更适中为-50dB。目前普遍采用数字扫描变换技术后,大大提高了对比分辨力。

第六节 声 学 参 数

一、声速

声速(c)就是声波在某种介质中的传播速度。它同各种介质的弹性模量及密度有着密切关系,弹性支配介质内部质点给定位移的力,而密度支配介质内部给定的力所产生的加速度。一般说来,在人体组织中,含固体物质高的组织器官,声速最高;含纤维组织高的组织器官,声速较高;含水量较高的软组织,声速较低;含体液的组织器官,声速更低;脏器中含气体,因此声速最低。

二、密度

组织、脏器的密度(ρ)是声特性阻抗(声阻抗)的基本组成之一。密度的测量应在活体组织保持正常血供时进行,任何降低动脉血供或致使静脉淤血,以及组织固定后所获得的测量值均缺乏真实意义。密度单位为 g/cm^3。

三、阻抗

声波是如何穿过一个介质,常常归结于该介质的声特性阻抗(Z)。根据定义,声特性阻抗既与介质的密度(ρ)有关,又与超声穿过该介质内的声速(c)有关,即

$$Z=\rho\times c$$ 公式 9-10

在实际应用中,可以把介质密度看成声阻抗,当声波经过均质性的介质时,基本上是沿直线传播,当遇到密度不同的两种或两种以上介质时,在介质界面上,就产生反射和折射。

介质的密度是固体大于液体,液体大于气体(水银除外),所以超声在介质中的速度也是如此。同样声阻抗也照此推理,如表 9-3 所示。

表 9-3 人体正常组织的密度、声速及声阻抗

媒质(介质)	密度(g/cm^3)	声速(m/s)	声阻抗($\times10^5 g/cm^2\cdot s$)
空气(20℃)	0.001 18	334.8	0.0004
水(20℃)		1482	
血液	1.055	1570	1.656
血浆	1.027	1571	
大脑	1.038	1540	1.599
小脑	1.030	1470	1.514

笔记

续表

媒质(介质)	密度(g/cm³)	声速(m/s)	声阻抗（$\times10^5$g/cm²·s)
脂肪	0.955	1476	1.140
软组织(平均值)	1.016	1500	1.524
肌肉(平均值)	1.074	1568	1.684
肝	1.060	1535～1580	1.640～1.680
肾	1.039	1560	1.620
脾	1.040	1566	1.630
脑脊髓	1.000	1522	1.500
颅骨	1.658	3360	5.570
甲状腺			1.620～1.660
胎体	1.023	1505	1.540
羊水	1.013	1474	1.493
胎盘		1541	
角膜		1550	
晶状体	1.136	1650	1.874
房水	0.994～1.012	1495	1.486～1.513
玻璃体	0.992～1.010	1495	1.483～1.510
巩膜		1630	
体液	0.9973	1495.6	1.492
骨	1.380	2700～41 000	3.750～7.380

声阻抗是传声介质的一个重要参数，也是超声诊断中最基本的物理量。由于人体各组织的声阻抗相差不大，界面声反射量适中，声像图中各种回声显像均通过声阻抗来实现。

四、界面

在声波的传播通路中，两种介质的边界面称为界面。由声阻抗不同的两种介质形成的界面大小与超声波长有关，界面尺寸小于超声波长时，称小界面；界面尺寸大于超声波长时，称大界面。

均质体与无界面区：在人体组织脏器中如果由分布十分均匀的小界面所组成，则称均质体；无界面区只在清晰的液区中出现。液区内各小点的声阻抗均匀一致。人体内无界面区在生理情况下可见于胆囊内胆汁、膀胱内尿液、成熟滤泡以及眼球玻璃体；在病变情况下可见于胸水、腹水、心包积液、盆腔积液、囊肿、肾盂输尿管积水等。

第七节　眼用A型超声仪的设计特点

标准化的A型超声仪的设计特点：

1. 第一次放大　采用窄带放大，而不用宽带放大，后者将各种频率的回声信号都放大到相同的幅度，窄带放大中对8MHz信号放大得最为显著，其他频率信号放大的效果甚微，标准化A-scan探头的频率为8MHz，因此可以获得最高灵敏度(图9-8)。

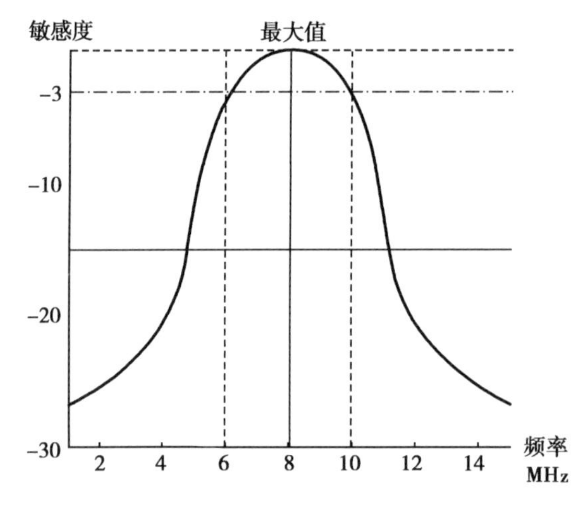

图 9-8 宽带放大（点线）与窄带放大（实线）

2. 第二次放大 选择S形放大，有三种放大方式可供选择，即线形放大、对数放大和S形放大。线形放大的灵敏度（称为相对灵敏度）很高，可是能够加工的信号的强度范围（称为动力范围）却很窄，不能获得足够的诊断信息；对数放大的动力范围很大，但相对灵敏度不高。S形放大的特性介于线性放大和对数放大之间，中段斜坡保证了高的相对灵敏度，两头的弧线保证了足够的动力范围（图 9-9）。

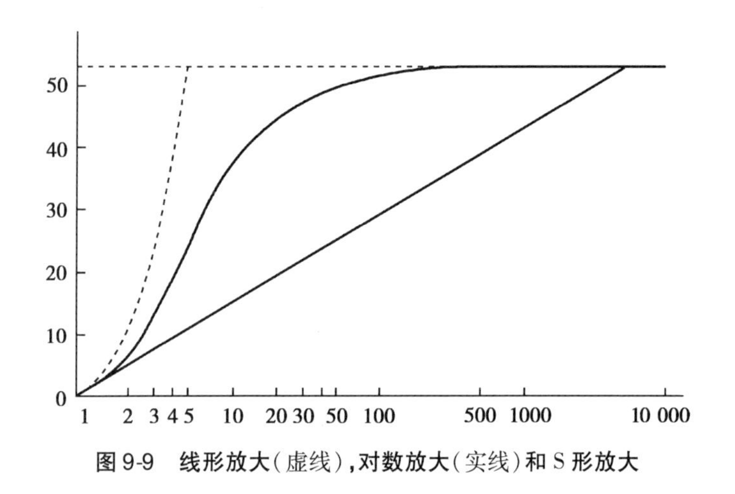

图 9-9 线形放大（虚线），对数放大（实线）和S形放大

这样特别设计的仪器在出厂之前按标准化的资料予以调整。这些步骤在工厂内完成，为内部标准化。使用之前再用组织模型来测定 A-scan 的组织灵敏度，即外部标准化。为了使检查者有共同语言，相互之间能够交流和讨论，同时需要建立一套标准化的检查和记录方法。

第八节 B型超声诊断操作程序与检查方法

一、仪器使用的条件与环境

B型超声诊断仪是精密的电子仪器，要求有较好的使用环境。使用时应注意以下几点：

1. 室温 B超室的温度应控制在16～25℃之间，室温过高易使机器内部的温度过高，损坏电子元件，缩短仪器使用寿命。温度过低，病人难以忍受，检查时不予合作，不利于结果的诊断。有条件的医院应在B超室安装空调设备。

笔记

2. 湿度 B超室的空气湿度不应超过75%，室内湿度过高，会降低仪器内各种元件的电阻，对电压很高的部件易于造成损害。

3. 避免电磁干扰 电磁波干扰会使超声图像出现雪花样伪像，甚至发生图像的变形，影响诊断。

4. 供电系统 B超室配备专线供电，电压波动控制在使用电压5%范围内，不应超过10%。电压变化过大会严重干扰仪器的工作性能，缩短使用寿命。

B超仪应配备专门的接地装置。尤应注意，不能将地线接在水管上。

二、B超仪的操作程序

B超仪的种类很多，各种B超仪的性能不一，因此在使用之前，应详细阅读有关仪器的使用说明书，了解仪器的基本结构及其性能，了解操作步骤和要点。使用时应按下列步骤进行操作：

1. 启动稳压器预热10分钟，注意稳压器指示电压是否稳定，电压值是否符合使用要求。

2. 启动仪器的电源开关，调节B超仪。其调节的基本要求是：在实质性脏器探查时全幅图形匀称、回声细密、灰阶充分，灰度与对比度调节适宜，即荧光屏出现微弱信号，光点普遍较细，能显示微小病灶的微小变化。就不同的被检者，不同的检查部位，应对仪器做适当的调整。应注意以下五个功能键的使用：①对比度与灰度调节。②TGC系统（时间增益补偿系统）的调整。③增益系统的调节。④聚焦系统的调整。⑤变频探头的使用。

3. 暂停使用时可按“储存”开关，不能将B超仪长时间处于开机状态以等待病人。仪器总电源不可随意关闭。一般情况下仪器的最佳工作运转时间为4~6小时。

4. 停止使用时，应先关闭扫描开关，再关闭仪器电源，最后关闭稳压器电源。用无水酒精擦洗探头及其导线，对机身做必要的清洁工作并用布罩将仪器盖好。

第九节 超声检查图像的描述与术语

一、回声强度的命名

根据回声信号的强弱，声像图回声强度可分为五大类：①强回声：相当于结缔组织、钙化的回声、晶状体前后囊、视网膜、脉络膜、巩膜与球后组织。②中等回声：相当于肝脾的回声。③低回声：相当于眼肌、肾皮质回声。④无回声：相当于胆囊和膀胱的回声、正常玻璃体。⑤混合性回声：具有实质性和液性病变的回声。但在实际工作中，回声的强弱或高低的标准以该器官的回声作为基准或将病变回声与周围正常脏器的回声进行比较来确定。

二、回声分布

实质性脏器回声的均匀程度常用“均匀”、“尚均匀”、“欠均匀”和“不均匀”来描述。病灶部位的回声则可用“均质”和“非均质”来描述。

三、回声形态的命名

回声形态描述常用的术语有团块状、圆形、椭圆形、多角形、不规则形、分叶状、斑片状、环状、带状、点状、条索状等。亦可用光团、光斑、光点、光带来描述的。

四、特殊征象的描述

形象化地描述某种病变的特征性声像图表现称为特殊征象。特殊征象在超声诊断中

具有重要的意义。常用的特殊征象有:①双筒枪征或平行管征;②牛眼征或靶形征:其中心的高回声区周围形成低回声的同心圆环;③驼峰征;④假肾征,中间为强回声,外周为低回声,整个形态类似肾脏的声像图;⑤彗星尾征:超声波遇到金属环、气体等时,声像图表现为强回声及其后方狭长的带状回声;⑥重力移动征:指回声源因重力关系随体位移动的征象等。

五、图像分析内容与方法

(一) 图像的分析内容

1. 形态轮廓 包括眼球的轮廓形态是否存在异常,视网膜是否光滑、完整。如果是占位性病变,其形态可呈现为圆形、椭圆形、分叶形或不规则形。主要占位性病变位于视网膜的位置(上方/下方),是否有隆起征象。

2. 内部回声 对于弥漫性实质性病变,要注意观察回声强度的改变,是均匀性还是非均匀性,血管纹理是否清晰。对于占位性病变要注意其回声是增强型、中等回声型、减弱型、无回声型还是混合回声型,其内是否有液化、坏死征象,是否有"结中结"或"块中块"等征象,是否有气体强回声或钙化性强回声。囊性病变要观察是否存在分隔或多房,是否有乳头状突起。

3. 边界情况或周围回声 占位性病变的边界是否清晰、模糊或存在中断现象,是否有包膜或蟹足样浸润,病变周围有无声晕或炎性反应带,肿物周围的血管或正常结构有无受到挤压或移位,是否存在周围血管绕行或边缘血管征。

4. 后壁或后方回声 如果为弥漫性实质病变,要注意观察其深部是否存在回声衰减。如果为占位性病变,要注意观察其后壁或后方是否有回声增强效应或衰减效应,强回声要注意观察有无声影或彗星尾征。

5. 周邻关系 根据局部解剖、病理、病理生理和临床表现,注意观察病变与周邻的关系,有无粘连、挤压或侵犯周围邻近组织,血管内是否有异常回声,局部淋巴结是否肿大或是否存在远隔脏器的转移灶,有无继发性管道扩张。

6. 压缩性或柔韧性 了解肿物的压缩性或柔韧性,可以了解肿物的质地,这对判断良恶性病变有重要意义。判断肿物的压缩性可以通过两种观察手段获得:加压探头或触诊观察肿物的挤压情况。

7. 频谱分析 包括超声多普勒频谱分析和彩色多普勒的观察,灰阶直方图分析。

(二) 图像的分析方法

图像的分析方法包括3个方面:①确定是否有弥漫实质病变或占位性病变。②确定病变部位。③确定病变性质。在实际工作中,必须熟悉各种类型伪像(部分体积效应、多重反射效应、镜像伪像、回声失落伪像、折射伪像、声束与界面倾斜所致伪像)的产生条件和原理,才能提高诊断水平,减少误诊的发生。确定病变性质:①确定物理性质:含液性病变和实质性病变超声图像存在显著性差别,鉴别比较容易。既有含液性病变又有实质性病变成分称之为混合性病变。②确定良恶性病变(表9-4):超声诊断目前尚不能达到组织细胞水平,但是通过一定的声像图特点,可以判定组织内部的大体病理变化,从而推测良恶性病变。但超声图像无特异性,一种疾病可能有多种表现,一种声像图表现可能出现在多种疾病中,即所谓"同病异影,同影异病"。因此必须结合临床(包括动态随访、治疗效果观察)和其他影像诊断方法综合判断,必要时采用超声引导活检才能做出正确的诊断。

表 9-4　良性和恶性病变的声像图特点

	良性	恶性
肿块形态	较规则	常不规则
球体感	少见	多见
边缘回声	光滑,完整	不光滑,中断
内部回声		
较小病变	多呈中强回声	多呈中低回声
较大病变	含液性病变或混合病变	中强回声或以实性为主病变
均质性	均质或非均质	非均质,结中结、块中块、液化坏死征象
后方回声	衰减不明显或增强	衰减明显
周围组织	反应性改变或无改变	浸润改变或边缘晕
周邻关系	挤压,隆起,粘连或浸润少见	挤压,隆起,粘连或浸润多见
压缩性	好	差
远处转移	无	无或有
随访观察	无改变或治疗效果好	增大或治疗效果差

第十节　标准化眼科超声扫描的仪器和检查方法

在临床各科的超声诊断中,B 型超声的应用越来越普遍,但在眼科超声诊断中,A 型超声仍然起着很重要的作用,这是因为眼球各部分结构的界面清楚,容易检出。而且 A 型超声测距准确,是 B 型超声所无法比拟的,这在眼科临床应用上特别重要。人工晶状体植入术前测量眼轴以计算人工晶状体的屈光度,以及眼内肿块病灶的病程观察,这都需要准确的活体测量,而 A 型探头的超声仪恰恰满足了眼科临床的需求。A 型探头和 B 型探头在设计上有不同的要求,用一个探头兼做 A 超和 B 超扫描往往只能满足其中一种要求。在同一主机的不同插孔上分别插入 A 型和 B 型探头则是一很大的进步,A 型探头标准化,B 型图像分辨力提高,视网膜、脉络膜层与巩膜等组织得以分辨。为了最大限度满足 A 型和 B 型超声的不同设计要求,获得最好的诊断效果,最新一代的眼科超声诊断仪将 A 型超声和 B 型超声分开,各配备一台仪器主机。A 型超声诊断仪标准化,配备组织模型以确定最适宜的仪器灵敏度(组织灵敏度),图像可储存和打印。

在临床检查时,Mini A 超和 Mini B 超两台仪器并排放在一起,以 A 超为主,B 超补充,使用 A 超检查,发现病灶后,再使用 B 超检查。对于较小的眼底病灶,由于 A 超探头小,声束窄,每次仅能扫查很小的范围,为了节省时间,可先使用 B 超探头寻找病灶,确定病灶的径线位置,再用 A 超显示病灶并测量。病人取卧位,被检眼表面麻醉后,用经过消毒的 A 型探头直接接触球结膜进行探查,共探查 8 条径线,即除 3、6、9、12 点位四条径线外,每两条径线中间再探查一条,令病人眼球转向所探查的径线,探头从这条径线的对侧角巩膜缘开始,向穹隆部扫查,图像显示这条径线的玻璃体和眼底从后极部到周边部以及相应部位的眶内组织波形,从颞侧方 6 点位开始向颞侧沿着这 8 条径线扫查眼球 1 圈,仪器灵敏度为组织灵敏度(T),如无异常发现,灵敏度增加 6dB(T+6),同样扫查 1 周,能够发现玻璃体内细小的混浊

笔记

（如眼内炎的早期）；在组织灵敏度下，眼球壁的3个波（视网膜、脉络膜、巩膜）不能分辨，用组织灵敏度降低24dB（r-24）检查，可将这3个波分开，测量出视网膜、脉络膜的厚度，显示眼底的扁平隆起病灶。这三种灵敏度的检查称为基本检查法。如这三项检查都正常，基本眼球超声检查就已完成。如发现病灶，再用B型探头检查，探头需放在球结膜上，玻璃体平段后是眶内组织的波形（上）；探头放在眶缘皮肤上，仅显示眶内组织的波形（下），涂抹接触剂，可经眼睑或直接在球结膜上探查，首先沿眶缘探查1周，探头与角膜缘平行，调整探头的方向可探查眼底的后极部、赤道部、周边部和相应部位的眶内组织，将病灶显示出来。要了解病灶与视盘的关系，可将探头的一端放在角膜中央，另一端经过病灶所在径线的角膜缘（探头与角膜缘垂直），在一幅图像中就同时显示了视神经暗区和病灶。为了得到更多的信息，应交替使用A型和B型探头进行扫查，直至对病灶的边界，形状、大小、位置、内部结构和反射性等都有足够的了解能够做出诊断为止。

标准化的A型超声仪有两种刻度可供选择，检查眼眶时选用较小的刻度，缩短玻璃体平段，注意力主要放在眶内组织的波形上，检查方法有两种：经眼和不经眼。前者可以在做眼球的基本检查时同时进行。后者在A型探头上涂上接触剂沿着眶缘皮肤向眶内探查，不显示玻璃体腔，仅显示眶内组织的波形（图9-10）。

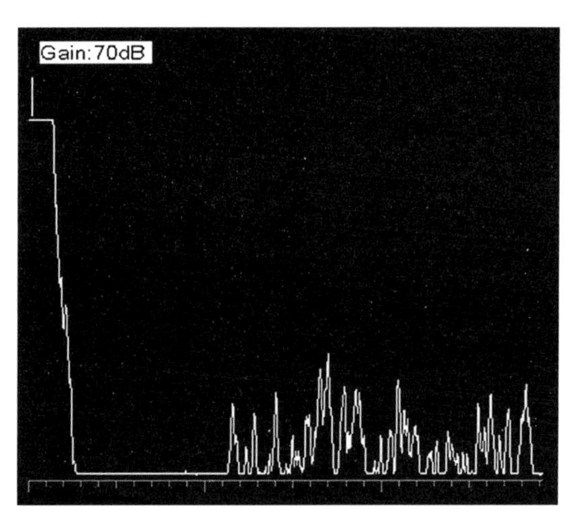

图9-10 眼眶探查

第十一节 眼部疾病的超声检查

随着超声诊断仪不断更新，高频超声显像仪已被广泛应用于眼科疾病的诊断。它能清晰显示眼球各个结构，诊断准确率高，已成为眼科疾病诊断不可缺少的工具。

一、检查方法

1. 常规检查法 病人仰卧位，闭眼，嘱病人放松眼睑，每侧眼球分步检查。首先病人直视探头，查眼球中部，其次病人眼球做标准运动，以便检查眼球周围。检查一般是在矢状位和冠状位行斜切面检查，发现病变后，可从多个位置和角度探查，了解病变性质、位置和范围。

2. 特殊检查法

（1）后运动检查：可了解病变与眼球壁的关系。当B超显示病变后，令病人转动眼球，而后停止转动。视网膜脱离、出血、混浊等，与眼球壁粘连不紧密的病变表现为眼球停止转动后，球内异常回声在继续飘动。

(2) 压迫试验:用探头压眼球,使压力传导至病变区,观察肿物有否变形,如有变形则为囊性或软性肿物。

(3) 磁性试验:可观察眼内异物是否有磁性。眼内异物显示后,再用电磁铁自远而近移动观察,若异物向磁铁方向移行摆动,表示磁性阳性。此试验最好在眼科医生配合下进行,以避免损伤角膜。

(4) 低头法:此法是观察眼球倒置位时玻璃体无回声区内膜样回声与眼底的关系,特别是与视盘之间关系。

二、正常眼部超声图像

(一) A型超声检查

1. 探头放在角膜中央轴向探查,可观察晶状体前后表面两个回波,其次是玻璃体平段,眼球壁和眶内组织的高反射综合波。

2. 探头放在球结膜上斜向探查,仅是玻璃体平段和眼球壁眶内组织的综合波(图9-11)。

3. 探头浸在液体中不接触角膜轴向探查,角膜前后表面,晶状体前后表面和视网膜后极部表面的五个回波都清楚显示,这是测量眼轴的方法(图9-12)。

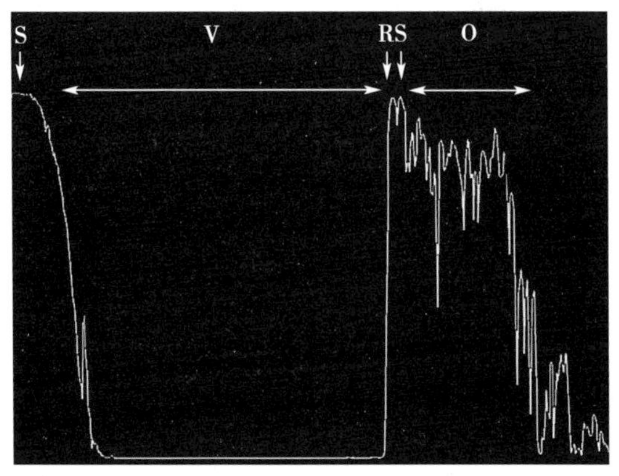

图9-11 眼部A-scan

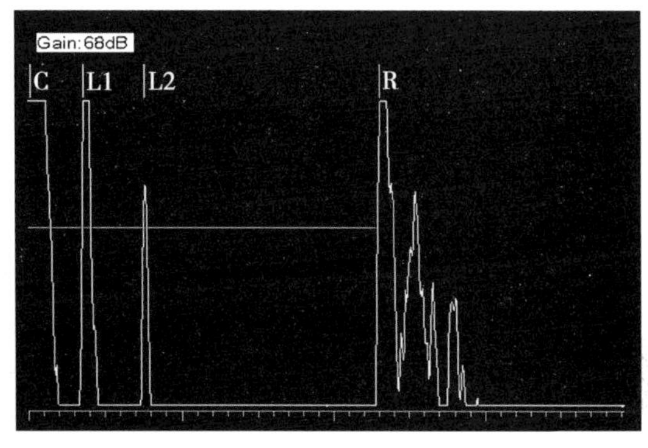

图9-12 A-scan眼轴测量

(二) B型超声检查

因检查部位及声束方向不同,声像图表现也不同,常见有以下三种声像图。

1. 眼球轴位检查声像图 两眼直视探头,如探头置于眼睑中部,声束依次通过前房、晶状体、玻璃体、球壁及球后软组织。声像图上最前面的是边界模糊的眼睑回声,其后为弧形细带状的角膜回声。其深层可见椭圆形晶状体的后囊呈一弧形光带,一般不超过0.7cm。玻璃体为圆形无回声区,球壁是一凹面向上,清晰光滑弧形光带。正常情况下,视网膜、脉络膜及巩膜粘连紧密,且组织声学性质相似,球壁光带呈现均一且与球后组织融为一体的强回声。球后软组织脂肪间隙,呈圆锥形密集强光点回声,中间条带状低回声为视神经、眼眶与脂肪之间斜行走向的带状低回声眼直肌(图9-13)。

2. 赤道部检查声像图 嘱病人眼球尽量往下转,使声束方向与眼球赤道平行,其声像图前面为玻璃体无回声区,后面球壁为半月形强回声,眼球后壁与眶壁之间圆锥形强回声为球后软组织间隙。

3. 非轴性检查法声像图 是声束偏离眼球正中任何部位的检查,其声像图的特点是:①晶状体及视神经未能显示;②眼球直径变短;③球后软组织间隙形状不定(图9-14)。

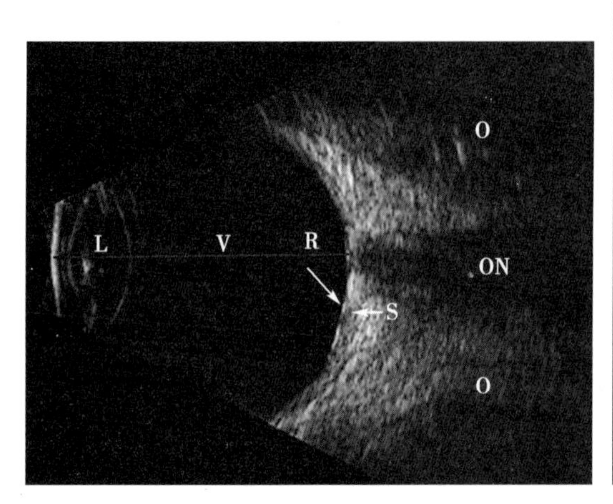

图9-13 B-scan 轴位检查

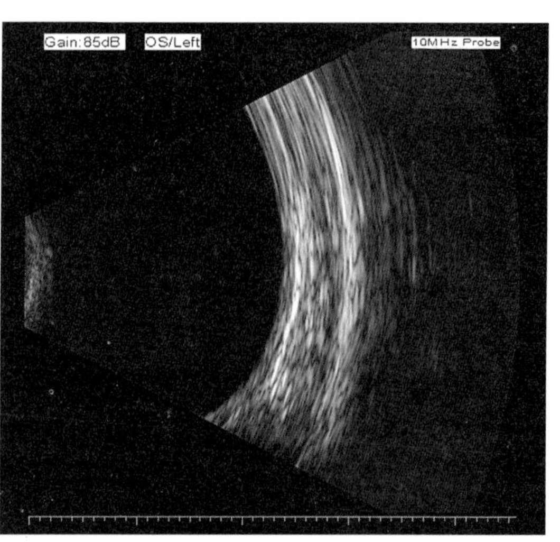

图9-14 B-scan 非轴性检查

三、眼球超声测量方法

1. 眼轴长度 从角膜前缘正中点至眼球后壁神经颞侧缘或从角膜正中点至眼球后的最远距离。正常值为23～24mm。

2. 前房深度 从角膜内侧正中心至晶状体前囊侧面的垂直距离，正常值为2.4～2.7mm。

3. 晶状体厚度 自晶状体前囊中心至后囊内侧面的垂直距离，正常值为4～5mm，晶状体直径9～10mm。

4. 玻璃体腔长度 从晶状体后囊内侧面至球壁内侧视神经颞侧缘的距离，正常值为16～17mm。

5. 眼球壁厚度 视神经颞侧缘的眼球壁内侧面至外侧表面的距离，正常值为2～2.3mm。

四、眼部常见病的超声图像

1. 晶状体疾病 晶状体形如双凸透镜，超声仅能显示前后囊膜的弧形强回声光带，周边部分不易显示，内部为无回声区。各种原因引起晶状体囊渗透压改变及代谢紊乱，都会引起晶状体的混浊，称为白内障。由于炎症、外伤、中毒、营养障碍、药物、遗传因素等，致使晶状体代谢功能紊乱、减退、晶状体渗透压改变，在晶状体的不同部位将产生不同程度的混浊。声像图表现：晶状体前后皮质区域呈强回声光带，晶状体前后增大为6.0mm，后囊膜强回声弧形长度增加。晶状体前后缘回声呈不规则增厚，有些晶状体核心区域将呈强回声光斑，甚至整个晶状体发生混浊，呈强回声。年龄相关性白内障成熟期晶状体内伴有若干短光带和光斑（图9-15）。先天性白内障晶状体较小，后缘增厚延长，常与小眼球、视网膜脱离等先天性病变并存。

2. 玻璃体疾病 玻璃体内含有透明质酸和透明蛋白等物质，构成透明凝胶状态的反射界面，其内缺乏细胞和血管，是细菌良好的培养基。玻璃体疾病大多数是在邻近组织发生病变的情况下，被动地发生和发展。玻璃体混浊机化声像图表现：玻璃体无回声区内出现强弱不一、粗细不均的条索状光带，呈树枝状分叉或膜状回声光带，其后可能有声影。光带厚薄不均，一端连于眼球壁，另一端游离于玻璃体腔内，且随眼球转动而飘动，但幅度小。由于机化条索挛缩牵拉，可显示继发性视网膜脱离图像。眼球萎缩，玻璃体无回声区缩小（图9-16）。本病应与球内肿瘤及玻璃体积血相鉴别。

笔记

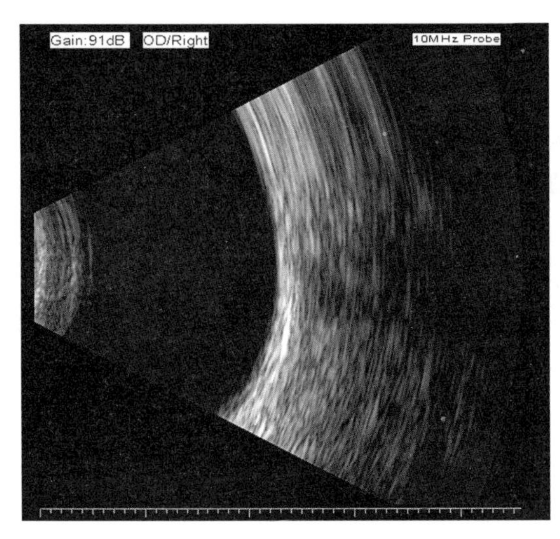

图 9-15　年龄相关性白内障(成熟期)B 型超声像

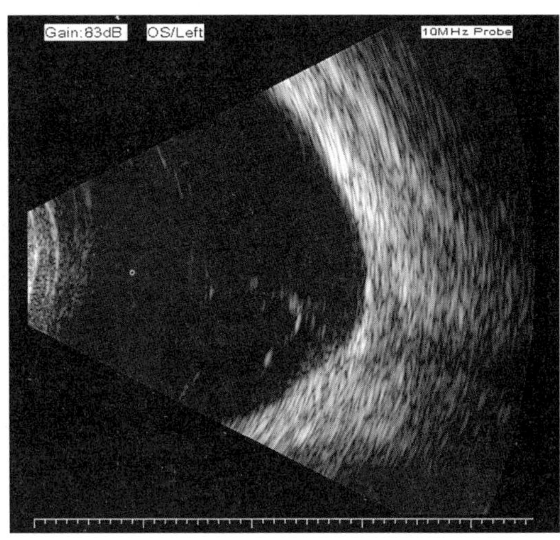

图 9-16　玻璃体机化 B 型超声像

3. 视网膜脱离　不明原因玻璃体液化萎缩和后脱离,玻璃体支持能力下降,当眼球轻度震颤或外伤时,将发生玻璃体对视网膜牵引产生裂孔,液化的玻璃体从裂孔进入视网膜下造成视网膜色素上皮层与视网膜上皮层之间的分离,形成视网膜脱离;因玻璃体及视网膜增殖病变导致视网膜全脱离。声像图表现为部分视网膜脱离:在玻璃体无回声区内出现凹面向前、光带薄、表面光滑、呈多个弯曲的回声光带,前端与锯齿缘相连,后端接视盘或后极部。光带前面为玻璃体。光带与球壁之间暗区为视网膜下积液。眼球转动时,光带随着飘动,运动连续而规则(图 9-17)。

4. 脉络膜肿瘤　脉络膜黑色素瘤起源于葡萄膜色素细胞。声像图表现:当肿瘤生长到 3mm 以上才有诊断价值,一般在眼球内有一个圆形、半圆形或蘑菇形实性占位。由眼球壁向玻璃体腔内凸出,伴有明显的视网膜脱离。早期肿瘤边缘清晰、锐利、光滑;晚期边缘不规则,有浸润现象。部分肿瘤生长的方式是沿着脉络膜周边部浸润,表面凹凸不平。肿瘤前部回声光点强而密集;后部回声逐次减低,接近球壁处呈无回声区,称为挖空现象。肿瘤附着球壁处的回声较周围正常球壁回声低,称脉络膜凹陷现象。肿瘤体内常因坏死、钙化,球后软组织可出现声影(图 9-18)。声像图显示:肿瘤基底部多有彩色血流显示,血循环丰富,有多支分支血管,脉冲多普勒显示高收缩期和较高舒张末期血流,血流速较脉络膜血管流速低。

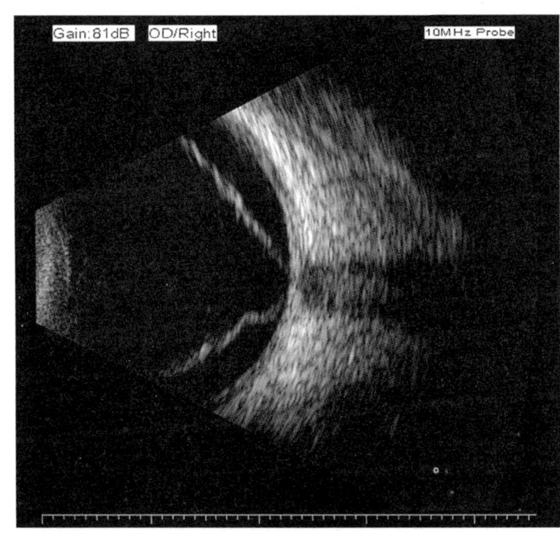

图 9-17　视网膜脱离 B 型超声像

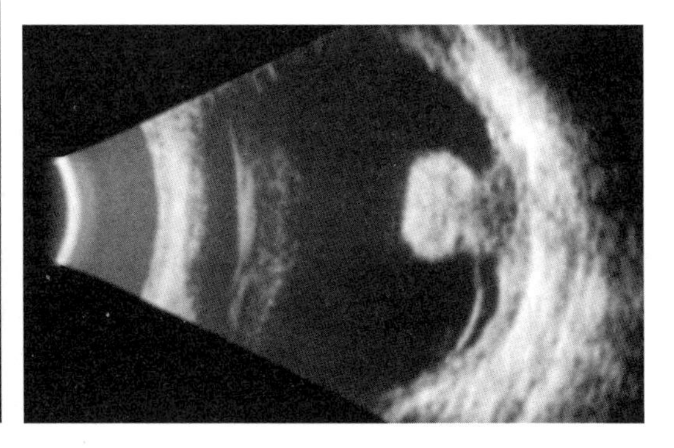

图 9-18　脉络膜黑色素瘤 B 型超声像

第十二节 超声生物显微镜

眼球大部分结构使用光学仪器就可以观察到,但虹膜后段、睫状体部是光学盲区。普通眼科B超在超声近场盲区且分辨率低,因此对眼前段结构显示较差;而CT和MRI尽管能够显示眼前段较大病变,但对微小病变难以揭示。所以,眼前段,尤其是虹膜后段、后房、晶状体周边和睫状体区病变的诊断,一直是眼科医师难以逾越的障碍。学者们一直在努力寻找一种分辨率高且不受屈光介质和虹膜影响的检测方法来显示眼前段的微小病变。20世纪90年代以来,眼科超声诊断方面的最大进展是超声生物显微镜(ultrasound biomicroscope, UBM)的发明和临床应用。UBM对眼前段的活体扫描图像,类似于低倍显微镜下的切片图像,故将其称为超声生物显微镜。

一、超声生物显微镜的成像原理及性能特征

UBM是由50～100MHz的超声换能器与临床超声仪结合而成,包括主机和监视器、操作部件、探头和支撑臂、打印机四部分(图9-19)。

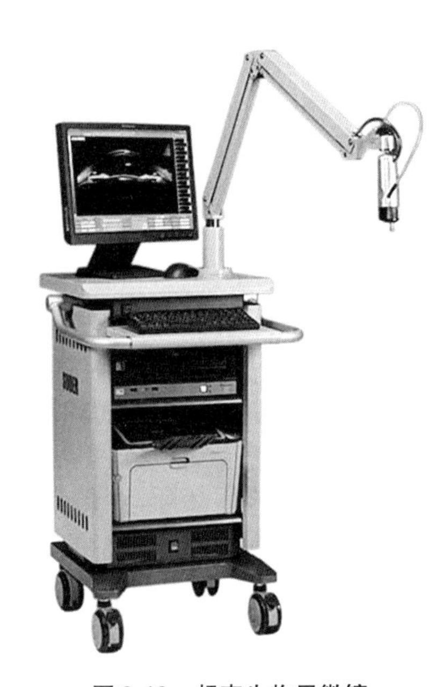

图9-19 超声生物显微镜

1. 成像原理 成像原理与普通超声波成像原理相同。高频的超声脉冲由UBM探头发出扫描物体,由于物体内部密度不一,所以其声阻抗不同,反射和散射的超声波被同一探头接收,通过信号传递、滤过、放大、处理后形成数字信息,再由数模转换形成二维图像。

2. 超声生物显微镜的性能特征 超声生物显微镜的性能特征在于它探头频率高,分辨力强,而穿透力差。一般眼科专用A/B超探头频率是5～10MHz,探查深度5～10cm,能够实现眼球和眼眶结构的探测。UBM则是利用50MHz高频探头,轴向分辨率高达20～60μm,但穿透能力仅为5mm,每秒扫描速率为8～12帧图像,每帧图像面积5mm×5mm,一般像素512×512。UBM对眼前段的分辨率是普通A/B超的10倍,图像可打标、储存、定量分析和打印。

二、正常眼前段超声

正常眼UBM图像虽然随观察部位而不同,但标准图像如图9-20。

1. 角膜 在UBM扫描图像上,角膜为两条强回声光带夹一低回声暗区。前表面的强回声光带由角膜上皮和前弹力膜所形成,可细分为角膜上皮层和前弹力层两条光带;后表面的强回声光带为后弹力层和内皮细胞层所形成,一般不能细分;角膜基质构成中间的低回声暗区,由中央向周边部逐渐增厚,可在图像任一部位进行厚度测量。

2. 角巩膜缘 由于角膜为两条强回声光带夹一低回声区,而巩膜为一强回声光带,因此角膜和巩膜的移行处在UBM图像上清晰可见。

3. 巩膜 巩膜全层为一均质的强回声带,在垂直巩膜进行扫描时可以探查到巩膜的最厚结构巩膜突。其表面可见一厚度不等的暗区,为其表面的结膜。

笔记

4. 前房 位于角膜、虹膜和晶状体之间低回声暗区。其深度可在任何一点角膜与晶状体、角膜与虹膜之间被测量。

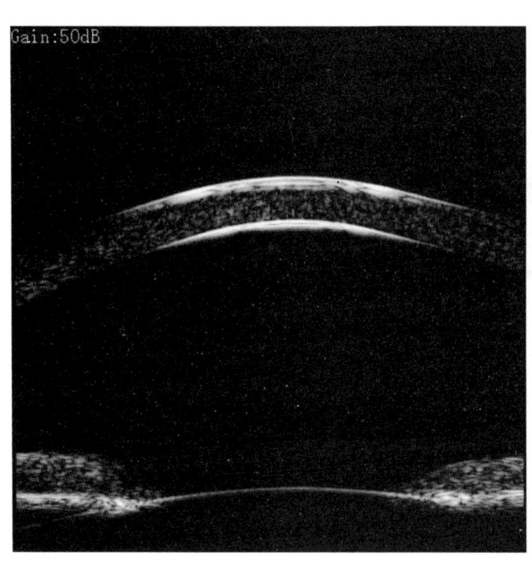

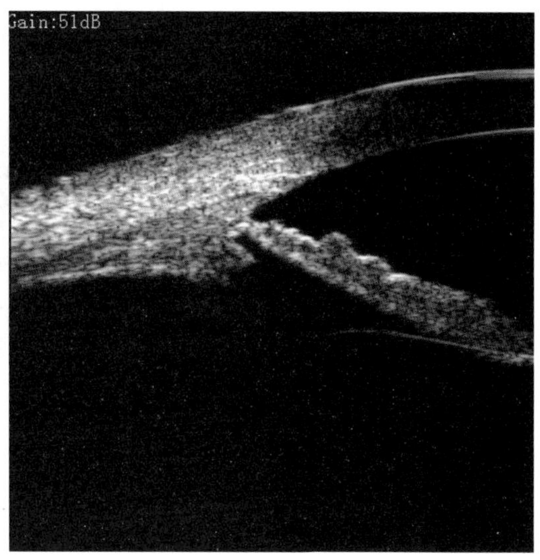

图 9-20　正常眼前段 UBM 图像

5. 前房角　由角膜、巩膜和虹膜根部构成。UBM 图像上可观察到小梁网、Schlemm 管、虹膜根部的厚度和形态，以及前房角的宽窄，巩膜突是进行前房角测量的重要解剖标志。

6. 虹膜　虹膜为一个强回声结构，表面欠平整；虹膜游离缘、中间部分较厚而根部较薄。

7. 后房　在 UBM 图像上后房的形态和深度、睫状突和晶状体周边部的相对位置清晰可见，UBM 是迄今为止能够清晰看到后房及其周围关系的唯一检查手段。

8. 睫状体和悬韧带　在房角的切面图上，能清晰看到睫状体和睫状突，以及睫状突和晶状体周边部的关系。晶状体悬韧带表现为自晶状体至睫状突之间规则的光滑中强回声，并可判断悬韧带的紧张程度。

9. 周边视网膜　通常较薄，显示为一条线状回声。在不脱离的情况下很难与视网膜色素上皮层及脉络膜、巩膜相分辨，其内表面是由色素上皮和 Bruch 膜构成的强回声带，通常颞侧的视网膜较鼻侧更容易显示。

三、超声生物显微镜的用途

UBM 使用的超声频率较高，故图像分辨率好，但其探测深度有限，故在眼科的临床应用中仅适用于眼前段结构（包括角膜、前部巩膜、前房、前房角、后房、晶状体、虹膜、睫状体以及前部视网膜）的成像。一般认为 UBM 可用于：眼前段正常解剖形态结构的静态显示和活体测量；眼前段结构形态学改变的相关疾病观察，尤其是占位病变的成像；动态活体观察，如睫状肌麻醉后前房深度、虹膜和睫状体厚度改变等。

同其他医学影像方法比较，超声检查具有操作简便、迅速，可重复性强，经济且无损伤等优点，因而广泛应用。超声诊断的不足之处是特异性不高。由于不同疾病的病理组织结构不同，对超声波的反射、吸收也不同。虽然能够利用回声作为病变组织的诊断和鉴别诊断依据，但病灶的声学切面不像病理组织学切面那样直接和精确，只能间接从组织的声学性质来推断其组织结构特点，将病灶按声学性质分类，再结合其他临床资料可做出相应诊断。

（徐国兴）

二维码 9-1
扫一扫，测一测

笔记

第十章

光学相干断层成像仪

本章学习要点

- 掌握：光学相干断层眼底图像的分层结构；光学相干断层眼前段图像的分析
- 熟悉：不同类型光学相干断层扫描仪和光学相干断层血管成像的工作原理、光路结构及成像特点
- 了解：光学相干断层成像仪在眼科疾病诊疗中的应用

关键词 光学相干；断层成像；视网膜分层；血管成像

10-1

二维码 10-1
课程 PPT
光学相干断层成像仪

光学相干断层成像仪（optical coherence tomography，OCT）（也称相干光断层成像仪）是一种基于低相干光干涉原理的光学成像仪器（图 10-1）。麻省理工学院的 Fujimoto 等人在白光干涉仪的基础上，于 1991 年首次使用 OCT 技术完成了对视盘的离体成像。OCT 探测生物组织对入射光线的反向散射和反射，这种光学干涉成像原理决定了 OCT 在医学成像上具有独特优势。OCT 属于高分辨率断层成像技术，轴向分辨率可达 1～10μm；OCT 的活体和实时成像特点在手术引导、活体组织检查和治疗效果的动态研究等方面能够发挥重要作用；OCT 采用低能量的近红外光源作为探测光，并使用显微镜头、手持式探头或者内镜等非损伤性探测方式，相当于提取"光学切片"，不会对生物组织造成损伤。OCT 与一些功能性检查技术相结合，可以扩展其应用领域，比如光谱 OCT 用于研究组织的吸收特性，多普勒 OCT 用于测量血细胞流速和血液含氧量，偏振 OCT 用于研究组织的双折射光学特性等。与 CT 类似，OCT 利用计算机对得到的光学干涉信号进行数字化处理，随着光源、信号采集和数据处理技术的进步，OCT 已经逐步实现了实时和三维成像，从而提取 OCT 图像中对诊断有用的信息进行定量分析。综上所述，OCT 具有高分辨率、快速成像、活体检查和非损伤性等优点，在眼科领域应用非常广泛。

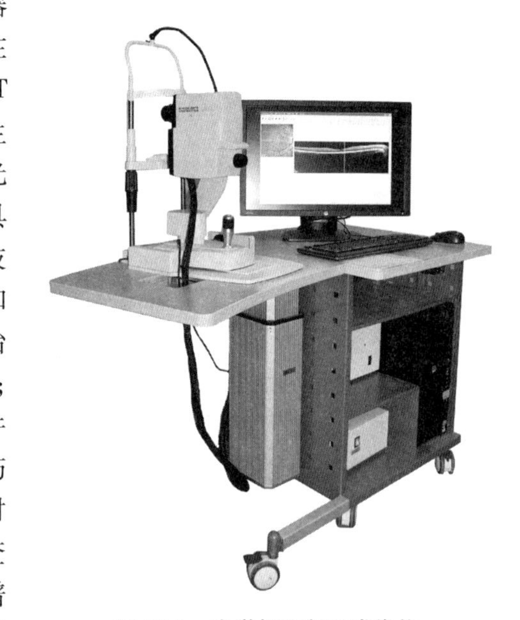

图 10-1 光学相干断层成像仪

OCT 特别适合于眼科检查和诊断，因为眼睛从角膜到眼底由一系列的透光组织构成，形成了一条天然的光学探测通道。根据深度扫描原理的不同，OCT 可分为时域 OCT（time domain OCT，TD-OCT）和傅里叶域 OCT（Fourier domain OCT，FD-OCT）；根据成像部位的不

笔记

同,眼科 OCT 分为眼前段 OCT 和眼后段 OCT。本章将介绍 OCT 的工作原理和在眼科诊断领域的应用,着重讨论 OCT 的成像特点和图像分析方法。

第一节　OCT 的工作原理

一、生物组织的光学特性

生物组织是一种高度散射介质。由于组织成分和结构的多样性,当光在生物组织中传播时,不同波长的光与组织将发生复杂的相互作用。OCT 作为一种光学成像仪器,测量的是入射光在材料或组织内部不同深度的散射和反射光强度。因此在介绍 OCT 的原理前,有必要对生物组织的一些光学特性有所了解,主要包括对光的吸收、反射和散射。

(一) 吸收

光在生物组织中传播时的吸收是由组织中的水分子以及血红蛋白、上皮细胞、色素细胞等生色基团引起的。不同的组织成分吸收入射光中的特定波长部分,而 700 ~ 1300nm 范围的近红外波段在组织中的吸收最小,被称为"组织天窗(tissue optical window)"。OCT 的光源一般都选择在这个波段。眼睛中房水和玻璃体对 800nm 附近波长的光吸收最小,因此在 OCT 对视网膜成像时,一般选择中心波长为 830nm 的宽带光源。眼睛结构中的虹膜是一种强吸收介质,入射光经过虹膜后将被完全吸收,从而在虹膜后面形成一个阴影区,造成晶状体边缘区域在 OCT 图像中无法显示。这种光在传播路线上由于遇到强吸收(或强散射)介质而引起对深部组织无法成像的现象称为光的屏蔽现象。光的屏蔽现象掩盖了 OCT 成像中的一些深度信息,但同时也可能标示出因组织病变而引起的光学特性反常区域,为我们提供有助于诊断的信息。

(二) 反射

光的反射发生在组织中有折射率差异的相邻屈光介质界面。对于眼科 OCT 成像,眼前段的泪膜和角膜、角膜上皮和前弹力层、角膜内皮和房水、房水和晶状体等界面,以及后段的视网膜各层间都会发生反射。当光线垂直入射某一界面位置时,反射光最强,该界面位置在 OCT 图像中将出现明显的反光带。该高反射信号可以作为 OCT 成像的定位标志,用于判断入射光线是否垂直入射眼球。

(三) 散射

光在不均匀介质中传播时发生的向多个方向无规则发散的现象,称为散射。由于眼组织中存在大量的微结构组织,比如角膜层状结构、各种细胞和神经纤维束等,所以即使对于"组织天窗"范围内的近红外波长光,眼组织仍然是一种高散射介质。反向散射光在组织中被多次吸收和散射,最终穿透组织返回的一小部分光带有内部组织结构的大量信息,由 OCT 探测并经过数据处理,形成组织的断层图像。

吸收、反射和散射现象使光线在组织中传播时,随着入射深度的增加,光强呈指数衰减。光在组织中的穿透能力和波长有关,长波光比短波光具有更强的穿透能力。因此使用 OCT 对眼前段成像时,为了得到更深部位的结构信息,可以采用中心波长为 1300nm 的光源。

二、迈克耳逊干涉原理

OCT 成像是基于光的干涉理论,实际上 OCT 可以视为一种功能复杂的光学干涉测量系统。为了说明 OCT 的工作原理,我们先介绍一种最典型的光学干涉测量系统——迈克耳逊干涉仪(Michelson interferometer)(图 10-2A)。

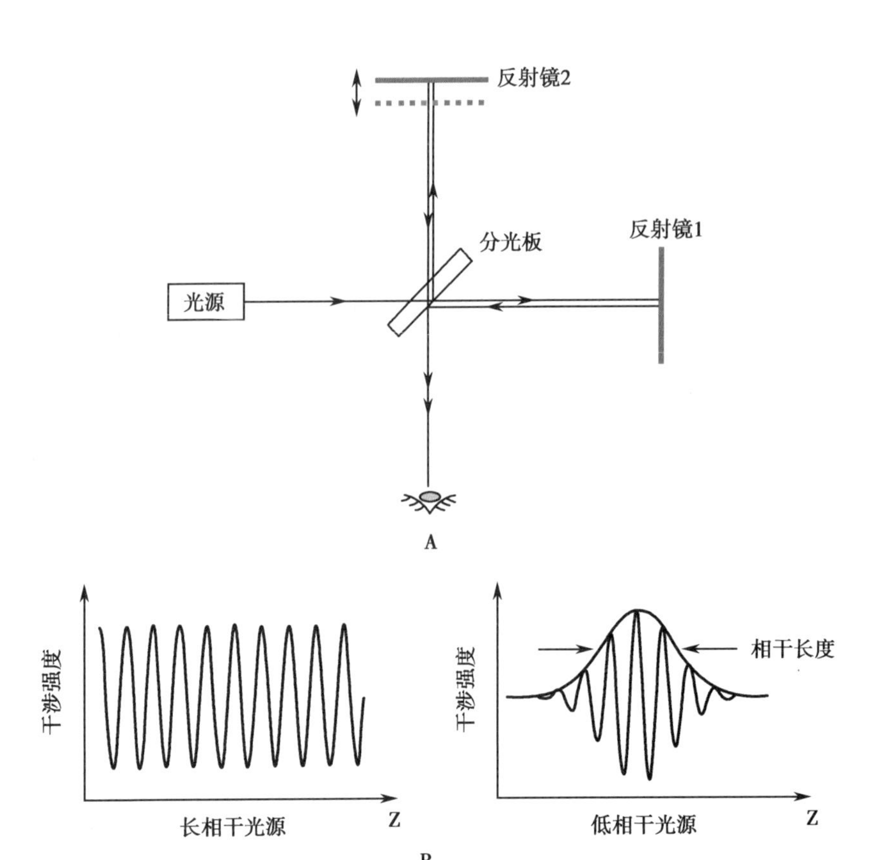

图 10-2 迈克耳逊干涉原理

A. 迈克耳逊干涉系统结构图 B. 长相干和低相干光源的干涉强度,z 为反射镜 2 的位置

光源发出的光经过分光板分成两路:一部分透射光经反射镜 1 原路返回,并由分光板反射进入观测系统(眼睛或探测器);另一部分反射光则由反射镜 2 反射回来,并透过分光板也进入观测系统。由于两束光线源于同一个光源,彼此具有相干性,再次相遇后将产生干涉现象。干涉条纹的光强由两块反射镜的相对位置决定,即两路光走过的长度差值,称为光程差 Δl。假设两个反射镜的反射光强分别为 I_1 和 I_2,则干涉条纹的强度 I_0 可表示为:

$$I_0 \propto I_1+I_2+2I_1I_2\cos\left(\frac{2\pi}{\lambda}\Delta l\right) \qquad \text{公式 10-1}$$

可知干涉强度和光程差呈余弦函数关系,即当反射镜 2 前后移动时,两路光的光程差发生改变,干涉条纹的强度随之做周期性余弦变化。

能发生干涉的相干光必须具备三个条件:①光波的频率相同;②光波的振动方向一致;③两束光具有恒定的相位差。显然同一个光源发出的光满足前两个条件,但能否干涉还取决于光源的相干长度。相干长度是光源的固有特性,光程差只有在相干长度范围内才能形成干涉。相干长度和光源的单色性有关,单色性好的光源具有较长的相干长度,意味着光程差在很大范围内都能发生干涉(图 10-2B)。当迈克耳逊干涉仪用于测量物体的尺寸或者面型时,需要选择高度相干的单色光源,如激光。

然而在 OCT 系统中,为了分辨样品中的微小结构,必须限制样品反射光束中能参与干涉的深度范围,此时则要选择低相干长度的光源。OCT 光源的低相干长度特性相当于设置了一个狭小的探测窗口,只有在这个窗口内的反射光才能参与干涉。随着参考光路中反射镜的移动,探测窗口在样品中也作相应深度位置上的扫描。而这个探测窗口的宽度就决定

了成像的分辨率,被称为相干长度,用干涉条纹包络线的半高宽表示(图 10-2B)。

三、OCT 的系统结构和功能

如前所述,OCT 是使用低相干光源的迈克耳逊干涉仪。光源的频谱范围越宽,其相干长度越短,分辨率越高。因此 OCT 系统需采用宽带光源,如宽带超辐射发光二极管(super luminescent diode,SLD),其波长带宽一般为 50~100nm,使 OCT 具有微米级分辨率。OCT 可以从时域或傅里叶域获取深度干涉信号,分别被称为时域 OCT 和傅里叶域 OCT。不论哪种类型的 OCT,其系统都可以归纳为五个功能模块:光源、参考光路、样品光路、探测器和数据处理。下面将分别介绍两种 OCT 的系统结构特点和相应的功能。

(一) 时域 OCT

时域 OCT 是早期 OCT 采用的工作方式(图 10-3),被观测的样品和参考镜分别相当于图 10-2A 中的反射镜 1 和反射镜 2。对于常见的光纤型 OCT 系统,宽带 SLD 发出的近红外光通过光纤耦合器分光,分别进入参考光路和样品光路。移动参考镜的位置改变参考光路的光程,使样品光路中只有等光程(即零光程差)的深度位置的反射光参与干涉,而样品中零光程差前后的散射光因为不参与干涉,从而对成像没有干扰。随着参考镜前后移动,实现对样品深度方向的扫描。

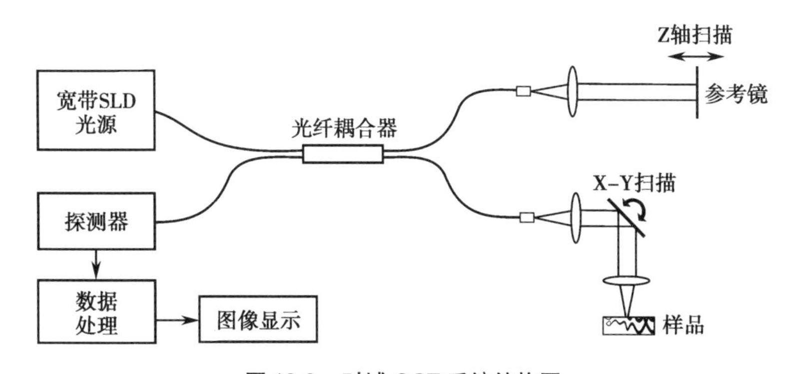

图 10-3　时域 OCT 系统结构图

样品光路中由 X-Y 扫描振镜实现对样品的横向扫描。靠近样品处是聚焦透镜,将准直光束会聚于样品表面或内部某个深度位置。从参考镜和样品返回的反射光和散射光重新经由导光纤维耦合器并发生干涉,干涉光将从另一个端口输出至探测器模块。在时域 OCT 中,探测器一般是点探测的电荷耦合器件(charge coupled device,CCD),它将光强转化为电压信号,并经过信号采集、放大、滤波等数据处理过程,最后由电脑合成图像并显示。

(二) 傅里叶域 OCT

时域 OCT 的缺点是参考镜需要机械移动,从而限制了时域 OCT 的成像速度。为了克服这一点,研究人员提出另一种 OCT 结构,即傅里叶域 OCT。在傅里叶域 OCT 的系统结构中,参考光路中的反射镜是固定的。在探测模块中采用分光谱测量技术,对样品内部所有深度位置的干涉信号进行一次性测量,得到干涉信号的频率-强度谱,即傅里叶域信号,也称谱域或频域信号(图 10-4)。傅里叶域信号并不仅仅表示零光程差处的干涉强度,而是同时加载了样品深度范围内的所有光反射信息。为了从傅里叶域信号中解调出深度信息,需要通过傅里叶变换(Fourier transform)的算法。如图 10-4,傅里叶变换的作用是将频率域信号转化为空间域信号。

傅里叶域 OCT 的光谱测量有两种方式:一是利用光栅将干涉信号按波长分开,并采用线阵 CCD 同时测量不同波长的干涉信号,称为谱域 OCT(spectral domain OCT,SD-OCT)(图

10-5A)；另一种方式是采用波长可扫描输出的宽带光源，每一时刻输出的为单波长光，称为扫描光源(扫频)OCT(swept source OCT,SS-OCT)(图 10-5B)。两者在光源和探测器部分存在结构上的区别：SD-OCT 采用普通 SLD 光源，利用分光光谱仪(spectrometer)和线阵 CCD 同时探测干涉信号随波长的变化，相当于在空间域上分频谱；而 SS-OCT 采用扫频光源，其探测器和时域 OCT 一样为点探测 CCD，相当于在时间域上分频谱。两者数据的傅里叶变换过程是类似的。

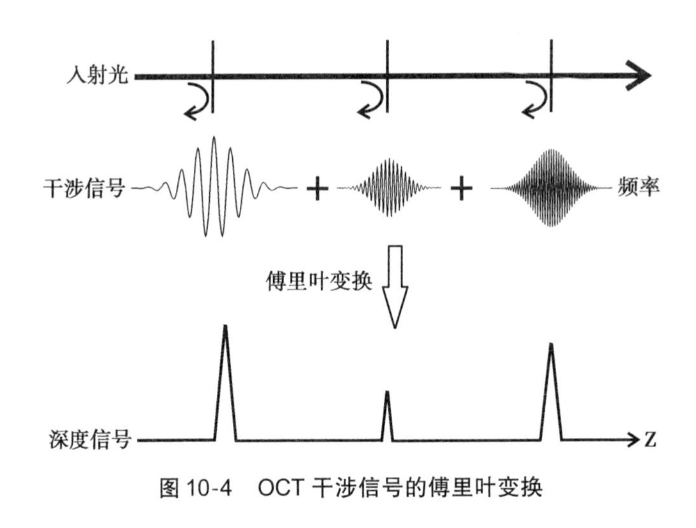

图 10-4 OCT 干涉信号的傅里叶变换

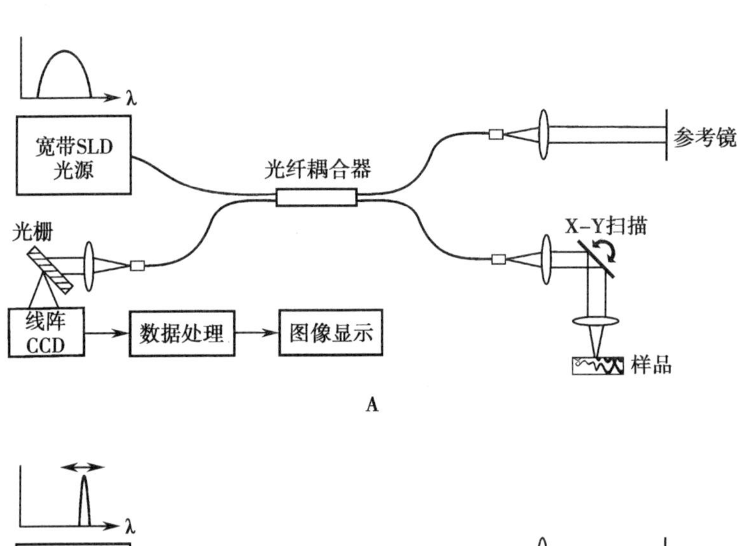

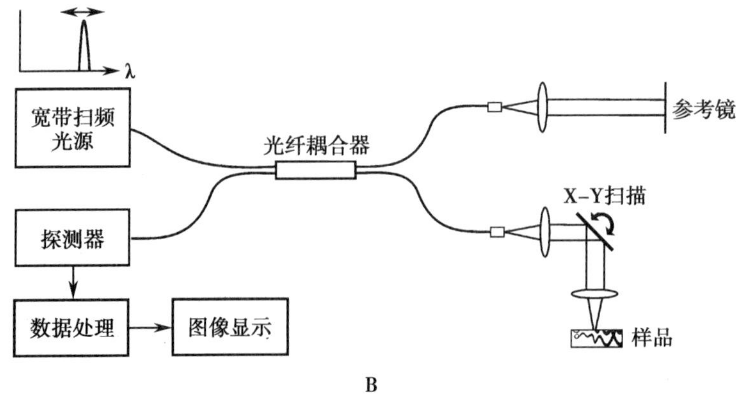

图 10-5 傅里叶域 OCT 系统结构图

A. 谱域 OCT B. 扫描光源 OCT

笔记

傅里叶域 OCT 通过光谱测量的方法实现轴向扫描，系统中没有参考镜的机械运动，因此极大提高了成像速度。另外，时域 OCT 的干涉受到相干长度的限制，而对于傅里叶域 OCT，样品深度范围内的所有反向散射光都参与干涉，因此傅里叶域 OCT 在快速成像的同时也保持了高信噪比性能。傅里叶域 OCT 是目前 OCT 市场的主流产品。

四、OCT 的成像特性

（一）分辨率影响因素

与其他医学断层扫描仪器相比，OCT 的最大优点是高分辨率。OCT 的轴向分辨率（axial resolution）和横向分辨率是两个独立的参数，两者的决定因素不同。

OCT 的轴向分辨率取决于光源的相干长度，而与探测光束的聚焦特性无关。光源的相干长度表征两束相干光能产生干涉的光程差范围，光源频谱越宽，其相干长度越小。对于高斯分布的光源频谱，OCT 轴向分辨率 Δz 由以下公式决定：

$$\Delta z=\frac{2\ln 2}{\pi}\left(\frac{\lambda_0^2}{\Delta\lambda}\right)$$　公式 10-2

其中 λ_0 是光源中心波长，$\Delta\lambda$ 是光源功率谱的半波宽（能量为峰值一半处的波长宽度）。可见，轴向分辨率数值与光源带宽成反比，为了得到高分辨率性能，必须使用宽光谱光源。同时，中心波长越小，轴向分辨率越高。例如，一台 SD-OCT 采用中心波长 840nm、半波宽为 50nm 的 SLD 光源，根据以上公式计算可得该仪器的轴向分辨率理论值约为 6μm。值得注意的是，计算得到的是在空气中的空间分辨率，该值除以被测样品折射率才是实际值。

OCT 图像的横向分辨率和普通的光学显微镜一样，由探测光束的焦点直径决定，计算公式为：

$$\Delta x=\frac{4\lambda}{\pi}\left(\frac{f}{d}\right)$$　公式 10-3

其中 Δx 为焦点直径，也即横向分辨率值；d 为物镜上的光斑直径；f 为物镜焦距。对于显微物镜，$d/2$ 与 f 的比值称为该物镜的数值孔径 NA。显然横向分辨率和物镜的数值孔径成正比。所以为了提高横向分辨率，需采用高数值孔径的物镜。然而物镜的数值孔径增大在带来较小聚焦光斑的同时，也意味着镜头焦深变短。OCT 作为断层扫描仪器，焦深影响成像的深度范围。所以典型的 OCT 系统通常采用小数值孔径的物镜，以获得较长的深度成像。焦点的聚焦位置也会影响 OCT 横向分辨率，因为眼睛的角膜、房角、视网膜等组织不在同一个平面上，在扫描过程中不同部位的聚焦光斑大小不同，横向分辨率随之变化。

目前商品化的 OCT 横向分辨率普遍在 10μm 以上。因此，我们在提到 OCT 具有高分辨率时，一般仅针对轴向分辨率而言。OCT 的轴向分辨率不受物镜数值孔径的影响这一性质，使得 OCT 特别适合视网膜成像。因为视网膜成像中的物镜，其数值孔径受到成像距离的限制而不能太大。以上计算的是理论分辨率，实际应用中还需要考虑图像的像素点个数。比如一幅 OCT 图的横向扫描点个数为 1024，扫描范围为 10mm，则每个像素对应的长度是 10mm/1024≈10μm。只有焦点直径大于每个像素代表的长度，才是有效分辨率。

（二）扫描方式

OCT 成像时可分为 A 扫描、B 扫描和 C 扫描等扫描模式（图 10-6A）。A 扫描指的是轴向（深度方向）数据，对时域 OCT，是通过参考镜的移动获取的；对于傅里叶域 OCT，则是通过傅里叶算法获取。B 扫描指的是横向扫描，一幅 OCT 二维断层图像即是通过 B 扫描成像的。一系列不同位置的 B 扫描则组成 C 扫描模式，即 OCT 三维成像模式。OCT 三维成像的方式主要有矩形扫描和放射状扫描两种（图 10-6B 和 C）。对于视网膜成像，通常以黄斑或视盘

笔记

为中心,以放射状扫描更为方便。将三维图像在深度方向上进行投影,称为OCT的平面(en face)图,这类似于眼底相机或共聚焦显微镜图像,但是OCT的优点是包含深度信息。

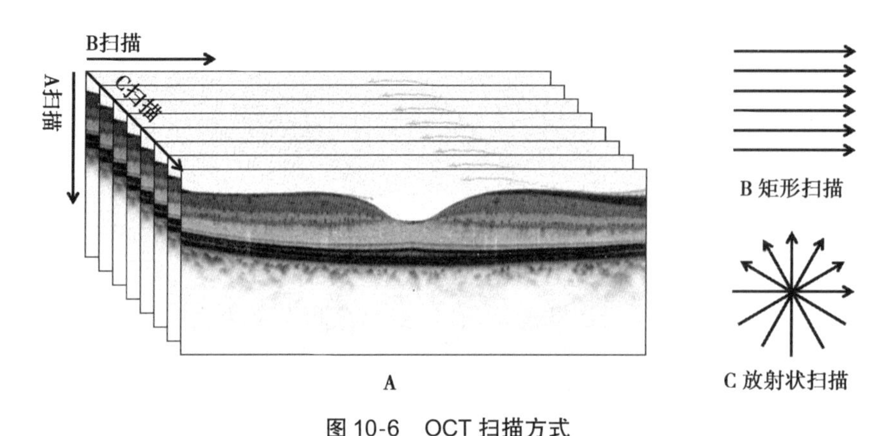

图10-6 OCT扫描方式

A. 扫描模式 B. 以矩形扫描实现三维成像 C. 以放射状扫描实现三维成像

OCT的图像数据通过数字滤波等处理后,以灰度图或伪彩色图的形式在屏幕上显示。图10-7显示的是一幅人眼黄斑区视网膜的OCT灰度图。灰度图的缺点是计算机显示器只能提供8bit、256级灰阶,因而不能完全反映光强变化的动态范围。所以OCT图像在展示时也经常采用伪彩色的模式。计算机能提供24bit的色度信息,而且人眼对色彩的辨析度要远大于灰度值,所以伪彩色图能够使组织微结构的变化更加显著。

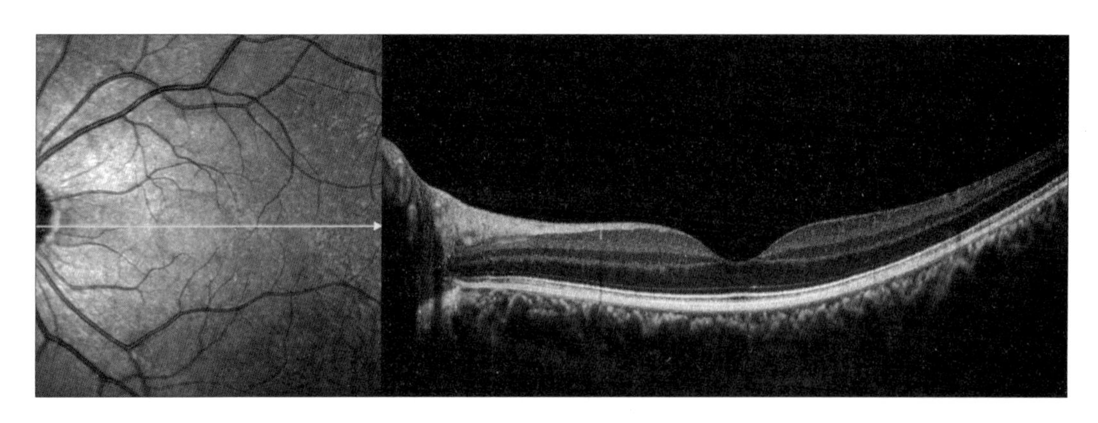

图10-7 黄斑区视网膜的OCT灰度图

五、OCT与其他成像技术的比较

OCT和显微镜、超声的成像方式比较类似,但是它们各自不同的工作原理决定了其分辨能力、探测深度以及适用场合各不相同。超声和OCT都具有断层扫描的能力,所不同的是超声采用高频声源作用于活体组织和材料,利用声波在被测组织中的回波信号进行处理和成像。超声的工作频率在几十MHz左右,它的分辨率为几百微米,远不及OCT。但是由于高频超声在组织中传输时吸收较小,因此超声具有很深的探测范围。

显微镜技术,尤其是最近发展起来的共焦显微(confocal microscopy)和OCT同为光学成像技术。共焦显微镜采用共轭焦点技术,使光源、被测物体和探测器处于彼此共轭的位置。光源通过高数值孔径的物镜聚焦在样品表面,形成极小的光斑,其反射光再次通过物镜,并聚焦于空间滤波器的针孔平面成像。共焦成像的好处是,物点周围的散射光和反射光被像点处的针孔阻拦无法参与成像,使共焦显微镜的横向分辨率可以达到1μm以下。但是由于物镜焦深很短,使得共焦显微镜在生物组织中的成像深度非常小,通常只有几百微米。所以

共焦显微镜只能对样品表面进行横向扫描,而无法成断层图像。

从某种意义上说,OCT是对超声和显微镜两种技术取长补短的结果:它利用与超声相似的回波探测方法实现了较大的穿透深度,同时保持了光学探测方式所特有的高分辨率优点。从以上的比较也可以发现,对于生物组织成像,分辨率和穿透深度存在一种矛盾关系。在OCT技术中也是如此,提高分辨率必然要牺牲一部分成像深度。两者之间如何权衡应视不同的应用场合而定。比如在人眼视网膜OCT成像中,为了分辨出各层的结构变化,主要考虑分辨率因素。而应用于眼前段成像时,由于深度较大,此时需要穿透力较强的长波段光源(比如中心波长1.3μm),但同时也降低了OCT系统的分辨率。

第二节　眼前段OCT

眼前段OCT是一种用于测量和分析眼前段组织和结构的理想工具,可以用来测量角膜厚度、角膜上皮厚度、前房深度、前房宽度、房角、晶状体厚度、晶状体前后表面曲率半径等一系列参数,具有直观、分辨率高的优点。临床上普遍使用的眼前段时域OCT(Zeiss Visante OCT),其扫描深度为6.0mm,轴向分辨率为18μm,横向分辨率为60μm。最新的眼前段商业机已经采用扫描光源OCT的方式,具有速度更快、信噪比更高的优点,适用于眼前段的三维成像。眼前段OCT已应用在眼科的以下领域:角膜屈光手术前后对眼角膜厚度的测量和评估;测量房角形态的改变以帮助青光眼诊断和治疗;获取角膜地形图诊断圆锥角膜;人工晶状体植入后眼睛调节能力的测量和评估等。

一、眼前段OCT的成像方法

如图10-8,样品光路中的探测光束在准直后,经过在一定角度范围内快速偏转的扫描振镜实现横向扫描。扫描光束经物镜会聚,焦平面位于角膜表面。横向扫描范围由扫描镜的驱动电压控制。光路中二向色镜的特点是将OCT的探测光路(近红外)和观察光路、视标光路(可见光)进行整合。视标的作用是控制眼睛的注视方向,保证成像部位的准确度。观察光路利用CCD实时捕捉眼睛的动态活动以及扫描光斑在眼球上的位置。

OCT断层图像中,每一列数据表示组织在该位置不同深度反向散射光或反射光的干涉强度。在眼睛结构中,空气-角膜界面是曲面,因此入射平行光除了正中心的垂直入射点,其余光束经过这些界面时都将发生偏转,形成的会聚光束引起了OCT图像在结构尺寸上的失真问题(图10-9)。为了消除这种失真现象,需要测量角膜前后表面的曲率,并结合组织折射率参数,通过光线追迹的方法进行矫正。

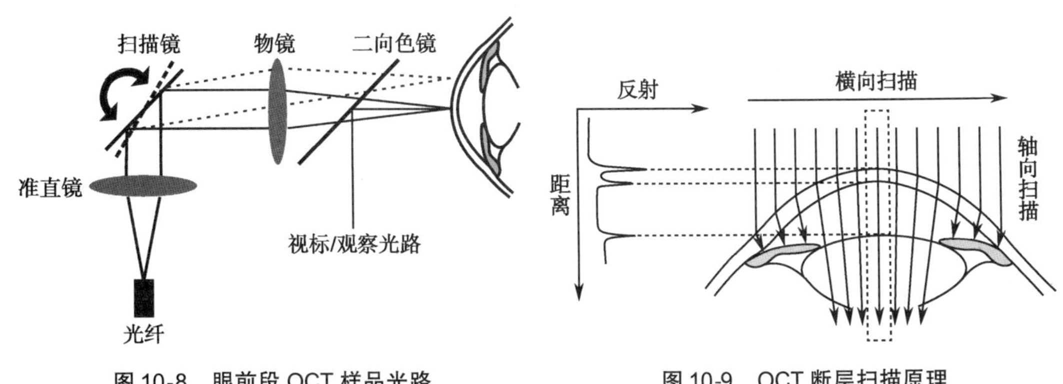

图10-8　眼前段OCT样品光路　　图10-9　OCT断层扫描原理

图10-10是利用SD-OCT成像的人眼前段断层扫描图,轴向分辨率为6μm。从图中能清晰地观察到角膜、巩膜、虹膜、晶状体和角巩膜缘等眼前段组织结构。以下详细介绍各结构的OCT成像特点。

图 10-10 SD-OCT 眼前段断层图

二、眼前段 OCT 的图像分析

（一）角膜

图 10-11 是高分辨率眼前段 SD-OCT 成像的角膜断层图，轴向分辨率为 3μm。从图中可以分辨出角膜上皮层、基底细胞层、前弹力层、基质层和内皮层等角膜结构。角膜上皮层具有较高的反射光特性；而前弹力层是边界非常清晰的透明薄层结构，厚度约为 10μm。在 OCT 图像中，随着成像深度的增加，信号灵敏度有所降低，因此角膜内皮层附近的清晰度相比前表面有所下降，很难清楚地区分后弹力层和内皮层。使用 OCT 的三维扫描模式可以得到全角膜地形图，用于测量任一位置的角膜厚度和前后表面的曲率半径。

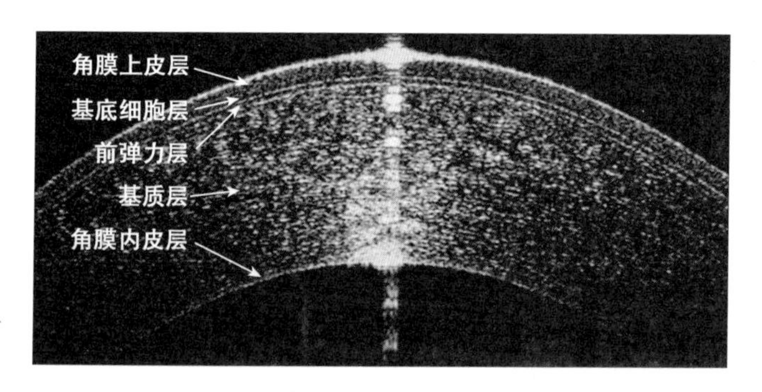

图 10-11 超高分辨率 SD-OCT 角膜断层图

OCT 对角膜的高分辨率成像能力使其在角膜屈光手术中具有重要的应用前景。在角膜屈光手术中，角膜术前、术后的厚度，角膜瓣切削直径和厚度是重要的控制因素。以前这些检查可以用裂隙灯、超声完成，但都存在分辨率低或不能在线测量的问题。而 OCT 不仅精度高，而且测量时不需要和眼睛接触，可以在术前、术后随时进行检查，也能够在手术过程中实时监测角膜的形态变化。

（二）前房和前房角

前房是一个非常透明的组织，在 OCT 图中表现为没有任何反射光的透明区域（图 10-10）。从 OCT 图中能非常直观地测量前房深度、前房宽度和前房角等参数。测量前房深度一般选取从角膜内表面到晶状体前表面的垂直距离。前房宽度在选择人工晶状体的型号时是一项重要参数。传统采用 A 超或 UBM 测量前房深度和宽度时，探头要接触角膜形成一定的压迫，使组织变形。使用 OCT 将使测量过程更加简单、准确和具有可重复性。

前房角是眼睛中一个非常重要的结构，其角度大小与青光眼发病具有密切的关联性。该区域的纤维化和新生血管生成也可能引起眼内压的增高，使用 OCT 可以做到提前诊断，起到预防的作用。一直以来，前房角形态测量都是采用前房角镜的方法，但是这种方法非常主观，且操作复杂，OCT 的出现使得前房角的测量变得非常简单和直观。

（三）晶状体

在人眼 OCT 图中，虹膜基质层表现为高散射和反射组织，虹膜覆盖的晶状体部分因屏蔽作用无法在 OCT 中成像。从健康年轻人的晶状体高分辨率 OCT 图像中,可以清晰地区分晶状体的组织结构(图 10-12):晶状体上部较透明的一层是晶状体前囊膜,它包裹在晶状体表面;晶状体核的反射光能力随深度变化,在中央部分变得透明;晶状体皮质具有最大的反光特性。如果是白内障患者,其 OCT 图像中晶状体核的亮度将显著提高。利用 OCT 对植入的人工晶状体成像,可以准确地获知人工晶状体的位置、倾斜度参数以及并发症的评估,从而为判断手术效果、指导人工晶状体设计提供直接依据。

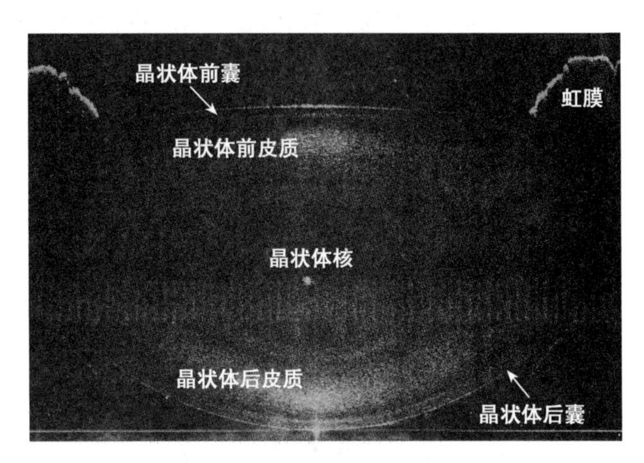

图 10-12　晶状体 OCT 断层图

第三节　眼后段 OCT

OCT 眼后段成像为医师们提供了研究眼后段病理学的有效手段,是 OCT 技术应用最为成熟和广泛的临床领域。OCT 对视网膜的断层成像在诊断黄斑裂孔、玻璃体黄斑牵引综合征的病理,以及测量视网膜厚度、黄斑囊样水肿等病变方面具有独特的优势。这种优势源于眼睛是几乎透明的光学系统,光线穿透角膜、前房、晶状体和玻璃体,以很小的能量损失到达视网膜。而且 OCT 操作简单、扫描速度快、非接触成像等特点使其成为眼后段成像上不可替代的技术手段。目前,商品化眼后段 OCT 普遍采用谱域 OCT 方式,轴向分辨率最高达到 3μm。眼后段谱域 OCT 将会继续朝着超高分辨率、高速扫描和仪器体积小型化的方向发展。

一、眼后段 OCT 的成像方法

眼后段 OCT 采用的光源中心波长一般为 840～870nm,因为眼内房水、玻璃体等组织对该波段吸收相对较小。眼后段 OCT 的成像光束要经过整个眼球光学系统聚焦到视网膜,其光路原理如图 10-13,被测眼睛的节点位于前置镜的一倍焦距处,使各角度的扫描光束通过瞳孔,并聚焦于眼底。从成像角度上分析,这一透镜的作用是将眼底形态成像在中间像面,即物镜的像方焦平面上。

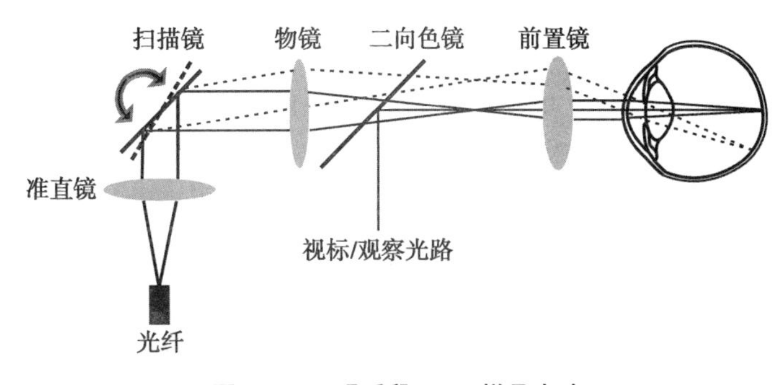

图 10-13　眼后段 OCT 样品光路

笔记

由于眼睛光学系统存在像差，眼后段 OCT 图像受到像差的影响会导致分辨率下降，尤其是横向分辨率。为了克服这一缺点，可以将自适应光学系统引入 OCT 探测光路中，通过自适应光学对波阵面的闭环检测和矫正，实现较高的横向分辨率成像。

二、眼后段 OCT 的图像分析

（一）黄斑区视网膜的 OCT 图像

视网膜和黄斑区的分层结构在 OCT 断层图中非常容易辨析，根据最新的 OCT 视网膜组织结构分层标准，正常人眼的视网膜可分为 12 层（图 10-14）。视网膜内表面和玻璃体之间存在高亮度的界面，这是内界膜和神经纤维层（nerve fiber layer，NFL）的强反光引起的。NFL 之下是中等亮度的神经节细胞层。内核层处于较亮的内、外丛状层之间，丛状层由网状纤维组织组成，具有较高的反射率。外丛状层之下的黑色区域是外核层，它的厚度是不均匀的：视盘附近的厚度较薄，越靠近中心凹厚度逐渐增大。内、外核层中的细胞呈平行于入射光方向排列，因此在视网膜结构中反射率最低，图中以黑色表示。外核层的下边界有一较细的亮条纹，是外界膜层组织。

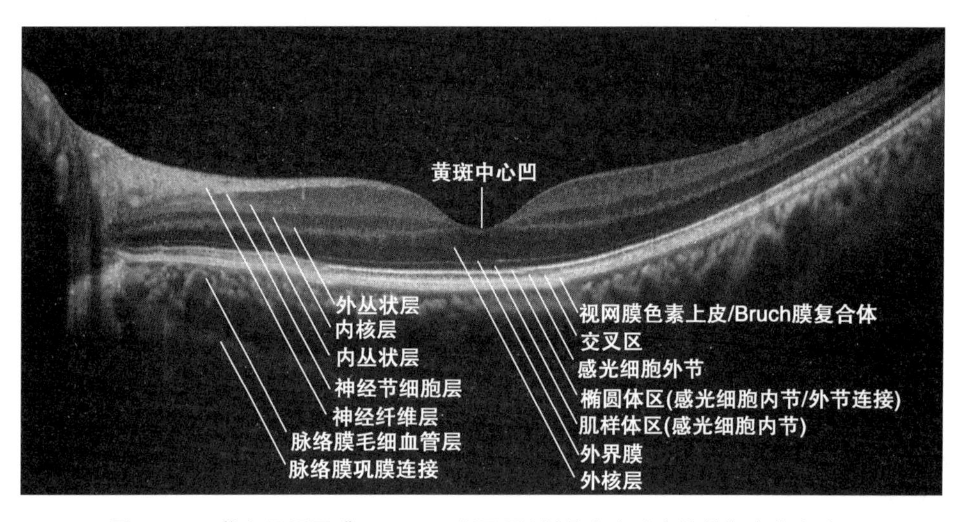

图 10-14 黄斑区视网膜 SD-OCT 断层图（括号中为对应的早期命名方式）

随着 OCT 图像分辨率的提高，视网膜外层结构有了新的分界方式。紧贴外界膜的黑色区域为“肌样体区（myoid zone）”（早期也被称为“感光细胞内节”），对应于解剖结构中的感光细胞内节的肌样体细胞，其低反射率可能归因于该区域线粒体组织的低密度分布。在同样低反射率的肌样体区和感光细胞外节之间，是非常明显的亮线，被称为“椭圆体区（ellipsoid zone）”（早期也被称为“感光细胞内节/外节连接”），对应于感光细胞外节中的椭圆体组织，具有高反射率性质。“交叉区（interdigitation zone）”属于高反射率组织，对应于色素上皮层（retinal pigment epithelium，RPE）前部和视锥细胞外节的交叉区域。在正常眼中，RPE 和 Bruch 膜是紧贴在一起的，都属于高反射率层，统称为“视网膜色素上皮/Bruch 膜复合体”。只有在该区域发生病变，或者用超高分辨率 OCT 成像时，才有可能区分这两层。

视网膜以下是脉络膜，靠近 RPE 区域可以分辨出厚度较薄、中等亮度的脉络膜毛细血管层（choroid capillary layer，CCL）。其下是孔洞状的脉络膜中段和后段，到达脉络膜深处以及巩膜的光线很弱，因此无法在 OCT 中清晰成像。有些 OCT 仪器具有“深度增强”功能，能够对脉络膜/巩膜界面清晰成像，从而可以确定脉络膜的厚度。

黄斑区视网膜厚度是分析许多黄斑疾病的重要指标。视网膜前后界面都是高反光带，因此通过 OCT 图可以很准确地测量视网膜厚度。视网膜水肿会引起视网膜厚度的增加，同

时也会改变组织的光散射特性，从而可以在 OCT 图中被发现。黄斑区视网膜厚度的测量可诊断视功能障碍的组织学原因，如糖尿病视网膜病变引起的黄斑水肿，或白内障手术引起的黄斑囊样水肿等都会引起黄斑区视网膜增厚。视网膜厚度变薄常由视网膜萎缩或瘢痕等病变引起。

OCT 测量黄斑区中心凹形态的改变，通常可以作为诊断黄斑区病变的有效手段。如果中心凹轮廓变平或增厚，可能是由黄斑水肿、黄斑区视网膜神经上皮层脱离、视网膜色素上皮层脱离、玻璃体黄斑牵引等病变引发，或者即将出现黄斑裂孔。一般的检眼镜和 B 型超声无法区分是视网膜神经上皮层脱离，还是视网膜色素上皮层脱离，但是用 OCT 可以准确地判断发生脱离的组织部位及与毗邻组织的关系。

（二）玻璃体和玻璃体/视网膜界面

正常的玻璃体是透明介质，在 OCT 图中表现为黑色、无明显反光区域。但是玻璃体炎性渗出物、玻璃体浓缩或出血会引起组织散射特性的改变，能够被 OCT 探测到。玻璃体和视网膜之间存在内界膜，具有较高反射率特性。很多玻璃体或视网膜疾病都会影响这个界面的形态，引起视网膜前膜的厚度增加、膜层收缩，甚至与视网膜神经上皮层脱离。视网膜病理特性的改变很容易从 OCT 图像中发现，可以作为诊断黄斑中心凹病变、假性黄斑裂孔等相关视网膜疾病的依据。

（三）视网膜色素上皮层和脉络膜毛细血管层

RPE 和 CCL 在结构上紧密相连，在 OCT 图中有时也被统称为视网膜色素上皮和脉络膜毛细血管层（RPE/CCL）。这层组织构成了视网膜的后界面，并且终止于视盘边缘，因此可用于确定视盘边界（图 10-15）。RPE/CCL 的 OCT 图能提供视网膜和脉络膜的一些病理信息。RPE 色素增加引起 RPE/CCL 层的反光增强；色素减少或色素上皮萎缩引起反光减少，并使脉络膜的穿透深度增加；而视网膜色素上皮层脱离会造成其与脉络膜之间出现光暗区。脉络膜新生血管则会导致 RPE/CCL 反光带发生断裂、增厚等形态变化。还可以根据 RPE/CCL 的 OCT 图分析年龄相关性黄斑变性的病理特征。年龄相关性黄斑变性是视网膜色素上皮代谢功能衰退造成的，并引发视网膜色素上皮脱离、玻璃膜疣、脉络膜新生血管及黄斑区视网膜水肿等一系列病变。OCT 轴向分辨率高的特点，使其能够探测到 RPE 和 CCL 的组织微结构变化，对年龄相关性黄斑变性提供诊断和治疗依据。

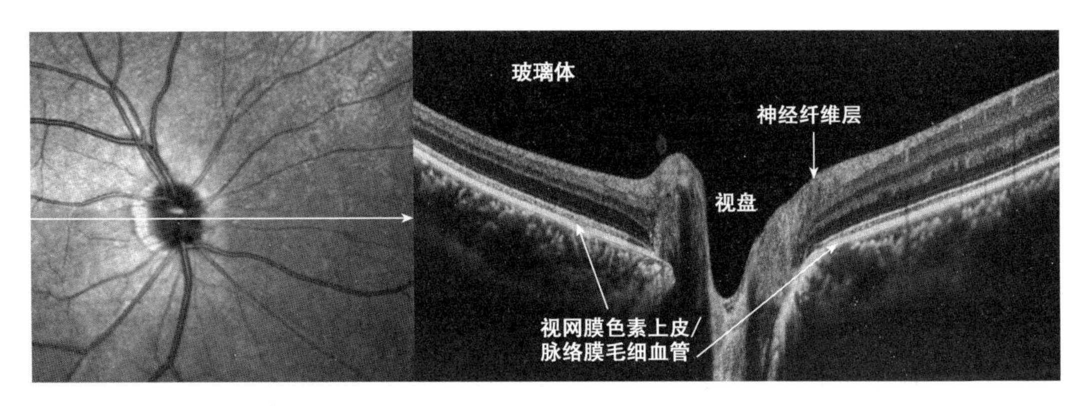

图 10-15　视盘区 OCT 断层图

（四）神经纤维层

NFL 是位于视网膜表面的一层高反射率组织，在 OCT 图中其上、下边界非常清晰，易于测量。NFL 的厚度变化可以作为很多视网膜和视神经病变的重要发病指标，比如青光眼等。青光眼发病早期会引起 NFL 厚度变薄，通过 OCT 测量厚度，可以在视觉功能衰退之前对青光眼的进展进行早期诊断。为了测量不同方向和位置的 NFL 厚度，通常以经过视盘中心的

放射状扫描或环形扫描的方式对盘周视网膜做 OCT 断层成像(图 10-16)。计算机软件探测到 NFL 在某一半径圆环上的连续厚度值后,一般还有两种厚度分布特征的表示方法:一是将圆周分成 12 等份,类似于时钟,计算每个钟点区域内的平均厚度值;二是将圆周分成颞侧、鼻侧、上方、下方四个象限,取各象限的平均值。盘周 NFL 厚度曲线一般呈现双峰形,在上方、下方较厚,而在鼻侧、颞侧较薄。

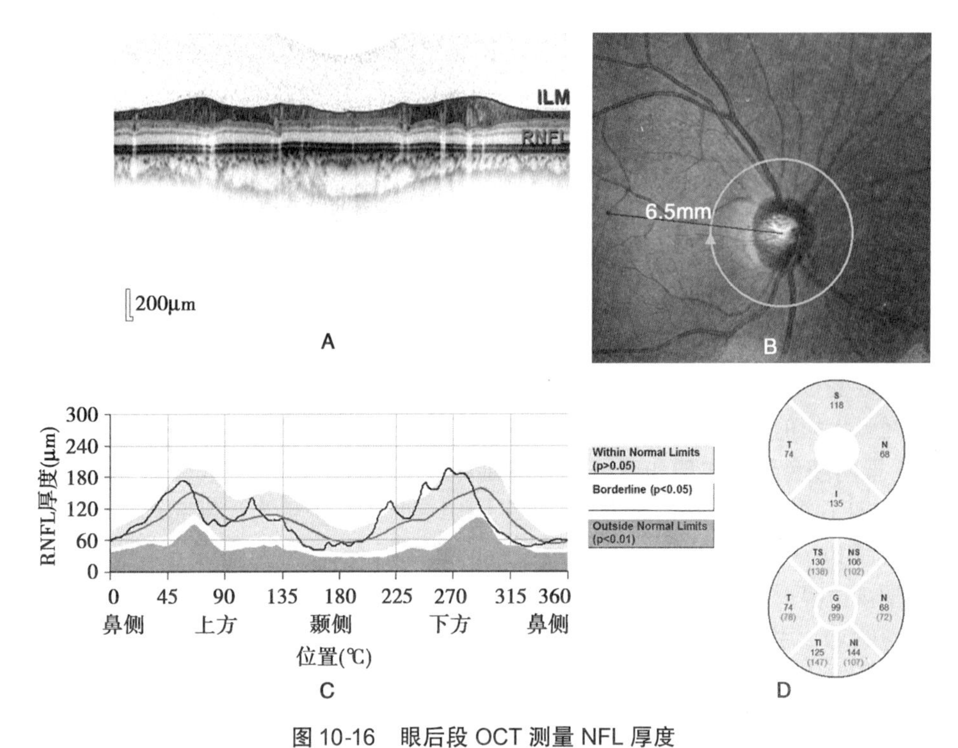

图 10-16 眼后段 OCT 测量 NFL 厚度

A. OCT 环形扫描断层图 B. 眼底共聚焦显微镜图像,用于扫描位置的监控 C. NFL 厚度曲线 D. NFL 厚度分布图

第四节 光学相干断层血管成像

光学相干断层血管成像(optical coherence tomography angiography,OCTA)是一种新型、非侵入性血管成像技术。OCTA 的基本原理是在普通 OCT 三维扫描的基础上对血管内流动的血液进行增强成像,可以获得与传统眼底血管造影相似的血管形态。历经几年的发展,在视网膜血管疾病领域展示了非常广泛的应用前景。

一、成像原理

普通 OCT 只能获取强度信号,显示为结构信息。OCTA 的成像原理是利用了 OCT 信号中血流运动引起的对比度变化,利用差分算法得到视网膜血管网图像。OCT 对被测组织的同一位置进行重复 B 扫描,由于血管中的血流运动,相邻 B 扫描图像中血管的 OCT 信号值存在差异,同时背景信号保持不变(图 10-17)。因此,对不同时刻、同一 A 扫描位置的 OCT 信号进行解相关算法处理,就能得到血管的分布信息。

OCTA 以三维 OCT 数据为基础,通过软件算法实现血管成像。由第一节谱域 OCT 原理可知,干涉信号经过傅里叶变换得到的是包含强度和相位的复数信号。OCTA 的解相关算法有多种方式,可利用 OCT 的强度值、相位值,或者复数值。当对整个深度的 OCT 信号进行计算、投影,得到整体视网膜血管结构图像;当对三维 OCT 数据从内界膜到脉络膜进行分层、

笔记

投影,则得到不同深度位置的血管结构图像。目前,OCTA 图像主要可分为视网膜内表层血管、视网膜内深层血管、视网膜外层血管和脉络膜毛细血管层血管。

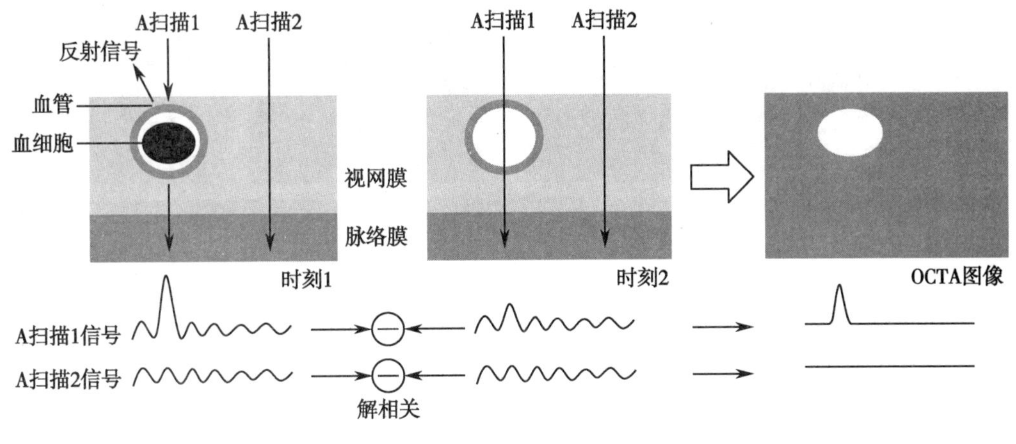

图 10-17　OCTA 成像原理示意图

二、与传统血管造影技术的比较

传统血管造影技术,包括荧光素眼底血管造影(fluorescein fundus angiography,FFA)和吲哚青绿脉络膜血管造影(indocyanine green angiography,ICGA),优点是提供大视场的血管分布二维图像,精确定位发生染料渗漏、聚集和着色的位置。然而,对于一些深层的视网膜病变,如出血和混浊可能被染料渗漏所掩盖;由于缺乏深度分辨率,新生血管的深度位置和范围也难以获取。同时,FFA 和 ICGA 需要静脉注射荧光素染料,有过敏体质的人会出现恶心、呕吐等过敏反应。另外其检查时间较长。

与 FFA 和 ICGA 相比,OCTA 具有非侵入性、快速成像和具有深度分辨能力的优点。OCTA 不需要注入荧光素就可以获取血管结构的信息;OCTA 能够在几秒内完成三维扫描成像,在表示结构信息的强度信号的基础上,通过一定的算法获取血流信息,即 OCTA 能够同时获取视网膜的结构信息和血流信息;OCTA 获取的是血管体分布,可以在深度方向上定位血管在视网膜中的具体位置;此外,OCTA 的一次测量可以同时获取视网膜和脉络膜血管结构。OCTA 的成像原理也决定了其固有的一些缺点:比如 OCTA 视场范围较小,对眼球的运动较为敏感,无法像传统造影技术一样显示新生血管血液渗漏信息等。

三、图像分析和应用

视网膜内表层(图 10-18A)OCTA 图像包含了神经纤维层和神经节细胞层的血管网;视网膜内深层(图 10-18B)包含了内丛状层和内核层,以及内核层和外丛状层之间的血管丛结构;视网膜外层(图 10-18C)显示该层没有血管网;正常人眼的脉络膜毛细血管层图像(图 10-18D)显示的是均一的絮状结构,图中的黑色阴影是图 A 中的大血管阻挡入射光形成的伪影。

OCTA 技术扩展了 OCT 在眼科的应用范围,已经成为与视网膜血管相关的多种眼底疾病早期诊断的强有力技术手段。脉络膜毛细血管层的 OCTA 图像可以反映年龄相关性黄斑病变引发的新生血管;研究视盘区视网膜内层的 OCTA 图像中毛细血管灌注区的面积和密度等参数,在青光眼的诊断中具有重要的应用价值;糖尿病视网膜病变往往伴随着视网膜毛细血管并发症、新生血管和微动脉瘤,这些病变可以从视网膜 OCTA 图像中及时发现。

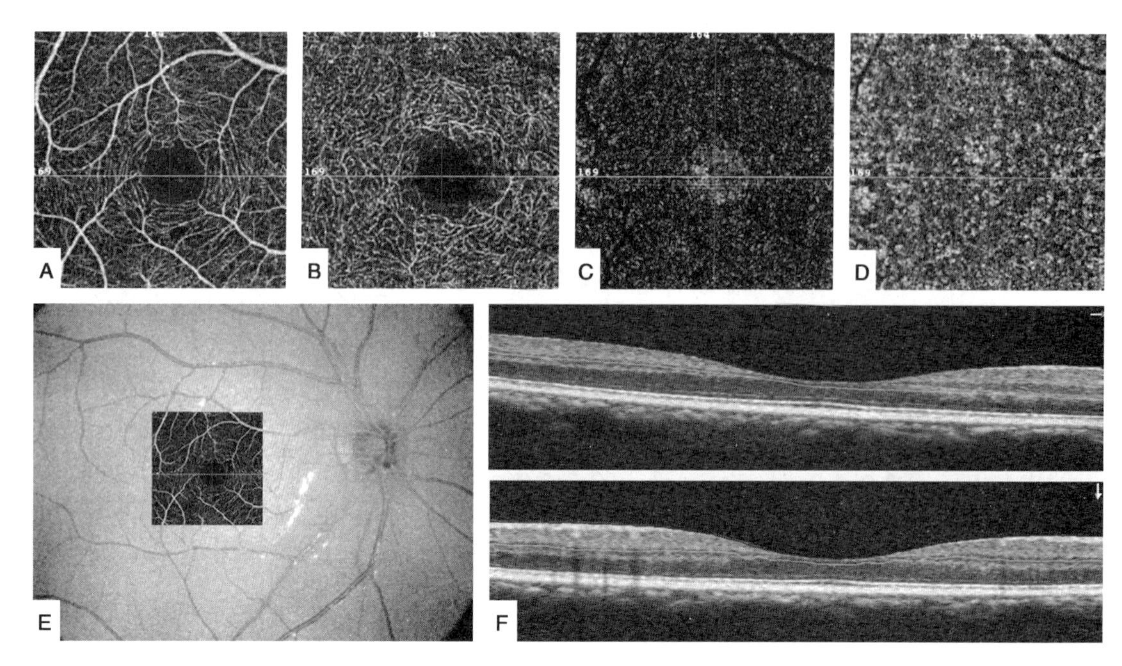

图 10-18 视网膜 OCTA 分层显示图

A. 视网膜内表层 B. 视网膜内深层 C. 视网膜外层 D 脉络膜毛细血管层 E. 眼底照片，显示 OCTA 扫描位置和范围 F. 正交方向的 OCT 断层图像

（朱德喜 徐国兴）

二维码 10-2
扫一扫，测一测

第十一章

眼球光学生物参数测量

本章学习要点

- 掌握:常用眼球光学生物参数测量仪的分类、常用眼球生物参数测量仪(IOL-Master 眼球生物测量仪和 Lenstar 眼球生物测量仪)的原理、功能和应用
- 熟悉:影响眼球光学生物参数测量准确性的因素
- 了解:眼球生物参数测量其他检测方法和仪器

关键词 眼球生物参数 IOL-Master Lenstar

二维码 11-1
课程 PPT
眼球光学生物参数测量

眼球生物参数(ocular biometry),是指通过生物测量方法获得眼球各个组成部分的参数,包括眼球轴长、角膜厚度、前房深度、晶状体厚度、玻璃体腔长度等相关参数。随着眼科新诊疗技术的发展,如白内障摘除联合人工晶状体植入手术、屈光性角膜手术的开展,眼球生物参数的测量技术亦越来越受到重视。以往眼科学中的眼球生物参数,大部分是由尸体解剖测量得到,随着影像医学的发展和计算机的应用,现代影像学方法可以用于准确测量在生理和病理不同状态下的眼球生物参数,称为影像学生物测量。

眼球生物参数的测量,对准确掌握生理状态下的正常值,了解和判断眼生理和病理情况有着重要意义。目前,常用的眼球生物测量方法主要有超声生物测量法(ocular biometry in ultrasound method)和光学生物测量法(ocular biometry in optical method)。超声生物测量法常用的仪器有 A 型和 B 型超声生物测量仪(超声生物测量部分详见第九章);光学生物测量法有 IOL-Master 眼球生物测量仪、Lenstar 眼球生物测量、Pentacam 三维眼前节分析仪、Obscan 眼前节分析诊断系统和光学相干断层扫描仪(optical coherence tomography,OCT)等。其中 Pentacam、Obscan 和 OCT 已在其他章节介绍。本章主要介绍 IOL-Master 眼球生物测量仪和 Lenstar 眼球生物测量仪这两种仪器的原理、功能和应用。

眼球光学生物测量仪主要包括基于部分相干光干涉技术(partial coherence interferometry, PCI)的 IOL-Master 系列生物测量仪和基于低相干光反射测量技术(low coherence optical reflectometry,LCOR)的 Lenstar 生物测量仪。

第一节 IOL-Master 眼球光学生物测量仪

1986 年,Fercher 和 Roth 应用 PCI 技术测量眼轴长度,二极管激光器产生短相干长度、波长为 780nm 的红外光,经迈克耳逊(Michelson)干涉仪分成两束光入射被检眼球(图 11-1A),在角膜前表面和视网膜色素上皮层都发生反射(图 11-1B)。当反射光的光程差小于光源的相干长度,就会发生干涉现象,被光感受器探测到。根据干涉仪中两反射镜的精确位置,就能测出角膜到视网膜的光程长度,然后根据眼球的平均折射率($n=1.3574$)计算眼轴

笔记

物理长度。1999 年 Haigis 等通过改良的 PCI 技术研制出 IOL-Master(图 11-2)。IOL-Master 是继眼科超声以来一种新的眼球生物测量仪器,使眼球生物测量进入了一个新的阶段。其测量的眼轴长度为沿视轴方向角膜前表面到视网膜色素上皮层之间的距离,由于采用非接触测量,避免了检查时对泪膜的破坏,并且能识别黄斑中心凹,测得的眼轴较 A 超更为准确。除眼轴长度外,IOL-Master 还可以用于测量前房深度和角膜曲率,并可采用不同的公式计算人工晶状体屈光度。由于具有测量准确度高、速度快、操作简单、非接触、可重复性强,并有效减少角膜上皮损失与感染的风险等优点,IOL-Master 在临床被广泛应用。

图 11-1 IOL-Master 生物测量仪

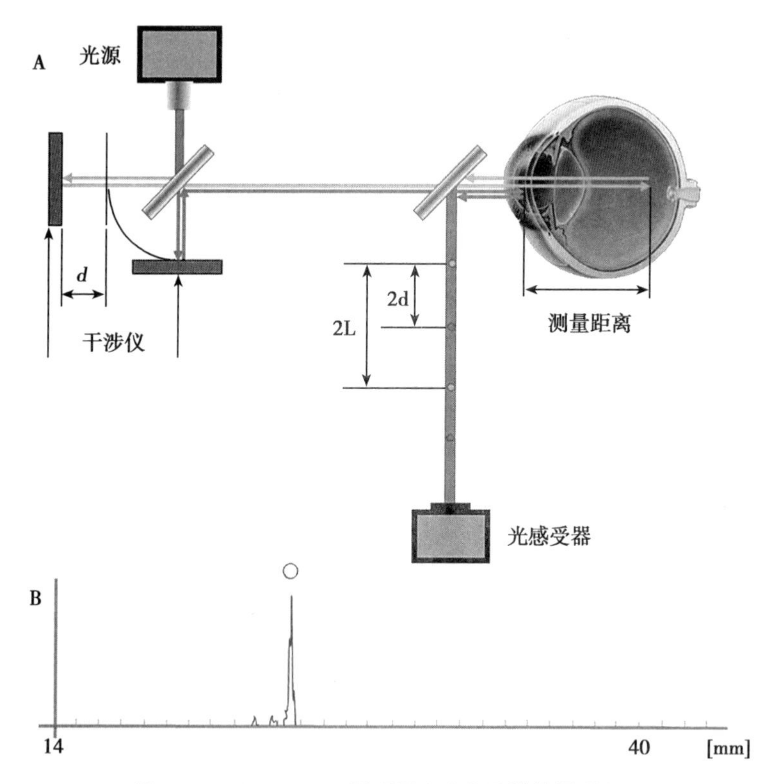

图 11-2 IOL-Master 原理图(A)和干涉信号图(B)

IOL-Master 500是继IOL-Master之后推出的基于PCI技术的光学生物测量仪,其测量值与前一代IOL-Master高度一致,但测量过程用时减少。IOL-Master 500增加了与浸润式超声的整合,当白内障病人的晶状体过于混浊,导致眼轴长度无法使用光学方法获得时,可将浸润式A型超声的测量值经Sonolink软件导入到IOL-Master 500从而计算人工晶状体的度数。

IOL-Master 700是最新推出的第一台基于扫频光源的光学相干断层成像技术(swept light source optical coherence tomography,SS-OCT)的光学生物测量仪。IOL-Master 700对整个眼球进行光学扫描成像(图11-3),提供整个眼球的结构图像,此设备极大提高了成像分辨率。同时,该设备简化了环曲面人工晶状体植入的工作流程,IOL-Master 700还可作为手术中的导航辅助设备,获得角膜缘血管的参考图像。

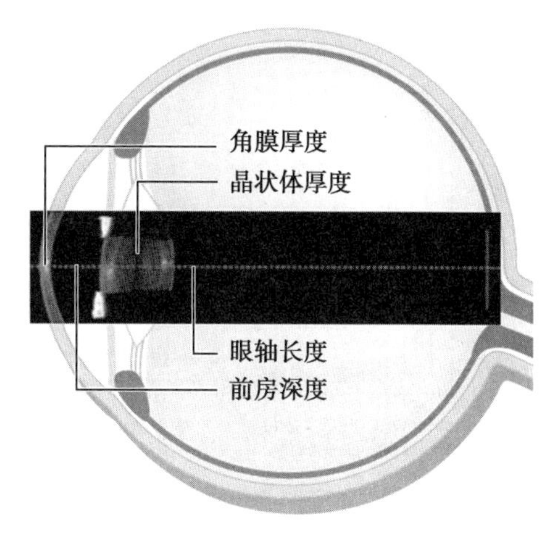

图11-3　IOL-Master 700获取的眼球结构图

第二节　Lenstar眼球光学生物测量仪

IOL-Master目前已成为白内障术前生物学测量的主要检查仪器,但其测量指标偏少,仅包括眼轴长、角膜曲率、前房深度、角膜直径以及白内障术前人工晶状体屈光度计算等。Lenstar是一种较新的光学生物测量仪(图11-4),其原理是应用低相干反射测量技术(LCOR)。该技术是于20世纪80年代晚期发明并应用于微米分辨率的远程通信设备,并由Fercher等人于1988年第一次应用于眼球生物学测量,但并未进一步进行商业生产。Lenstar的原型机诞生于2008年,并于2009年投放市场,为眼球生物学测量提供新的途径。

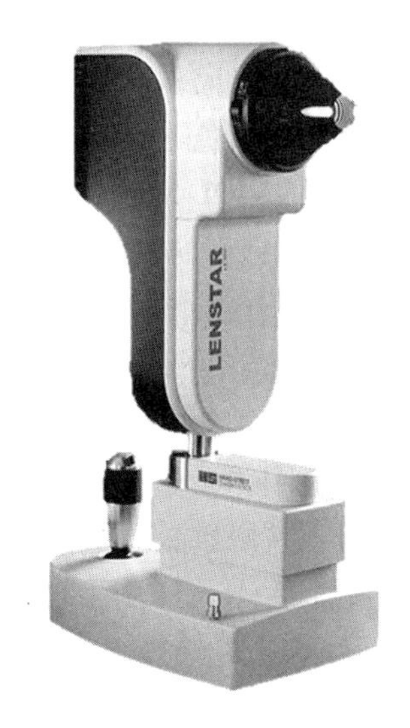

图11-4　Lenstar生物测量仪

Lenstar以迈克耳逊干涉仪为基础,采用820nm波长的超辐射发光二极管作为光源,经分束器件后分成信号光和参考光,信号光入射眼球,眼球不同组织结构(角膜、晶状体和视网膜)的光反射与参考光发生干涉。当被检者注视测量光束,同时光束与涉及界面垂直时,反射界面就形成干涉信号。由于干涉波的时空分离,角膜厚度、前房深度、晶状体厚度及眼轴可以一次测出。Lenstar与IOL-Master测量结果上的主要区别在于前房深度和角膜曲率K值。对前房深度,Lenstar测量的是角膜后表面至晶状体前表面的距离(图11-5),而IOL-Master测量的是角膜前表面至晶状体前表面的距离;对角膜曲率K值,Lenstar利用双区自动角膜曲率计,测量分析投射在角膜表面直径大约为1.6mm和2.3mm的两个圆环光学区内32个光点的反射,计算出扁平K值、陡峭K值和平均K值,而IOL-Master仅分析角膜前表面直径约2.3mm光学区6个参考点的值。Lenstar还可测量瞳孔直径、晶状体厚度、视网膜厚度等眼球参数,系统内置有计算人工晶状体度数的各种公式及A常数,自动计算出人工晶状体度数。此外,Lenstar软件能够自动检测到被检者的固视情况和眨眼,只有好的结果才会被分析,进一步确保了测量结果的可靠性及准确性。

笔记

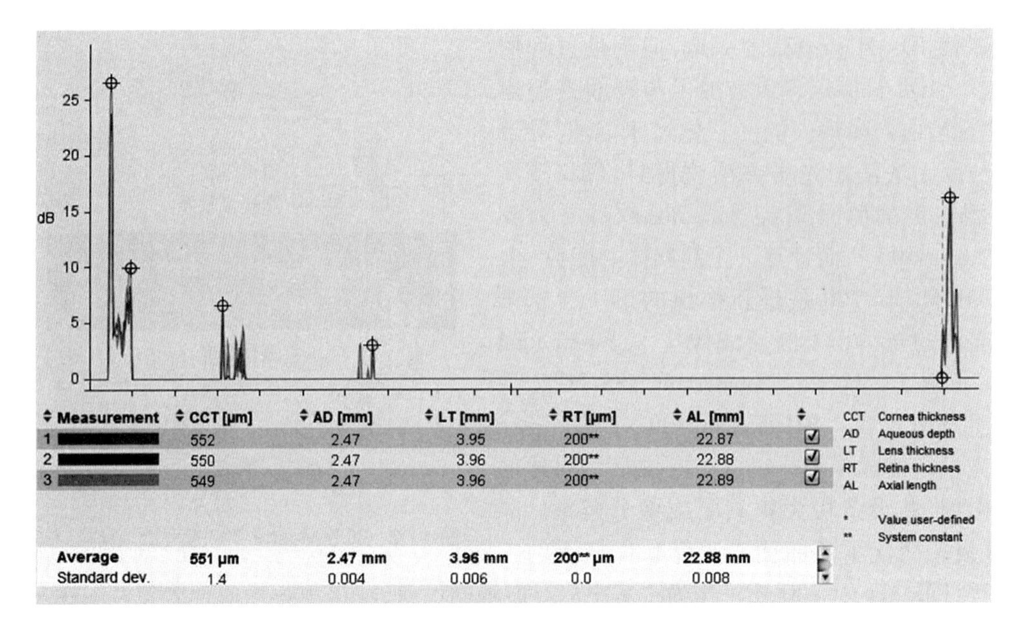

图 11-5 Lenstar 眼球生物参数测量结果

第三节 眼球光学生物测量仪的临床应用

IOL-Master 系列和 Lenstar 光学生物测量仪被广泛应用于眼轴长度、前房深度、角膜屈光度、角膜直径和视轴位置等生物参数的测量，包括普通白内障摘除合并人工晶状体植入术中人工晶状体屈光度计算的所有指标数据，实现了在一台仪器上同时完成多项参数的测量。光学生物测量仪测量的眼轴长度为沿视轴方向角膜前表面到视网膜色素上皮层之间的距离，而 A 型超声测量的是角膜前表面到视网膜内界膜的距离，所以 IOL-Master 的测量值要比 A 超长约 0. 2mm。IOL-Master 测量精度达到±0. 02mm，是 A 型超声的 5 倍，因此测量结果更为可靠。本节介绍 IOL-Master 在白内障术前人工晶状体屈光度预测方面的应用。

1. 人工晶状体计算公式 IOL-Master 光学生物测量仪包含了白内障术前晶状体屈光度预测的所有数据。同时该设备提供多种公式（SRK Ⅱ、SRK/T、Holladay Ⅰ、Hoffer Q 和 Haigis，Haigis-L），可根据不同眼轴长度进行多种选择。SRK-Ⅱ用于解决一般正常眼轴长度 IOL 屈光度的计算；SRK-T 用于解决一般正常眼轴长度和长眼轴 IOL 屈光度计算；Haigis 用于解决短眼轴、正常眼轴、长眼轴 IOL 屈光度计算；若是准分子术后的白内障病人，可选择 Haigis-L（图 11-6）。

IOL-Master 光学生物测量仪根据眼球的状态有多种模式供选择：有晶状体眼模式和人工晶状体眼模式（PMMA、Memory、硅凝胶和丙烯酸）。

2. 角膜屈光力的测量 IOL-Master 光学生物测量仪采用图像技术测量角膜曲率，通过照相机记录投射在角膜前表面直径为 2. 3mm 成六角形对称分布的六个光点的反射，测量分析 3 个方向上相对应的光点，获得环形表面曲率半径的数据，并按修正后的角膜屈光指数（n=1. 3375）计算出角膜曲率。

3. 眼轴长度的测量 如前所述，IOL-Master 光学生物测量仪测量的眼轴长度是角膜前表面到视网膜色素上皮层之间的距离，依靠被检者固视实现眼轴长度的精确测量。

4. 人工晶状体屈光度计算　首先选择人工晶状体类型，每位操作者最多可以预设20种人工晶状体。Haigis、SRK Ⅱ、Hoffer Q、Holladay Ⅰ、SRK/T、Haigis-L和phakic IOL等人工晶状体计算公式将列在顶部。人工晶状体计算适用于每一种选定的晶状体类型和每一只被测量的眼睛。在屏幕上，只显示选定眼的数据。若想要查看另一只眼的数据，激活单选按钮OD或OS。单击打印人工晶状体计算数据按键，可将人工晶状体的计算数据打印出来。单击OK结束人工晶状体计算（图11-7）。同时，最新的IOL-Master软件还支持多种公式计算同一眼轴下的晶状体度数以方便比较。

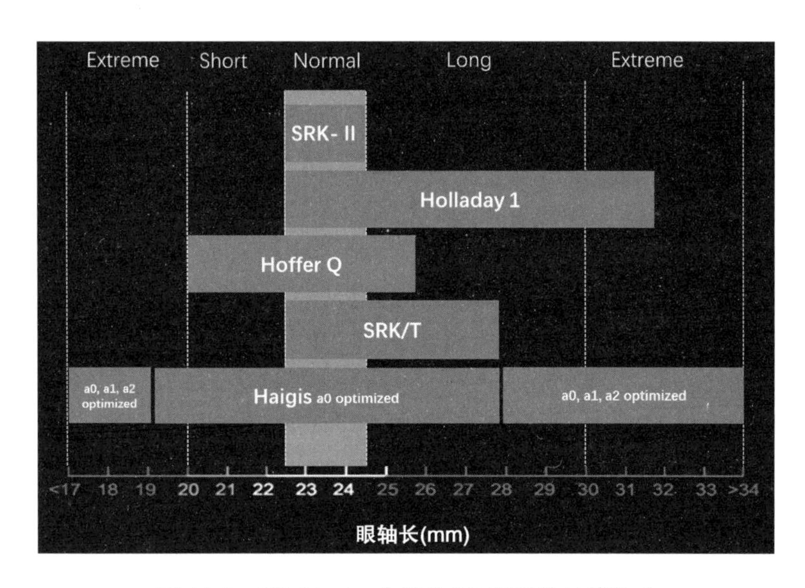

图11-6　IOL-Master内置的人工晶状体计算公式

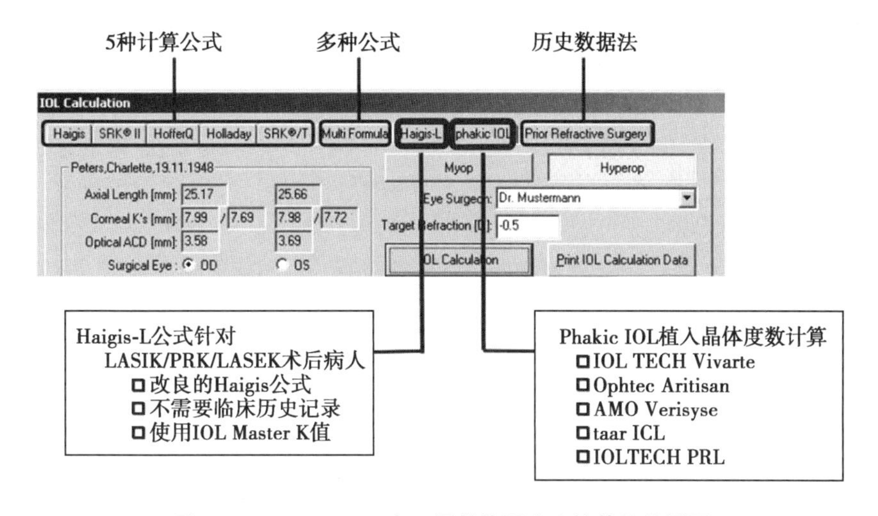

图11-7　IOL-Master人工晶状体屈光度计算软件界面

第四节　光学生物测量准确性的影响因素

光学生物测量的准确性虽被广泛认可，但也有局限性。由于是光学测量，其测量依赖于从眼底反射出来的光线，光线所经过的眼球通路上的任何障碍，例如角膜瘢痕、混浊的晶状体、玻璃体积血、玻璃体内机化膜等，都会导致测量误差。此外，被检者的配合也非常重要，

二维码 11-2 扫一扫，测一测

测量期间被检者需要保持固视状态约 0.4 秒，因此，黄斑病变、呼吸困难、眼球震颤或者肢体抖动，都会给测量过程带来困难。故光学测量并不能完全取代传统的超声测量，目前临床上无法应用 IOL-Master 等光学生物测量仪测量眼轴长度和预测人工晶状体屈光度的病人，仍需借助超声生物测量仪来完成。

（沈梅晓 朱德喜）

笔记

第十二章

视觉电生理检测仪器

二维码 12-1
课程 PPT
视觉电生理检测仪器

本章学习要点

- 掌握：临床视觉电生理检测的标准化及操作关键。
- 熟悉：临床上常见视觉电生理检测项目、基本原理和临床应用。
- 了解：视觉电生理技术的发展概况。

关键词 视网膜电图　眼电图　视觉诱发电位

眼作为一种传感器，在扫描周围景物的过程中，吸收和汇集了大量的视觉信息，通过视神经通路的传导在大脑视皮层完成分析和储存，形成视觉。视觉系统如同其他神经组织一样，主要呈现生物电活动。视觉电生理检测仪器通过对视觉系统生物电活动的测定，达到客观、无损伤地检测视功能的目的。它一方面有助于探索视觉过程的电活动，以阐明视觉机制；同时还可为临床视觉系统疾病的诊断、预后及疗效判定等提供进一步的依据。随着计算机技术的进步，不仅使测量自动化、检查精细、记录简便，还通过叠加平均技术的引入，开辟

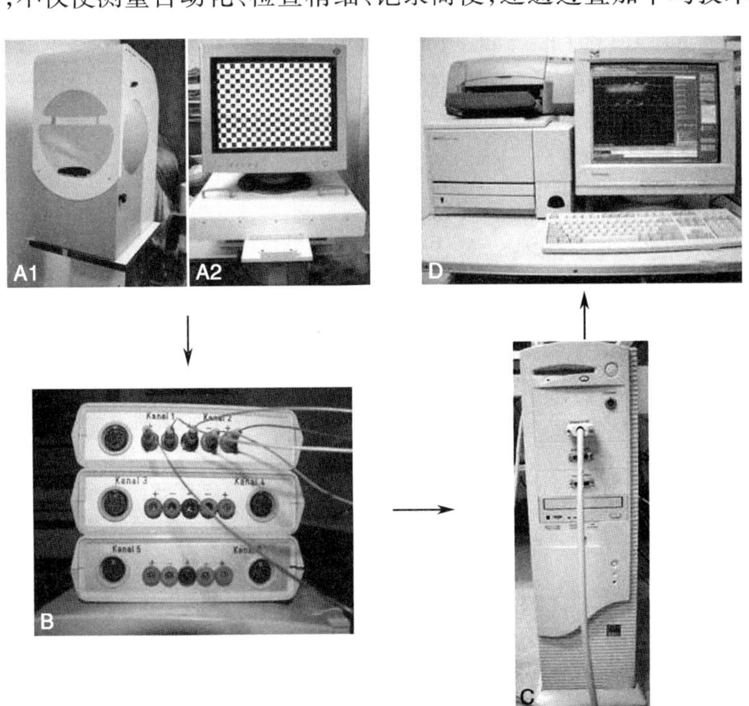

图 12-1　视觉电生理系统主要部件

A. 刺激器（A1 闪光刺激器，A2 图形刺激器）　B. 电极线与放大器
C. 计算机系统　D. 显示器及打印机

了视觉电生理研究和应用的新领域，现在已能从视觉通路的不同水平记录出不同的生物电反应。

眼科临床常用的视觉电生理系统主要由视觉刺激器、电极、生物信号放大器、计算机系统和打印机等部件构成(图 12-1)，其检测项目主要包括视网膜电图、眼电图和视觉诱发电位。1989 年以来，国际临床视觉电生理学会(International Society for Clinical Electrophysiology of Vision，ISCEV)为了规范操作程序、减少影响因素，分别制定了各检查项目的标准化文件。为了使不同单位的检查结果具有可比性，检测者应该严格遵循 ISCEV 公布的标准操作，制造商也要严格按照标准的指标生产仪器。本章主要就临床常见视觉电生理仪器设备的工作原理、检查程序和临床应用做一简单介绍。

第一节 视网膜电图

在临床视觉电生理的主要检查项目中，视网膜电图(electroretinogram，ERG)是一种最早被成熟应用的方法。1865 年，瑞典生理学家 Holmgren 发现离体的蛙眼受光照时呈现电位变化，由此揭开 ERG 的发展史；1941 年 Riggs 发明了比较成熟的接触镜电极，开创了 ERG 记录的新纪元；1970 年 Gouras 等使用了积分球式刺激器，解决了视网膜光照不均匀的问题；此后 ERG 在临床和实验研究中得到广泛应用。随着计算机技术的日益发展和精准医疗新模式的逐步形成，新型的多焦 ERG 可以进行视网膜功能三维分析，得到视网膜功能分布的地形图，使 ERG 在眼科临床和科研工作中发挥越来越大的作用。

随着 ERG 技术的发展，测试方法的多样化和标准化，人的 ERG 记录更为完善。根据不同测试条件，可将 ERG 分为不同的类型，本节主要介绍闪光 ERG、图形 ERG 和多焦 ERG 的基本知识。

一、闪光视网膜电图

全视野闪光视网膜电图(flash electroretinogram，FERG)是指视网膜受全视野闪光刺激时，从角膜上记录到的视网膜总和电反应(图 12-2)，它反映了除神经节细胞之外的视网膜中外层神经细胞的功能。

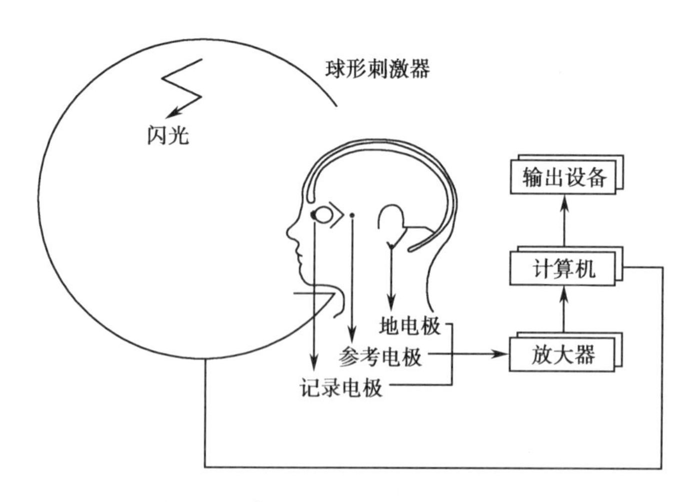

图 12-2 全视野 FERG 记录原理示意图

(一) 刺激及记录设备

全视野 FERG 检测仪主要由闪光刺激器、电极、放大器和计算机系统四大部分构成。

1. 闪光刺激器 早期的 ERG 往往在被检者前面放一个简单的刺激灯泡，从这些灯泡发出的光线进入眼内是不均匀地照射在视网膜上的，眼底的后极部被强光直接照射，而眼底的周边部被不同强度的杂散光所照射。这个问题已经被全视野刺激器（ganzfeld stimulator）所解决（见图 12-2），且已被 ISCEV 推荐为临床 FERG 标准的刺激器。在全视野刺激器中，光源装在一个直径大约为 40～42cm 的空心球体的顶部内表面，球体前面有一个近 $24cm^2$ 的窗口，球体内壁为白色，水平圆弧上有一排红色发光二极管（light-emitting diode，LED），中间的 LED 为注视点。球壁内侧面的上方装有刺激光源和明适应光源（图 12-3），可以使视网膜得到均匀的光刺激。刺激光的强度、频率及波长可以根据需要选择。刺激器前面窗口有一额带和颏托，用于固定被检者的头部，并保持刺激距离不变。

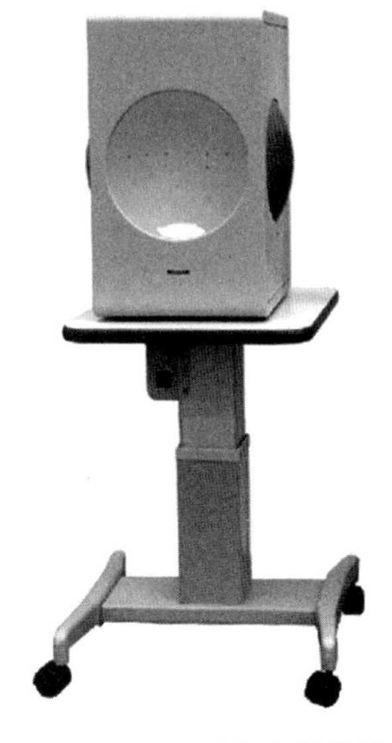

图 12-3　全视野闪光刺激器

2. 电极（electrode）

（1）记录电极（recording electrode）：角膜接触镜电极（cornea contact lens electrode）使用方便，在内表面滴加少量人工泪液后轻轻吸附于角膜表面，电极对角膜几乎无损伤且性能稳定，在临床得到广泛应用。目前应用最多的接触镜电极是 ERG-JET 电极（图 12-4D），该电极设计轻巧，外形像硬性角膜接触镜，其凹面周边镀有一层环形金箔可以直接接触角膜。其突面有四个小柱，用于撑开睑裂。使用接触镜电极前需要在角膜上滴表面麻醉剂。ERG-JET 电极也存在一些缺陷：①需直接与角膜接触，不易被儿童接受；②4 个小柱常不能阻挡过重的眨眼而使电极移位或嵌顿；③影响眼屈光成像，不能用于记录图形 ERG。

（2）参考电极（reference electrode）：使用皮肤电极（skin electrode），即银-氯化银盘状电极，使用时电极的凹面可填充专用的导电膏，降低电极与皮肤之间的阻抗（图 12-4E）。

（3）地电极（grounding electrode）：电极种类同参考电极（图 12-4E）。

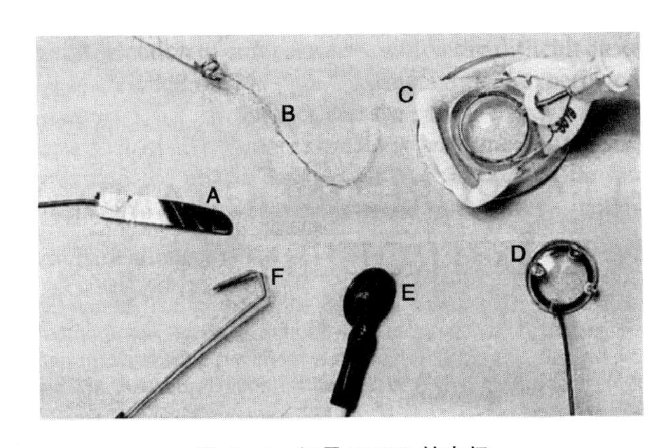

图 12-4　记录 FERG 的电极

A. 金箔电极　B. DTL 电极　C. Burian Allen 电极
D. JET 电极　E. 皮肤电极　F. 钩状电极

3. 生物信号放大器（amplifier）　放大器必须具备如下技术指标：

（1）高增益：人体生物电信号很弱，许多生物电信号仅几微伏到几百微伏。像 FERG 最大也只有几百微伏，因此生物电信号须经高增益放大才可观察、记录和分析。

（2）低噪声：由于生物电信号很微弱，放大器要有很高的增益，因此还要考虑到放大器自身的噪声（noise）水平。这种由于仪器内电子热运动产生的噪声是一种白噪声，有很宽的通频带，可以覆盖大部分的生物电信号，因此放大器必须采用低噪声元件。目前的放大器做

笔记

到高增益是不难的,主要应考虑到放大器的低噪声,从而达到较高的信噪比。

(3) 高共模抑制率(common mode rejection ration):环境中的电磁干扰(interference),如市电 50Hz 工频干扰,对生物电信号测量的影响很大。为了尽量抑制 50Hz 工频干扰,放大器要有高的共模抑制率。

另外,放大器必须具备高输入阻抗(input impedance)、低漂移和合适的通频带等特性。放大器还必须在与人体和市电网连接部分之间有很好的阻隔,避免由于仪器损坏或错误操作导致被检者触电。

4. 计算机系统 目前视觉电生理仪器已不再单纯用于生物电信号的检测、放大和显示,而需要对原始信号做一些更复杂的处理,提取一些用直观的、传统的方法得不到的深层次的有用信息。例如我们得到的 ERG 信号,是振幅随时间的变化图,X 轴是时间,这称为时域分析。但有时我们需要的是信号中各种频率的分布情况,这时 X 轴是频率,称为频域分析。以上复杂的过程无法用人工方法来处理,必须借助计算机系统进行数据分析。计算机还用于生物电信号的显示和测量,以及病人资料的储存、检索和统计。此外,计算机通过外接打印设备还能出具相应的检查报告。

(二) 记录方法

1. 被检者的准备 被检者在暗室中充分散瞳(pupil dilation),暗适应至少 20 分钟。临床上常规同时记录双眼 ERG。

2. 电极的放置(图 12-2) 用表麻药(1% 丁卡因)点眼,一次性角膜接触镜电极凹面滴以黏稠剂(10mg/ml 甲基纤维素)以防止电极划伤角膜上皮,然后将电极吸附固定于角膜表面。清洁两侧外眦及一侧耳垂皮肤,分别安装参考电极和地电极,地电极也可以放置在前额正中。皮肤电极涂上导电膏,以保证良好的导电。电极安装过程在弱红光照明下进行,尽量减少对视锥杆细胞的影响。

3. 刺激参数的设定

(1) 刺激时程:刺激光由气体放电管、频闪灯管或 LED 光源提供,按刺激时间应小于任何光感受器细胞整合时间的标准,光刺激时程<5ms。

(2) 刺激器光源:白光刺激,其色温近 7000K,与乳白色的刺激球内面相配。

(3) 光的刺激强度(stimulus intensity):一种能在 Ganzfeld 刺激球内表面产生 1.5 ~ 3.0cd · s/m^2光强的刺激强度,这种强度的闪光称为标准闪光(standard flash,SF)。

(4) 明适应背景照明:全视野刺激球内表面应提供 30cd/m^2的背景光亮度。

4. 波形记录 被检者安静地坐在球形刺激器窗口前,下颏放在支架上,注视刺激器中央的固视点。进行闪光刺激,记录波形。临床上一个标准的 FERG 结果应包括以下六项(图 12-5):

(1) 暗视 ERG:暗适应状态下,用 0.01cd · s/m^2的白色闪光刺激视网膜,在正常人可记录到一个峰时(peak time)较长的正相波,即视杆系统反应(图 12-5A)。

(2) 暗适应混合 ERG:如图 12-5B 所示,暗适应条件下用标准强度的白色闪光刺激视网膜,得到视杆、视锥系统混合反应。ERG 结果为一个双相波形,较小的负相波为 a 波(a-wave),紧随其后的较大的正相波为 b 波(b-wave)。

(3) 暗适应强光 ERG:它是 2015 年 ISCEV 最新修订的 FERG 标准中增加的一个项目。暗适应状态下,用 10cd · s/m^2的白色闪光刺激视网膜得到的反应(图 12-5C)。临床上那些屈光间质高度混浊的病人,强光刺激如果能诱导出较大的 a 波幅值,提示视网膜外层光感受器的功能尚可。FERG 检查已作为白内障术前评估和预测术后视力的指标之一。

(4) 暗适应振荡电位(oscillatory potentials,OPs):调整滤波器的通频带,低频截止 75 ~ 100Hz,高频截止>300Hz。暗适应状态下仍用标准强度白色闪光刺激视网膜,可以记录到一

系列节律性的低振幅小波，称 OPs（图 12-5D）。

（5）明视 ERG：即视锥系统反应。在 Ganzfeld 刺激球内打开亮度为 30cd/m^2 的背景光，明适应至少 10 分钟充分抑制视杆系统功能，用标准强度白色闪光作单次刺激，可得到一个稳定性和重复性较好的视锥系统反应（图 12-5E）。

（6）明适应 30Hz 闪烁 ERG（flicker ERG）：明适应状态下，30Hz 标准强度闪烁光刺激，视锥系统可以跟随快速的闪烁光呈正弦波样电位反应（图 12-5F）。

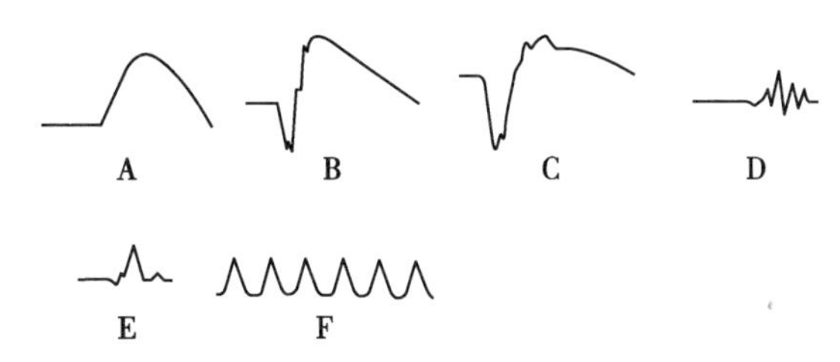

图 12-5　全视野 FERG 标准六项正常波形示意图
A. 暗视 ERG　B. 暗适应混合 ERG　C. 暗适应强光 ERG　D. 暗适应振荡电位　E. 明视 ERG　F. 明适应 30Hz 闪烁 ERG

（三）临床应用

FERG 在临床上主要应用于视网膜、脉络膜疾病时视网膜功能的测定，以下疾病可有 FERG 的异常：

1. 遗传性视网膜变性病变　包括视网膜色素变性、白点状视网膜变性等。此类疾病的 FERG 特征可表现为暗适应 ERG 极度降低，甚至呈熄灭型（extinguished type）。视网膜劈裂症的 FERG 特征为 a 波正常，而 b 波消失；提示视网膜外层光感受器功能是正常的，而位于光感受器以内的中间层视网膜功能异常。

2. 视网膜循环障碍　视网膜中央或分支动、静脉阻塞、糖尿病性视网膜病变等疾病，其 FERG 可有异常改变，且 FERG 异常与病变范围及程度相一致。除有 a、b 波改变外，振荡电位的子波（ripple）数目减少或振幅降低也可能是特点之一。

3. 屈光间质混浊　对于角膜、晶状体、玻璃体混浊病人，由于无法看清眼底的具体情况，此时 FERG 可能对于预测手术后的视力恢复情况有一定意义。2015 年 ISCEV 最新修订的 FERG 标准从原来的五项检查增加到六项，新增的暗适应强光 ERG 就是专门针对临床上那些屈光间质高度混浊的病人。暗适应状态下，如果强光刺激能诱导出较大的 a 波幅值，提示被检者视网膜光感受器的功能尚可，因此该项检查可以作为白内障术前筛选病人和预测术后视力的指标之一。

4. 其他　FERG 还可用于视网膜、脉络膜炎症，视网膜脱离和外伤等情况下视网膜功能的测定。

二、图形视网膜电图

图形视网膜电图（pattern ERG，PERG）是应用能清晰成像于视网膜的明暗交替光栅或棋盘格图形刺激视网膜，通过放在角膜表面的记录电极所记录到的一种电位变化（图 12-6）。PERG 起源于神经节细胞层，与 FERG 起源不同。

（一）刺激及记录设备

PERG 的检测系统与 FERG 的检测系统原理基本相同，不同在于：

1. 刺激器　PERG 常用的刺激器有阴极射线管和液晶显示器。如图 12-7 所示，刺激图形多用棋盘方格翻转图形（reversing checkerboard pattern）。常用的刺激参数有：

（1）刺激野（stimulus field）的大小：即荧光屏对被检眼构成刺激野的大小，临床上一般

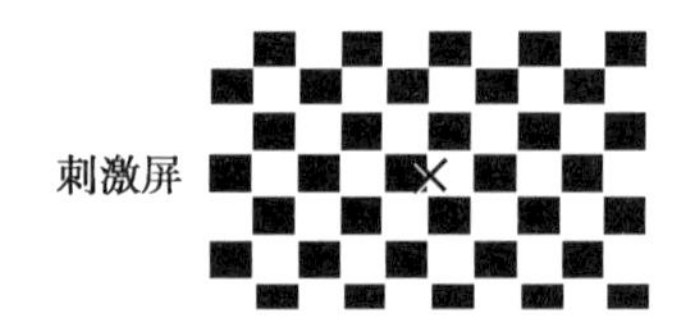

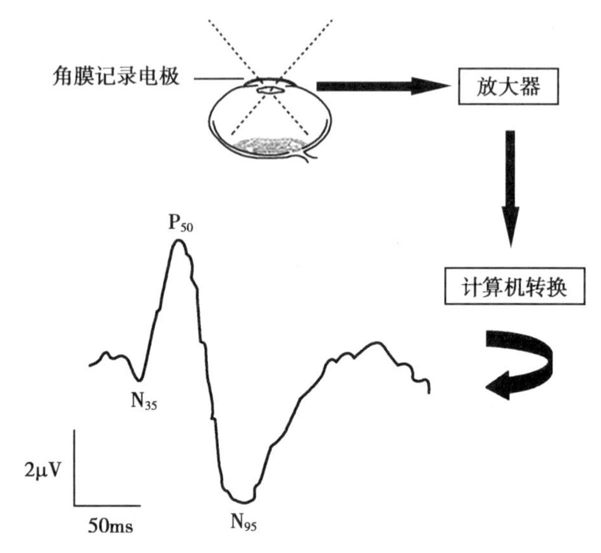

图 12-6 PERG 记录原理示意图

图 12-7 图形刺激器(棋盘格)

≤20°×20°。

(2) 空间频率:即每一度视野中方格的周期数,用周/度表示,也可用方格边长形成的视角来表示。临床常用棋盘格大小约 0.8°。

(3) 时间频率:即模式图形在单位时间内翻转的次数,用翻转/秒或 Hz 表示(1Hz=2 次翻转/秒)。通常使用的频率为每秒翻转<6 次(<3Hz),可获得瞬态 PERG(transient PERG);当刺激频率>3.5Hz,将获得稳态 PERG(steady-state PERG)。

(4) 对比度:即黑方格与白方格的亮度对比,用百分数表示。ISCEV 建议使用最高的对比度(100%),或者至少不低于 80%。

2. 电极 PERG 记录电极要求不影响刺激图形在视网膜上的成像。接触镜电极会影响眼屈光的光学成像,不能用于记录 PERG。目前较常用的 PERG 记录电极有金箔电极和 DTL 纤维电极。

(1) 金箔电极:该电极是在涤纶薄膜上镀一层很薄的金制成的。电极挂在下眼睑中央与角膜缘接触(图 12-8),它不影响刺激图形在视网膜上的成像。

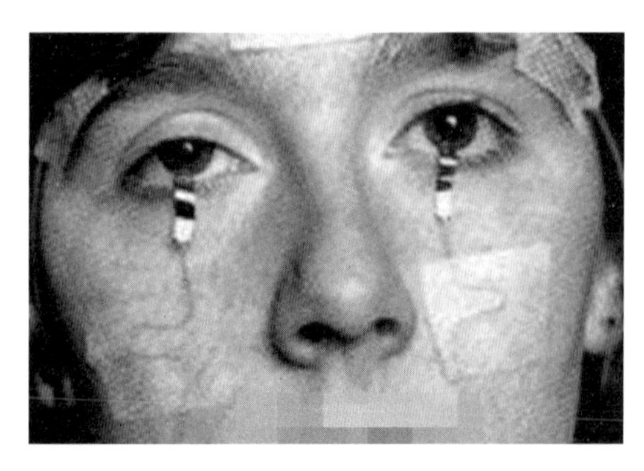
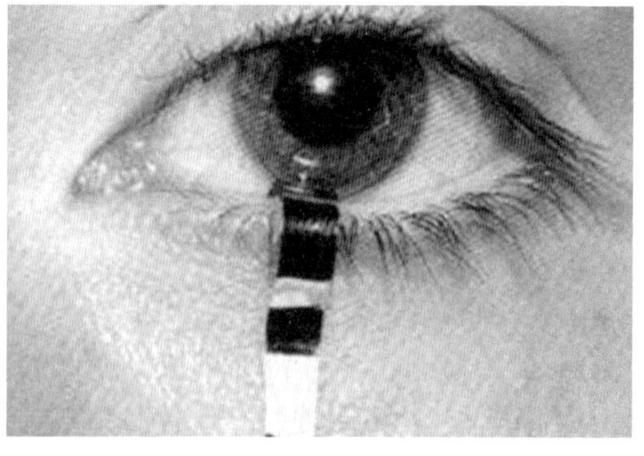

图 12-8 金箔电极及其放置位置

（2）DTL纤维电极：DTL纤维电极是一束非常细且柔软的导电尼龙纤维（图12-9）。该电极具有以下优点：①柔软无刺激，放在角膜上时甚至不用表面麻醉；②不影响光学成像；③使用一次性，不引起交叉感染。

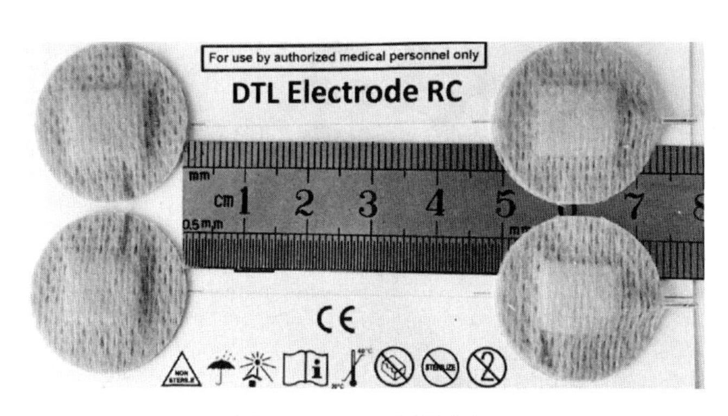

图12-9 DTL纤维电极

参考电极和地电极同FERG一样，使用银-氯化银皮肤电极（图12-4B）。

3. 放大器 ISCEV建议选用最小输入阻抗为10mΩ的交流放大器，放大器的通频带宽为1～100Hz。

4. 计算机的叠加 PERG与FERG波形相似，但振幅很小，一般小于5μV，一次刺激无法将有用信号从生物电活动的背景噪声中区别开。应用计算机叠加技术，经过上百次翻转刺激就可将与刺激有时间对应关系的反应提取出来，而其他无规律的生物电信号，在叠加的过程中就会相互抵消。

（二）记录方法

1. 被检者的准备 PERG检查时被检者不需扩瞳及暗适应，常规同时记录双眼PERG。

2. 电极的放置 记录电极如采用金箔电极则电极挂在下眼睑中央与角膜缘接触（见图12-8），如采用DTL纤维电极则电极放在角膜下1/3处与角膜接触。参考电极和地电极的放置与FERG相同（见图12-2）。

3. PERG特殊要求 被检者一般坐在距荧光屏1m处，在检查距离上获得最佳的矫正视力，检查时平视荧光屏中央固视点。

4. 波形记录 叠加反应至少100次或更多。正常的PERG（见图12-6）包括起始的一个小的负波（N_{35}），接着一个较大的正波（P_{50}），再接一个较大的负后电位（N_{95}）。临床上主要分析P_{50}和N_{95}的振幅和峰时。

（三）临床应用

PERG可用于以下几种疾病的检查和诊断：

1. 青光眼 青光眼的病理性眼压升高，首先造成视网膜神经节细胞的损害，此时病人有PERG的改变。

2. 视神经病变 视神经有炎症或萎缩发生时可有神经节细胞的逆行性变性，PERG检查多有异常。

3. 其他 多种黄斑部疾病，PERG常有异常，尤其以小方格刺激的异常检出率更高。弱视眼PERG也可能存在异常。

三、多焦视网膜电图

多焦视网膜电图（multifocal ERG，mfERG）是刺激图像按照一种特殊的刺激序列发生变化，对视网膜后极部不同部位进行同步刺激，然后仅用单个记录电极，实现对多个不同部位的视网膜电位反应的同时记录。由相关数学函数及快速变换原理，经计算机处理，能得到至

少 241 个不同部位的视网膜电图波形，并按对应于视网膜各部位的反应密度描绘成三维功能图（图 12-10）。

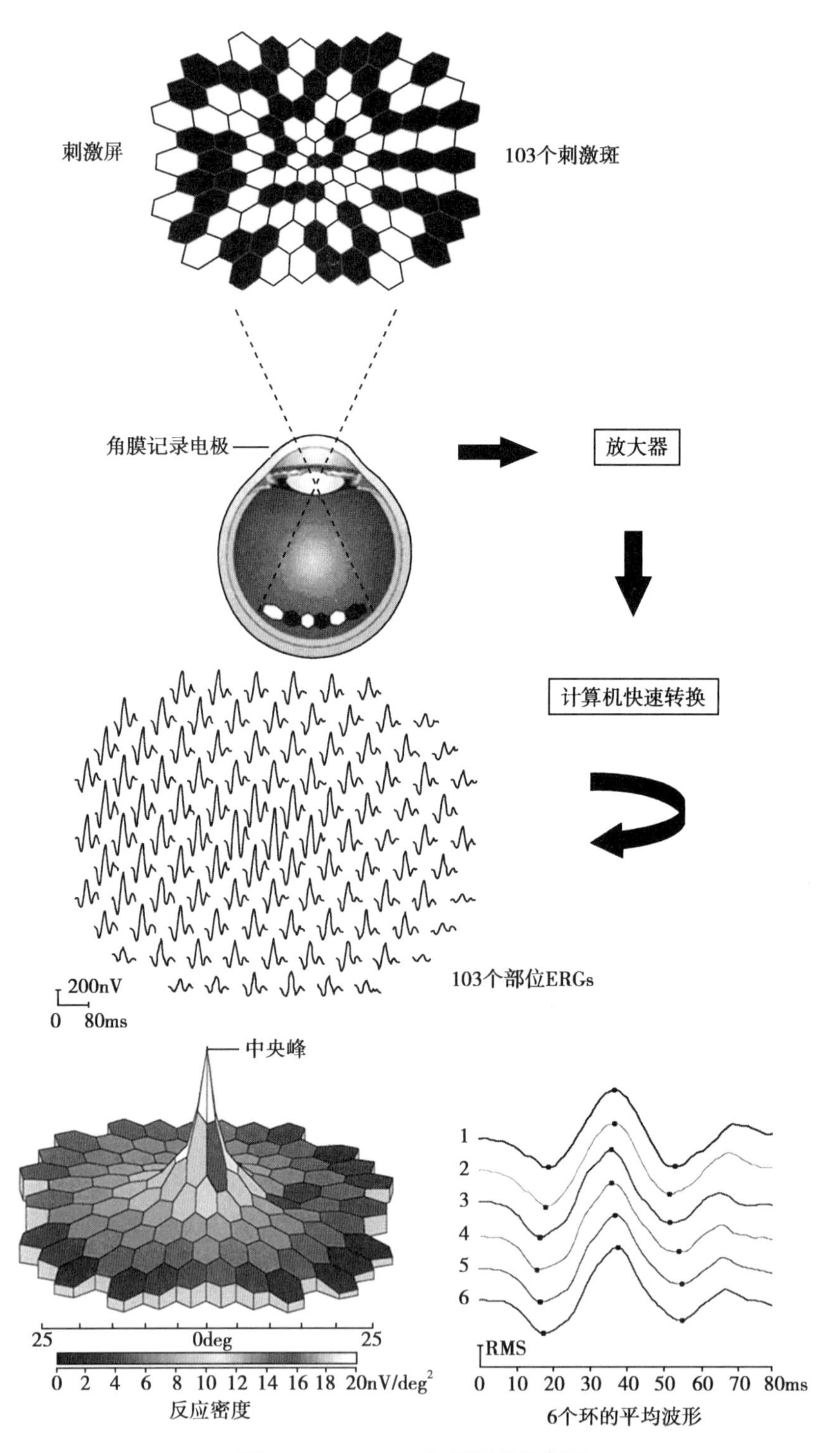

图 12-10 mfERG 记录原理示意图

（一）刺激及记录设备

1. 刺激器及刺激参数 刺激器是 mfERG 的关键部件，体现了 mfERG 的记录原理、m-序列（m-sequence）、刺激方式、数据采集和处理特点。mfERG 的刺激器使用高质量的刺激屏和显示在刺激屏上的专用刺激图形。

笔记

（1）刺激屏：多采用阴极射线管、液晶或 LED 显示屏，刺激屏分辨率高。改变屏幕与被检者的距离可调节刺激野大小。

（2）刺激参数：如图 12-10 所示，刺激图像多由等边六边形的刺激斑组成，以黄斑区为中心排列。选择六边形的排列具有方向性好和利于计算分析的优点。六边形的面积从黄斑中心向周边逐渐增大，中心和周边六边形面积之比约 1∶4，这种编排与视网膜锥体细胞的分布密度是相对应的。刺激野的大小可以通过改变屏幕的测试距离来调整，临床上多选择以黄斑中心凹为中心的 30°范围的刺激野，在刺激野内应用最多的阵列图有 61、103 和 241 个六边形的图，可以根据需要选择。六边形的刺激斑越多，分辨率也越高，但误差也随之增大。

2. 电极　记录电极以一次性的 DTL 纤维电极应用较多（见图 12-9），它对角膜刺激小，甚至可以在无表面麻醉下放置。参考电极和地电极同 FERG 一样，使用银-氯化银皮肤电极（见图 12-4B）。

3. 放大器　mfERG 的生物电信号比较弱，故需要较高的增益，通常用 10 万～20 万倍。通频带选择范围为 1～100Hz，共模抑制率≥110dB，噪声水平<4μV。

4. 计算机系统　mfERG 是通过计算机控制刺激器，刺激单位明暗变化由 m 序列来决定。m 序列目前采用两种状态的 m 序列环，两种状态分别是有光刺激和无光刺激，m 序列环包含这两种状态的一系列变化。这个变化看似随机，但又必须满足两个条件：①在任何时刻刺激野有近一半的六边形是白，而另一半是黑；②在不同刺激起始时间，仅在此起始时间的六边形有反应，而所有其他六边形反应均排除，使得各个局部六边形反应互不关联。因此，称之为伪随机 m 序列环刺激。刺激诱发的视网膜电位反应经过计算机系统多次采样后叠加，可以提高信噪比。同时，计算机系统也可作数字滤波、伪迹剔除和消除小的接点电位等处理，最终提取到成百个部位的局部电位反应，做同时同条件下对比，并描绘出三维功能图等。

（二）记录方法

1. 被检者的准备　被检者瞳孔充分散大，检查开始前在普通房间亮光下预适应（preadaptation）15 分钟。单眼或双眼同时记录均可。

2. 电极的放置　如采用 DTL 纤维电极则电极放在角膜下 1/3 处与角膜接触。参考电极一般是放在记录眼同侧的外眦部皮肤，地电极通常放在耳垂或前额正中皮肤。不稳定的电极接触是记录结果质量不好的主要原因。

3. mfERG 特殊要求　根据预先设定好的视网膜受刺激野范围来调整被检者与刺激屏的距离，被检者给予屈光矫正至最佳近视力。如没有固视监视仪器，则应嘱咐被检者在检查过程中始终平视荧光屏中央固视点。

4. 波形记录　整个记录时间分成若干短段，被检者配合越好，检查时间越短。每段之间被检者可以适当休息，检查者可以删去质量不好的记录段结果并予重新记录。如图 12-10 所示，mfERG 报告常见有以下几个组成部分：①波描记阵列；②六个环上各环的平均波形，第一个环代表黄斑中心凹区域，第二至六环分别代表离黄斑中心 2. 58°、5. 71°、9. 37°、14. 04°和 19. 29°的各个环形区域；③波描记阵列表达的三维图。

（三）临床应用

mfERG 可以显示局部视网膜功能情况，它对于严重威胁致盲的黄斑部及视网膜后极部病变具有重要意义。年龄相关性黄斑变性、视网膜前膜、黄斑囊样水肿、黄斑裂孔和中心性浆液性脉络膜视网膜病变等黄斑区小范围的病变，全视野 FERG 往往无法发现异常改变，mfERG 却可发现中央部 ERG 降低或缺如而周边部 ERG 正常。

另外，在诸如视网膜脱离、遗传性视网膜病变和糖尿病性视网膜病变等疾病的诊断、治疗和预后评价方面，mfERG 也具有一定的应用价值。

第二节 眼 电 图

正常情况下，人的眼球存在着前端为正，后端为负，差值约为 6mV 的静息电位（standing potential）。眼电图（electrooculogram，EOG）是一种测定在明、暗适应条件下或药物诱导下眼静息电位发生变化的技术。该电位于 1849 年由 Reymond 在鲤鱼眼上首先发现，临床上广泛应用则开始于 20 世纪 50 年代。EOG 起源于视网膜色素上皮层，反映视网膜色素上皮和光感受器复合体的功能。

一、检测原理

虽然在眼的前后极存在着静息电位，但是在眼球不动时，很难从眼睑皮肤上记录到该电位。只有当眼球左右转动静息电位发生极性偏转时，才能记录到 EOG（图 12-11）。在理论上，当眼球作 90°转动时记录到的静息电位最大，但人眼实际上左右转动角度不超过 45°。

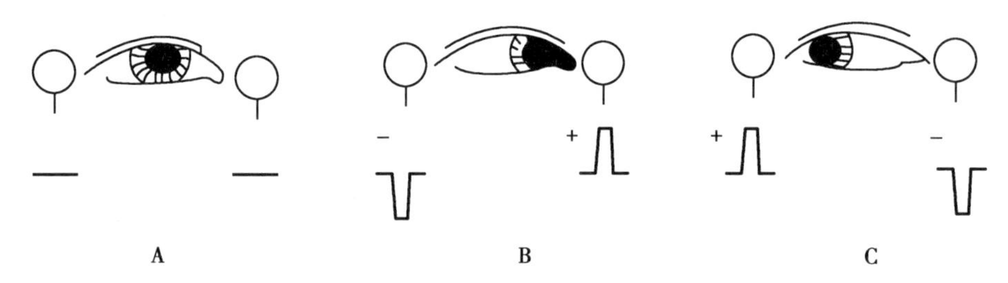

图 12-11 EOG 记录原理示意图

A. 眼平视时内外眦间无电位差 B. 内转时内眦端为正，外眦端为负 C. 外转时电位极性同 B 图正好相反

如将两侧的记录电极连于 X-Y 扫描记录仪，即 X 轴为时间，Y 轴为眼静息电位，则随着眼球的转动记录到的原始波形如图 12-12 所示。

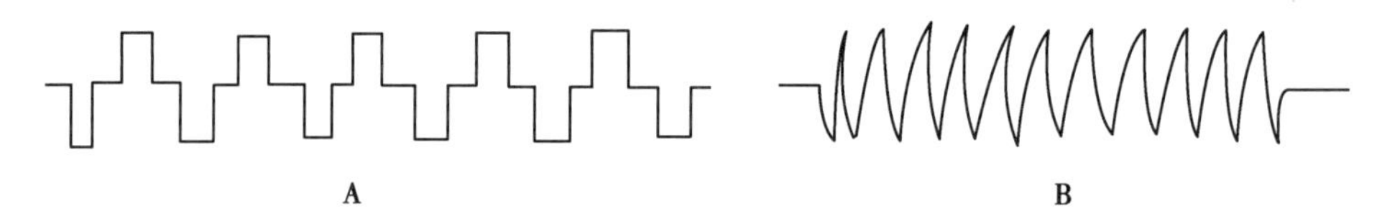

图 12-12 EOG 扫描示意图

A. 快扫描 B. 慢扫描

二、检测仪器

与 ERG 相比，EOG 检测仪器主要有以下不同：

（一）视屏

ISCEV 推荐使用 Ganzfeld 球形刺激器（见图 12-3），可以提供 50～100cd/m^2 和 400～600cd/m^2 的两种不同亮度背景光，可分别记录大瞳孔和自然瞳孔时的 EOG。球内壁左右安装有两个供眼球转动时用的注视灯，注视灯为红色 LED，交替发光间隔为 1～2.5 秒。保证眼球每次转动时角度一致，通常采用 30°转动视角。

（二）电极

使用银-氯化银盘状电极（见图 12-4B），在 30～200Hz 的频率范围内阻抗应小于 10kΩ。电极的凹面可填充导电膏，从而促进电极与皮肤的导电性。

（三）放大器

EOG 放大器分为直流和交流两种，它们对同样的信号所记录到的波形是不同的。直流放大器（direct current amplifier，DC amplifier）记录的静息电位比较真实，但波形漂移大，记录较困难，要求有补偿机制，因此仅在有经验的实验室中应用。而交流放大器（alternating current amplifier，AC amplifier）记录的静息电位虽有些失真，但漂移小且记录容易，所以应用较普遍。交流放大器的通频带应设置在低频≤0.1Hz，高频≥20Hz。

（四）计算机系统

用于主管和协调不同仪器的正常工作，执行 EOG 测试程序、控制刺激器的工作、控制背景光的开关、数据的采集分析和处理等，最后在显示屏上给出检查结果。计算机通过外接打印机可以将结果打印出来。

三、记录方法

（一）被检者的准备

检查前必须向被检者讲解这项检查的目的和过程，以取得被检者的合作。EOG 检查根据瞳孔大小选择背景光亮度。

（二）电极的放置

有双通道放大器可采用双眼同时记录。四个盘状银-氯化银皮肤电极分别放在双眼的内、外眦部，地电极接于前额正中。应用酒精清洁皮肤去除油污，以增加皮肤的导电性。

（三）检测过程

在非直接照明的屋内，被检者将下颏放到球形刺激器窗口前的支架上，角膜平面照度<11lx。在基础背景光下先预适应 3 分钟，再进行暗适应和明适应下 EOG 的记录，一般分别记录 15 分钟。检查时随着左右注视灯明暗交替变化，眼球作左右水平转动（见图 12-11）。通常记录每分钟前 10 秒内眼球左右转动 5 次时的电位，共有 5 个波形，求平均值表示每分钟眼的静息电位值。

（四）波形记录

正常人眼的静息电位在光照不变的情况下仅有轻微的波动，但随暗适应和明适应状态的改变静息电位发生明显的变化。暗适应后，眼的静息电位降至最低值，称之为暗谷电位。转入明适应后，眼的静息电位上升，逐渐达到最大值，称之为光峰电位。以静息电位均值为 Y 轴，时间为 X 轴作图即可得 EOG 图形（图 12-13）。从 EOG 结果图中可获得多个观察指标，其中光峰电位与暗谷电位的比值称为 Arden 比（Arden ratio），Arden 比在临床上应用最多且最有价值。临床上 Arden 比正常范围为 1.8～2.5，小于 1.8 为异常。

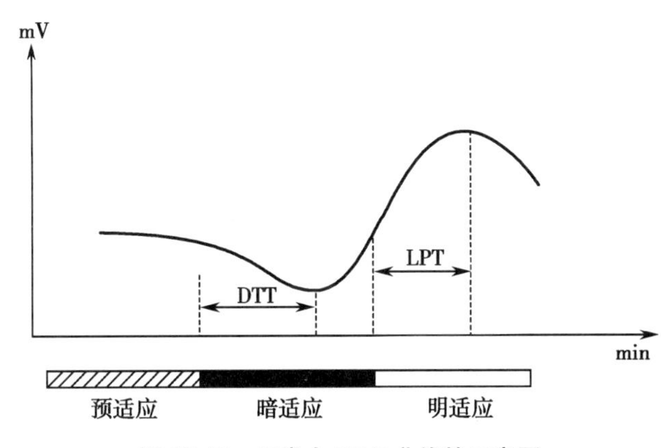

图 12-13　正常人 EOG 曲线的示意图
DTT：暗谷时间　LPT：光峰时间

笔记

四、临床应用

EOG 在临床上主要用于视网膜病变时，检测色素上皮与光感受器复合体的功能。当两者受损害时，EOG 的光峰可降低，Arden 比降低，严重者可为平坦波形。以下疾病可出现 EOG 的改变。

1. 黄斑部疾病 卵黄状黄斑变性、囊样黄斑变性、Stargardt 病、年龄相关性黄斑变性等疾病时 EOG 可有异常改变。卵黄状黄斑变性时，ERG 通常为正常的，而 EOG 表现为 Arden 比降低。年龄相关性黄斑变性的 EOG 检测结果与眼底形态学改变可以不一致，如黄斑区仅有玻璃膜疣等轻微病变时 EOG 可明显异常；而黄斑区有大片出血、渗出时 EOG 却可正常。另外中心性浆液性脉络膜视网膜病变及黄斑水肿、黄斑瘢痕也可能会有 EOG 的异常。

2. 周边部视网膜脉络膜病变 视网膜色素变性、先天性静止性夜盲、近视性视网膜脉络膜变性、葡萄膜炎、视网膜脉络膜有缺损及视网膜静脉阻塞等疾病时可能会有 EOG 异常。

3. 视网膜血管系统的病变 高血压、糖尿病性视网膜病变，以及视网膜中央动脉、静脉阻塞和视网膜静脉周围炎等病变，EOG 可呈现 Arden 比下降。

4. 药物中毒 长期过量服用氯喹、吲哚美辛、洋地黄及合成抗癫痫药等药物，可以在体内造成蓄积，对全身许多器官造成毒性，在眼部可以造成视网膜色素上皮功能损害，EOG 检查可出现异常。

第三节 视觉诱发电位

视觉诱发电位(visual evoked potential，VEP)是以闪光或模式图形刺激被检眼，在被检者大脑枕叶视皮层区记录到的诱发电位活动，通过放在头皮相应位置的皮肤电极记录下来。由于 VEP 的振幅较小，一般在 5～10μV，用单次刺激方法，很难将所需的 VEP 信号从背景脑电波的噪音信号中区分开来。直到 20 世纪 60 年代，由于计算机技术的发展，通过叠加平均技术提取所需的信号，才得以实现 VEP 的记录，并应用于临床。

视网膜功能正常时，VEP 反映了从视网膜神经节细胞到视皮层区整个视路的功能。黄斑虽然只占整个视网膜面积的 1/20，但来自黄斑部的神经投射纤维在视皮层中枢的投射范围占整个视皮层面积的 50% 以上，在面积上放大近 10 000 倍，所以 VEP 也反映了黄斑区的功能状况。

一、视觉诱发电位分类

(一) 根据刺激形式分

1. 图形 VEP(pattern VEP，PVEP) 常用的图形刺激为电视屏显示黑白方格翻转，这种刺激是较合适的，因为视皮层对图形的轮廓和边缘效应是非常敏感的，PVEP 主要评价来自黄斑中心的细神经纤维的功能，适用于屈光间质透明、能屈光矫正和合作的被检者(图 12-14)。

2. 闪光 VEP(flash VEP，FVEP) 视觉刺激为非图形的弥散的闪光。由于 FVEP 变异较大，已逐渐被 PVEP 所取代。但在某些不能应用 PVEP 情况下，如小儿、屈光间质混浊或无晶体眼及不合作者，FVEP 仍发挥重要作用。

(二) PVEP 根据刺激野大小分

1. 全刺激野(full-field)VEP。
2. 半刺激野(half-field)VEP。
3. 象限刺激野 VEP。

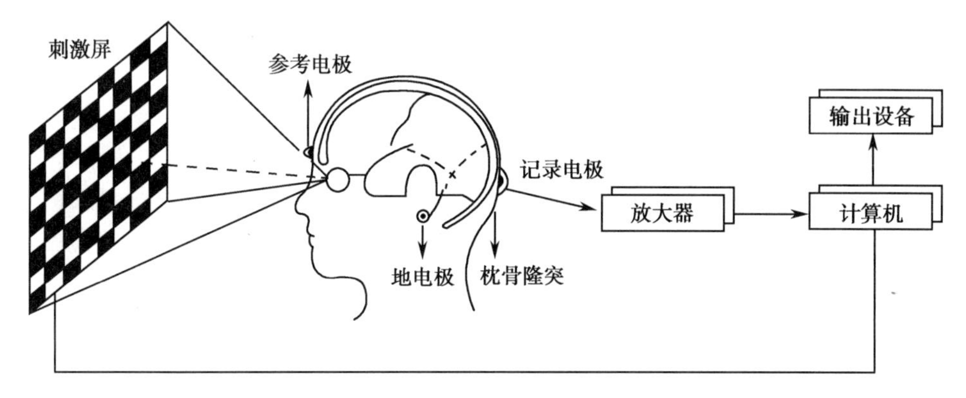

图 12-14　PVEP 记录原理示意图

（三）根据刺激频率分

1. 瞬态 VEP(transient VEP)　当闪光频率或图形翻转频率较小时,VEP 的波形为分离的复合波,称为瞬态 VEP。

2. 稳态 VEP(steady-state VEP)　当闪光频率或图形翻转频率大于 8Hz 时,VEP 的波形趋于融合成正弦曲线的连续波,称为稳态 VEP。

二、刺激及记录设备

（一）刺激器

1. 图形刺激器　用于诱导 PVEP。可用阴极射线管、液晶或 LED 显示屏,显示黑白方格翻转刺激(见图 12-7),翻转时间间隔在瞬态反应为 0.5 秒,在稳态反应无明确规定,一般需≥0.06 秒。对全刺激野方式,常用刺激野应≥20°,方格为 50°,对比度为 50% ~70%,图像中央照明≥50cd/m^2,明视状态背景照明 20 ~40cd/m^2。

2. 闪光刺激器　用于诱导 FVEP。使用标准全视野刺激器(见图 12-3),刺激光强度为 5cd · s/m^2(如屈光间质明显混浊,可提高刺激强度达 50cd · s/m^2)。记录瞬态反应所需单次闪光间隔时间应为 1 秒,稳态反应的刺激频率一般大于 10Hz。

（二）电极

记录电极、参考电极和地电极均采用银-氯化银盘状皮肤电极(见图 12-4B),电极凹面填充导电膏后用火棉胶布固定在皮肤上。

（三）放大器

VEP 的国际标准建议:高通滤波(低频截止)频率≤1Hz,时间常数≥1 秒,低通滤波(高频截止)≥100Hz。

（四）计算机系统

VEP 波形很小常淹埋于自发性脑电活动之中,计算机通过叠加平均技术,可以剔除多种影响因素,从而使有用信号得以提取。

三、记录方法

（一）被检者的准备

VEP 检查不需散瞳及暗适应。对于有固视功能并能看清模式图形变化的被检者,应选用 PVEP 检查,当最佳矫正视力低于 0.1 时,应选用 FVEP 检查。

（二）电极的放置

记录电极的放置部位参照国际脑电图 10 ~20 系统(10 ~20 system)标准,具体方法为:从鼻根沿头颅至枕外粗隆作一线,全长为 100%,分成 10 等份,记录电极安在枕骨粗隆上 10% 处(见图 12-14)。参考电极应安放在那些不受或少受诱发电位空间电场影响的地方,如

鼻根上方 1.2cm 处(见图 12-14)。地电极连于一侧耳垂(见图 12-14)。安装电极前需用酒精清洁皮肤,擦掉头皮上的油脂、污物,必要时需要剪掉局部头发,以利于记录电极与头皮紧密接触。

(三) 检测过程

VEP 检查应在瞳孔未受散瞳药和缩瞳药影响时进行,先按上述要求安置电极,测量电极阻抗应小于 5kΩ,遮盖非刺激眼,然后给予刺激,记录波形。在图形刺激时,根据检查距离先进行屈光矫正,被检者平视视屏中心点,并保持眼球的固视。对闪光刺激不作严格要求,嘱被检者注视刺激球中央的固视点即可。两种刺激方式均应作 100 次以上的反应叠加和平均,结果打印在记录纸上。

(四) 波形记录

1. 瞬态 PVEP

(1) 全刺激野 PVEP:保持刺激屏幕的平均亮度不变,黑白方格或条栅按一定频率相互翻转,全刺激野刺激。用中线单通道记录,在枕骨粗隆上位可以得到一个典型的 NPN 复合波(NPN complex waves):如图 12-15 所示第一个波较小,为负向,位于 75ms 处,称为 N_{75};第二个波大而稳定,位于 100ms 处,为正向高振幅波,称为 P_{100};第三个波受许多因素影响易变,峰时约为 135ms,故称 N_{135},此复合波是临床上观察和分析的最主要波形。

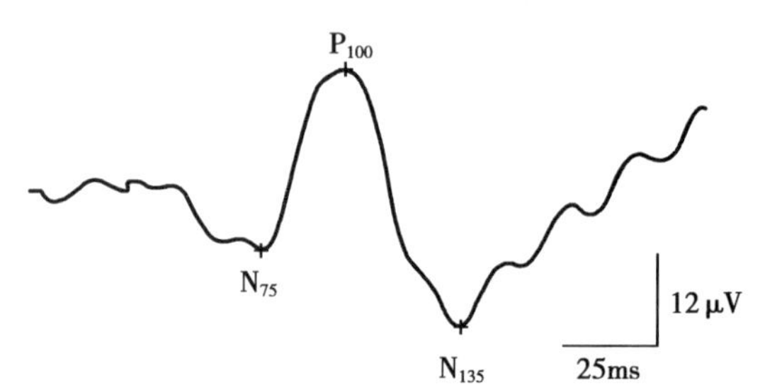

图 12-15 全刺激野 PVEP 波形示意图

(2) 全刺激野图形给-撤 VEP(pattern onset/offset VEP):在平均亮度不变的情况下,全刺激野的图形以一定的时间间隔(一般需>600ms)出现或消失,在出现图形时记录到的反应称给反应,在图形消失时记录到的反应称撤反应,给-撤图形 VEP 均包括由 NPN 组成的三相波。图形给-撤刺激是检测视力或客观验光最有效的视觉刺激方式。

(3) 半刺激野图形翻转 VEP:刺激同一被检眼的鼻侧或颞侧视网膜,由于投射到不同的大脑半球,所以用横向多通道记录方法记录到的 VEP 波形是不同的。应用半刺激野刺激的方法,在临床上有助于对视交叉和视交叉后的病变作诊断。

2. 瞬态 FVEP 当视觉刺激频率比较低(≤2Hz),单个刺激一个接一个出现,前后刺激的相互影响较小,这时记录的是包含着 5~7 个小波组成的一个复合波。复合波由正相波(P 波)和负相波(N 波)组成,其中 P_2 成分比较稳定,是临床上主要观测指标之一(图 12-16A)。FVEP 对评价视网膜至视皮层的神经传导功能有一定的意义,但由于是视网膜的弥散性刺激,所以其结果特异性不高且波形的变异较大。

3. 稳态 FVEP 当闪光刺激的频率超过 10Hz,VEP 的波形逐渐成为正弦波式的反应,当频率增加到 20Hz,则反应基本上达到近正弦波式的稳态反应(图 12-16B)。记录稳态反应比记录瞬态反应要快得多,而且在环境比较差的情况下也可以记录到非常小的信号。稳态反应很少受心理因素的干扰,稳定性好,目前提倡每个 FVEP 被检者都应完成稳态反应的记录。

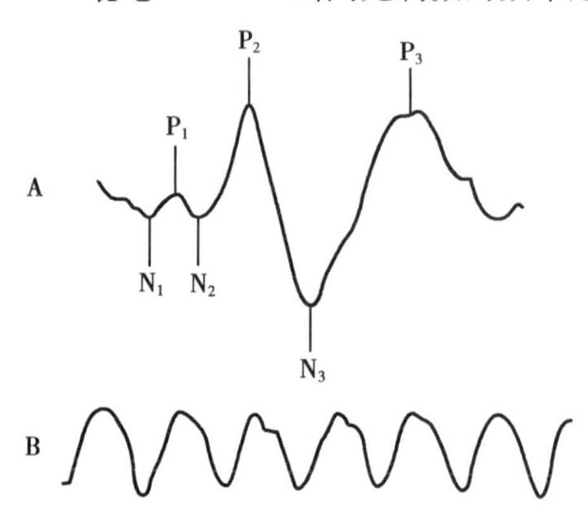

图 12-16 FVEP 的典型波形
A. 瞬态 FVEP B. 稳态 FVEP

四、临床应用

VEP 反映了从视网膜神经节到视皮层区整个视路的活动。VEP 异常的改变主要有:反应波振幅下降、峰时延长,甚至反应呈熄灭型。以

下疾病常引起 VEP 的改变。

1. 视神经及视路疾病　VEP 可用于视神经炎、视神经损伤或萎缩、多发性硬化及缺血性视神经病变等视神经功能的测定。应用半侧刺激野图形翻转刺激，有助于了解病变在视路的交叉部位或交叉后部位的病变程度等。

2. 黄斑部疾病　多种黄斑部疾病 VEP 可表现异常，且 PVEP 的小方格刺激对异常的检出率可能更高。

3. 其他　屈光间质混浊，无法看清眼底时，FVEP 可用来帮助了解黄斑部功能。弱视眼被检者 FVEP 常正常，而 PVEP 多存在异常。此外，PVEP 还可用于客观视力测定及伪盲的鉴别。

二维码 12-2 扫一扫，测一测

（戴旭锋）

笔记

第十三章

眼用激光

本章学习要点

- 掌握:激光基本原理及技术;激光束特性;激光对眼组织的作用;常用眼用激光仪器的分类、结构和工作原理。
- 熟悉:眼科激光检测仪和眼用激光治疗仪器的主要组成部分。
- 了解:眼用激光仪器的发展历史、操作过程。

关键词 激光原理 激光特性 激光的临床应用

激光,英文全称为 light amplification by stimulated emission of radiation,缩写为 LASER,激光的中文名由著名科学家钱学森提议而定。激光是通过受激辐射而实现的光放大,它与普通光大不相同。两者的区别在于:普通光(如太阳、电灯等)向四面八方发射,其振幅、频率、相位都是杂乱无章的,而激光是发散角极小的光束,它的振幅、频率、相位都是非常整齐而有序的。激光具有单色性好、方向性强、亮度高等独特的优点。激光的受激辐射放大原理早在 1917 年被物理学家爱因斯坦所发现,1960 年美国科学家梅曼研制成功世界第一台激光器——红宝石激光器,次年,我国科技人员在长春也创制了我国第一台激光器。激光自问世以来辈受人们的重视。激光作为一种先进的手段渗透到工业、农业、医学等领域,产生了许多新的边缘学科,比如激光医疗与光子生物学、激光加工技术、激光检测与计量技术、激光全息技术、激光光谱技术、非线性光学、超快光学、激光化学、激光分离同位素、激光可控核聚变等等。这些交叉技术与新学科的出现,大大地推动了传统产业和新兴产业的发展。激光在眼科学的应用也带动了眼科临床与科研的发展。

第一节 激光基本原理及技术

一、光的本性

关于光的本性的认识,在科学史上占有很重要的地位。光是波或是粒子,人类曾经历了二百多年的争论,到 100 年前承认光具有波粒二象性而告一段落。把光看成粒子,同把光看成波动一样,同样可以解释光的反射和折射现象,却难以说明光的干涉、衍射现象。但把光单纯看成是电磁波,无法预言光电效应、康普顿效应等现象。光的波粒二象性新认识,最终导致了量子力学与相对论的 2 个科学大发现。虽然光的本性仍具有神秘性,但普遍认为:光是一定波段的电磁波,在传播过程中表现出波动性,在与物质相互作用的过程中表现出粒子性。光粒子,指的是能量子,可称之为光子,大小为 $h\upsilon$,其中 h 是普朗克常数,υ 是光波频率。

二、原子的能级结构

众所周知，任何物体在任何温度下都会产生辐射。当物体被加热到很高温度时还会发光，这就是热致发光，如太阳、白炽灯等。发光不是仅用高温来维持的，也可以依靠其他一些过程实现的，如闪电、日光灯等。研究发现，发光的本质与物质的原子或分子能量状态的改变有关。原子或分子粒子从处于较高的能量状态向低能量状态的过渡中可以把多余的能量以光的形式发射出来。了解原子发光的机制就可以认识激光产生的过程。

原子是构成物质的基本单位，由带正电荷的原子核和带负电荷的电子组成。不同元素的原子核外电子数不同。核外电子根据能量大小可看成是按一定轨道绕核高速旋转，外层轨道上的电子能量大，内层轨道上的电子能量小，分别处于高低不同的能级状态。当电子在某一固定的能级时，并不发射光子。只有当电子从一个能量较大的能级跳跃到另一个能量较小的能级时，电子的总能量才发生变化，这部分能量的改变就以光的形式辐射出来。反之，当电子从一个能量较小的能级跃迁到能量较大的能级时，它一定要吸收能量，包括吸收光的能量。

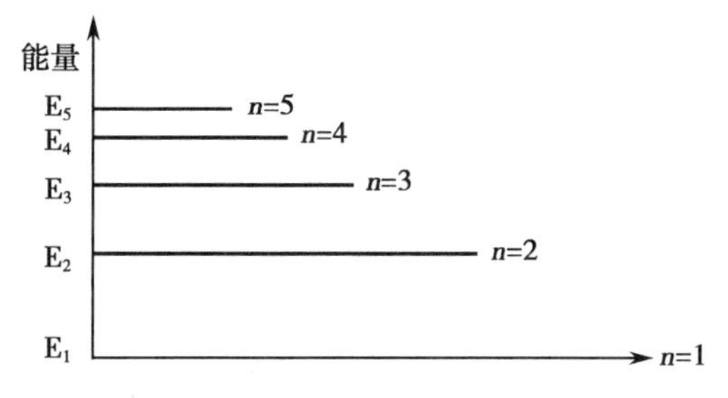

图 13-1 粒子能级示意图

原子、分子或离子都可能具有多种能级状态，每一个能级都具有特定的能量。原子能量的任何变化（吸收或辐射）都只能在某两个定态之间进行。在许多可能的状态中，能量最低的状态称为基态。其他的状态都具有比基态高的能量，被称为激发态。粒子的能级可用一些水平线来代表，E_1代表最低能级，E_2、E_3、E_4、E_5的能级依次增高（图 13-1）。能量的单位用电子伏特（eV）表示。

三、光与原子的相互作用

对原子来说，光子无非有 2 种状态，即：有光子或无光子；对光子来说，原子无非也是 2 种状态，即：上能级状态或下能级状态。不考虑无光子且原子处于下能级的稳定情况，那么光与物质相互作用时可出现 3 种过程，即：受激吸收、自发辐射和受激辐射。这 3 种基本的物理现象也包括在激光产生过程中（图 13-2）。

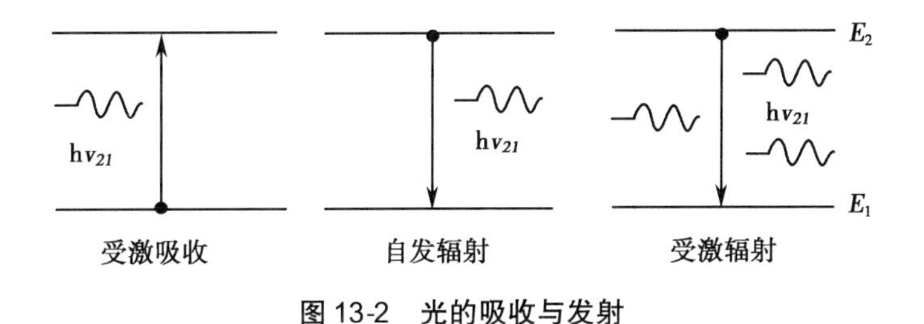

图 13-2 光的吸收与发射

1. 受激吸收 处于能级 E_1 的原子，若没有任何外来光子接近它，则其能量状态固定不变。如果用能量恰好为上下能级差 E_2-E_1，如：$h\nu_{21}$ 的光子照射它，这个原子有可能吸收这个光子，并被激发到激发态 E_2。这种原子能量状态提高的过程称为光的受激吸收。注意：下能级不一定要求是基态，也可以是激发态。不是任何能量的光子都能被一个原子所吸收，只有当光子的能量正好等于原子的能级间隔时，这样的光子才能被原子吸收。

2. 自发辐射 一般处在激发态的原子也是不稳定的。它们在激发态停留的时间都非常短，约为 10^{-8}s 的数量级。在不受外界的影响时，它们会自发地返回到低能态直至基态，并

可伴随着光子的放出。这种自发从高能态跃迁回低能态并放出光子的过程称为自发辐射。自发辐射的特点是各个原子的辐射都是自发地、独立地进行着。各个原子发出的光子在传播方向、初相位和偏振方向都是不同的。除激光器外，一般的光源发光都属于自发辐射。

3. 受激辐射 这个过程是爱因斯坦首先描述的。当处于激发态的原子，在外来光子的影响下，也将从高能态向低能态跃迁，并释放与外来光子具有相同的频率、相同的传播方向、相同的相位和偏振方向等性质的光子，这个过程称为受激辐射。同样，只有当外来光子的能量 $h\upsilon_{21}$ 正好满足 $h\upsilon_{21}=E_2-E_1$ 时，才能引起受激辐射。在光与原子系统相互作用中，受激辐射与受激吸收分别是正逆过程。受激辐射的特点是 1 个入射光子与处于激发态的原子作用后将辐射出 2 个光子，即实现了光放大。

四、粒子数反转

光子与原子体系相互作用时，总是同时存在着自发辐射、受激辐射和受激吸收 3 种过程。通常情况下，原子体系是处于热平衡状态的，处于低能态的粒子数远远多于高能态粒子数，能级越高处，粒子数越少。因此光与这样的原子系统作用时，吸收过程总是强于受激辐射过程。也就是说，入射光通过普通的物质时，总是受到一定程度的衰减。

若通过某种方法改变原子系统粒子数的热平衡分布，使其高能态的粒子数多于低能态的粒子数，这样就形成所谓的粒子数反转状态。在这种情况下，受激辐射过程将强于吸收过程，从而实现光的放大。粒子数反转的形成是产生激光的必要条件之一。

实现粒子数反转的方法有很多种，如强光照射和放电激励等。用这些外来能量将粒子由基态激发到高能态的过程称为泵浦或抽运。然而，并不是所有的物质在泵浦源的激励下都能实现粒子数反转。而且，在能实现粒子数反转的物质中，也不是该物质的任意两个能级间都能形成粒子数的反转。只有具备三能级系统和四能级系统的激光工作物质才可能实现粒子数的反转分布。

1. 三能级系统 该系统有基态 E_1、激发态 E_2 和 E_3（E_2 又称亚稳态）3 个能级（图 13-3）。在泵浦源的激励下，粒子从基态 E_1 迅速大量地被抽运到激发态 E_3，E_1 上的粒子数目减少。处在激发态 E_3 上的粒子寿命极短，通过无辐射跃迁回到 E_2。亚稳态 E_2 上粒子寿命较长。由于泵浦源将粒子从 E_1 抽运到 E_3 的速率很快，而粒子从 E_3 跃迁回 E_1 的速率较慢，这样就使 E_2 上的粒子数多于 E_1 上的粒子数，从而实现了亚稳态 E_2 与基态 E_1 之间的粒子数反转。红宝石激光器就是一种三能级系统激光器。

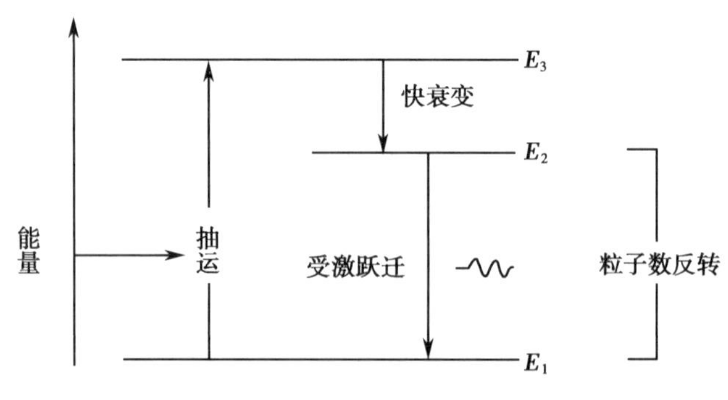

图 13-3 三能级系统示意图

在三能级系统中，由于在室温下基态上总是集聚着大量的粒子，因此，要实现粒子数反转，外界的泵浦抽运必须很强，这样就造成能量转换效率低下。这是三能级系统的一个显著缺点。

2. 四能级系统 图 13-4 为四能级系统的示意图。在泵浦源的激励下，基态 E_1 的粒子

大量地跃迁到激发态 E_4。由于 E_4 态不稳定，粒子又迅速地转移到下能级 E_3。E_3 能级为亚稳态，粒子在这里的寿命较长。而 E_2 能级寿命很短。落到这个能级上的粒子很快便回到基态 E_1。由此可见，在四能级系统中，粒子数反转是在 E_3 和 E_2 之间实现的。由于 E_2 不是基态，所以在室温下 E_2 能级上的粒子数非常少，而三能级系统的基态 E_1 在室温下粒子数很多。因此，粒子数反转在四能级系统比在三能级系统更容易实现。目前广泛使用的 Nd∶YAG 激光器、氩离子激光器都是四能级系统激光器。

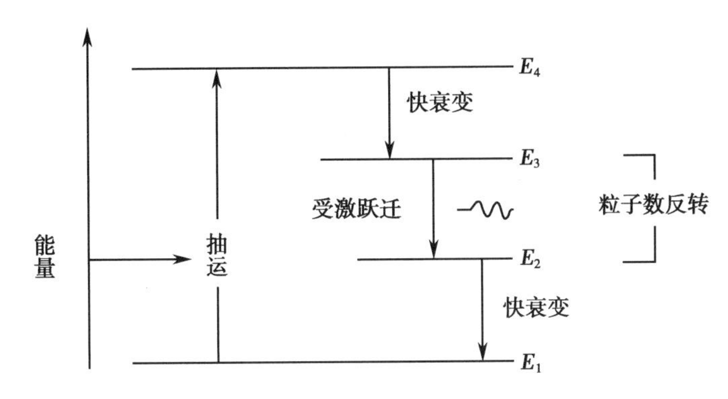

图 13-4　四能级系统示意图

实际上，不论是三能级系统中的 E_3 能级或是四能级系统中的 E_4 能级，都不一定是单一的能级，可能包括所有其他可能的激发态能级。区分三能级系统或四能级系统，关键是判断产生激光的下能级是否是基态，若是基态则为三能级系统；若为非基态，则为四能级系统。

五、激光发射的条件

原子系统形成了粒子数反转分布后，称之为激光工作物质，就具备了产生光放大的可能性，但还不能形成激光。因为处于激发态的粒子是不稳定的，它们在激发态的寿命时间范围内，若无外来光子作用，将会纷纷跳回到基态，并产生射向四面八方的自发辐射光子。

为了使具有粒子数反转分布的原子系统产生具有相同的频率、相同的传播方向、相同的相位和偏振方向等性质的大量光子，美国科学家汤斯和肖洛于 1958 年最早提出的所谓平行平面谐振腔方法。这种装置在光学上称为法布里-珀罗干涉仪，它由两块平行平面反射镜组成。凡不沿谐振腔轴线运动的光子均很快逸出腔外，沿轴线运动的光子将在腔内继续前进，并经两反射镜的反射不断往返，使处于激发态的原子产生越来越多的同等性质的光子数，使轴向行进的光子不断得到放大。这种雪崩式的正反馈光放大过程使得谐振腔内沿轴线方向的光量增大，最终形成传播方向一致、频率和相位相同的强光束，并从谐振腔的部分反射镜端射出，这就是激光。

谐振腔的光学反馈作用取决于组成腔的两个反射镜面的反射率、几何形状以及它们之间的组合方式。这些因素的变化都会引起光学反馈作用大小的变化，即引起腔内光束损耗的变化。谐振腔的另一个重要作用是控制腔内振荡光束的特性。通过调节腔的几何参数，可以直接控制光束的横向分布特性、光斑大小及光束发散角等，使激光器的输出光束特性达到应用的要求。

需要说明的是，工作物质在谐振腔内虽然能够产生光放大，但在谐振腔内还存在着许多损耗因素，如反射镜的吸收、透射和衍射，以及工作物质不均匀造成的光线折射和散射等。如果各种损耗的结果抵消了谐振腔内的光放大过程，就不可能有激光输出。要获得激光输出，就必须满足阈值条件，即：增益大于或等于损耗。只有当粒子反转数达到一定数值时，光的增益系数才足够大。因此，实现光振荡并输出激光，除了具备合适的工作物质和光学谐振腔外，还必须减少损耗，加快泵浦抽运速率，从而使粒子反转数达到产生激光的阈值条件。

笔记

第二节 激光器的基本结构

自从美国科学家梅曼研制成功世界上第一台激光器至今已近50年,世界各国先后研制成功的激光器有上百种。虽然它们的工作原理和运转方式不尽相同,所发射激光的波长也从远紫外段到远红外段,但每一种激光器都必须有激励源、工作物质和谐振腔这3个基本组成部分(图13-5),下面就对它们分别作简要介绍。

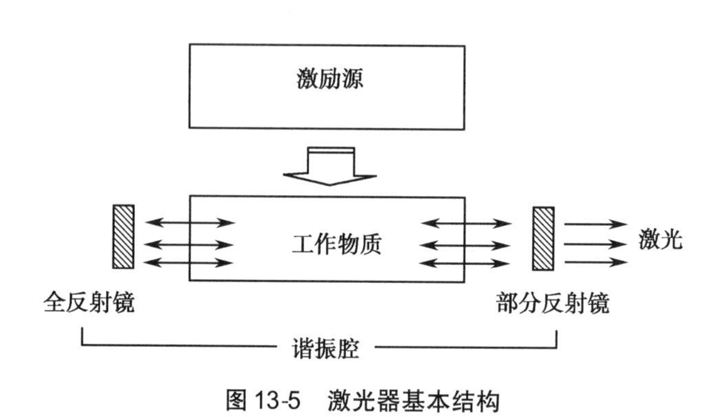

图13-5 激光器基本结构

一、激励源

激励源的作用是为工作物质中形成粒子数反转分布和光放大提供必要的能量来源。换句话说,激光的能量是由激励源的能量转变来的。激励的方式有光激励、电激励、化学反应激励、热能激励和核能激励等。以前2种最为常用,现介绍如下:

1. 光激励 又称光泵浦。它是用很强的光照射激光工作物质,将粒子(可以是原子、离子或分子)从基态抽运到激发态。常用的光激励源有氙灯和氪灯。固体激光器多采用光泵浦。理想的激励光应能与工作物质相匹配,即激励源所发射的最强谱线正好也是工作物质吸收最强的谱线。为了更多地吸收泵浦源的光能,通常将泵浦灯和工作物质分别置放在椭圆体聚光腔内的2个焦点上。另外,还可以用一种激光激励另一种激光器的工作物质,从而产生另一种波长的激光。例如,用氩激光激励的有机染料激光,用半导体激光激励的Nd:YAG激光等。

2. 电激励 电激励是用电能使激光工作物质发生粒子数反转。其中气体放电是气体激光器经常采用的一种激励方法。在高压电场作用下,气体分子发生电离导电(或叫做气体放电)。在导电过程中,被电场加速的电子与气体原子(离子或分子)碰撞,使后者被激发到高能态,进而形成粒子数反转。气体放电可采用直流或交流电的连续放电(又分为纵向和横向放电)、高频放电、脉冲放电等。除此之外,还有用电子枪产生的高速电子去激励工作气体,使其粒子从基态跃迁到高能态,如准分子激光器。多数半导体激光器则采用直流电直接注入的激励法。

二、工作物质

工作物质是产生激光的物质基础,它决定了输出激光的波长以及仪器的结构和性能。人们总是尽量选用那些在室温下更容易实现粒子数反转的物质,而且它们应对激励源有很强的吸收性。激光工作物质可分为气体、液体、固体和半导体四大类。

1. 气体工作物质 它们又分原子气体、离子气体和分子气体3种。

在原子气体中,主要采用的是氦(He)、氖(Ne)、氩(Ar)、氪(Kr)、氙(xe)等惰性气体,有时也用氯(Cl)、溴(Br)、碘(I)、氮(N)、硫(S)、氧(O)等原子气体,或铯(Cs)、镉(Cd)、铜(Cu)等金属原子蒸汽。在原子气体激光器中,产生激光的物质是没有电离的气体原子,氦氖(He-Ne)激光器是它们的典型代表。

在分子气体类中,采用的有一氧化碳(CO)、氮气(N_2)、氧气(O_2)和二氧化碳(CO_2)等分子气体。在分子气体激光器中,产生激光振荡的物质是没有电离的气体分子,其典型代表是二氧化碳(CO_2)激光器。

在离子气体类中,主要有氩离子(Ar^+)、氪离子(Kr^+)和金属蒸汽离子。以离子气体为工作物质的激光器有氩离子激光器、氪离子激光器和氦镉离子激光器等。它们利用电离后的气体离子产生激光。

由于气体工作物质的均匀性好,使得输出光束质量较高。气体激光的单色性和相干性都较固体激光和半导体激光好,光束发散角也很小。大多数气体工作物质的能量转换效率较高,容易实现大功率连续输出。可作为激光工作物质的气体种类很丰富,因而气体激光器的种类也很多,它们发射的谱线范围很宽,几乎遍布从紫外到红外整个光谱区。此外,气体激光器结构较简单,鉴于气体工作物质的浓度低,一般不利于做成小尺寸而功率大的激光器。另外,由于气体的泄漏和损耗,因而气体激光器工作寿命较固体激光器短。

2. 液体工作物质　它们实际上是一些有机或无机化合物(主要是一些染料)溶解在溶剂中形成的。因此,它们成本低,容易制备。液体工作物质的光学均匀性较好,而且输出的激光频带很宽,因而容易实现波长在很宽范围内的连续调谐。虽然液体工作物质中的激活粒子浓度较固体工作物质小 3 个数量级,但通常它们的发射截面积较固体工作物质大 3 个数量级。因而液体工作物质的增益很高,与固体工作物质相近,容易获得大功率输出。

液体工作物质分为有机化合物液体和无机化合物液体二大类。前者是将一些有机染料,如:若丹明 6G、香豆素、荧光素钠等溶于乙醇等有机溶液中构成,后者是将一些含钕的无机盐溶于无机液体而成。两者虽然都是液体工作物质,但它们受激发光的机理和应用场合却有很大区别。

3. 固体工作物质　它是把激活离子掺入固体基质中而形成的。固体工作物质包括玻璃和晶体两大类,它们的物理和化学性能主要取决于基质材料。基质材料为激活离子提供了一个分布的环境,而工作物质的能级结构和光谱特性则主要由激活离子决定。基质材料与激活离子是可以相互影响的。

迄今为止,已实现激光振荡的固体工作物质有 200 余种,辐射波长覆盖了从紫外到红外的范围,但性能好、使用广泛的主要有掺钕钇铝石榴石、红宝石、钕玻璃等。

可作为激活离子掺入固体基质的元素很多,常见的大致可分为 3 类:①过渡族金属离子,如铬(Cr^{3+})、镍(Ni^{2+})、钴(Co^{2+});②3 价稀土金属离子,如钕(Nd^{3+})、钬(Ho^{3+})、铒(Er^{3+});③2 价稀土金属离子,如钐(Sm^{2+})、铥(Tm^{2+})、镝(Dy^{2+})。可制作激光器的固体工作物质必须有良好的光学和光谱学特性,即振荡阈值低、吸收带宽、光学均匀性好、发射截面大等。同时还需要有良好的理化特性,即热导率大、热光稳定性好、自损坏阈值高、化学性能稳定等。

固体工作物质通常被加工成圆柱形,有时也做成长方体或圆片形。其几何尺寸由激光器的工作方式、阈值、输出功率等因素决定。用固体工作物质制作激光器时,一般都用强光来泵浦。

4. 半导体　电导率介于导体与绝缘体之间的物质称为半导体。从物质形态来讲,半导体也是固态,但作为激光工作物质,它与一般的固体激光工作物质有着截然不同的发光机制。为此将其单列一类。

笔记

半导体激光器是利用电子在能带间的跃迁来发光,直接通电就可对它进行激励,因而它们的能量转换效率大大超过一般的固体工作物质。

可作为激光器工作物质的半导体材料包括Ⅲ-Ⅴ族化合物半导体(如砷化镓)、Ⅱ-Ⅵ族化合物半导体(如硫化镉)和Ⅳ-Ⅵ族化合物半导体(如铅、锡、锑)。它们发射激光的波长在0.33～3.4μm波段内,其中性能最优良的,也是目前发展最成熟的是砷化镓及其三元、四元化合物(如镓铝砷和镓铟砷磷)。用半导体材料做激光工作物质的优点是体积小,调制方便;缺点是输出功率小,光束发散角大和相干性差。

三、光学谐振腔

像电子技术中的振荡器一样,要实现激光振荡,除了有放大元件外,还必须有正反馈系统、谐振系统和输出系统。在激光器中,可实现粒子数反转的工作物质就是放大元件,而光学谐振腔就起着正反馈、谐振和输出的作用。

光学谐振腔不仅是产生激光的重要结构,而且它直接影响激光的输出特性,如输出功率、频率特性、光强分布(模式)和光束发散角。光学谐振腔是由工作物质和2块反射镜组成。这2块反射镜分置于工作物质两端,精确平行并且垂直于工作物质中心轴线。其中一块为全反射镜(反射率达98%以上),另一块为反射率达90%以上的部分反射镜。2块反射镜的曲率半径、焦距以及反射镜之间的距离根据不同的要求都有特定的数值。光学谐振腔分为稳定腔和非稳定腔2类。所谓稳定腔,是指在腔内的任何一束傍轴光线经过多次往返传播后不逸出腔外,可以将其理解为低损耗腔。非稳定腔则不同,任何傍轴光线经过数次反射便逸出腔外,它可被看作为高损耗腔。

第三节 激光束特性

激光束有着许多普通光无法比拟的特性,归纳起来主要有4个:即方向性强、单色性好、相干度高、能量密度大。也正是因为激光束的这些特性,才使得它在医学和其他学科领域得到越来越广泛的应用。

一、方向性强

光束的方向性反映光波能量在空间集中的特性,通常以发散角来衡量它。普通光源是向4π的立体角发射光线,即便使用了定向会聚装置,其发散角也只能缩小到几度到十几度范围内。这根本无法与激光束相比。激光束的发散角一般都在百分之几到万分之几弧度的数量级。它的方向性之所以特别强,原因在于激光器谐振腔对光束方向的严格限制作用。因为只有沿谐振腔轴线方向往返传播的光才能持续地放大,并从部分反射镜一端输出。不同种类的激光器输出光束的方向性差别较大。这与工作物质的种类和光学谐振腔的形式等有关。气体激光器,由于其工作物质有良好的均匀性,而且谐振腔较长,因而光束方向性最强,发散角在10^{-3}～10^{-4}弧度。其中尤以氦氖激光束发散角最小,仅有3×10^{-4}弧度,已接近衍射极限角(2×10^{-4}弧度)。固体和液体激光器因其工作物质均匀性较差,以及谐振腔较短,光束发散角较大,一般在10^{-2}弧度范围。半导体激光器以晶体解理面为反射镜,形成的谐振腔非常短,所以它的光束方向性最差,发散角为$(5\sim10)\times10^{-2}$弧度。

二、单色性好

不同波长的可见光使人眼产生不同的色觉。波长范围越窄,其色度越纯,可以用谱线宽度来表示单色性。目前应用的激光已不限于可见光范围(400～760nm),人眼视觉感知不到的紫外波段和红外波段激光也在各个领域广泛使用。普通光源的发光是大量能级间的辐射

跃迁，因此其谱线很宽，呈连续或准连续分布。

激光的单色性很好，特别是一些气体激光器，如氦氖激光，谱线宽度极窄，不到 10^{-8}nm。这比普通光源中单色性最好的氪（^{86}Kr）光谱灯谱线窄数万倍。

激光的单色性如此卓越，原因在于：①激光器的受激发射发生在荧光谱线固定的两能级之间，只有频率满足 $v=(E_2-E_1)/h$ 的光波才能得到放大；②激光谐振腔的干涉作用使得只有那些满足谐振腔共振条件的频率，并且又落在工作物质谱线宽度内的光振荡才能形成激光输出。

激光的单色性受工作物质的种类和谐振腔的性能影响。不同激光单色性也不相同。一般说来，气体激光器发射的激光束单色性较好，谱线宽度半宽值小到 10^3Hz（赫兹），如单模稳频氦氖激光器。固体激光器发射的激光单色性较差，谱线宽度半宽值为 $10^8\sim10^{11}$Hz。相比之下，半导体激光器单色性最差。

三、相干性高

所谓光的相干性，是指在空间任意两点光振动之间相互关联的程度。普通光源发光都是自发辐射过程，每个发光原子都是一个独立的发光体，相互之间没有关系，光子发射杂乱无章，因此相干性很低。激光是受激辐射产生的，发射的光子具有相同的频率、位相和方向，因而相干性很高。

光的相干性包括时间相干性和空间相干性，前者是指光场中同一空间点在不同时刻光场的相干性，可用相干长度来定量评价；后者是指光场中不同的空间点在同一时刻的光场的相干性，可用相干面积定量评价。光束的单色性与相干性是一致的，气体激光的相干性优于固体激光，例如，氦氖激光的相干长度可达数百米。

四、功率密度大

对于可见光波段的激光而言，光束的高功率密度表现为亮度大，光源的亮度定义为单位面积的光源表面发射到其法线方向的单位立体角内的光功率。从该定义可知，激光的亮度高是因其发光面积小，而且光束发散角也极小的缘故。例如一台输出仅 1mW 的氦氖激光器发出的光也比太阳表面光亮度高出 100 倍。

激光的功率密度大是通过光能在空间的高度集中实现的，如果将激光发射的时间尽量缩短可以获得更高的峰值功率。人们用调 Q 或锁模技术可使激光器在毫微秒（ns）或微微秒（ps）的极短时间内释放原来用数毫秒释放的能量，从而可获得兆瓦级峰值功率，这是普通光源无法实现的。

第四节　激光基本技术

根据激光不同的使用要求，可采取一些专门的技术提高输出激光的光束质量和单项技术指标，常用的有模式选择、波长调谐、脉宽控制（调 Q、锁模）和放大技术等。

一、模式选择技术

光在激光谐振腔中振荡的特定形式称为激光的模式。如果要求激光方向性或单色性更好，则应对激光的模式进行选择。模式分为横模和纵模。所谓横模，代表激光束横截面的光强分布规律，就是指在谐振腔的横截面内激光光场的分布，分为基模和高阶模。所谓纵模，代表激光器输出频率的个数，就是指沿谐振腔轴线方向上的激光光场分布。根据模的数目，纵模又分为单纵模和多纵模。

一个理想激光器的输出应该只包含单纵模和基模，这样的激光才能充分体现极好的单色性、方向性和相干性。其光束的光强分布呈单一的高斯分布。但实际上，大多数激光器都是多模运转的，其光束的光强分布是不均匀的，呈现出多峰值现象（图 13-6）。

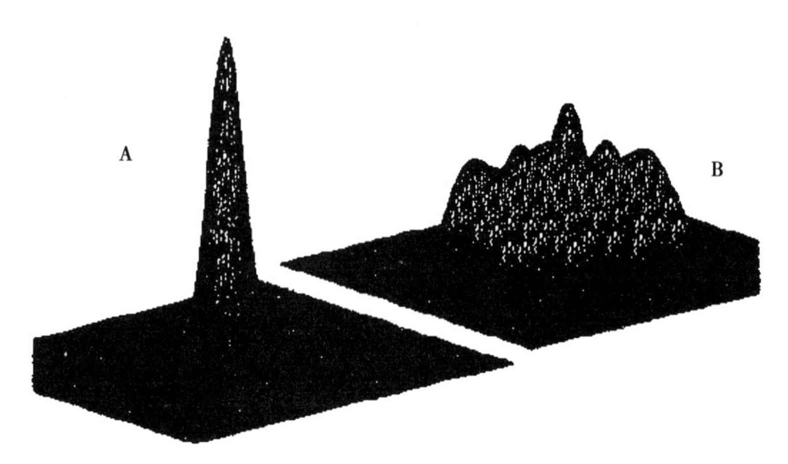

图 13-6 激光束的光强分布
A. 单模 B. 多模

激光的模式结构虽然受多种因素影响，但谐振腔的结构和性能是主要的控制因素。模式选择技术可分为两大类：一类是横模选择技术；另一类是纵模选择技术。

激光束在横截面上的光强分布不均匀，见图 13-7，基模（TEM_{00}）的光强分布图案呈圆形，其光束发散角最小，功率密度最大，因此亮度也最高。横模阶数越高，光强分布就越复杂且分布范围越大，因而其光束发散角越大。不同横模的衍射损耗不同，是选择横模的基础。横模选择方法可分为两类：一类是改变谐振腔的结构和参数以获得各模衍射损耗的较大差别，提高谐振腔的选模性能；另一类是在一定的谐振腔内插入附加的选模元件来提高选模性能。气体激光器采用前类方法，固体激光器采用后类方法。

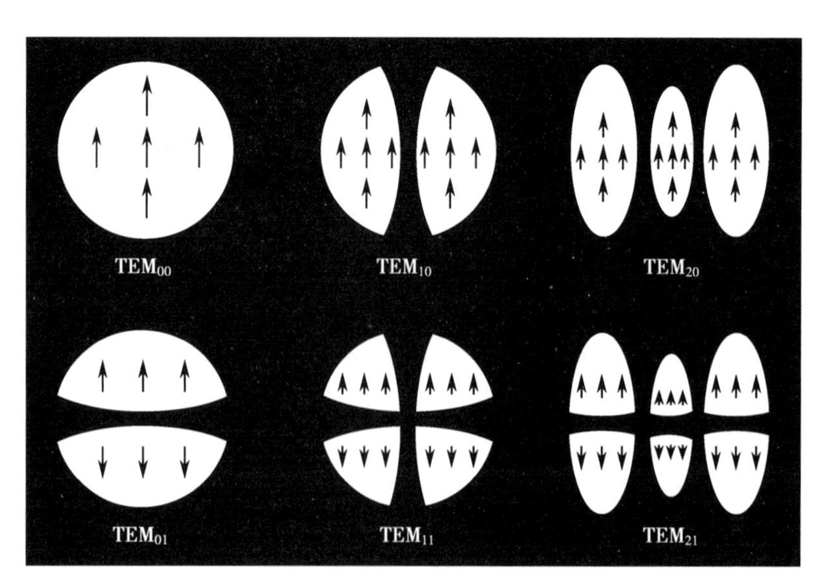

图 13-7 激光束的横模
图中箭头表示偏振方向的位相差（π）

激光器的振荡频率范围是由工作物质的增益谱线的宽度决定的，即在增益线宽内，只要有纵模达到振荡阈值，一般都能形成振荡。纵模个数取决于激光的增益曲线宽度及相邻两个纵模的频率间隔。当腔内只存在单横模（TEM_{00}）振荡时，其振荡频谱结构最简单，为一系

笔记

列分立的振荡频率，其间隔为 $\Delta\nu = c/2nL$，其中 c 为光速、n 为工作物质折射率、L 为谐振腔长。谐振腔越长，模之间的频率间隔越小，因此可能存在的谐振频率就越多，因而激光输出的纵模也越多。对于一般腔长的激光器，往往同时产生几个甚至几百个纵模振荡。

纵模选择的基本方法是：一是利用缩短谐振腔的长度，以增大模之间的频率间隔，使得在增益范围内只存在一个纵模；二是利用不同纵模之间的增益差异，在腔内引入一定的选择性色散损耗，使选定的纵模损耗最小，而其余纵模的附加损耗较大，特别选定只有中心频率附近的增益大的纵模建立起振荡，从而形成并得到放大的是增益最大的中心频率所对应的单纵模。

二、波长调谐技术

可调谐激光器是指可以连续改变激光输出波长的激光器。大多数可调谐激光器都使用具有宽的荧光谱线的工作物质。构成激光器的谐振腔只在很窄的波长范围内才有很低的损耗。因此，第一种方法是通过色散元件（如光栅）改变谐振腔低损耗区所对应的波长来改变激光的波长。第二种实现波长可调谐的方法是通过改变某些外界参数（如磁场、温度等）使激光跃迁的能级移动。第三种方法是利用非线性效应实现波长的变换和调谐。典型可调谐激光器有染料激光器、金绿宝石激光器、色心激光器、可调谐高压气体激光器和可调谐准分子激光器。

三、脉冲控制技术

激光脉冲技术是激光技术中的一个非常重要的技术，在许多方面有特殊的用途，是众多学科进行科学研究的重要手段，成为当今激光技术领域研究与应用的热点。现今激光短脉冲技术已经有了非常大的进步，并且逐渐趋于成熟。常用的方法有调 Q 技术和锁模技术等，以下仅介绍调 Q 技术。

调 Q 技术就是通过某种方法使腔的 Q 值（损耗）随时间按一定程序变化的技术。它是将激光能量压缩到宽度极窄的脉冲中发射，从而使光源的峰值功率可提高几个数量级的一种技术。现在，欲要获得峰值功率在兆瓦级（10^6W）以上，脉冲为纳秒级（10^{-9}s）的激光脉冲已并不困难。

通常的激光器谐振腔的损耗是不变的，一旦光泵浦使反转粒子数达到或略超过阈值时，激光器便开始振荡，于是激光上能级的粒子数因受激辐射而减少，致使上能级不能积累较大的反转粒子数，只能被限制在阈值反转数附近。

若在激光器开始泵浦初期，设法将激光器的振荡阈值调得很高，即损耗调大，在泵浦过程的大部分时间里谐振腔处于低 Q 值（Q_0）状态，从而抑制激光振荡的产生，这样激光上能级的反转粒子数便可积累得很多。当反转粒子数积累到足够大时，再突然把阈值调到很低，在这一时刻，Q 值突然升高（损耗下降），振荡阈值随之降低，此时，积累在上能级的大量粒子便雪崩式的跃迁到低能级，于是在极短的时间内将能量释放出来，就获得峰值功率极高的巨脉冲激光输出。这个过程就是调 Q。

综上所述，谐振腔的 Q 值与损耗 δ 成反比，如果按照一定的规律改变谐振腔的 δ 值，就可以使 Q 值发生相应的变化。用不同的方法控制不同类型的损耗变化，就可以形成不同的调 Q 技术。有机械转镜调 Q、电光调 Q 技术，声光调 Q 技术，染料调 Q 技术等。

四、激光计量

激光计量分为物理剂量和生物剂量两类。

1. 物理剂量是指激光束垂直照射到生物体单位面积上的功率与照射时间的乘积。单

位是焦耳/平方厘米(J/cm²)。激光物理剂量单位实际是激光的能量密度,由激光功率、受照面积、照射时间和入射角四要素决定。

2. 生物剂量是指生物体吸收激光的能量后引起的生物反应,直接对生物组织反应的强弱程度进行分级并且定出分级的标准,按照这种标准所分的级。例如眼底光凝分为Ⅰ级、Ⅱ级、Ⅲ级、Ⅳ级。

第五节 激光对眼组织的作用

激光能够用来检测或者治疗眼病,是因为眼球各组织在吸收适当波长、适当剂量的激光以后有可能发生光致生物作用、光致发光作用、光致光热作用、光致化学作用、光致压强作用、光致电磁场作用。

一、激光生物作用分类

1. 两类激光生物效应 激光作用于生物组织并被生物组织吸收以后,作为激光与生物组织相互作用的最终结果,可能使激光的某些参数发生改变,也可能使生物组织发生某些形态或功能的改变。通常将这两类改变都称为激光生物效应,称前者为第一类激光生物效应,称后者为第二类激光生物效应。前者是激光检测和诊断疾病的根据,后者是激光能够治病的基础。

2. 两种生物反应水平的激光 临床应用的激光常需分清两种生物反应的激光,这是因为它们应用目的和作用机制是完全不同的。有一种应用目的是需要用来凝固或切削组织,常称为光刀,另一种应用目的是需要用来理疗或针灸。前者目的要求破坏局部组织,后者目的则要求修复损伤组织。当激光作用于生物组织后直接引起不可逆性损伤则受照处的激光称为强反应激光,简称为强激光;不会直接引起不可逆性损伤则受照处的激光称为弱反应激光,简称为弱激光。眼科用于光凝固、虹膜打孔等治疗用的激光属于强激光,用于检测用的激光则是弱激光。

二、激光生物作用机制

1. 光致发光作用 由于引起发光的原因不同而有光致发光、热致发光、电场致发光、高能粒子发光和生物发光等。其中光致发光又称为冷光,如荧光灯、用光泵泵浦的固体激光和染料激光等。眼科检测用的激光照射到眼球被测组织后,发生的散射光就是一种光致发光,散射光除了频率、强度外还有其相干状态、偏振状态等改变携带了病理状态的信息,这些信息是检测诊断的依据。

2. 光致光热作用 光致光热作用是激光能够治眼病的重要原因之一。激光视网膜凝固及激光凝固治疗眼各层血管性疾病就是利用了激光的热作用机制。关于光凝固机制在下一节介绍。

3. 光致化学作用 用较大能量的激光(如紫外光激光)作用于组织,使生物分子吸收后处于电子激发态,从而引起生物组织发生化学反应。在眼科激光中用到的光化反应的主要类型有:光致分解反应和光致敏化反应。前者是将原物质分解成简单的物质,实质上是较大能量的光能用来断开化学键,如眼科临床上用波长为193nm的ArF准分子激光做角膜手术就是光致分解;后者是在敏化剂作用下由光所引起的反应,如眼科临床上用光动力疗法治疗眼内恶性肿瘤就是应用了光致敏化。

笔记

4. 光致压强作用 光子既有运动质量又有动量,它们撞击(照射)物体时,受照表面会有辐射压力,称之为一次压强。太阳光或弱激光的这种一次压强极小。但眼科用的调Q激光的一次压强可达几个大气压。眼科用的光切削则更主要靠二次压强，包括电场致伸缩压，这种二次压强叠加的结果会在受照处达数以万计个大气压。

5. 光致电场作用　激光的电场强度与其功率密度的开方成正比，眼科常用的原脉冲调Q激光的电场强度可达105V/cm。

6. 光致生物刺激作用　弱激光理疗和针灸是以光致生物刺激作用为基础，但在眼科用得极少，在国内偶有报道。

三、光凝和光切机制

用激光治疗眼病，主要利用光凝和光切机制。

1. 光凝机制　物质从液态转变成固态的过程称为凝固。激光治疗时当激光的热作用使组织温度升高至55℃～66℃时，在数秒钟之内可致蛋白质变性，继续上升至接近100℃时可造成坏死性凝固。热凝固可以破坏病变组织，如凝固眼底血管瘤。热凝固可以焊接相脱离的组织，如视网膜与脉络膜焊接，焊接是借助于热凝组织时释放的蛋白凝固酶及血液中的凝血酶，使组织凝固性融合并且机化粘连。热凝固可以止血，如热凝眼底出血，使坏死血红蛋白阻塞血管，血管断端光凝阻塞。

2. 光切机制　光切是光的热作用和压强作用的结果。用ArF准分子“冷光刀”切削角膜是光化分解作用，使生物分子的化学键断开所致。

四、对激光的安全防护措施

对激光的安全防护主要是设法避免人眼受到超过安全标准的激光束的意外照射。相应的措施主要是设置激光专用工作区、加强对激光器的安全管理以及戴防护眼镜。

1. 设置激光专用工作区　激光专用工作区不准无关人员入内，有关人员应学习激光安全防护知识。在工作区门口必须张贴写有“激光危险”字样的警告牌，并注明危险级别，写明“非工作人员不得入内”。专用工作室内不应放置镜式反射物体，平时工作区的照明度要足够。

2. 加强对激光器的安全管理　激光整机应配有安全装置，非专业人员无法启动激光电源，光路出现故障时能自动切断电源，除需要治疗的眼以外对光路全封闭。当借助显微镜、望远镜等内镜进行观察、监视或调整光束时必须用衰减器或滤光器，确保到达观察者眼内的激光剂量不超过安全标准，平时医务人员要戴激光防护眼镜。

第六节　眼科激光检测仪

激光特有的高单色性和高相干性，为眼科检测开拓了新领域。例如，使用单色性高的激光制成激光多普勒测速仪，可以非侵入性地定量、动态测量视网膜血管的血流速度；利用激光的相干特性制成激光干涉视力计，测量屈光间质混浊病人（如白内障）视网膜的视敏度；激光全息摄影仪，拍摄角膜、晶状体、玻璃体和视网膜，检查眼睛病变。与治疗眼病的激光比较，检测用的激光是弱激光，这样的激光束直接照射到眼球各层组织不会引起不可逆性损伤。

一、检查眼底病变的激光检测仪概述

最早使用光学检查眼底病变的是Helmholtz，他于1851年发明检眼镜，使病人眼底图像成像于检查者的视网膜上。20世纪60年代，眼底照相机的应用使眼底图像成像于照相机的底片上。后来出现的激光全息术可拍摄猫眼视网膜微血管全息图，可分辨20～30μm直径的微血管，并分层检查，每层间隔为120μm。1974年，临床上出现用B型超声波扫描激光全

笔记

息照相,可诊断眼内异物、玻璃体积血、视网膜脱离和眼眶肿瘤。与普通光拍摄比较,激光全息有如下优点:一是能记录三维信息再检查时可用显微镜调焦到立体图像的各层各处;二是信息存量大,一次曝光拍得的信息就相当于480张普通照片所包含的信息;三是通过二次曝光法可测出0.24μm的微小变化。1978年,开始采用多普勒激光技术测量人眼视网膜血管内红细胞的流速。此后,激光多普勒测速仪的进展,主要在于改进了多普勒散射光的收集,提高信噪比以及减少了受检眼球运动的影响,目前国内外已有较为成熟的产品供应。因检眼镜或裂隙灯无法探测屈光间质混浊病人视网膜的视敏度,1983年,开始采用激光干涉视力计预测白内障和角膜瘢痕病人白内障术后或角膜移植后的视力恢复水平,其准确率高。美国视网膜基金会眼科研究院曾报告了他们在20世纪80年代研制的激光扫描眼底电视机。与普通检眼镜观察或眼底照相机比较,激光扫描眼底电视显示具有如下优点:①不必用高光强照明,避免了病人对强光的不适;②可对眼底进行大范围检查;③加大了景深,成像质量好,同时可观察到玻璃体和视网膜的清晰像;④荧光素眼底血管造影观察时因高光效可使荧光素剂量减少到一般剂量的1/10,可以反复多次重复造影;⑤可连续观察、反复重现,利于发现更细微的异常;⑥可直接进行心理和物理检查测量,可准确地确定视功能缺陷的解剖学位置,用来检查视野,测定视网膜任何部位的视力。

二、检查眼球屈光不正的激光检测仪

用普通光的验光方法已有主观插片验光法和客观检影法等十多种方法,但各种方法共同的难点是规范多、费时长、工序复杂,Knoll于1966年报告了不同屈光状态的观察者在观察激光散斑时呈现出不同视觉,并用这种现象准确测定眼球屈光不正。目前常见的验光仪正是基于此原理,经不断改进后而制成。

激光散斑验光仪

将具有高相干性的激光束照射到纸面、墙壁等粗糙表面时,可观察到有闪光颗粒状光斑,称为激光散斑。激光的相干性高,照射到各种粗糙表面时的漫散射会形成干涉条纹。闪光颗粒是干涉叠加处的光斑,不规则表面的漫散射形成的相干是随机的,所以观察不到明暗相间的规则干涉条纹。在屏幕上观看图像时这种散斑是一种干扰。后来人们发现不同屈光类型眼(正视、近视、远视或散光)观看时,散斑呈现出不同的视觉。Knoll于1966年报告利用这个现象准确地测定了眼的屈光不正类型,现已从理论上阐明用散斑研究眼球屈光不正的理由。图13-8是眼在不同屈光状态下观察散斑相对运动的原理图,被观察目标位于离观察眼无穷远处,K为有两针孔的屏,孔距应小于观察眼瞳孔直径,并使被观察目标置于两针孔的中间。从图可知,在无穷远处目标点在远视眼视网膜上成A′B′像,而在近视眼视网膜上成B″A″倒像。

Knoll推荐的激光散斑验光法方法如下:观察无穷远处相干散斑时移动观察眼,则近视眼因在视网膜上成倒像而所看到的散斑随其头动而逆向移动,远视眼则看到散斑随其头动而顺向移动,

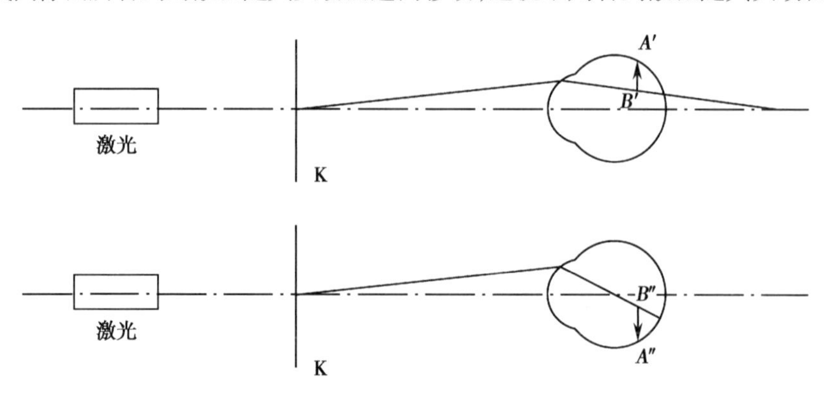

图13-8 不同屈光类型眼观察散斑相对运动的原理图

正视眼则看不到这些移动。以后改为观察者不动,缓慢移动散斑屏,则所观察到的现象刚好与上述相反,即远视者看到逆动,近视者看到顺动,散光眼看到斜动,正视者看不到移动。

激光散斑验光仪就是根据上述原理制成。多采用波长为632.8nm红色可见激光为光源(氦氖激光),光功率约0.5~1.0mW,将原为高斯分布的激光束经透镜扩散后,均匀照射在圆柱形毛玻璃漫射屏上,漫射屏恒速转动。受检者站在离屏3~5m处观察漫射屏上出现的激光散斑。当发现闪光点按漫射屏转动方向移动时,受检眼即为近视眼,发现反方向移动者为远视眼,发现不移动者为正视眼,发现闪光点斜动为散光眼。即若受检眼观察到闪光点移动,则表示该眼为屈光不正,此时选用合适屈光度的矫正镜片进行矫正,直至闪光点不移动为止,即可测知要矫正的屈光度。

三、预测早期白内障的激光检测仪

裂隙灯显微镜可观察诊断白内障,但如果晶状体混浊的症状不明显,则传统的光学仪器不能检测出;而白内障一旦形成,就难以恢复透明,所以人们寄期望于能早期发现诊断白内障。现阶段的大量动物实验表明,在白内障的临床症状还不明显时,晶状体的蛋白质结构已经发生改变,当测量到晶状体蛋白中的色氨酸和半胱氨酸等的拉曼光谱有改变时,白内障的激光检测仪即可预测发病前的白内障。

四、测定视网膜视力的激光干涉仪

现行的视力检查,常规方法是视力表法,测得的结果只能粗略估计整个视觉系统的视力,无法单独测定组成视觉系统各部分的视功能。视力正常眼必须具备三个条件:一是眼屈光间质对可见光完全透明;二是屈光系统使外界物体恰好清晰成像于视网膜的中心凹;三是视网膜具有正常的视功能。对于第一个条件,现在已有很多方法检查白内障、玻璃体混浊等屈光间质病变;对于第二个条件也已有各种验光仪,准确测量出屈光不正应矫正的屈光度数;对于第三个条件,尤其对角膜和晶状体等屈光间质混浊的病人,用传统的检眼镜或裂隙灯显微镜都无法检测视网膜的敏感度。

为了确定角膜或晶状体混浊者的视力丧失是否完全由这些混浊的屈光间质引起、确定施行角膜移植或摘除白内障的病人在改善了屈光间质的透明度后,其视力能否恢复,在术前应首先检查他们的视网膜的敏感度。1983年,激光相干视力仪的出现解决了这个问题。

目前,国内外已有多种激光干涉视力仪,差别主要在两个方面:一是干涉方法的不同,一类用杨氏干涉法,另一类用迈克耳逊干涉法;二是功能不同,一类用于单纯测定视力,另一类除了测定视力外还同时测定空间频率特性,称之为两用机。本文只介绍用杨氏干涉法的一类仪器,具体介绍单纯测定视力,因为这类仪器应用比较普遍,而且原理相似。

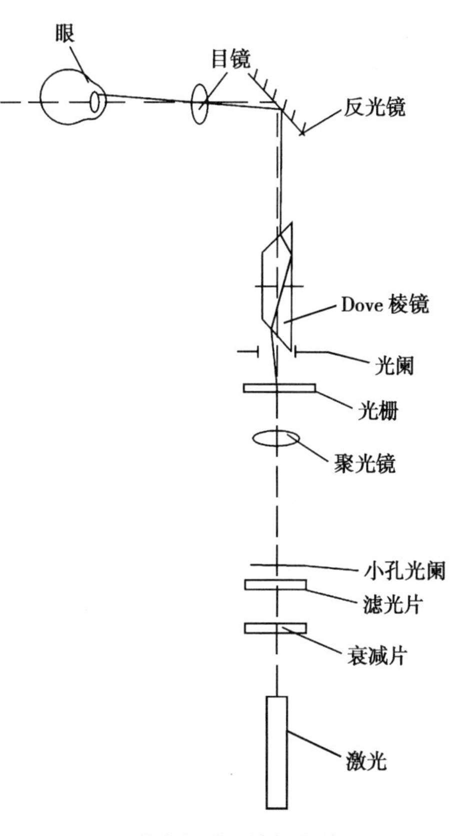

图13-9 激光杨氏干涉视力计原理图

图13-9是激光杨氏干涉视力计原理图。图中He-Ne激光器发射的波长为632.8nm的

平行相干光，通过聚光镜后，经 118 线/厘米的光栅衍射和双缝光阑，挡住光栅像，让光栅对称的两个一级衍射点通过，再经焦距为 105mm 的目镜，从双缝光阑透过的来自光栅的两个次光源像投射在角膜混浊者的角膜平面上或白内障病人的瞳孔平面上，这样就可在病人视网膜上出现相干条纹，受检者能在约 90°视野内看到一个充满深浅间隔的圆形红色条纹映像。由于干涉条纹的粗细与两个相干次光源的发射交角大小成反比，因此调节光栅与聚光镜之间的距离即可改变干涉条纹的粗细。转动 Dove 棱镜，即可改变干涉条纹的方向。若受检者能分辨出最小条纹间隔相当于 1′视角，则说明所检的视网膜功能正常。根据其辨别条纹的能力，就可测知受检视网膜的视力。

五、激光扫描眼底电视机

20 世纪 80 年代末，美国视网膜基金会眼科研究院研制成功了激光扫描眼底电视机。此仪器能够检查视网膜任何位置的视功能，而且还能观察视网膜和玻璃体病变以及眼底血循环异常。

（一）仪器的构造和原理

图 13-10 是激光扫描眼底电视机的构造示意图。以眼底为目标，有两个光路体系，其中一个是从激光器发出照明光，经过一系列光学元件，到达眼底时形成激光扫描光栅；另一个光路体系是带有眼底各种信息的反射光离开眼底，经一系列光学元件，到达光电接收器，转换成电视屏上的图像。

1. 激光束照明光路 照明光源是氦氖激光或氪氩混合气体激光，输出功率均在视网膜损伤阈值以下，前者是波长为 632.8nm 红色光，后者可以调谐成 568nm 的黄色光或 514.5nm 的绿色光或 502nm 的蓝色光。其中用红光可显示眼底深层构造，黄光可显示视网膜浅层构造，蓝光或绿光则用来激发荧光。按图 13-10 所示，激光束首先经第一个垂直反射镜检流计（vertical mirrior galvanometer，VMG）反射，此反射镜沿水平轴以 60Hz 频率振荡，使激光束垂直方向扫描。光束再经过第二个水平反射镜检流计（horizontal mirrior galvanometer，HMG）反射，光束水平方向扫描。垂直和水平两个方向扫描合成形成扫描光栅。

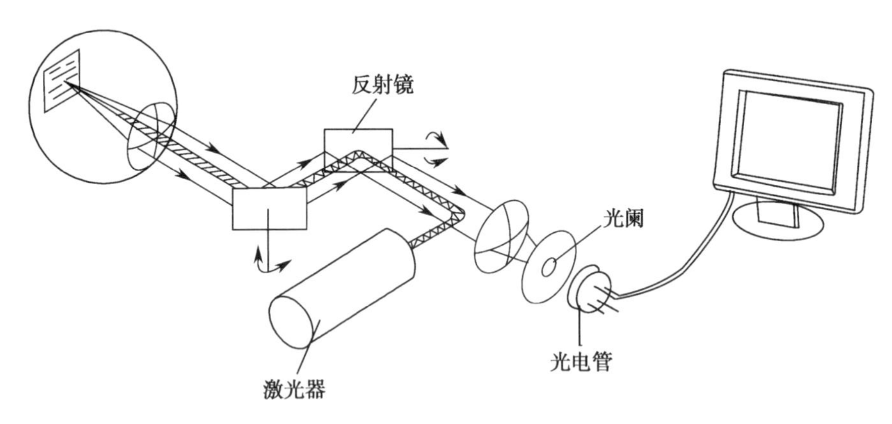

图 13-10 激光扫描眼底电视机的构造示意图

2. 眼底反射光的光路 从眼底反射出来的带有视网膜各种动态或静态的心理、生理和病理信息的反射光线，经光电放大管接收后转换成电流信号并被放大输出，用来调制射到电视屏上的电子束强度。控制反射镜检流计的信号使电视屏上电子束扫描与激光束对眼底的扫描同频，当激光束沿眼底移动时电子束也沿电视屏做同频移动，则可形成同频的清晰眼底图像。电视屏上整个图像由 525 条扫描线构成，每秒重复 15 次。若用的是 28D 非球面检眼透镜，则最大视场角为 55°，最小为 10°，最高视网膜分辨率为 12μm。如果改用广角接触式检眼透镜，则可使视场角扩大到 180°。由电子计算机控制的声光调制，可改变激光扫描光束

笔记

在某瞬时的光强度，可以在眼底形成各种不同形态和不同对比度的静态或动态图形。电视录像可以作为病案，供日后复诊、会诊或远距离传输。

（二）仪器的特点与其他的眼底检查仪比较，激光扫描眼底电视机有如下特点和优点：

1. 进出瞳孔的光路安排上与一般间接检眼镜或眼底照相机恰好相反。本仪器在瞳孔中心小区域内通过入射光路，而其余的大片区域则通过出射光路，可降低照明光的强度同时提高了反射光的光通量。过去间接检眼镜要求光强度为 100 000μW/cm^2，普通荧光素眼底血管造影所需光强度为 4 000 000μW/cm^2，而此仪器则只需 70μW/cm^{2}的光强。

2. 进入眼球的激光是很细的光束，入射光孔径小，从而大大增加了景深，而反射出来的光线并不需要形成光学像，从而避免了光学像差，提高了像质。

3. 光源可分别换用红光、黄光、绿光或蓝光，可满足观察不同层次和不同用途的需要。

4. 以上特点使本仪器具有一般检眼镜所没有的许多优势：

（1）在对病人安全和不引起病人不适的光强下能对受检眼的眼底作大范围检查。

（2）不仅能提供彩色眼底像，而且能提供反映眼底不同层次的单色光图像。

（3）景深极深，虹膜、玻璃体和视网膜能同时看清。

（4）可以连续录像存档。

（5）入射光孔径小，不必散瞳也能检查；低照度，尤其可在视网膜扫描光栅中放置有趣图像吸引儿童注视；接收光效率高，即使屈光间质混浊也易检查；这种高效吸收光能可使荧光素剂量减至一般剂量的 1/10 即可做荧光素眼底血管造影，可多次重复造影。

（三）检测视网膜功能的方法

由电脑控制的声光调制器，可以调制激光光束在眼底扫描区域内任何预定点的光强度，从而能在视网膜上构成各种静态或动态的图形。这些图形在被病人看到的同时，也能被医生从电视屏上同步看到。因此，各种常用的物理测验就可以在直视下进行，能直接确定功能缺陷的解剖学位置。现在已能用本仪器进行视野检查、测定视网膜上任何部位的视力，了解低视力病人的阅读状况。

1. 视野检查　令病人注视十字丝，医生可以观察病人黄斑中心凹和注视点的位置关系，确定是中心注视还是偏心注视。然后医生将视标投到患眼视网膜待测区，当医生将视标从病变区的中心向各方向的边缘移动时，嘱病人注视点固定不变，当能看到视标时即按一下揿钮，在电视屏上就标记下一个亮点，同时发出“嘟”的一声，表明病人已看到视标。暗点的各方边界确定后就能绘出整个暗点的位置和范围。这种检查法，在临床上主要用于：①光凝前暗点定位，使光凝点落在暗区，减少视网膜的视功能损伤；②确定低视力病人的暗点区，利于治疗。

2. 测定视网膜上任意部位的视力　一般视力检查只能测定黄斑中心凹处的视力。使用本仪器则能测定视网膜上任何部位的视力。医生可以用操纵杆将视标投到患眼视网膜的任何待测位置上，将“E”置于视盘黄斑中心凹区域，让病人辨认，并按下“上、下、左、右”四个方向中的一个揿钮。电子计算机将根据辨认正确与否自动变换视标的大小和方向，直至测出视力并打印出来。在临床上，主要用来确定黄斑病变病人的最佳视力位置，以利于治疗。

3. 了解低视力者的阅读状况　医生使用本仪器在电视屏上观察低视力者的阅读状况。受检者一边阅读一边读出声来，医生就可在电视屏上看到其中心凹处与所看文字之间的位置关系及其跟随运动状况。确定黄斑病病人视网膜上残存的最佳视力，确定何种字体、何等大小的文字最适合病人，确定在阅读时是移动注视点好还是移动文字好。

六、激光多普勒眼底血流测量仪

奥地利物理学家多普勒（Doppler）于 1842 年发现了一种声学现象：当声源与听者相对运

动时，听到的声音频率和声源发出的频率有改变；两者互相接近时听到的频率升高，互相离开时则降低，这种声学现象称为多普勒效应。后来发现，不但声波而且电磁波都有这种效应，即光波也有光学多普勒效应。当光在光学性质不均匀的媒质中传播时，会发现光偏离原传播方向而向四面八方传播的散射现象。大量研究表明，这些散射粒子的数目、尺寸大小及其运动状态，对散射光的强度和频率都有很大影响。当用一束光去照射运动着的微粒如血管内流动的红细胞时，因微粒正在运动，这些微粒散射的光频率就存在频移，这种频移为多普勒偏移，这一现象则称为多普勒效应。显然，当微粒流动方向是流向入射光束时散射光频率升高，远离时则降低。

入射光的光源是氦氖激光，光束到达视网膜上时，光功率密度要求小于 $0.1W/cm^2$，经光学系统聚焦、反射后焦点落在待测的视网膜血管上，经视网膜血管里的红细胞散射的光，由眼底照相机收集，再由光导纤维传送给光电倍增管，其输出的光电流则记录在磁带上，同时经信号处理机处理后直接变成待测红细胞的流动速率用数字显示。这里要指出的是由于光谱频率高达 1014Hz，目前没有可达如此高频响应的探测器，无法直接测量入射光谱和散射光谱，因此国内外都用光差检波技术，把不同频率的入射光和散射光同时射入一个具有平方检波特性的光电接收管的敏感表面，变成随这两束激光频差而变化的电流输出。用这种装置能无损伤地定量测定视网膜上各条血管的血流速度。

第七节 眼科激光治疗仪

由于激光具有单位空间、单位时间和单位频率内高度集中光能量的特性，所以用激光束给眼睛各组织施行手术具有优越性，为眼外科史翻开新的一页。

一、眼科激光治疗仪的激光特点

与普通光比较，激光在治疗方面具有如下独特的性能：

1. 光能量在空间高度集中 所谓光能量在空间高度集中，指的是两个方面：一是发光面积小，比如一支 10W 光功率的日光灯发出的光能量分布在整个日光灯管圆柱面表面积上向外发射，而一支同样 10W 光功率的氩离子激光器发出的光能量分布在输出窗口中心的极小的一个高斯光斑内，与上述日光灯管圆柱表面积比相差近万倍；二是激光束的发散角小，上述日光灯管圆柱面上任一点的发光向 4π 立体角内发散，而激光管输出窗口上任一点的光，总是沿管轴方向传播，其发散角小于 2×10^{-3} 的平面角，两者发散立体角比较，相差 10^5 倍，同样光功率的普通光和激光比较，激光能量在空间集中的总能力为 $10^4\times10^5=10^9$ 即 10 亿倍，所以用激光束给眼睛各组织施行光凝或光切时，很高的光能量可以集中在一点上，使手术精度高并且损伤小。

2. 光能量在时间上高度集中 所谓光能量在时间上高度集中是指原来连续发射的光能量可以脉冲发射，通过调 Q 技术或锁模技术在发射时间上进行压缩，比如将 1 秒内连续发射的 1 焦耳光能量压缩在 1ms 内瞬间发射，则光功率由 1W 提高到了 10^3W；若分别通过调 Q 或锁模技术，发射时间再压缩到 μs 或 ns，从而将光功率分别提高到了 10^6W、10^9W。眼科治疗用激光多为脉冲激光或调 Q 激光，光功率极高。激光每输出一个脉冲在视网膜和脉络膜上打一个凝固点或做虹膜穿孔所需的时间仅为毫秒级，调 Q 激光则更短。在这样短的瞬间就不用担心病人眼睛转动，避免了连续光造成的目眩症。

3. 光能量在单位频宽内高度集中 光能量在单位频宽内高度集中指的是激光的谱线宽度极窄，因此，人们可以选用只被患部组织吸收而对其余组织无害的激光。例如：氩离子激光对眼屈光间质有很高的透过率而眼球色素组织则对这种光具有很高吸收率，在治疗眼

内血管瘤、血管病变、新生血管或其他出血性疾病具有优越性。过去用碳弧灯光或氙弧灯光等普通光源治疗眼底病的同时也可造成屈光间质混浊,因为普通光的谱线宽,其中包含了屈光间质吸收的光波。对普通光进行滤光,滤过对屈光间质有害的光,同时损失了大量光能量。激光则不必滤光,其光能量高度集中。

二、眼科激光治疗常用的激光器

(一) 红宝石激光器

1960 年发明的世界上第一台激光器就是红宝石激光器,红宝石激光器的第一个用途就是用于眼科治疗。红宝石激光器因其激光工作物质是固体而属固体激光器。其工作物质是红宝石晶体,这种晶体的基质是刚玉(Al_2O_3),掺入少量杂质 Cr_2O_3,所掺杂质的重量仅为总重量的 0.05%,使部分 Cr^{3+} 代替 Al^{3+},从而使刚玉晶体变为呈红色的红宝石晶体。通常选用脉冲氙灯做激励源,使红宝石晶体中的 Cr^{3+} 实现粒子数反转,产生波长为 694.3nm 的受激辐射。通过晶体两端的两块反射镜的谐振,最终使这种激光器输出 694.3nm 波长的脉冲激光。这种激光器的脉冲峰值功率一般为几千瓦到几十千瓦,每脉冲能量为 0.1 ~ 1.5J。20 世纪 60 年代主要用这种激光治疗眼底病和光切虹膜治疗闭角型青光眼等有关疾病。

(二) 掺钕钇铝石榴石激光器

掺钕钇铝石榴石激光通常简称 Nd∶YAG(neodymium∶yttrium-aluminum-garnet Nd∶YAG)激光。它是一种固体激光器,工作物质为淡紫色的掺钕钇铝石榴石晶体,其基质为钇铝石榴石(分子式为 $Y_3Al_5O_{12}$),其激活离子为三价的钕离子(Nd^{3+})。当 Nd∶YAG 晶体受到强光照射时,处于基态的钕离子吸收泵浦光源的能量,跃迁到吸收带中的各能级。这些受激态的粒子不稳定,很快以无辐射跃迁的形式回到亚稳态,并在这个能级上形成粒子数反转。当这些粒子再向下能级跃迁时,就会辐射出光子,在谐振腔内产生激光振荡。在下能级的粒子也是不稳定的,迅速以无辐射跃迁的方式回到基态。

室温下 Nd∶YAG 在近红外区有3条明显的辐射谱线,中心波长分别为 0.914μm、1.06μm、1.35μm。其中 0.914μm 的辐射起振阈值高,只有在低温下才能实现激光振荡。1.06μm 比 1.35μm 的辐射强 4 倍,1.06μm 的谱线先起振,进而抑制了 1.35μm 谱线的起振。所以,Nd∶YAG 激光器通常只输出1.06μm 的近红外激光。

Nd∶YAG 激光器属四能级系统,量子效率高,受激辐射截面积大,阈值比红宝石激光器低得多,输出功率可达千瓦级。Nd∶YAG 晶体导热性良好,量子效率不因温度升高而发生显著变化,光谱特性随温度变化也很小。它是目前唯一能在室温下连续工作的固体激光物质,同时它也可做成重复频率很高的脉冲激光器。Nd∶YAG 激光器有连续波、自由振荡模、倍频、调 Q、锁模等多种运转方式,在眼科临床应用很广泛。

1. 连续波 Nd∶YAG 激光器 连续波 Nd∶YAG 激光器常用连续工作的氪灯做泵浦源。氪灯的发光光谱与 Nd∶YAG 晶体的吸收光谱带匹配较好,故泵浦效率较高。氪灯与 Nd∶YAG 晶体棒同在一个椭圆体聚光腔内。大功率激光机常有 2 个氪灯,点亮氪灯常采用预燃法,即开机时用较低的电压点燃氪灯,发射激光时给氪灯两端加上更高的电压,使氪灯由辉光放电转为弧光放电,进而发射出强光。由于氪灯的发光光谱包含有紫外光,它对激光的产生有消极影响,因此在氪灯周围用含有重铬酸钾或亚硝酸钠的溶液灌流,一方面可滤去紫外线,另一方面可起冷却作用。此外,也可用滤光石英玻璃制作氪灯或用它将氪灯与 Nd∶YAG 晶体棒隔开,这也能有效地滤除紫外线。连续波 Nd∶YAG 激光器发射的激光为不可见的近红外光,因而常用红色的氦氖激光做引导,指示 Nd∶YAG 激光的传播方向。另外,点亮氪灯需要高电压大电流,因而产热较多,充分的循环水冷是必需的。

眼屈光间质对波长 1064nm 的 Nd∶YAG 激光吸收率较其他可见激光高,从空气经角膜

笔记

仅有70%的光能到达眼底，叶黄素和氧合血红蛋白对它几乎不吸收，还原血红蛋白和视网膜色素上皮对它的吸收率均为15%。眼底照射造成的损伤主要在脉络膜。因此，这种激光不适合做眼底光凝治疗。然而，在所有眼科用激光中，它在巩膜的透过率是最高的，为53%～77%。因而它很适合用于经巩膜睫状体光凝和经巩膜脉络膜视网膜光凝。由于这种激光器输出功率大，又可用石英光纤传输，因此它也可用来做经鼻腔逆行激光泪囊鼻腔造孔术，经泪小管泪囊鼻腔造孔术，治疗鼻泪管阻塞引起的慢性泪囊炎。

2. 倍频Nd∶YAG激光器 倍频Nd∶YAG(frequency-doubled Nd∶YAG)激光的产生是利用倍频晶体在强光作用下的2次非线性效应，使频率为f的光波通过倍频晶体后变为频率为$2f$的倍频光，从而使波长为1064nm的近红外激光变为波长532nm的绿色激光。激光倍频技术的关键是非线性的倍频晶体，常用的有磷酸氢钾(KDP)、铌酸锂($LiNbO_3$)、磷酸钛氧钾(KTP)。优良的倍频晶体应具有非线性系数大、相位匹配角大、光损伤阈值高、化学性能稳定、导热性好和不潮解等优点。

倍频方法分腔外倍频和腔内倍频2种。腔外倍频常采用输出峰值功率很高的调Q巨脉冲Nd∶YAG激光器，把倍频晶体置于谐振腔外的激光束中，当移开倍频晶体时，激光器又可输出1064nm的激光。腔外倍频法具有结构简单的优点，但它的转换效率较低。腔内倍频是把倍频晶体装入激光谐振腔内，多采用连续波Nd∶YAG激光器。由于连续工作器件的功率水平较低，其倍频转换效率不会很高。为此，在谐振腔内插入声光调Q晶体，使激光器产生几千赫兹的高重复频率脉冲激光，这样输出的倍频Nd∶YAG激光为准连续波。氪灯泵浦Nd∶YAG晶体，在声光Q开关作用下，于R_1和R_2构成的谐振腔内产生准连续运转的1064nm激光振荡。由于R_1R_2对1064nm光均为全反射，因而这个波长的激光不能输出。经过KTP晶体后，1064nm光波变为532nm光波，R_3对532nm光全反射，而R_2对532nm光全透过，最后激光器输出绿色激光。

近年来，波长532nm的倍频Nd∶YAG激光机采用半导体激光(810nm)做泵浦源。半导体激光器体积小，电光转换效率高，所发射的810nm激光正好与Nd∶YAG晶体的光谱吸收峰值(810nm)匹配。这种倍频Nd∶YAG激光机体积小、重量轻。由于它泵浦效率高，产生的1064nm激光频率稳定性好，所以舍去了腔内插入的声光调Q晶体，从而真正实现了532nm激光的连续波输出。波长532nm的绿光在正常眼屈光间质透射率达95%以上，血红蛋白和黑色素对它都有很高的吸收率，叶黄素对它吸收较少。组织学研究证实，眼底光凝的组织损害主要限于视细胞层和视网膜色素上皮层。这种激光类似氩绿激光，可光凝治疗黄斑部病变和眼底血管病变，但玻璃体有积血混浊和视网膜前大片出血时不宜使用，血红蛋白对这种绿光的大量吸收转变为热能，易造成玻璃体和视网膜机化条索的形成。

3. 调Q与锁模Nd∶YAG激光器 未加调制自由运转的脉冲激光器，即自由振荡模(free-run mode)激光器，在光泵闪烁的激励下产生的激光脉冲是由一系列宽度和间隔均为微秒量级、强度不等的小尖峰组成，该脉冲的峰值功率不高。例如，一个脉冲输出能量为几焦耳的自由振荡模Nd∶YAG激光器，在10^{-1}秒内释放全部能量，其峰值功率仅有几十瓦，若采取一定的措施，使它在10^{-4}秒内释放这几焦耳的能量，其峰值功率可高达数万瓦。为了获得更高的峰值功率，需要把分散在这一系列小尖峰中的能量集中在一个时间宽度极窄的脉冲内释放出来，调Q和锁模激光器就是为达到这一目的而产生的。与其他可见波段激光相比，由于眼屈光间质对1064nm激光吸收较多，再加技术上容易实现的原因，目前都采用Nd∶YAG晶体制做调Q(又称Q开关)或锁模激光机，用于眼前节病变的治疗。根据能量贮存的方式不同，可有工作物质贮能和谐振腔贮能两条调Q途径。

工作物质贮能调Q是在激光器开始工作时，先让谐振腔的Q值处于低下状态，腔内的激光振荡阈值很高，这时工作物质上能级的粒子数不断积累。当粒子数反转达到最大值时，

再使谐振腔的 Q 值突然升高,腔内便会雪崩式地骤然建立起极强的激光振荡,从而产生峰值功率很高的激光脉冲。实现这种调 Q 的方法有:转镜调 Q、声光调 Q 和染料调 Q 等。

谐振腔贮能调 Q 是采用电光晶体将谐振腔的部分反射镜改造为可控的反射镜,即在激光起振初始,电光晶体上不加电压,此时相当于可控反射镜的反射率为零,谐振腔的 Q 值处于极低的状态。当工作物质贮能达到最大值时,再给电光晶体加上电压,使得谐振腔两端均为全反射,腔内激光振荡阈值降得很低,Q 值变得很高,激光振荡迅速形成。待工作物质中的贮能已转化成为谐振腔内的光能时,迅速撤去晶体上的电压,可控反射镜又恢复到反射率为零的状态,谐振腔内的光能快速释放到腔外,形成峰值功率极高的激光脉冲。

调 Q 和锁模 Nd:YAG 激光器都是通过发射能量在空间和时间上均高度集中的激光脉冲使组织电离,形成等离子体,进而通过光爆破作用(photodisruption)达到切割组织的目的。这种光爆破切割效果不依赖靶组织色素的存在,因而调 Q 和锁模 Nd:YAG 激光器不仅可以切开有色素的虹膜,也可切开无色透明的晶状体囊膜。用这 2 种激光器做虹膜周切,透切成功率可达 100%,所用能量较低,术眼反应较小,明显优于氩离子激光器。这 2 种激光器还可用于切除膜性白内障,人工晶状体前后的混浊囊膜,加接触镜也可切割位于后部玻璃体的机化条索。此外还可以做激光房角切开、内路巩膜切除、瞳孔成形和人工晶状体植入术前的晶状体前囊截开等。

(三) 氩离子激光器和氪离子激光器

氩离子激光器和氪离子激光器因它们的工作物质是气体而都属气体激光器。气体激光器的工作物质有原子气体、分子气体、离子气体和准分子气体等,氩离子激光器和氪离子激光器是离子气体激光器。气体激光器的一般结构如图 11-1 所示:将适量的有关工作气体注入已抽成真空的圆柱状玻璃管内;然后使充有稀薄工作气体的激光管进行气体放电,激励工作物质从基态向高能态跃迁,形成粒子数反转,发生受激辐射;再经玻璃管两端的两块反射镜组成的光学谐振腔使特定波长、沿管轴方向的受激辐射振荡,最后从激光器输出窗输出激光。这种激光的波长与激活物质有关结构对应,工作方式则与泵源的工作方式对应,如脉冲泵浦则输出脉冲激光,如连续泵浦则输出连续激光。氩离子激光器是目前可见光区域内连续输出功率最高的一种激光器,功率可达几十瓦。其主波长是 514.5nm 绿光和 488.0nm 蓝光。这种波长的光对眼屈光间质有很高的透过率,而眼球色素组织对这种波长的光具有很高的吸收率,用来治疗眼内血管瘤、血管病变、新生血管和其他出血疾病具有优越性。这种激光的发散角比红宝石激光小得多,经透镜聚焦后,氩离子激光束直径可小到 4.0~5.0μm,在治疗时对周围组织损伤少。这种激光的能量也较容易精确控制。因此,氩离子激光逐渐代替红宝石激光。

氪离子激光器与氩离子激光器是同年问世的,由于当时没有解决耗能高而输出功率低这一技术难题,直到 1972 年才由 L'Esperance 等改制出眼科治疗机用于临床。又因输出功率的限制,以前临床上只能用氪红激光做眼底病变的光凝治疗,而氪黄和氪绿激光仅限于实验研究。几年前出现的多波长氪离子激光器使氪激光在眼底病的光凝治疗方面占有了重要席位,在其 3 条不同谱线的激光中,氪红最强,氪绿次之,氪黄最弱。3 条不同谱线的激光在眼组织有不同的吸收特性,适应于不同病变的光凝,下面分别予以介绍。

氪红激光(647.1nm)曾是眼科临床普遍使用的一个氪激光谱线。它主要被黑色素吸收(约为 67%)。光凝主要作用于视网膜色素上皮层和脉络膜。血红蛋白对它吸收较低,为 7%~29%。叶黄素对其不吸收。它在眼屈光间质的穿透率达 95% 以上。即使在玻璃体有轻度积血混浊的情况和晶状体核硬化的老年人,氪红激光仍有较其他波长激光更高的透过率。这些特点决定了氪红激光非常适合光凝治疗以下眼病:视网膜前出血较多,玻璃体积血混浊影响其他波长激光透过的眼底血管性病变、脉络膜血管病、黑色素瘤等。

笔记

氪黄激光(568.2nm)血红蛋白和黑色素对它都有很高的吸收率,前者为83%~86%,后者达80%(仅次于染料黄激光)。它的一个显著特点是叶黄素对其不吸收,这使得它可以顺利地穿过核硬化的晶状体,并且不易损伤黄斑部视细胞,所以用它光凝治疗老年性黄斑部病变特别优越。也可用于治疗眼底血管性疾病,但不适合于玻璃体有积血混浊的病人。过去,由于氪黄激光输出功率低,加之染料黄激光(577nm)的开发,所以它未能在眼科临床普遍应用。

氪绿激光(530.8nm)它也能被血红蛋白和黑色素很好地吸收,吸收率与氪黄激光类似,但叶黄素对其少量吸收。它类似于氩绿激光,可用于光凝封闭视网膜裂孔和变性区,治疗屈光间质较清的眼底血管性疾病。

(四) 氦氖激光器

氦氖激光器是原子气体激光器,在激光管内充入稀薄的氦气和氖气,其中氖原子是辐射波长为632.8nm的工作物质,氦气则是辅助气体。氦氖激光器输出功率从几毫瓦到几十毫瓦,是连续激光。眼科激光检测仪的激光光源主要是氦氖激光。氦氖激光作为一种弱激光,照射到机体上可产生一系列的生物刺激效应,如提高机体的免疫功能、促进组织生长、消炎和扩张毛细血管等。眼科临床用它来治疗睑腺炎和弱视。

(五) 有机染料激光器

染料激光器的工作物质有"有机染料"和"无机染料"两种,后者在液体状态下工作,有机染料则可在固体状态、气体状态或液体状态下工作。医用的有机染料激光器,其工作物质在液体状态下工作,所以是液体激光器。

有机染料液体激光器都用光泵激励。当用连续光泵进行连续激励时,激光器将连续输出连续光;当用脉冲光泵进行脉冲激励时,激光器将输出脉冲激光。当用光动力学疗法治疗眼部恶性肿瘤时多使用连续激光,激光功率为几百毫瓦到几瓦,所用光泵多用氩离子激光;当用光凝或光切治疗眼部疾病时则多用脉冲激光,激光能量约几十毫焦耳,峰功率约为105W,脉冲宽度约为几十毫秒,所用泵浦源多用脉冲氮分子激光或氙闪光灯。染料激光器的一个特点是其激光波长连续可调。若所用的有机染料是若丹明6B则可在605~638nm波段内调谐,若用的是若丹明6G,则可在580~610nm波段内调谐。光动力学治疗眼部恶性肿瘤用的有机染料激光器的工作物质是若丹明6B,可选其中的630nm谱线作为治疗光源。

三、眼科激光治疗仪的整机结构

一般医用激光机总是由激光器、激光电源和激光光导系统三大部件构成。对于眼科专用的激光治疗仪则除了上述三大部件以外,还需增加检眼镜或裂隙灯显微镜等供医生观察用的观察系统。尽管目前眼科激光治疗仪品种繁多,但其结构大同小异,总是由上述四大部分构成。本书介绍较为典型的固体激光红宝石激光视网膜凝固机和气体激光氩离子激光眼科治疗机。

(一) 红宝石激光视网膜凝固机

图13-11所示是红宝石激光视网膜凝固机结构示意图,由四大部分组成:①红宝石激光器,这种激光器主要有红宝石晶体,两端有两块反射镜组成光学谐振腔,旁边平行放置一支脉冲氙灯;②供应点燃光泵氙灯的电源,称为激光电源;③激光束的光导系统,从光学谐振腔里发射的波长为694.3nm的红色激光束经透镜 L_1 和 L_2,再经棱镜K反射入患眼视网膜靶位;④医生的观察系统。图中反射镜R中心开孔,694.3nm激光束可以从孔中全部通过,但它是照明光的反射镜,使来自灯泡的光,经 L_3 会聚、R反射,再经 L_2 和K反射,让照明光会聚于患眼瞳孔附近,从而照亮整个网膜。医生在操作时首先通过屈光度校正盘能清晰观察到病人眼底,然后调整透镜 L_2 的位置使反射镜R中心的小孔像清晰成像于凝固的靶位,最后

笔记

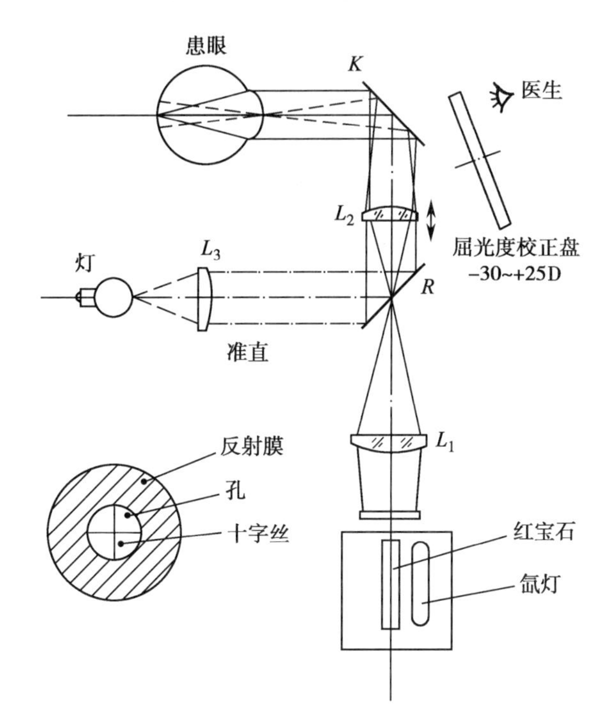

图 13-11 红宝石激光视网膜凝固机结构示意图

将确定好剂量的激光释放打向靶位(按动揿钮)。

(二) 氩离子激光眼科治疗机

图 13-12 是氩离子激光眼科治疗机结构示意图。该机由激光电源、激光器、光导系统和观察系统四大部分组成。

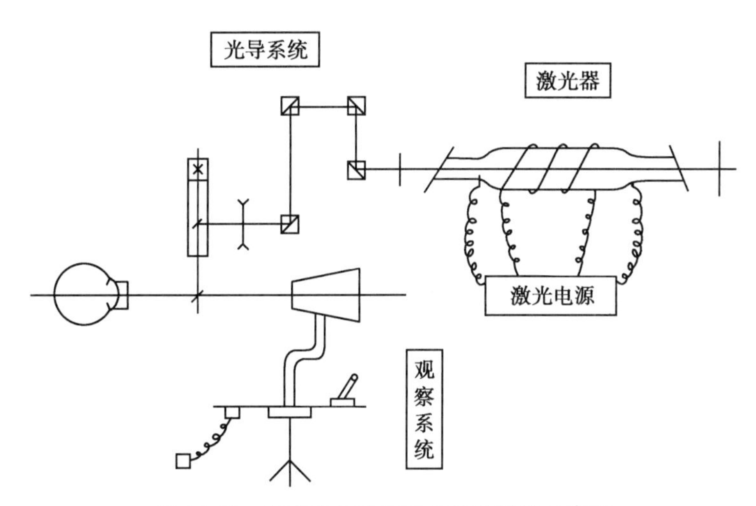

图 13-12 氩离子激光眼科治疗机结构示意图

电源主要是供激光管气体放电的电源,与 CO_2激光或 He-Ne 激光不同的是氩激光要求大电流(几十安培)、低电压(常为 380V)。此外,还包括供给氩激光管外侧的磁场所需之电源。

氩激光器结构多为外腔式,光学谐振腔用的两块反射镜装在玻璃管外,封接于激光管两侧的是两块布氏窗,其与管轴的夹角称为布氏角。可选用 488.0nm 波长的蓝光,也可选用波长为 514.5nm 的绿光,或者这两种颜色的混合光。

光导系统可以是光导纤维,也可以用光导关节臂。图中画出的是四关节光导关节臂,其中每一个反射镜装在反射镜座内,而这个反射镜座与中空连接管由滚珠轴承连接,从而反射

笔记

镜可绕入射光轴360°旋转,称之为一个关节。这样,若用六个关节,则就可在六个方位上各转360°,就有了六个自由度。有六个自由度的光导关节臂就可将激光导向空间的任意方位而没有“死角”。

观察系统用的是裂隙灯显微镜,但激光束最终仍需借用裂隙灯中的一块反射镜将激光最后导入眼内所需靶位。

氪离子激光和染料激光等其他激光原则上都可用上述系统结构,只需换成有关激光器和相应的激光电源。操作步骤则各机都有说明书,通常总少不了如下环节:通水冷却—预热激光管灯丝—开启磁场电源调至所需值—开启触发电源,先小电流下调整—开启弧光电源并调节之所需值—开启激光输出开关。此时按预定剂量的激光可打向眼部所需靶位,当然在激光机运转之前首先将同光路瞄准光瞄准眼部所需靶位。结束工作时则与上述顺序相反,先关闭输出开关,然后依次关闭弧光电源、磁场电源和灯丝电源,停止工作约15分钟后,关闭冷却水开关。

第八节 准分子激光系统及其技术

随着光学、医学影像学和计算机技术的飞速发展,用于治疗近视、远视和散光的准分子激光系统的技术水平和配置不断完善提高。基于设计和构造的创新,配有像差以及角膜地形图和个体化切削软件的准分子激光系统在临床应用中,以其优越的性能极大地提高了眼科治疗水平,展示了广阔的应用前景。

一、准分子激光系统的治疗原理

准分子激光的波长为193nm,由于其具有的单光子能量(6.4eV)远大于人眼角膜组织分子键能(3.4eV),因此能够打断生物分子的化学键,对角膜组织实施“光化学切削作用”,而对角膜周边和内部组织无损伤,使其成为眼科激光角膜屈光手术的首选激光。

准分子(excimer)是激发态的原子或分子与基态的原子或分子结合的总称。准分子的种类有由同种双原子/分子形成的(激态的惰性气体和基态的惰性气体的组合)以及异种复合原子形成的(激发态的惰性气体和基态的卤素气体)两类,由这些气体的结合而形成各种脉冲的介质。眼科准分子激光系统就是利用异种复合原子组成的ArF(氟化氩)作为介质。当向氩气施加高电压时,与激发态的氟气相结合,形成ArF。ArF受到激励后,从分子裂变回到基态时,便放出193nm的光子,即为准分子激光。193nm的准分子激光照射在组织上时,直接作用于细胞间的分子,切断分子键。由于断开的分子高速蒸发离散,使准分子激光照射的部位形成极为平滑的切面。每一个脉冲切削的深度为一个微米单位,切削的深度与振动的脉冲数几乎是成正比的,所以依据脉冲数控制切削的深度,可以形成高精度的切削深度,从而降低屈光度来矫正视力。

二、准分子激光系统的构成

准分子激光系统由准分子激光器、气体供给系统、显微镜、控制系统、计算机、脚踏开关、眼的自动跟踪装置以及附属部件等构成。术者可依据电脑选择适当的手术方法(PRK、PTK、LASIK),输入激光照射的条件等,利用显微镜观察病人的眼睛,利用升降开关或焦距调整开关进行照射瞄准。完成照射瞄准后,按动READY开关,便成为可发射激光的状态。在此种状态下用脚踩动脚踏开关,使快门打开,治疗光的准分子激光就可以从引导光路的最终发射端口发射出来。

准分子激光系统的治疗光是193nm紫外光,不能目视。由于术者要用目视,因此用白色

照明光照射中心部,在该部位用红色半导体激光投影。术者可以把半导体激光和瞄准用的照明光作为引导光束来确认照明位置。

三、准分子激光系统的治疗模式

准分子激光系统按照治疗疾病的不同分为 PRK 和 PTK。用准分子激光系统进行角膜屈光矫正手术被称为 PRK。在 PRK 模式下可以进行球面曲率和圆柱曲率的矫正。球面曲率的矫正可在角膜光学区内形成凹球面;圆柱曲率的矫正是把角膜的强屈光轴作为矫正轴来形成凹球面。

对球面曲率及圆柱曲率的矫正既可以单独进行手术,也可以组合在一起手术。另一方面,用准分子激光系统治疗对角膜病变区切削的手术被称为 PTK,手术主要目的是剥离、除去角膜表层的病变部位,恢复角膜的透明性。

四、准分子激光系统的不同激光扫描形式

准分子激光系统进行角膜屈光矫正治疗,其激光扫描方式有三种:光斑扫描、裂隙扫描和飞点扫描。①光斑扫描就是激光通过一系列大小不同的掩模光阑以及可变焦距成像系统,在角膜表面形成阶梯式连续可变的治疗光斑,利用这些光斑来照射角膜,将角膜组织均匀地切削一层,从而改变角膜曲率。优点是技术容易实现,稳定性好,速度快。缺点是容易生成中央孤岛现象,手术时角膜温度高易影响手术结果,无法矫正不规则散光。②裂隙扫描是指激光在最小的圆形范围内开始裂隙线性扫描,然后旋转光圈 60°,再进行裂隙线性扫描。优点是没有中央孤岛现象,切削面光滑,不易产生眩光和视力回退现象;速度快,手术时角膜温度低,手术效果好;设备工艺成熟,稳定性好。缺点是无法矫正不规则散光。

五、飞秒激光

飞秒激光是使用二极管来激发特殊的激光材料如镱(Ytterbium),以产生近红外光(infrared,IR)的波长,特点在于其极短的脉冲持续时间(duration time)约 10^{-15} 秒(femto second,fs),故称飞秒激光。目前运用的激光波长约为 1000 ~ 1060nm,脉冲持续时间约为 200 ~ 580fs,特性相近于掺钕钇铝石榴石激光(Nd:YAG),作用是通过发射能量在空间和时间上均高度集中的激光脉冲使组织电离,形成等离子体,进而通过光爆破作用达到切割组织的目的。这种光爆破切割效果不依赖靶组织色素的存在,因而不仅可以切开有色素的虹膜,也可切开无色透明的角膜及晶状体囊膜。因持续时间更短(200 ~ 580fs),加上 2 ~ 3μm 的光斑大小,因此作用于角膜等组织的单发能量非常低,低至 4μJ 以下,因此不会伤及角膜等目标组织。飞秒激光目前运用的眼科领域包括:屈光手术角膜瓣的制作、全飞秒屈光手术、飞秒激光辅助白内障手术、角膜散光切开矫正术、角膜移植术、基质环植入术等。

六、现代准分子激光应用的特征

与以前的准分子激光系统相比,配有像差以及角膜地形图和个体化切削软件的准分子激光系统具有明显的技术进步及优势。以某公司生产的准分子激光系统来说明:

1. 旋裂隙扫描功能提供了均质的切削方式,能够切削出极其平滑的表面,缩短了手术时间,降低了切削深度,具有更平滑的修边区,并且包含多点线性微光斑功能。

2. 三维立体对焦功能使操作简易,可以防止眼球的倾斜,并且提高视轴中心的定位(准分子激光同轴的瞄准光以及固定角度双十字裂隙)。

3. 眼球追踪定位功能是指系统能够自动追踪瞳孔中心,防止出现由于病人的固视微动等造成的照射位置偏心,使操作更为精确,术后视力达到最佳。功能说明:

（1）检测功能 检测瞳孔中心并追踪眼球移动位置，保证激光治疗的正确位置。

（2）补偿功能 当病人角膜顶点与瞳孔中心位置不同时，医师可利用补偿功能将眼球追踪定位于角膜顶点。

（3）安全停机功能 当瞳孔中心与激光治疗位置超过0.25mm，激光自动停机。

（4）自动停机功能 当瞳孔中心无法检测到时，眼球追踪功能会自动停机。

4. 眼球旋转定位功能是为了防止病人眼球震颤而设定的功能，以确保激光治疗位置的准确。

5. 波前像差以及角膜地形图可以同时测量，解决了分开测量无法定位的难题。该部分利用先进的医学图像处理技术，提供的参数使手术更精确，效果更好。

6. 小光斑切削功能是为了形成一个对称的角膜形状，必须选择使用1mm直径大小的激光光斑来处理这些不规则的部分或放射状对称的形状。

7. 个体化切削软件通过医学图像轮廓特征分析，将像差以及地形图结果进行计算，形成精确的个体化切削处方，医生通过准分子激光来实现。

七、准分子激光系统的前景

二维码13-1 扫一扫，测一测

准分子激光角膜切削术是一种非接触式的，由计算机控制的眼屈光外科手术。从目前的资料看，是较为理想和安全的屈光手术，主要并发症是上皮下雾状混浊等，对于近期疗效良好的病人，随着时间的推移是否会发生屈光位移或散光仍需随访观察。

近年来准分子激光技术发展非常迅速。目前在治疗光学区直径选择、光圈式和扫描切削方式的选择、能量密度和脉冲频率的选择等方面还存在争议。这些方面对治疗效果的影响还需今后不断的研究。此外，随着医学图像处理技术不断更新，准分子激光系统将更趋完善。

（徐国兴）

笔记

第十四章

双眼视觉测量及视觉训练仪器

本章学习要点

- 掌握：同视机的基本结构和原理。
- 熟悉：调节训练、融像训练常用器材；同视机的附件组成。
- 了解：同视机临床应用；调节训练、融像训练常用器材的应用方法。

关键词 同视机 调节训练 融像训练

二维码 14-1
课程 PPT
双眼视觉测量及视觉训练仪器

临床上，不少病人因斜视或其它非斜视性原因，产生器质性或功能性双眼视觉异常，不仅影响外观和视觉效果，还可能合并一系列症状。双眼视觉异常主要包括调节异常与聚散异常。调节异常，主要包括调节过度、调节不足、调节灵活度下降、调节疲劳等；聚散异常，常见有集合异常、散开异常和融像性聚散功能异常。双眼视觉异常还包括弱视或屈光参差引起的单眼抑制。

双眼视觉异常，其治疗目的是缓解症状、改进视觉功能，方法多种，以非手术治疗为主。基本方法有：①屈光矫正；②附加阅读镜；③棱镜；④视觉训练。当临床确诊为双眼视觉异常并明确其类型后，处理的一般原则为：先简单后复杂，先球镜后棱镜，先训练后治疗。必须针对异常的类型选择相应的训练方法，一种类型的异常往往有多种训练方法与之相对应，可选择其中一种或多种同时进行。

本章主要围绕双眼视觉功能基本检测仪器，和常用的双眼视觉训练方法与器材进行讨论。

第一节 同 视 机

同视机(synoptophore)，又名大型弱视镜(amblyoscope)、斜视镜(heteroscope)，是进行双眼视觉功能、眼球运动生理检查及双眼视觉训练的常用仪器。它能检查各方向主客观斜视角、视网膜对应关系、双眼视觉功能以及立体视觉等，既能用于诊断、又能用于治疗，是眼肌训练及双眼视觉功能训练较理想的仪器。

一、同视机的基本结构和原理

(一) 同视机的组成

1. 同视机主机 主要由四个部件组成：左、右各一个镜筒，中部部件，底座(图 14-1)。左右镜筒分别装在“L”形的支架上，支架下部伸出一根转轴，向下延伸到同视机中部的瞳距调节机构内，可进行镜筒绕 Z 轴的旋转及两眼的瞳孔距离调节。同时，附有左右镜筒锁紧机构，便于将镜筒固定在某一位置。在支架转轴下方、中部部件上端固定有两块不同单位刻度

笔记

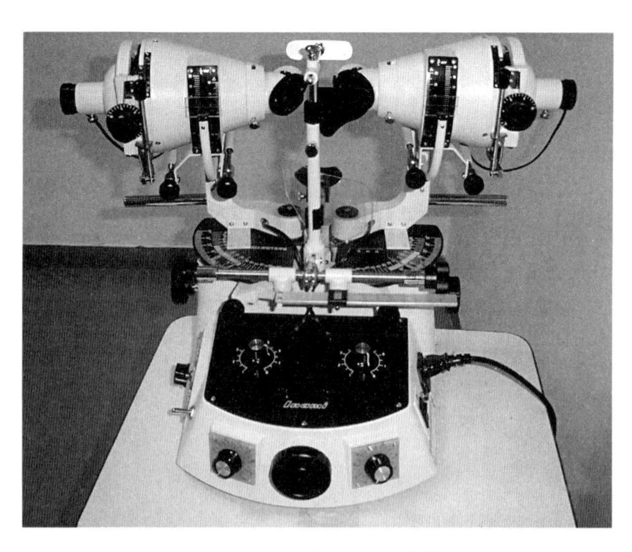

图 14-1　同视机外形结构

的刻度盘，以借此读出镜筒的集合和散开角度值，其内侧为圆周度，外侧为三棱镜度。左右镜筒各包括目镜、反射镜和画片夹三个部分，镜筒上附有画片的高度及旋转角度的刻度盘。

2. 同视机的主要运动机构　包括使左、右镜筒绕 X 轴旋转的镜筒俯仰运动机构，使画片绕 Y 轴旋转的画片盒旋转机构，使左、右镜筒绕 Z 轴旋转的水平运动机构，以及瞳距调节机构和画片升降机构。

3. 同视机主要附件　包括不同视角的画片（含同时视、融合、立体视画片等）、镜片架、海丁格刷、蓝色滤光镜、暗室照明灯、工作台等。

（二）光学原理

同视机的光学系统，按照正视眼调节完全放松的状态（即远点为无限远）进行设计，平行光线由光源射入被检眼中，模拟自然界中无限远的景物，并在目镜焦面上放置各种检查用画片（相当于光学仪器中的分划板）来替代不同的景物。目镜框端部设有两个镜片架附件，可插入不同屈光度数的镜片以补偿被检眼的屈光不正。

图 14-2 为同视机左右两支光学系统图，对应被检者的左右眼。其中，可变光阑光孔直径变动范围为 10～60mm，目镜为+7D 球镜，病人通过目镜观看画片。检查对画片的精度要求不高，故仅需采用单片正凸透镜消除光学系统产生的球差及畸变，即可满足使用条件。平面反射镜起到折转光路的作用。蓝色滤光镜在使用海丁格刷时应用。

检查时，被检者头部位置和眼球位置将影响测量的准确性。图 14-2 中眼球 R 左上方标

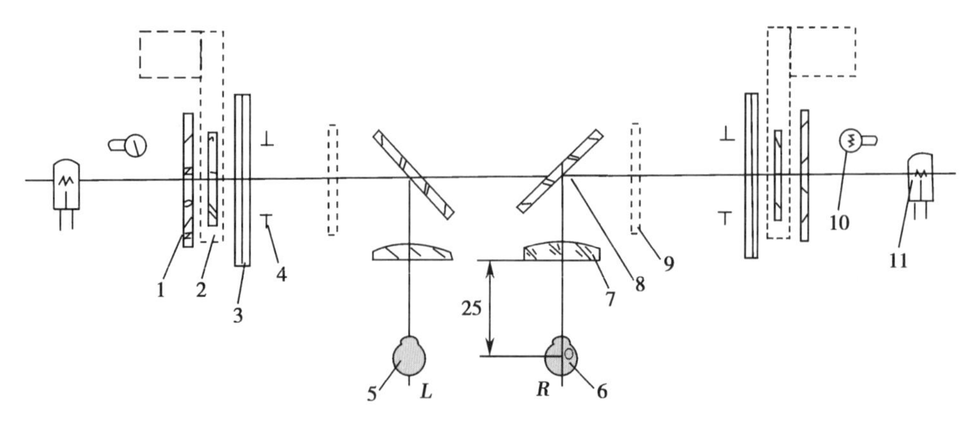

图 14-2　同视机光学系统图

1. 白色漫射玻璃　2. 海丁格刷部件　3. 画片　4. 可变光阑　5. 左眼球　6. 右眼球　7. 目镜　8. 平面反射镜　9. 蓝色滤光片　10. 画片照明灯　11. 强光灯

示的 25mm 指的是眼球转动中心“O”到目镜前表面间的距离。根据统计资料：人眼直径约为 23～24mm，接近球形，如将其作为直径 24mm 的球体看待，眼球转动中心就在球心，球心到角膜表面距离为 12mm，综合睫毛长度、眉骨高度及目镜前附加镜片架厚度等几个因素，将被检眼转动中心至目镜平面间距设定为 25mm。同时，通过同视机附属的额托支架、颏托支架固定被检者头位，可避免因头部位置变化导致的测量误差。

（三）结构设计原理

同视机结构设计必须遵循眼球运动的特点和检查所需要的要求。

1. 眼球运动坐标 根据眼球运动法则，以 Fick 坐标来表述眼球向正前方注视时所处的位置。Fick 坐标由通过眼球转动中心并互相垂直的 3 条轴线（水平轴/X 轴、前后轴/Y 轴、垂直轴/Z 轴）构成（图 14-3）。经过此 3 条轴的有 3 个平面，分别是平行于冠状面并通过两眼转动中心的额平面（又称 Listing 平面）、与 Listing 平面相垂直并通过眼球转动中心的水平面、通过眼球转动中心并与前两平面相垂直的矢状面。眼球在运动时，围绕三条轴线转动，并沿轴向三个方向移动，产生眼球上转、下转、内转、外转、内旋、外旋六种转动方式。

根据 Hering 在 1879 年提出的眼球运动法则：双眼运动时、双眼所接受的神经冲动往往是强度相等、效果相等的，当一眼向右转时，另一眼也必同时向右侧作等量运动，即双眼运动是同步进行的，在同视机结构设计时需依据并实现这个规律。根据 Fick 坐标规定：位于 Listing 平面上，眼球注视正前方时的眼位称为第一眼位，如图 14-4 中央眼位。当眼球绕沿 X 轴方向，绕 Z 轴内外转时到达的眼位称第二眼位。当眼球自第一眼位转向斜方向时，最后到达的眼位称为第三眼位，如图 14-4 中四个角的位置即是第三眼位。

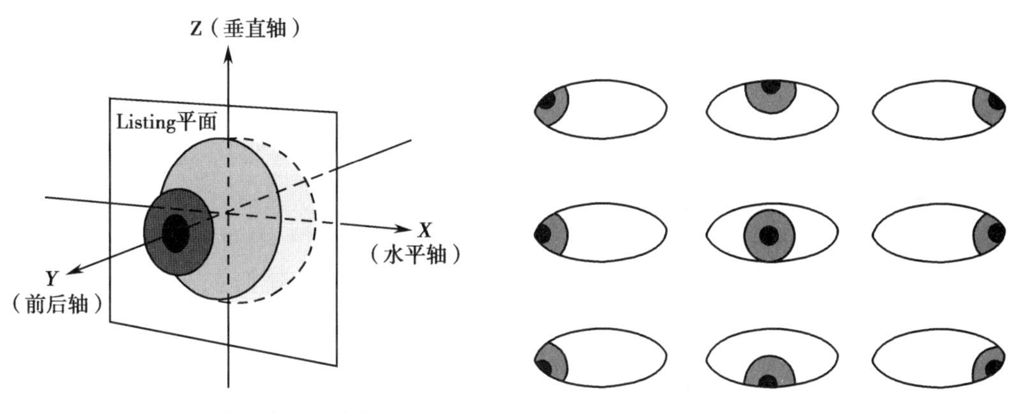

图 14-3 眼球运动 Fick 坐标　　图 14-4 眼球运动眼位

2. 检查眼位的设计 根据诊断需要，结构设计要求当眼球处在任何眼位时，仪器都能达到眼球所对应的位置进行定量测量。

现依照不同眼位情况，按 Fick 坐标分析结构上的可行性。

（1）对 X 轴（水平轴）：镜筒绕 X 轴的俯仰转动，即对应眼球的上转、下转运动，图 14-5 中镜筒处于 A 位时，眼球下转；处于 B 位时，眼球上转。眼球上下转动，镜筒俯仰范围达 ±30°。图 14-5 中镜筒处于 A 位时相应于图 14-4 中的下斜眼位，B 位时则为上斜眼位，镜筒俯仰时的转动中心必须与眼球转动中心“O”点重合。可从支架上的刻度尺，读出俯仰角度的数值。

（2）对 Y 轴（前后轴）：镜筒绕 Y 轴的转动，对应眼球绕光轴的旋转，即内旋（向鼻侧旋转）和外旋（向颞侧旋转），设计时采用左右镜筒中的画片（即分划板）相对于镜筒光轴的旋转来实现。画片的旋转通过画片盒绕镜筒轴线旋转（图 14-5），转动范围达 ±20°，可从固定在画片盒上的刻度尺读出旋转角度数值。

（3）对 Z 轴（垂直轴）：镜筒绕 Z 轴的转动，对应眼球绕垂直轴的转动，即眼球在水平方

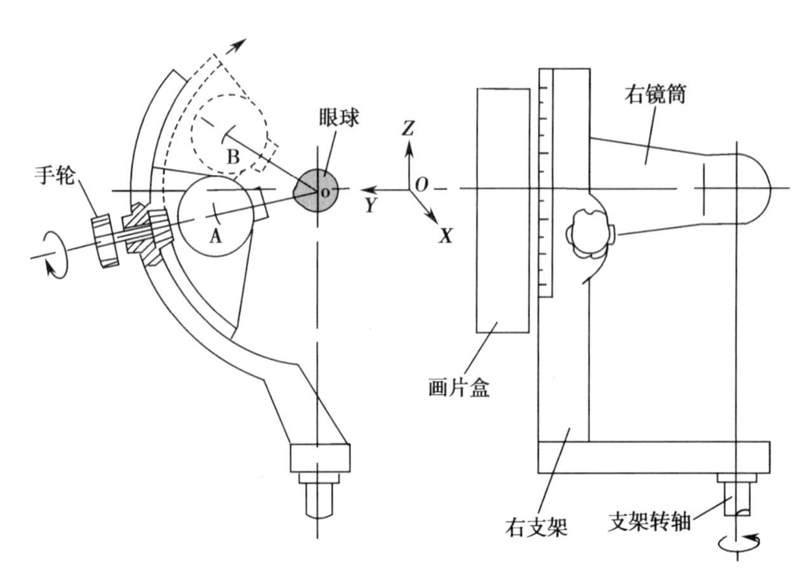

图 14-5 镜筒绕 X 轴、Y 轴、Z 轴转动示意图

向上的运动，包括水平方向上的同向运动及逆向运动（集合与散开）。眼球同时向鼻侧方向运动称为集合运动（又称辐辏），眼球同时向颞侧运动称为散开运动，分别对应左右镜筒同时向内移动或向外移动。正常眼的集合强于散开，故设计时镜筒集合达到+45°～+50°，散开达到-30°。由于集合运动角度较大，用直筒式镜筒难以实现，故通过同视机光学系统内置的45°平面反射镜折转光路来实现。绕 Z 轴的转动对应于图 14-4 中的左右眼位，用来检查被检眼水平方向上的斜视类型及程度。当一侧镜筒保持在第一眼位时，另一镜筒向鼻侧移动对应的斜视类型为“内斜”，向颞侧移动则为“外斜”。

眼球绕 Z 轴的转动分两种情况：

①当被检者头位正常时，若此时双眼处于同一水平线上，可通过调节颏托的高低位置来确定双眼在 Z 轴上的高低，以弥补各人面部的长短不一。

②当被检者头位正常时，若双眼不处在同一水平线上，此时一眼对准在目镜筒中心，另一眼则由于高低偏差而偏离目镜筒中心。由于受结构限制，左右镜筒在支架上只能进行俯仰运动而不能单独上下移动，病人在双眼观看画片时可出现复视，影响诊断结果。为解决此问题，可垂直移动左右镜筒画片盒中的画片（相当于沿 Z 轴移动）高度以适应双眼的高低差别。画片高度移位后视轴将不再与镜筒光轴平行，双眼眼位高低差别可由装在画片盒外的刻度盘上读出，其测量范围为±15°。

（四）三轴相交原则

根据图 14-3 眼球运动 Fick 坐标，同视机在结构设计上要保证左、右两侧镜筒绕 X、Y、Z 三轴旋转时，各侧镜筒的三条轴线必须分别交于一点，这点就是眼球转动中心“O”，即目镜光轴必须通过“O”。当眼球球心位于“O”点时，无论镜筒绕哪根轴旋转，转角多大，从目镜出射的平行光都能进入人眼而不必移动眼位，从而保证测量数据的准确。因此在使用同视机时需注意，若病人眼球位置偏离“O”点较远，会造成测量误差。

由于不同人眼球大小、角膜顶点位置、瞳孔大小等均不完全相同，仪器设置的眼球转动中心“O”点在实际操作中并不能代表真实的眼球中心，但是由于人眼的视觉特性及目镜有效孔径远大于人眼瞳孔大小等原因，在实际测量中眼球位置稍许偏离“O”点是允许的。

（五）光源

同视机光源的基本功能是：提供画片照明及照明灯闪烁控制。

提供画片照明用的灯有两种：6V5W 画片照明灯及 12V30W 卤钨灯。在诊断检查时常用 6V5W 灯，左右镜筒内各配备一个，两个灯的亮度可分别调节，使左右镜筒内的画片表面

照度尽量一致。为了眼科检查的特殊需要，两边灯光可分别随时点亮或熄灭（即闪烁）。检查时，熄灭灯光，使被检眼处于黑暗环境，相当于遮盖眼球。在弱视治疗时，闪烁灯光有刺激视网膜、促进视觉康复的作用。

控制灯光的方式分手动或自动两种。自动闪烁功能可实现左右灯光同时亮灭或左右灯光交替亮灭。自动闪烁时，周期和频率均可调节，每一周期内左右灯光亮灭时间又可分为三种：1/4 周期亮、3/4 周期灭；1/2 周期亮，1/2 周期灭；3/4 周期亮，1/4 周期灭。左右灯光交替闪烁仅 1/2 周期一种，即当一个灯亮时，另一边的灯则灭。闪烁频率在 40 ~ 300 次/分范围内可调节。手动闪烁频率由操作者控制。12V30W 卤钨灯由于亮度高，仅在特殊检查时使用（如应用后像判断视网膜对应情况或是用于弱视的治疗），无闪烁功能。

二、同视机的附件

（一）画片

同视机的画片（slide image），又称为分划板，作为附件形式出现，单独成一系列，在进行检查及治疗时才插入镜筒中的画片插板，检查、诊断、训练治疗均要依赖画片进行。

对应双眼视觉功能的三个级别，画片也分为三级。

1. 同时视画片　也称一级功能画片。同时视（simultaneous perception）是指两眼具有同时接受物像的能力，但物像不必完全重合，这是形成双眼视觉的基础条件，也称一级视功能。

一对同时视画片可以是两张完全不同的图片。如：一只蝴蝶与一个球拍（图 14-6），把这样的一对画片分别放入同视机左右镜筒画片盒内检查病人，被检者左眼看球拍，右眼看蝴蝶，如果双眼能同时看见球拍和蝴蝶，并在推动镜筒时使蝴蝶进入球拍。说明视皮层中枢能同时接受分别落在两眼黄斑部的刺激，亦即被检查者没有黄斑抑制，存在同时视。如若虽双眼能同时看见球拍和蝴蝶，但不能将它们重叠起来，即蝴蝶进不了球拍，则说明被检者黄斑部有某种抑制，同时视不良。

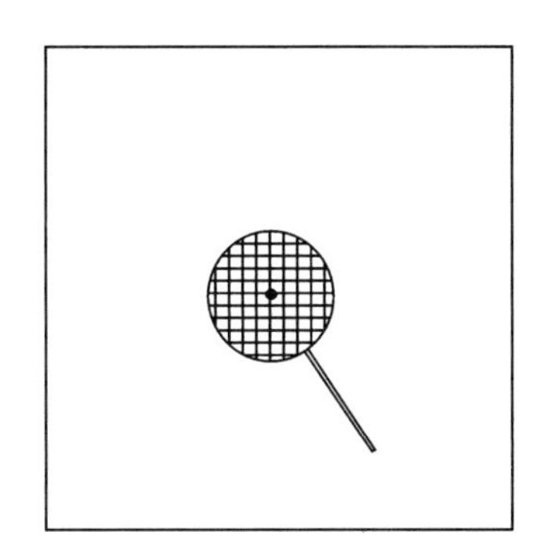
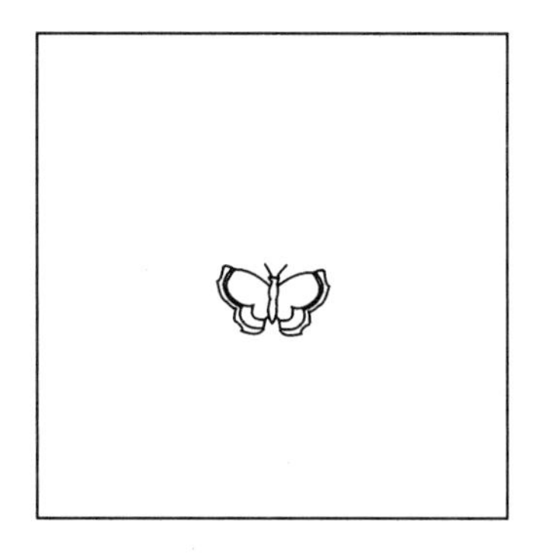

图 14-6　同时视画片

2. 融合画片　融合（fusion）又称为融像，是指大脑能综合来自两眼的相似物像，并在知觉水平上形成一个完整印象的能力。亦指在具有双眼同时视的基础上，把落在两眼视网膜对应点上的物像综合为一个完整印象的能力，也称为二级视功能。

融合的含义除上述情况外，还包括当两眼物像偏离黄斑部时，仍有足够的能力维持一个完整物像。在能引起融合反射的情况下，视网膜物像的位移幅度称为融合范围，常作为衡量双眼视觉功能正常与否的标志。一对融合画片图案的特点是，两张画的主体部分图案相同，非主体部分有所不同，不同部分又称为控制点。例如在图 14-7 中，一张画片为一个小猴无泡泡有尾巴，另一张为小猴无尾巴有泡泡。两眼具有正常融合功能的被检者，当两眼同时看画片时，能看到一幅完整的小猴，既有尾巴又有泡泡。当左右镜筒在一定角度范围内，同时集合或分开时，仍能维持融合。正常人融合范围为：水平方向集合范围约 4° ~ 6°，散开范围

笔记

图 14-7 融合画片

约 4°～6°，垂直方向融合范围约 2°～3°。

3. 立体视画片 立体视（stereoscopic vision）是建立在双眼同时视、融合基础上的一种较为独立的双眼视觉功能。当双眼观察一个物体时，该物体在双眼视网膜上形成微小的水平视差，通过视中枢综合分析后，最终形成的物像具有立体知觉。由立体视建立起来的立体感属于三维空间知觉，它是最高级的双眼单视功能，又称为三级视功能。立体视是双眼视功能的高级形式，是人类从事各种精细工作、交通运输、危险工种、体育运动等活动的保证，是实现工作质量、效果及安全不可缺少的重要条件。正常人的立体视敏度约为 40″～50″，具有良好立体视者可达 10″以下。

立体视画片包括一般立体视画片及随机点立体视画片，前者用于立体视的定性测定，后者用于立体视锐度的定量测定。

立体视画片的特点是两张画片图案看似完全相同，但每张画片的图案相对画片中心在水平方向上存在微量位移，从而使被检者在观看画片时，左右两眼视网膜上形成微小的水平视差、被视中枢感知会产生深度知觉，从而产生立体感。检查时，画片水平位移量的差别会使被检者产生不同的立体视差角。如图 14-8，将两张圆形画片分别放入同视机中，可见到中间小圆凸起的立体图形，但若将左右两张画片交换放置，则变成中央凹下去的小圆。

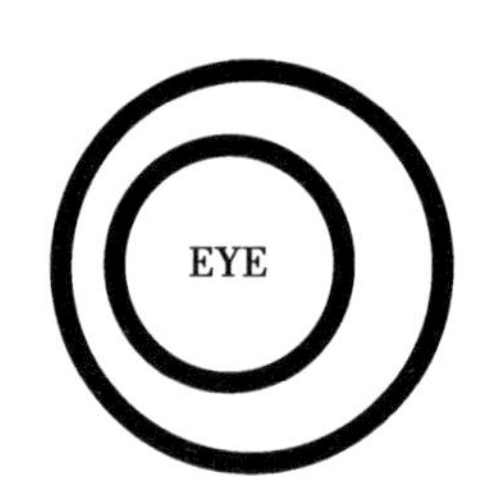

图 14-8 立体视画片

同视机立体视画片在检查双眼立体视觉功能中发挥了重要作用。但是早期的立体视画片存在两个方面缺陷：一是画片设计后多用手工方法绘制，难以保证两张画片的图形在水平方向位移量的一致，精度低、视差角较大，无法实现立体视敏度阈值的测定，只能属定性检查；二是传统画片为适合儿童心理多采用实物图形，不能避免单眼暗示的影响及猜测的可能，因而检查的准确性受主观因素的影响。以往其他常用的检查立体视觉的仪器及方法也有类似不同程度的缺陷。为了寻找一种更科学客观的检查方法，20 世纪 60 年代初期，科学家 Julesz 在美国 Bell 实验室用计算机创造了随机点立体图（random-dot stereograms，RDS）。一对 RDS 上的对应点存在视差，当用左眼观看左图，右眼观看右图，即可看到这个几何图形浮在背景面之上或沉在背景之下。

一对 RDS 上的几何图形可根据检查要求进行选择，并完全淹没在随机点背景中，故可消除单眼暗示的影响，随机点阵及其位移量又可人为设计予以控制，可进行立体视阈值的定量测定。这是手工绘制图形所无法比拟的。图 14-9 为一对 RDS 画片图例，有一个“十”字形图形隐藏其中，将其置于同视机内或直接双眼凝视，两张画片合像则可看到“十”字形浮在背景上或沉于背景下，其立体视差角约 500″。

图 14-9　随机点立体图

以上三种级别的画片，每种都有大小不同的系列，以对应检查眼底的不同区域。根据图案对应于目镜视场角的大小分为：黄斑周围型（10° ～ 15°）、黄斑型（5°）及中心凹型（3°）三类，每类画片有不同图案供检查者选用。

4. 特殊检查用画片　除了上述三级视功能检查用的画片外，同视机还配备一些特殊检查用画片。

（1）检查隐斜视用的画片：隐斜视是一种潜在性斜视，眼球有偏斜的趋势，但由于具有正常的融合功能而仍能维持双眼单视（即两眼视线大致平行），表现为双眼同时观看时不显露出斜视状态，但在融合功能被打破，例如遮盖一眼时，就会表现出眼位偏斜。

检查隐斜视时，应将双眼视野分开，使其不互相重叠，以消除融合作用。同视机左右两侧镜筒将视野分开，以打破融合，如让被检者观看两张不完全相同的画片（图 14-10），一张是有“十”字图案的画片；另一张是“十”字加刻度图案的画片，刻度值单位为棱镜度（$^{\triangle}$）。检查时，将所有手轮归零位，将隐斜检查画片插入画片盒内，嘱被检者通过目镜观看。对有隐斜视的病人，这两张画片上的图案不能完全重合，“十”字图案中心会处在有刻度的画片上的某一象限内，读出“十”字中心所对应的坐标值即为隐斜视的度数，并可由此判断内或外隐斜视。还可配合其他方法来判断出哪一只眼存在隐斜视。由于在垂直方向上两只眼的高低是相对的，按眼科习惯不诊断下隐斜视而只诊断上隐斜视。若两个“十”图案不平行，可旋转某一支镜筒使其平行，读出的旋转角度数值即为旋转隐斜视度数。

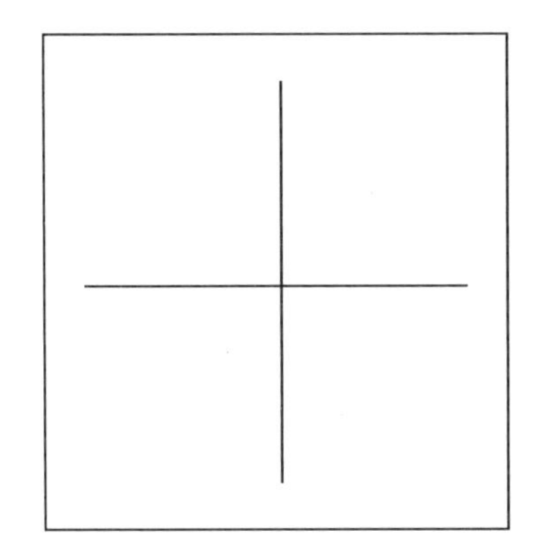
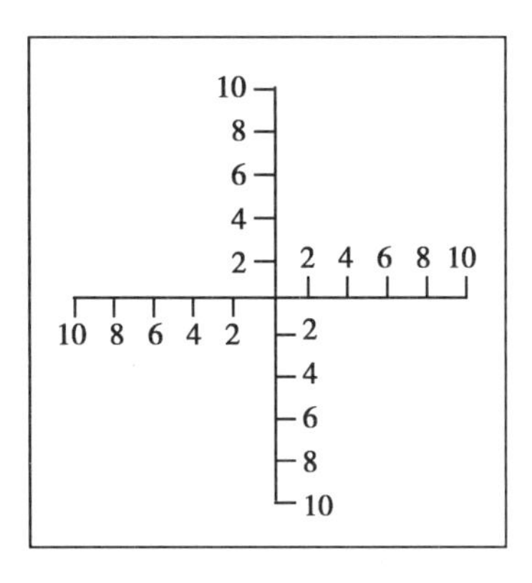

图 14-10　隐斜检查画片

（2）测定 Kappa 角的画片：视轴与瞳孔中心线之间的夹角为 Kappa 角，测定 Kappa 角对手术矫正斜视具有一定意义。在被检眼镜筒插入 Kappa 角画片，画片上有一排水平方格，格内填有一排字母、数字或图案，其中央为 0，向一侧等距离排列字母 A、B、C、D、E 或图案，向另一侧等距离排列数字 1、2、3、4、5，每个方格对应的夹角为 1°（图 14-11）。让被检眼依次注视数字或字母，直到该眼的角膜映光点准确地位于瞳孔中央为止，这时候眼睛注视的字母或数字对应的偏斜度即是 Kappa 角的度数。如被检眼注视画片中心“0”处，角膜映光点位于瞳孔中心，则其 Kappa 角为 0°，如角膜映光点位于角膜中央的鼻侧，为正 Kappa 角，反之为负 Kappa 角，临床常为正 Kappa 角。若正 Kappa 角较大，外斜者显得斜度更大，内斜者显得斜视度较小，凡采用角膜映光点测量斜视度时必须考虑此值。

（3）检查视网膜对应的后像画片：斜度小于 25° 的内斜视病人容易发生异常视网膜对应，但由于斜度不明显，一般采用小角度中心凹型同时视画片来检查，但在斜眼有抑制的情

笔记

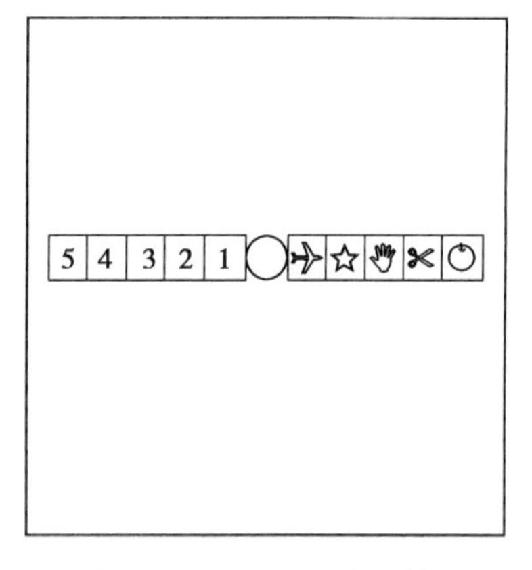

图 14-11 Kappa 角画片

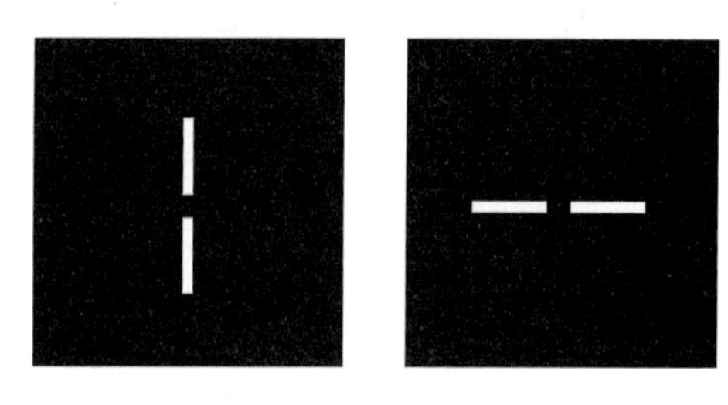

图 14-12 后像画片

况下测试效果不好,此时用后像法是比较方便、可靠的视网膜对应检查法。

后像画片由两张黑色背景的画片组成,一张上有垂直亮线,另一张有水平亮线,均在中心部分断开(图 14-12)。插入同视机后,令被检者将两张画片在中心重合成正"十"字形,然后开启左强光灯,令病人左眼观看垂直亮线 20 秒后熄灯,再打开右强光灯,令被检者右眼观看水平亮线 20 秒后熄灯,然后两灯全开,令被检者左右眼同时观看画片亮线 10 ~ 20 秒后两灯同时熄灭。此前较高强度的光持续到达视网膜上,使视神经细胞兴奋,并传给中枢神经产生光色的感觉。当外界光刺激中断后瞬间,这种兴奋仍会持续下去,即使移去刺激,被检者左右眼前仍会感到存在着垂直和水平亮线,这种与原刺激相同的形和色的像,称之为正后像,是一种视觉后效现象。

当产生后像以后,再令被检者描述两根亮线的排列情况,从而可以判断出视网膜对应是否正常。

除了上述介绍的三种外,检查用的画片很多,医师也可以根据诊断及治疗的需要自行设计。

(二) 海丁格刷部件

海丁格刷(Haidinger's brush)是同视机扩展功能的一个重要部件(图 14-13)。当人眼通过旋转的偏光片观察一定强度的自然光时,会看到一个刷子状的影像,称之为"海丁格刷"现象(简称光刷)。海丁格刷现象是由于偏振光投射到黄斑上,通过黄斑区的 Henle 纤维产生内视现象出现"光刷"效应所引起的,是一种生理光学现象。如果被检者能够认识并看到这个刷状影像就可断定此时人眼使用黄斑中心凹该进行注视,即中心注视。基于此原理,海丁格刷可用于对旁中心注视和异常视网膜对应病例进行治疗(图 14-14)。

同视机中,海丁格刷由一块蓝色滤光镜和一块平板玻璃夹一偏光片构成。当它在微型电机带动下旋转时,人眼通过它能见到偏光片上似乎有一个比周围背景颜色略深的刷状影像也在慢速旋转。这个"刷子"只有仔细注视才能见到,且注视点在哪里,它就出现在哪里,对视觉正常的人,在偏光片整个视场范围内都能见到此现象。而对某些眼病病人,在某些区域(特别是中心凹对应的视场中央)就看不见此现象。

海丁格刷作为一个部件,在使用时分别插入同视机左右目镜筒画片盒内,可单眼或双眼同时使用。使用时需高亮度的光源照明,并有可变光阑配合使用。可变光阑固定在目镜筒内,它的作用是缩小视场,如使训练病人从旁中心注视转向中心注视时使用。另外还要选择适当的专用"光刷"画片检查或训练。当单眼使用时,另一眼前应插入蓝色滤光镜以使两眼的色觉平衡。

笔记

海丁格刷是一种精密的光学机械部件,使用时转速限制在 50 ~ 100 转/分,为方便病人识别"光刷",电机可正转或反转,在改变转向时略有停顿。偏光片易受潮,应保持干燥。

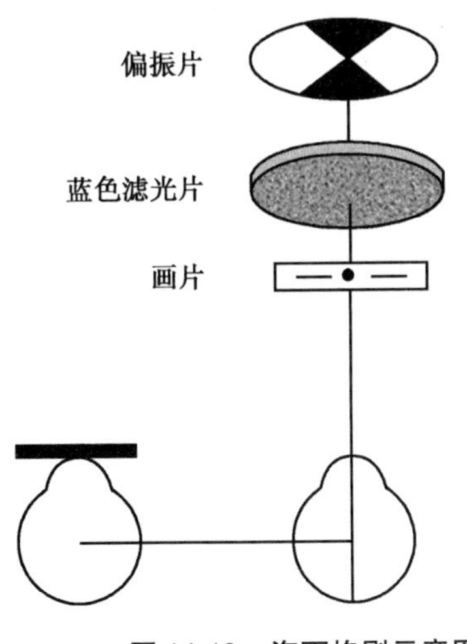

图 14-13　海丁格刷示意图

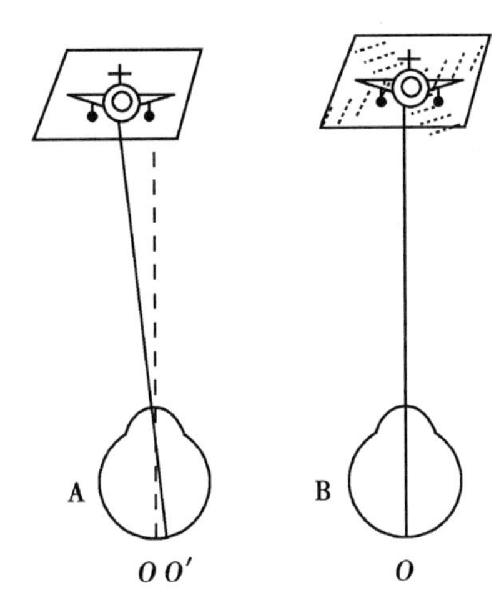

图 14-14　使用海丁格刷检查中心凹注视情况
O 表示黄斑中心凹，O′表示偏心注视点，A 眼为非中心注视，无法观察到海丁格刷现象，病人 B 眼为中心注视，可观察到海丁格刷现象

三、同视机的临床应用

（一）同视机用于检查

1. 主观斜视角测定　检查固定性斜视病人，将两张同时视画片，如大象和笼子，分别置于病人左右眼前。将健眼所对应的目镜筒指向水平方向“零位”处，然后让病人自己推动另一镜筒直到使大象进笼子，此时该镜筒所对应的刻度值即是主观斜视角。镜筒向集合方向转动即是内斜，反之为外斜。

2. 客观斜视角测定　双眼镜筒置于“零位”，嘱病人双眼分别注视照明灯，检查者按动照明灯手动按键，交替熄灭、点亮照明灯，从目镜筒出射的灯光将在病人角膜上形成映光点，检查者在镜筒上方或下方观察病人角膜上的映光点是否位于瞳孔中央。当灯光亮灭时，观察病人眼位（映光点）是否有移动，如眼位由外向内移动则为外斜视，由内向外移动为内斜视。然后固定一眼镜筒，再将另一镜筒出射的光点移动到瞳孔中心处，此时镜筒所在位置的刻度值即为客观斜视角。

若主观斜视角等于客观斜视角，证明其视网膜对应正常。如两者不等、主观斜视角小于客观斜视角 5°以上者为异常视网膜对应，两者之差称为异常角。根据异常角，可以判断视网膜对应的性质。

3. 眼位检查　同视机除可在第一眼位（图 14-4）进行检查外，还可在第二、第三眼位检查非共同性斜视、斜视手术后的眼球运动状态及 A-V 现象、眼肌麻痹所致的眼位偏斜、复视等。

4. 双眼视功能检查　可使用前面所述的同时视、融合、立体视三级视功能画片来检查病人双眼视觉功能。

5. 特殊检查　如前面介绍的隐斜、Kappa 角、后像、随机点立体视敏度、旁中心注视等检查。

（二）同视机用于治疗

同视机兼有检查及治疗两种功能，当检查出患有眼外肌或视功能疾病后，可利用该机进行治疗、康复训练。

1. 脱离抑制，建立同时视训练　画片的选择根据视网膜抑制范围而定，以利于病人将画片进行重叠（融合）为宜，常用的训练方法有：

（1）捕捉训练法：医师掌握置有笼子画片的镜筒，病人掌握有大象画片的镜筒，让病人推动手柄使大象水平移动进入笼子，当病人完成此步骤后，医师再将镜筒水平移动，嘱病人再移动镜筒，使大象再次进入笼子中，此时医师应稍停留片刻，以便受训者看清大象，但不能停留过久，以免再次出现抑制。这种方法利于刺激双眼，克服抑制，也有利于眼外肌的功能训练。

（2）进出训练：让病人注视处于"零位"镜筒内的画片，如一个鱼缸，再让病人手推另一插入金鱼画片的镜筒，使鱼进入缸内，再继续沿原移动方向推插有金鱼画片的镜筒使金鱼离开鱼缸，其后再将镜筒返回，使得金鱼再次进入鱼缸内，如此反复训练。本法便于双眼接受刺激，脱离抑制。

（3）侧方运动训练：本法是在鱼进入缸内后，将两支镜筒锁锁紧并拉开同步机构中心锁（图 14-15），推拉同步螺杆进行两支镜筒同步同向运动，让病人双眼跟随镜筒同步运动。

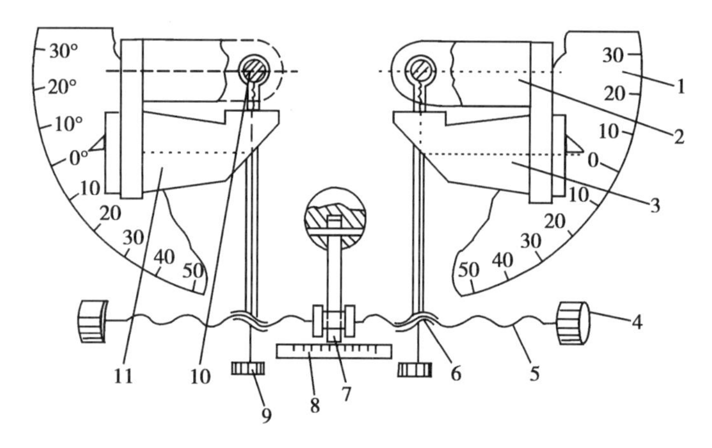

图 14-15 同步运动机构原理图

1. 左水平度盘 2. 左支架 3. 左镜筒 4. 手轮 5. 同步螺杆 6. 螺母（右或左旋） 7. 中心锁 8. 同步指示尺 9. 制紧手轮及螺杆 10. 镜筒垂直转动 11. 右镜筒

2. 融合训练 根据不同情况选择画片。如融合力差者应选用图案简单、色调鲜明的融合画片。有中心抑制者应选用大角度的画片（如 8°～12°）。小角度画片（1°～3°）只刺激黄斑中心凹处，训练方法可采用捕捉及两支镜筒的同步异向运动方法。另外，采用立体视画片也有较好的效果。

3. 矫正旁中心注视及弱视 采用海丁格刷及专用的光刷画片进行。先用标有不同视场角区域的同心圆画片测出病人旁中心注视的范围，然后用可变光阑配合逐步缩小视场，强制患眼逐步变为中心注视，一般要训练多次，并用有趣味性的光刷画片，如飞机螺旋桨图案，特殊的光刷加融合画片进行巩固训练，以巩固疗效。

4. 矫正异常视网膜对应 选择小视场角的融合画片放于病人客观斜视角处，操纵画片照明灯自动闪烁装置，使两支镜筒交替点灭灯光，刺激两眼黄斑以清除抑制。先慢速闪烁，一旦脱离抑制，出现两张画片物像重合，再加快闪烁频率，直到两镜筒灯光同时开亮时病人仍感到物像重合。再用同时视画片，配以捕捉法，进出法加以巩固。

另外还可以保持一支镜筒不动，利用抬片机构抖动画片，另一支镜筒慢慢移动，刺激黄斑部使其融像。也有采用两支镜筒同步同向运动，使双眼视网膜黄斑部及邻近黄斑的对应点同时受到刺激，消除抑制，使其在黄斑处融像等。

海丁格刷配合后像画片也可以治疗异常视网膜对应。

第二节　调节训练器材与方法

调节异常主要有以下几类:调节过度、调节不足、调节灵活度下降、调节疲劳等。调节异常可以通过配戴镜片或调节功能训练进行治疗或缓解症状。本节主要讨论与调节功能训练相关的器材和方法。

一、推进训练

推进训练(push-up training)是改善正融像性集合和近点集合常用的方法,也可用于训练调节幅度。病人将一个简单的注视物体置于中线,逐渐移近,直至物体分裂成两个像(图 14-16),该位置称为破裂点,重复多次,使得病人能将物体破裂点逐渐移近。如果采用小的注视视标则更容易控制调节,效果更好。该方法的缺点是,对于存在视网膜抑制的病人,不会出现物像分裂。判断抑制的方法就是在推进训练过程中,嘱病人感知是否出现生理性复视。

由于集合刺激和调节刺激随视标距离的改变而改变,可以沿图形上的需求线绘制集合和调节刺激的变化,例如,图 14-17 是视标从离眼镜平面 25cm 移至 10cm 时的刺激水平的变化。

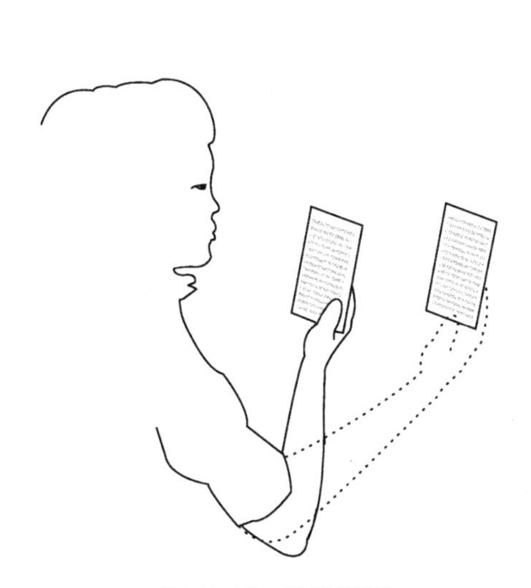

图 14-16　推进训练

病人将视标移近并极力保持视标为单视,视标可以多种多样,可以将字母视标贴在压舌板上,小字母视标和图形有助于控制调节

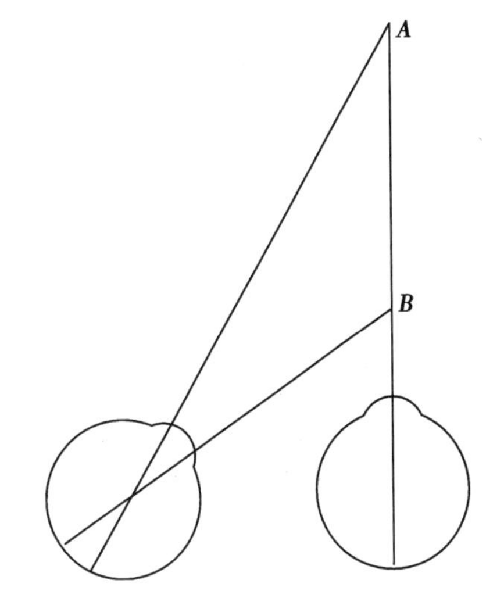

图 14-17　集合刺激和调节刺激随视标距离的改变而改变

在推进训练过程中,当注视视标从 25cm 处的 A 位置移至 10cm 处的 B 位置时,调节发生了变化,同时集合也发生了变化

二、Brock 线

Brock 线(Brock string),也称聚散球,是一种简单,同时有调节和聚散训练多作用的训练器材(图 14-18)。Brock 线的使用方法是将线的一端系在可固定物体上(如椅子、门把等),另一端让病人用手拿住并贴着鼻子,嘱病人注视线上的某个珠子,并保持清晰,将该珠子逐渐移近做推进训练或将珠子移远做推开训练。而让病人交替注视线上的两个或更多个珠子则是可以进行调节灵活度的训练。

应用 Brock 线进行训练的优点是可进行明显的抑制控制。人眼在注视外界物体时,视线实际是呈 X 形交叉,被注视的珠子位于 X 形交叉的中央,不被注视的珠子,由于生理性复视的存在,呈现出复像。此外,Brock 线还可用于不同视场的注视训练。

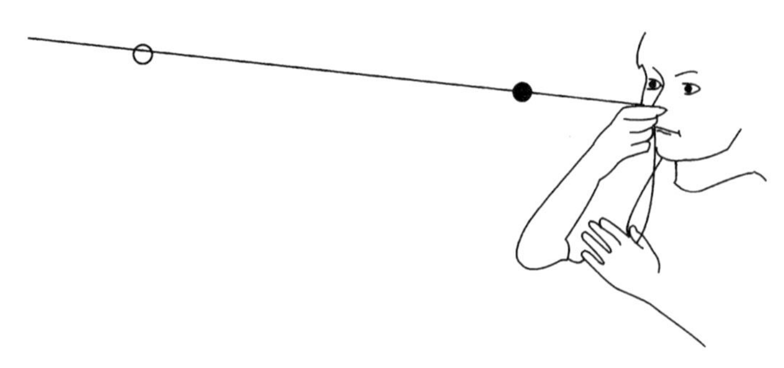

图 14-18 Brock 线训练示范

图 14-19 显示了使用 Brock 线做聚散灵活度训练时的调节和集合刺激范例，如果病人交替注视分别在 1m 处和 12.5cm 处的珠子时，则调节和辐辏刺激在需求线的 1m 和 12.5cm 处的水平上来回变化。使用 Brock 线训练时也可以附加镜片或棱镜进行调整集合和调节刺激。

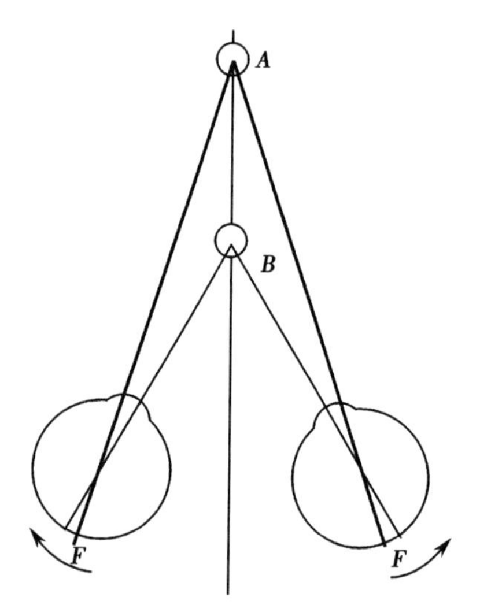

图 14-19 Brock 线训练注视 1m 和 12.5cm 珠子时调节辐辏变化

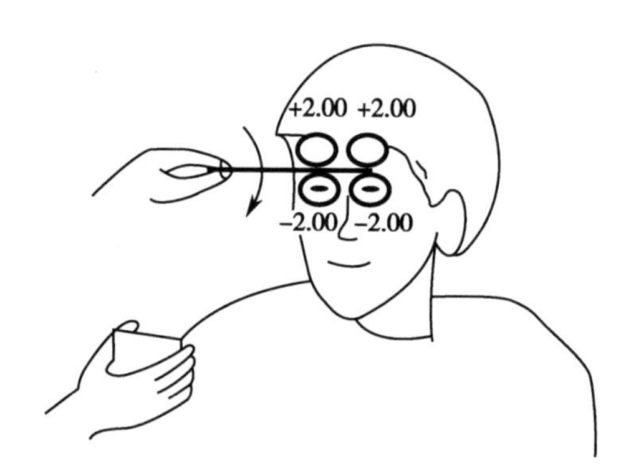

图 14-20 ±2.00D 翻转拍测量调节灵活度 病人注视近点视力卡，当病人报告字母变得清晰时，测量者立即翻转拍子，使符号相反的镜片转到病人眼前，以此类推。记录的每分钟循环次数则为调节灵活度，每一循环包括从正镜变换至负镜，然后再变换至正镜

三、双眼球镜翻转拍

双眼球镜翻转拍(accommodative flippers)是一种改进调节灵活度的方法，一对正镜和一对负镜(通常为+2.00 和-2.00D)，刚开始训练时可以选择度数低些的镜片装在翻转拍上。翻转拍用于改变调节刺激，训练程序同镜片摆动调节灵活度测量(图 14-20)。

正镜片减少了调节刺激，而负镜片增加了调节刺激，集合刺激保持不变，因而调节性集合的改变必然伴随着一个同等幅度但方向相反的融像性聚散改变，所以双眼镜片摆动训练在改进了调节灵活度同时也改进了融像性聚散。

视标在 40cm 时，翻转拍为+2.00D/-2.00D，调节刺激在 0.50～4.50D 之间交替变化，而同时总辐辏刺激保持在 15$^{\triangle}$。

笔记

四、单眼球镜翻转拍

由于双眼镜片摆动受到融像性聚散的限制，调节灵活度的训练也可仅进行单眼镜片摆

动。除了训练时需将一眼遮盖之外，该方法同双眼镜片摆动。如果视标距离为40cm，翻转拍为+2.00D/-2.00D，调节刺激在0.50和4.50D之间来回变化，由于阻断了双眼融像，集合位置处于隐斜位置，所以调节和集合刺激可以通过沿隐斜线移上和移下来表示。

五、远距/近距移动训练（Hart表）

用距离摆动法也可以进行调节灵活度训练。病人看清楚远距视标表一个字母（6m），然后看清楚近距一个字母视标（40cm），尽可能快地相互交替，即病人交替注视远距和近距视标。所选用的视标应该包含接近病人最好视力的字母或图像，Hart表（Hart chart）是常用的视标（图14-21）。

图14-21　用Hart表进行距离摆动训练

调节功能异常有多种类型，必须针对调节异常的不同类型选择相应的训练方法，表14-1总结了常用的调节训练器材基本设计原理和适应证。一种类型的调节异常往往有多种训练方法与之对应，根据具体情况可以选择其中一种，也可以同时使用多种或多种轮流采用。

表14-1　调节训练方法与器材

训练名称	训练类型	设计原理	适应证	使用器材
推进训练	训练调节幅度、改善正融像性集合与近点集合	随着距离变近，调节需求增大	调节不足、会聚不足者	视标卡等
Brock线法	改善调节灵活度、训练集合与散开	通过改变注视距离，调节需求发生变化	调节灵活度下降者或融像范围偏小者	Brock线
翻转拍法	改善调节灵活度	正镜放松调节，负镜增加调节	调节灵活度下降者	±0.50D～±2.00D的翻转拍
Hart表法	改善调节灵活度	通过改变注视距离，调节需求发生变化	调节灵活度下降者	近距Hart表，远距Hart表

第三节　融像训练器材与方法

双眼视觉异常主要包括调节异常与聚散异常，临床上表现为一系列的视觉症状，如视物不清、双重影、阅读不能持久、阅读后头疼等，上述症状可以通过配戴镜片或功能训练达到治疗或缓解目的。融像训练的目的，主要是针对聚散功能异常、融像障碍等，本节主要讨论与

融像训练相关的器材和方法。

一、Brewster 立体镜

Brewster 立体镜(Brewster stereoscope)是一种常用的双眼视训练仪器,既可用于诊断,又可进行治疗(图 14-22)。与 Wheatstone 立体镜相比,它不是利用反射镜而是采用真实的隔板来分隔左右眼的视野。这种仪器可以帮助病人建立正常的感觉性融像,扩大融像范围,提高双眼视和立体视能力。最常用于进行抗抑制训练和融像训练。

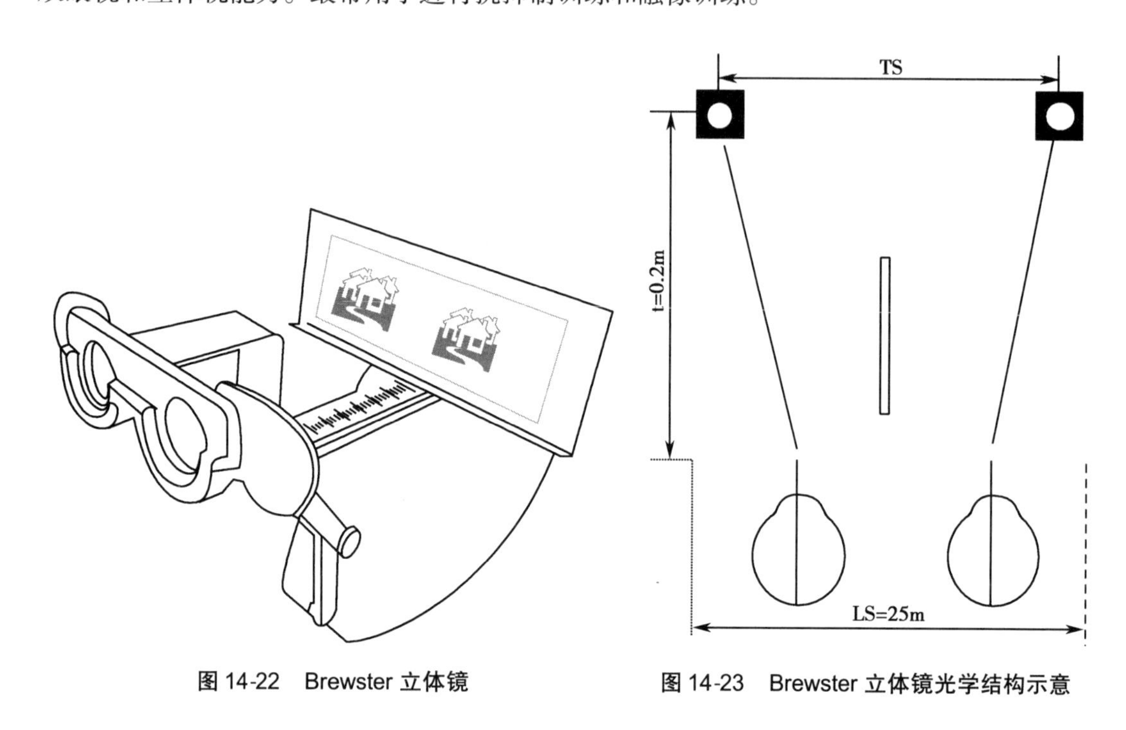

图 14-22 Brewster 立体镜

图 14-23 Brewster 立体镜光学结构示意

Brewster 立体镜的目镜为+5. 00D 的透镜,两个透镜的光学中心距为 95mm,在两个透镜的中间,设置了一块隔板将左右眼的视野分隔开来(图 14-23)。视标卡片固定在仪器的支架上,可以前后移动。每张视标卡片都有两个基本相同的视标图案。病人在进行训练时,由于两侧目镜之间存在隔板,所以右眼只能看到右侧的视标图案,而左眼只能看到左侧的视标图案。

视标卡片可以在支架上前后移动,当向前或向后移动视标卡片时,病人的调节需求也会发生变化。当将视标卡片位置设置于距目镜 20cm(即远点)时,对观察者来说,视标影像似乎位于无穷远。因此,正视眼和屈光不正矫正者,不需要调节就可以看清此位置上的视标图案;但当视标卡片移近目镜时,病人必须使用调节才能保持看清视标。

当将视标卡片设置于近点(即距目镜 13. 3cm)时,这个位置上的调节需求相当于 7. 50D,但由于病人是通过目镜(+5. 00D 透镜)观察视标卡片,因此实际的调节需求为 2. 50D。固定视标卡片册的支架上划分了刻度,每个刻度相当于 0. 25D 的调节需求,远点处为 0D,近点处为 2. 50D。对于 Brewster 立体镜,调节需求可以通过公式计算出来:$A=1/TD-P$。公式中 A 指病人的调节需求,TD 指视标卡片与目镜之间的距离(m),P 指目镜的透镜度数。

理论上,当两个视标图案对应点之间的距离与透镜的光学中心距离相同时,即两个视标图案对应点之间的距离为 95mm,病人在融合视标时不需要集合或分开,即融像需求为 0。当两个视标图案对应点之间的距离小于透镜的光学中心距(95mm)时,病人必须通过集合来融合视标,因此产生了集合需求。相反,如果两个视标图案对应点之间的距离大于透镜的光

学中心距(95mm)时,病人必须通过散开来融合视标,因此产生了散开需求。当视标卡片与目镜相距20cm(即设置于远点)时,两个视标图案对应点之间的水平距离相对于透镜光学中心距离每改变2mm相当于1$^{\triangle}$融像需求。例如,当两个视标图案对应点之间的距离为85mm时,与透镜光学中心距的差值为10mm(98−85=10),相当于5$^{\triangle}$集合需求。当视标卡片与目镜相距13.3cm(即设置于近点)时,两个视标图案对应点之间的水平距离每改变1.33mm则相当于1$^{\triangle}$融像需求。融像需求可以通过公式计算:$C=(P\times LS)-TS/TD$。公式中C是融像需求,P指目镜的透镜度数(D),LS指目镜的光学中心距(cm),TS指视标卡片上两个视标对应点之间的水平距离(cm),TD指视标卡片与目镜之间的距离(m)。

在使用Brewster立体镜进行融像训练时,一旦病人重建了正常的感觉性融像,可以使用不同融像需求的视标卡片(两个视标图案对应点之间距离不同),也可以通过前后移动视标卡片来改变调节需求,增加或降低融像训练的难度,从而达到扩大融像范围、消除抑制、提高立体视、重建双眼融像功能的目的。在进行融像训练时,应使用成对的融像视标卡片,将一张视标卡片固定在侧板上,另一张视标卡片置于底板上,要求病人将两张视标卡片上的图案融合。融像视标卡片设置了二维和三维监测视标(图14-24),医师可以在训练过程中监测病人是否存在抑制,是否具有正常的立体视(这种设计在许多不同类型的视标卡片上均存在)。图14-25是局部放大的监测视标,其中上方的十字和下方的圆点为二维监测视标,用于判断被检者是否存在抑制;左右两组同心圆为立体视监测视标,用于监测病人的立体视。具有正常融像和立体视功能的被检者可以对两组同心圆融像并产生立体知觉,故看到的应该是中心内陷或突出的同心圆,并在同心圆上方见一十字,下方见一圆点。

图14-24　带监测视标的融像视标卡

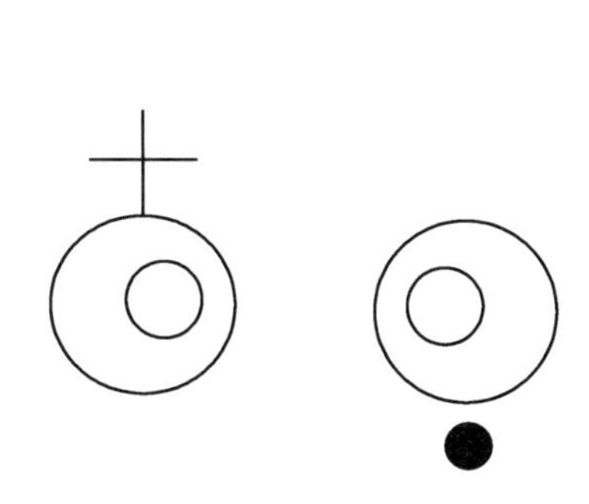

图14-25　监测视标示意图

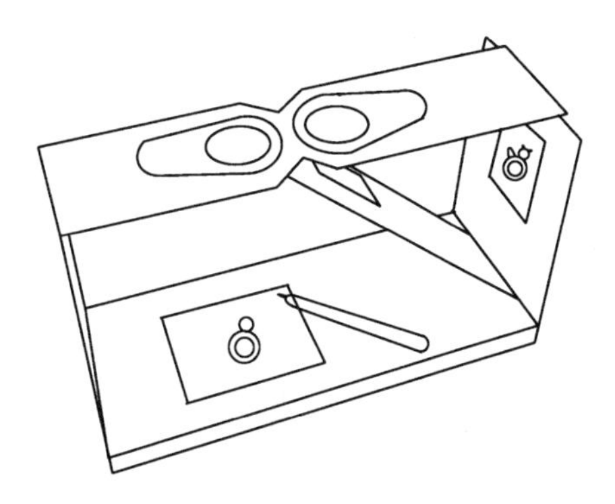

图14-26　斜隔板式实体镜

二、斜隔板实体镜

斜隔板式实体镜(cheiroscope)(图14-26)是一种常用的正位视训练仪器,既可以通过描绘和捕捉训练来消除抑制,又可以通过融像训练来扩大融像范围。各个年龄段的病人都可

以使用斜隔板式实体镜进行视觉训练。由于斜隔板式实体镜简单轻巧,携带方便,因此是常用的家庭视觉训练(home vision traning)仪器。

斜隔板式实体镜的顶板上有一对视孔,里面装有+5.00D 球镜,其中一块侧板可以固定视标卡片,底板实际上可以作为绘图板,斜隔板的作用是分隔左右眼的视野,斜隔板上有一块反射镜,可以将侧板上的视标卡片投射在底板平面上。底板与+5.00D 球镜相距 16.6cm,近似于球镜的焦距,因此通过视孔观察底板上的图片,其影像近似位于无穷远(图 14-27)。在训练时,可以调整仪器与底座之间的角度,使病人更加舒适。当病人通过装有球镜的视孔标观察时,由于斜隔板分隔了左右眼的视野,因此一眼只能看到平面反射镜,另一眼则只能看到底板。

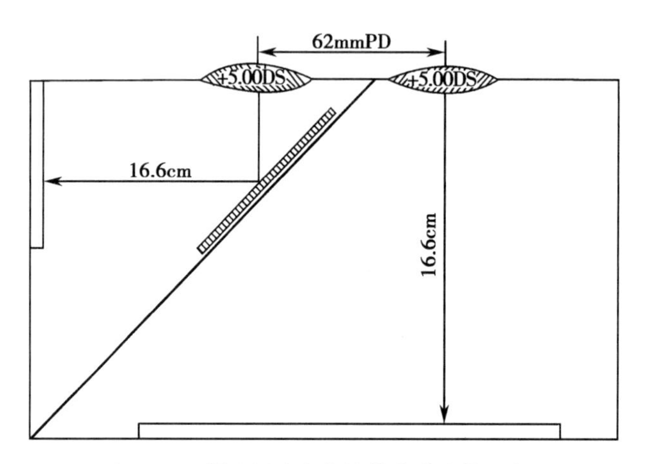

图 14-27 斜隔板式实体镜的光学结构示意图

在进行描绘训练时,医师(或病人自己)可以在空白卡片上画上一些简单的几何图形,例如圆形、正方形、椭圆形等,然后将卡片固定在仪器的侧板上,在底板上铺上一张白纸,要求病人用非抑制眼(或优势眼)注视视标卡片,抑制眼注视底板上的白纸,用笔在白纸上描绘出视标卡片上的几何图形。描绘训练要求病人必须消除抑制,做到双眼同时视。另外,也可以通过捕捉训练来消除抑制。医师(或病人自己)将捕捉视标置于侧板上,固定视标卡片的部位,要求病人用捕捉套圈套住投射在底板上的视标影像。捕捉训练同样要求病人做到双眼同时视。

一旦病人重建了正常的感觉性融像,就可以进行融像训练,通过训练来扩大病人的融像范围。融像视标卡片同样也设置了二维和三维监测视标(见图 14-24,图 14-25),医师可以在训练中监测病人是否存在抑制。除了厂家提供的融像视标卡片,医师自己也可以制作一些融像视标卡片,视标卡片的多样化,有助于保持病人尤其是幼儿的训练兴趣。

三、Wheatstone 立体镜

Wheatstone 立体镜(Wheatstone stereoscope)也是一种常用的视觉训练仪器,既可以用于检查,又可以进行双眼视觉训练,还可以作为实体镜使用。由于 Wheatstone 立体镜简单轻巧,同样也是理想的家庭视觉训练仪器。

Wheatstone 立体镜的结构(图 14-28)比较简单,四块相互连接成“W”形的平板安装在底板上,在底板上还有标明融像范围的标尺。中间两块平板上都设置了平面反射镜,外侧两块平板可以插入并固定视标卡片。通过改变中间两块平板形成的夹角,可以改变视标的融像需求。减小中间两块平板之间的夹角(中间两块平板互相靠近)时,集合需求增加;增大中间两块平板之间的夹角(中间两块平板互相分开)时,散开需求增加(图 14-29)。融像范围为 $40^{\triangle}$ 散开需求至 $50^{\triangle}$ 集合需求。因为两眼与视标卡片大约相距 33cm,所以调节需求近似

图 14-28　Wheatstone 立体镜

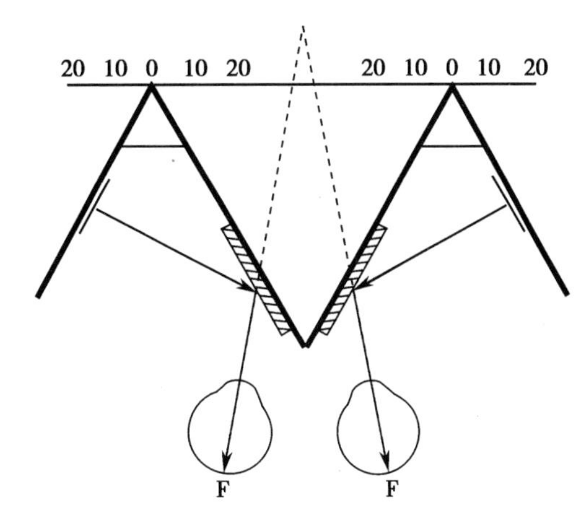

图 14-29　Wheatstone 立体镜的光学结构示意图

于 3.00D。

进行融像训练时，将厂家提供的视标卡片插入外侧平板固定视标卡片的部分，标有“R”的视标卡片放置在右眼前面，标有“L”的视标卡片放置在左眼前面。检测时根据底板上的标尺，将仪器设置在相应的融像需求上，嘱病人鼻尖对准贴住两块中间平板形成的前角，两眼注视平面反射镜，可以同时看到两侧的视标卡片，便可开始进行融像训练。两侧标尺的读数相加，就是此时总的融像需求。医师也可以自己制作一些视标卡片，保持病人尤其是幼儿的训练兴趣。

四、裂隙尺(Aperture-rule)训练仪

裂隙尺(Aperture-rule)训练仪(图 14-30)是一种正位视训练仪，主要用于融像训练。通

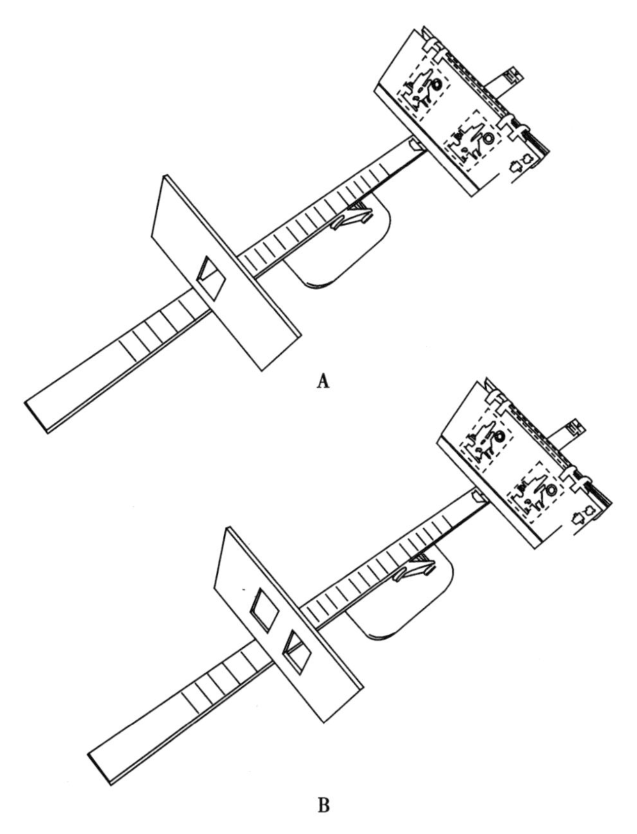

图 14-30　Aperture-rule 训练仪

笔记

过训练病人可以掌握融像技巧,增加融像范围,提高融像速度。

Aperture-rule 训练仪由支架、滑尺、滑板、视标卡片册组成。使用单孔滑板时,被检者的视轴相交于视标卡片之前,从而产生集合需求;使用双孔滑板时,视轴不相交或相交于视标卡片之后,从而产生散开需求(图 14-31)。当单孔滑板换成双孔滑板后,视觉训练就会从集合训练转变为散开训练。每张视标卡片上都有两个基本相同的视标图案,一个视标图案只有左眼才能看到,另一个视标图案只有右眼才能看到。这类视标卡片上往往也设置了监测视标,可以监测病人是否存在抑制,也可用于检验病人回答的准确性(见图 14-24,图 14-25)。

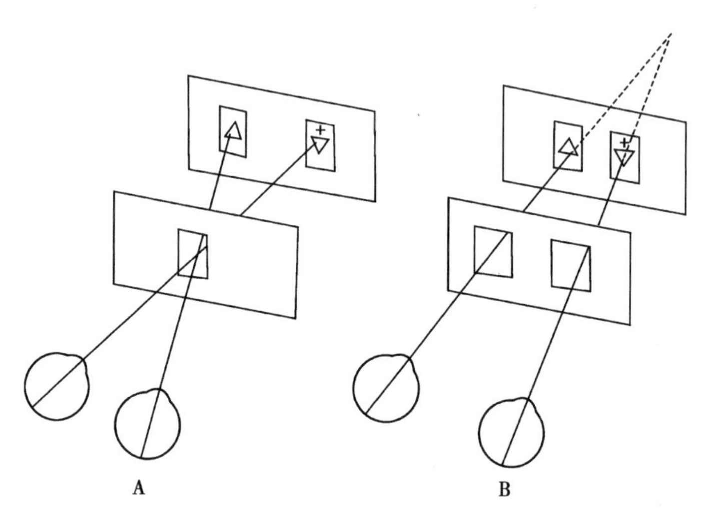

图 14-31 使用单孔滑板和使用双孔滑板时的视轴示意图

在进行融像训练时,应根据需要来选择使用单孔滑板或双孔滑板,并将滑板和视标卡片册安装在滑尺上相应的位置,从融像需求较低的卡片开始进行训练。训练时,要求病人的鼻尖对准并贴住滑尺,交替遮盖病人的左右眼,确定病人的右眼只能看到一个视标图案,而左眼只能看到另一个视标图案。然后嘱病人两眼同时注视视标卡片,一旦病人报告获得了融像,医师应该询问病人视标是否清晰,是否看到监测视标(即是否同时看到小十字和小圆点;是否可以体会到圆圈的深度感)。嘱病人保持融像状态,医师从 1 数到 10,然后让病人离开仪器眺望远处,片刻后重新注视视标卡片并尽可能快地做到融像。以上过程重复数次后进入下一张视标卡片,并将滑板移动到相应的位置(每张视标卡片上均标有滑板对应的位置),按以上步骤进行训练。进行集合训练时,应使用单孔滑板,而进行散开训练时,应使用双孔滑板。

五、立体图片

立体图片(stereo picture)主要用于融像训练,通过训练可以扩大融像范围,提高融像能力,广泛应用于隐斜、斜视病人的矫正和训练。立体图片有两类,一类为红绿立体图片,另一类为偏振光立体图片,二者作用和用法完全一样,区别在于印刷视标图案所使用的材料。印刷红绿立体图片视标图案的是红色和绿色的透明油墨,而印刷偏振光立体图片视标图案采用的是偏振材料。由于价格的原因,临床上红绿立体图片更为常用,此节主要介绍红绿立体图片。

红绿立体图片利用了红绿互补原理,在图片上印刷出基本相同的红色和绿色视标图案。病人在训练时需要佩戴红绿眼镜,戴红镜片的眼睛只能看到图片上绿色的视标图案,而戴绿镜片的眼睛只能看到图片上红色的视标图案。当红色视标图案与绿色视标图案水平移开时,就会产生融像需求(图 14-32)。红绿立体图片分为两种,一种结构类似于滑尺,红色视标图案和绿色视标图案分别印刷在两张透明的塑料片上,可通过调节红色视标图案与绿色视

标图案之间的距离，改变融像需求；另一种是将红色视标图案和绿色视标图案成对印刷在同一张塑料片上，通常一张塑料片上有多对红绿视标图案，每对红绿视标图案之间移开的量是不同的，每个移开距离均对应一定的融像需求。因此，前一种红绿立体图片可以通过调整红绿视标图案之间的距离来改变融像需求，而后一种红绿立体图片只有通过注视不同的视标图案才能改变融像需求。

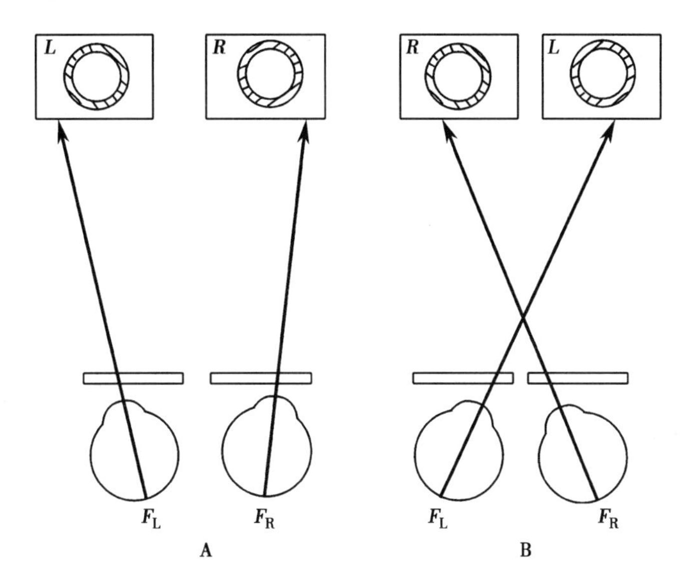

图 14-32　使用红绿立体图片时的视轴示意图

在进行融像训练时，病人应戴上红绿眼镜，红绿立体图片与眼睛应相距 40cm。在这个距离上，红绿视标图案对应点水平移开 4mm 相当于是 $1^{\triangle}$融像需求。

开始进行融像训练时，应选择融像需求较小的视标图案，要求病人将视标图案融合，医师可以通过监测视标来判断病人是否做到三维融像，是否存在抑制。嘱病人保持融像，医师从 1 数到 10，然后让病人眺望远处，片刻后再嘱病人注视立体图片并尽可能快地获得融像，反复训练数次后，再选择更高融像需求的视标图案进行训练。

六、电视训练片

电视训练片主要用于家庭视觉训练，可以有效地消除抑制。电视训练片同样也分为红绿电视训练片和偏振光电视训练片，由于价格的原因，红绿电视训练片更为常用。由于是通过观看电视进行训练，儿童容易接受。

红绿电视训练片是一张透明塑料片，一部分印刷成红色，另一部分印刷成绿色，两侧有两个固定孔，可用吸盘将电视训练片固定在电视屏幕上。训练时，病人必须佩戴红绿眼镜。戴红镜片的眼睛只能看到电视训练片红色部分后面的电视图像，而戴绿镜片的眼睛只能看到电视训练片绿色部分后面的电视图像。如果在观看电视时病人存在抑制，电视训练片上一部分就会变黑。例如，如果病人右眼存在抑制，右眼前戴的是红镜片，那么病人就无法看到电视训练片红色部分之后的电视图像。

在进行训练时，病人只需将红绿电视训练片用吸盘固定在电视屏幕上，然后观看电视。训练过程中要求病人看到完整的电视图像，如果病人存在抑制无法观看电视时，可以通过要求病人采用快速眨眼、改变观看距离、使用棱镜和透镜等方法克服抑制。

七、融像卡片

融像卡片（fusion card）有两种，一种是不透明的融像卡片，主要用于进行集合训练；另一

笔记

种是透明的融像卡片，主要用于进行散开训练。该训练方法非常简单，但相对枯燥，病人不容易接受（图 14-33）。

融像卡片是根据直视性融像和交叉性融像原理设计的。不透明融像卡片是将视标图案印刷在一张不透明的白色卡片上。在进行融像训练时，病人左眼注视右侧的视标图案，右眼注视左侧的视标图案，视轴相交于融像卡片之前，即交叉性融像。而透明融像卡片则是将视标图案印刷在一张透明的塑料卡片上，进行融像训练时，病人左眼注视左侧的视标图案，右眼注视右侧的视标图案，视轴不相交或相交于融像卡片之后，即直视性融像。每张融像卡片上有四对视标图案，每对视标图案都分别印刷成红色和绿色，每对视标图案之间移开的水平距离逐渐增大，对应的融像需求也逐渐增大。融像卡片上还有监测视标，可以确定病人是否存在抑制。

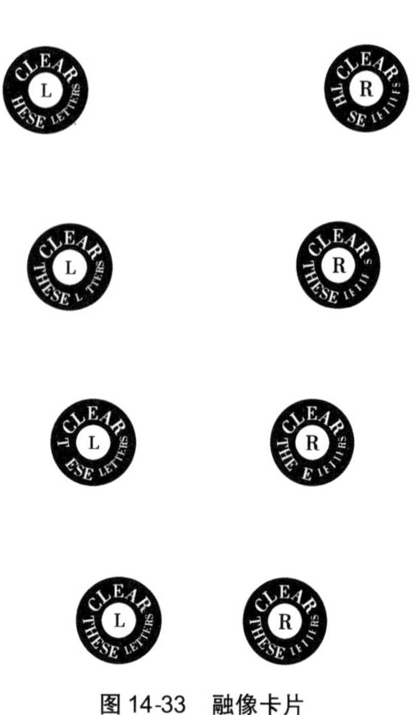

图 14-33 融像卡片

八、随机点双眼视训练软件

这是一种常用的家庭视觉训练软件。屏幕上的视标图案是由随机分布的红点和蓝点组成，病人在训练时必须戴上红蓝眼镜，戴红镜片的眼睛只能看到屏幕上蓝点组成的视标图案，而戴蓝镜片的眼睛则只能看到屏幕上红点组成视标图案。由于视标图案隐藏在随机点中，只有具备融像力的病人才能作出正确的应答。这种训练方法采用人机对话，对病人的评分非常客观。

使用软件进行训练时，首先要将软件安装入电脑，然后再戴上红蓝眼镜开始训练。训练时屏幕上会显示给出视标图案的融像需求，眼睛应与电脑屏幕相距 40cm。在训练中如果病人回答正确，电脑给出的下一张视标图案将会自动增加 $1^{\triangle}$ 融像需求，如果病人回答错误，电脑给出的下一张视标图案将会自动减少 $2^{\triangle}$ 融像需求。最后，电脑会自动给病人的训练打分。

目前，国内外用于双眼融像训练的器械相当多，有 100 种以上。表 14-2 和图 14-34 列举了常见融像相关仪器的设计原理和适应证。在具体应用过程中，一种类型的异常往往有多种训练方法与之相对应，可选择其中一种或多种同时进行。

表 14-2 融像训练常见训练与器材

训练名称	训练类型	设计原理	适应证	训练器材
Brewster 立体镜	消除抑制训练，扩大融像范围，立体视训练	采用隔板来分隔左右眼视野	单眼抑制，融像范围偏小者，立体视能力低下者	Brewster 立体镜，视标卡等
斜隔板实体镜	消除抑制，扩大融像范围，立体视训练	采用斜隔板分隔左右眼视野，反射镜偏折视线	单眼抑制，融像范围偏小者，立体视能力低下者	实体镜，视标卡等
Wheatstone 立体镜	消除抑制，扩大融像范围，立体视训练	两块中间平板分别设置了平面反射镜，用于分隔左右眼视野	单眼抑制，融像范围偏小者，立体视能力低下者	Wheatstone 立体镜，视标卡等

笔记

续表

训练名称	训练类型	设计原理	适应证	训练器材
Aperture-rule 训练仪	增加融像范围，提高融像速度，立体视训练	利用滑板上的小孔，分隔左右眼视野	融像范围偏小者，立体视能力低下者	Aperture-rule 训练仪、弹孔滑板、双孔滑板和视标卡等
立体图片	扩大融像范围，提高融像能力，立体视训练	利用红绿互补或偏振光分离左右眼视野	融像范围偏小者，立体视能力低下者	红绿片和红绿立体图片；偏振片和偏振光立体图片
电视训练片	扩大融像范围，提高融像能力	利用红绿互补或偏振光分离左右眼视野	融像范围偏小者	红绿电视训练片，显示器等
融像卡片	主要用于进行集合训练和散开训练	双眼交叉注视，分离左右眼视野	融像功能异常者	融像卡片（透明、不透明）
随机点双眼视训练软件	扩大融像范围，提高融像能力	利用红蓝眼镜分离左右眼视野	融像范围偏小者	训练软件、红蓝眼镜

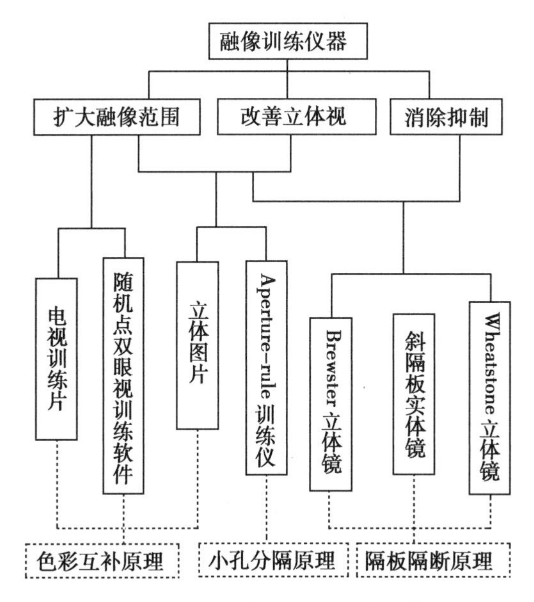

图 14-34　融像训练器材的分类

（段俊国）

二维码 14-2 扫一扫，测一测

笔记

第十五章

波前像差及相关视觉质量检测仪器

15-1

二维码 15-1 课程 PPT 视觉质量与波前像差检测

本章学习要点

- 掌握：波前像差的概念；波前像差测量仪的基本原理。
- 熟悉：波前像差测量分析系统的使用。
- 了解：先进波前像差测量仪和视觉质量分析仪的发展。

关键词 对比度　对比敏感度　波前像差　Zernike 多项式　视锐度　光学质量分析系统

人眼视觉质量检查包括在不同照明条件下的主观对比敏感度测量、瞳孔面的光学质量检测和视网膜上的成像质量检测。检测的目的不仅在于了解视网膜成像质量，而更在于追溯影响成像质量的根源，从而指导矫正技术。比如，非球面镜片的广泛应用，像差引导和角膜地形图引导的激光屈光手术有效地提高了病人术后的视觉质量，这些都受益于具有空间分辨力的波前像差技术的发展。

在理想光学系统中从点光源发出的所有光线，经过光学系统后最终会聚形成一个共轭的点像，而在现实的世界中，由于像差的存在，从点光源发出的光线，经过光学系统后不能再会聚成一点，而是形成了模糊斑，其形态和大小受系统像差构成的影响。几乎所有光学元件的成像质量都受到像差的影响，人眼作为精密的光学器官也不能幸免。人们很早就发现了像差的存在，并使用不同手段来测量、矫正像差，但是对像差的真正认识却只有几十年。本章将就波前像差的基本原理，角膜以及全眼像差的测量，针对不同类型像差仪的差异进行讲述，并介绍一种客观的全眼光学质量检测与分析系统和一种全眼波前像差和角膜地形图综合检测分析系统。

第一节　波前像差概述

一、像差概述

（一）理想成像与像差

根据几何光学，当物像空间符合“点对应点，直线对应直线，平面对应平面”的关系，即高斯成像时，则该系统称为理想光学系统（perfect optical system）。在理想光学系统中，物与像共轭并且符合高斯公式。但是任何一个实际光学系统都不可能理想成像，即成像不可能绝对的清晰和没有变形。当入射光线经过实际光学系统时，其与高斯理论理想成像的偏差，称为像差（abberration）。可以分为色像差（chromatic aberration）和单色像差（monochromatic aberration）。色像差出现在多色光为光源的系统中，由于不同波长的光线通过透镜时折射率不同而引起，单色光源不产生色差。在初级像差理论中，单色像差又有球差（spherical aberration）、彗差（coma）、像散（astigmatism）、场曲（field curvature）和畸变（distortion）5 种（图 15-

笔记

1)。理论上除了近轴区细光线经过光学系统外,其余光学成像均受像差影响(图 15-2)。

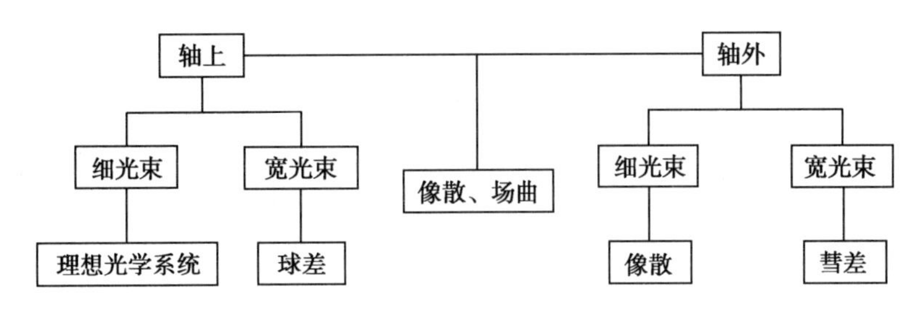

图 15-1 常见像差分类及其基本原理

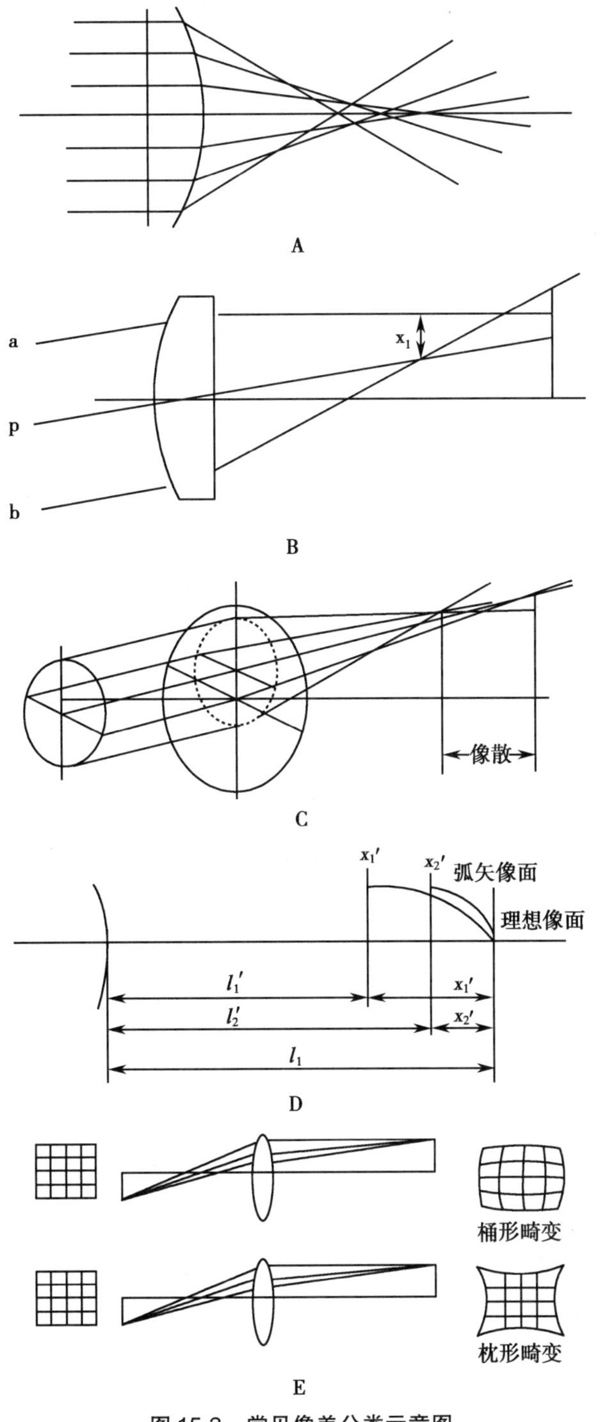

图 15-2 常见像差分类示意图

（二）像差种类

1. 球差（spherical aberration） 又称球面像差，见图 15-2A，是由轴上像点发出的宽光束引起的单色像差。从主光轴上的物点发出的各条光线经光学系统后，与主光轴并不交于同一点，对于正透镜离轴光线聚焦在前，近轴光线聚焦在后，负透镜则相反。

2. 彗差（coma） 是轴外点单色像差，见图 15-2B，由轴外点光源发出的宽光束不能理想成像于一点，而是形成一锥形弥散斑，因其形状像拖着尾巴的彗星，故称彗差。

3. 像散 见图 15-2C，远离光轴的物点发出的细光束在经过光学系统的时候，经折射成为像散光束，当光屏向光学系统逐渐移近时，像斑将呈现一系列不同形状的椭圆及两条焦线。

4. 场曲 又称像场弯曲，见图 15-2D，由于物体上离轴远的点比离轴近的点有更大的会聚作用，故平直的物面经光学系统后，整个像平面是一个曲面，这一现象称为场曲。当透镜存在场曲时，虽然物体的每个特定物点都能得到清晰的像点，但实际上仍会影响像平面的清晰度。

5. 畸变 见图 15-2E，由于实际光学系统对于同一物平面上的各物点的垂直轴放大率不等而使得物体的像发生形变的现象叫畸变。

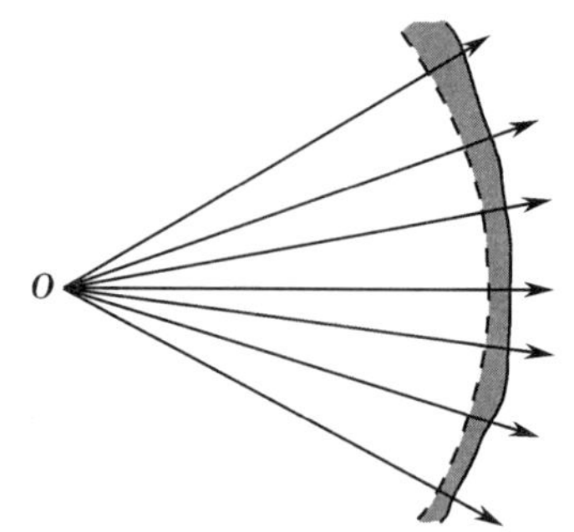

图 15-3 波前像差示意图
图中虚线代表点光源发出的光线所形成的理想波面，实线代表的是形成的实际波面，两者之间灰色区域代表的是波前像差

（三）理想波面与波前像差

从物理光学的角度，一个点光源发出的光波是以球面波的形式向周围扩散的，某一时刻该点发出的所有光点形成的波面，称之为波阵面（wavefront），即波前。如果光线向周围扩散传播过程中没有遇到任何不均匀的阻力，其波面即为理想波面（ideal wavefront），点光源形成的理想波面是一个以该点为中心的均匀球面。实际上，在该球面波向周围扩散传播过程中，由于介质中存在不均匀的阻力，将形成一个不规则的曲面称为实际波面，理想波面与实际波面之间的光程差（optical path difference，OPD），即为波阵面像差（wavefront aberration），又称波前像差（图 15-3）。本章主要围绕单色波前像差检测展开。

二、Zernike 多项式

Zernike 多项式由荷兰著名科学家 Zernike 提出，是最常用的波前像差定量表达方法，是描述眼光学系统像差的理想的数学模型。Zernike 函数是正交于单位圆上的一组序列函数，通过 Zernike 多项式可以将像差量化并分解，可以表达总体像差和组成总像差的各个像差，总波前像差的值等于所有 Zernike 系数的平方和。Zernike 多项式由三部分组成：多项式系数、径向依赖性成分（多项式）、方位角依赖性成分（正弦曲线）。Zernike 多项式表示形式为 $Z_n^m(\rho,\theta)$，n 描述此多项式的最高阶，m 描述正弦曲线成分的方位角频率；ρ 表示从 0 到 1 的径向坐标，θ 表示从 0 到 2π 的方位角（表 15-1）。其中，0 阶表示各方向匀称、平整的波阵面，即无像差；1 阶表示沿着 X 轴和 Y 轴的倾斜（tilt）；2 阶表示离焦（defocus），其中 Z_2^0 为球性离焦（spherical defocus），Z_2^1 和 Z_2^{-1} 对应散光（astigmatism）。3 阶以上为高阶像差（higher order aberration），Z_3^{-1} 和 Z_3^1 为彗差（coma），Z_3^{-3} 和 Z_3^3 对应于三叶草像差（trefoil）；Z_4^0 为球差（spherical aberration）和其他复杂图形；5 ~ 10 阶为有着更复杂波阵面的像差，只在瞳孔非常大时才显露出影响。Zernike 多项式可以表示为以 n 为行数，m 为列数的金字塔，称为 Zernike 树，如图 15-4 所示。

常用的 Zernike 多项式为 7 阶 35 项，其中，1 ~ 2 阶为低阶像差，可以用常规光学手段如框架眼镜、接触镜等矫正；3 阶以上为高阶像差，使用常规光学手段无法矫正。

表 15-1　Zernike 函数和对应的波前像差

n	m	Zernike 函数	像差类型
0	0	常数	各方向匀称、平整的波阵面
1	−1	$r\cos\theta$	沿着 X 轴倾斜
1	1	$r\sin\theta$	沿着 Y 轴倾斜
2	−2	$r^2\cos2\theta$	水平散光或垂直散光
2	0	$2r^2-1$	球性离焦，即临床上的近视和远视
2	2	$r^2\sin2\theta$	斜向散光
3	−3	$r^3\cos3\theta$	三叶草差
3	−1	$(3r^3-2r)\cos\theta$	彗差
3	1	$(3r^3-2r)\sin\theta$	彗差
3	3	$r^3\sin3\theta$	三叶草差
4	0	$6r^4-6r^2+1$	球差

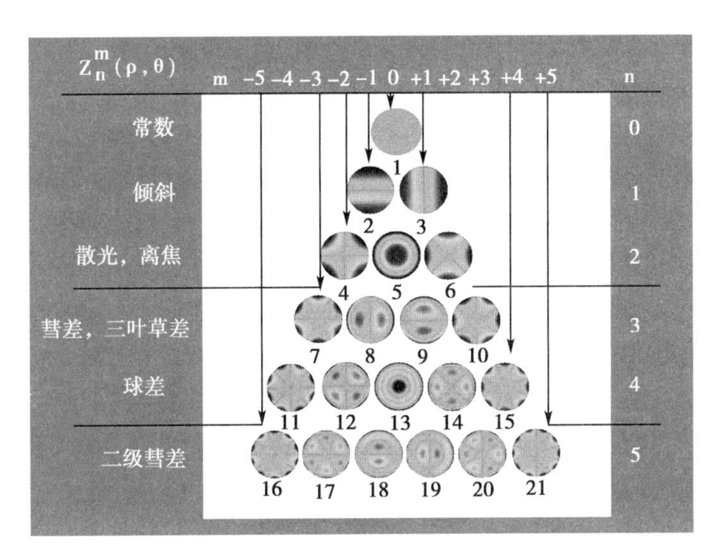

图 15-4　Zernike 多项式

三、波前像差的临床意义

人眼的屈光介质主要由角膜、晶状体、房水及玻璃体等构成，起到透过光线、准确聚焦的作用。由于角膜、晶状体的表面曲率存在局部偏差，角膜、晶状体以及玻璃体不同轴或晶状体以及玻璃体内介质折射率不均匀，折射率存在局部偏差等原因，导致人眼总是存在波前像差（图 15-5）。波前像差是影响人眼视力的重要原因。通常所说的视力，即最小分辨力（ordinary visual acuity）又称视锐度，是指人眼分辨出两点或两条线的能力。根据视网膜光感受器的解剖结构，人眼的理论最佳视力应达到小数视力 4.0，但是实际上大多数正常视力者最佳矫正视力只有 1.0 左右。这是因为人眼视力的极限受视网膜光感受器、神经中枢以及眼球光学的限制。如图 15-6 所示，任何光学系统都受系统衍射限制，人眼也不例外，这一现象在瞳孔较小的时候尤为显著。当瞳孔逐渐增大时，虽然衍射对视觉的影响变小，但像差的影响显著增大。如图中瞳孔直径大于 3mm 时，正常视力与超常视力之间差距增大。由于像差的存在，人眼始终无法达到视网膜极限的超视力。

笔记

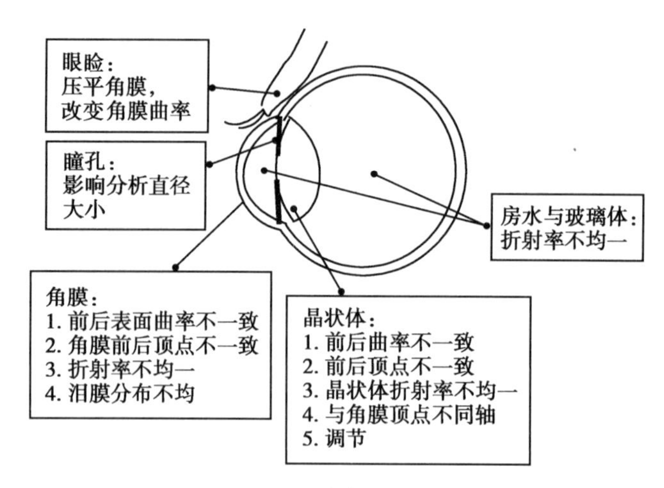

图 15-5 眼球像差分布情况

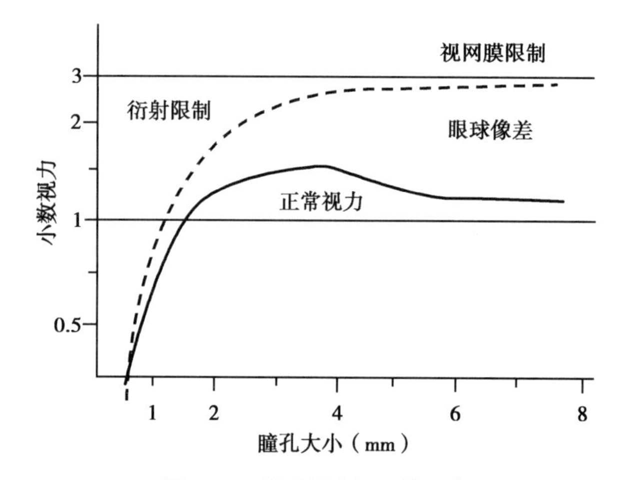

图 15-6 影响视力极限的因素

图中虚线代表系统只受衍射限制时的理论视力曲线。实线代表正常人的视力曲线

近些年来，随着屈光手术、白内障手术和角膜接触镜等的兴起，使人们对早已存在的波前像差理论有了重新的认识。近视、远视和规则散光等降低人眼视功能的光学缺陷可通过框架眼镜、接触镜或角膜屈光手术来矫正，而球差、彗差等降低人眼视功能的高阶像差则需要通过角膜屈光手术矫正。角膜屈光手术后早期，由于切削过后角膜曲率改变不理想、偏中心切削、角膜不规则等原因，波前像差呈暂时的增加，主要包括球差、彗差以及其他高阶像差，从而导致术后暗视力下降、眩光、重影等种种视觉主诉。近些年来，随着角膜地形图引导以及波前像差引导的个性化角膜切削的逐渐发展和完善，角膜屈光手术将对高阶像差的矫正带来巨大改变。

随着超声乳化白内障摘除联合人工晶状体(intraocular lens，IOL)植入术的快速发展，广大白内障病人的术后视觉质量大大提高。但是由于人工晶状体的光学特性与自然晶状体不同，且植入后人工晶状体与角膜的位置较术前发生了改变，往往导致术后人眼波前像差发生变化。另外，虽然 IOL 植入可大大改善白内障病人术后视力，但由于普通的 IOL 为双凸或平凸结构，并不能平衡角膜的像差，IOL 植入后，像差尤其是球差增加显著，引起视觉质量下降。目前已经有一些非球面设计的消像差 IOL，一定程度上可抵消术后波前像差的影响。

角膜接触镜本身存在大量像差，主要是球差。通常认为配戴角膜接触镜会增加人眼的波前像差，这与配戴接触镜后眼的像差与接触镜本身像差之间的差异有关。虽然，配戴角膜

接触镜会改变眼生理，接触镜和角膜之间的相互作用会改变眼睛的光学性能。大量研究发现，硬性角膜接触镜可以提供比软镜更好的视力矫正效果，在许多情况下甚至超过框架眼镜的矫正效果。这可能是由于配戴硬性角膜接触镜后残留的未矫正的低阶像差（散光和球性离焦）少于软性角膜接触镜，以及硬性角膜接触镜矫正过程中的泪液镜降低了人眼高阶像差（如彗差和球差等）。对于角膜接触镜的验配和设计尚有一些关键技术问题亟待解决，但波前像差的测量对深入了解个体戴镜者的视觉质量以及有效改善接触镜的矫正效果起了重要作用，具有一定的临床应用价值和前景。

第二节　全眼波前像差检测

全眼波前像差（total wavefront abberration）由角膜波前像差和眼内波前像差组成。角膜波前像差（corneal wavefront abberration）是指由房水、晶状体、玻璃体等眼内屈光介质形态、位置和折射率等不均一导致的波前像差，通常由全眼像差减去角膜像差得到。本节将围绕全眼波前像差测量展开，介绍各种波前像差仪的原理及各自的结构特点。自 Smirnov 于 1961 年第一次实现波前像差测量到现在，已经经历了半个多世纪，目前的波前像差仪可分为客观法和主观法两大类。客观法根据其设计原理，可分为：①出射型像差仪：以 Shack-Hartmann 波前感受器理论为基础，如 B & L 的 Zyoptics 系统、Alcon Summit 自动角膜个性化测量仪、Aesculap Meditec 的 WASCA 系统和 Innovative Visual Systems 的 Discovery，Topcon KR-1W 等。②视网膜型像差仪（入射型）：以 Tscherning 理论为基础，如 WaveLight 的 Allegretto 像差分析仪、Tracy 的视网膜光线追踪仪等。③入射可调式屈光计：以 Sminov-Scheiner 理论为基础，如 Emory 视觉矫正系统、Nidek 的 OPD 扫描系统等。主观法即心理物理学检查方法，如苏州亮睛的 WFA-1000 人眼像差仪等。表 15-2 列举了一些常见波前像差测量仪的设计原理。

表 15-2　常见像差仪器的设计原理

生产商	仪器名称	测量点个数	设计原理
Alcon	LADARwave	170	Shack-Hartmann
博士伦	Zywave	60	Shack-Hartmann
Zeiss	WASCA	1452	Shack-Hartmann
Wavefront Sciences	COAS	1017	Shack-Hartmann
Topcon	Wave-Front Analyzer	85	Shack-Hartmann
Tracey	VFA	64	Ray-tracing
Nidek	OPD-Scan	1440	Dynamic Skiascopy

无论是主观法或客观法像差仪，其基本原理都是一样的，即选择性地监测通过瞳孔的光线，将其与无像差的理想光线进行比较，通过数学函数将像差以量化形式表达出来。下面介绍几种常见的波前像差仪。

一、Shack-Hartmann 波前像差分析仪

Shack-Hartmann 波前像差分析仪是历史最为悠久，测量最为精确的像差分析仪，其设计思路可以追溯至 400 多年前。1619 年，Scheiner 在他的专题论著里阐述了著名的 Scheiner 盘，并用此方法测出人眼的基本屈光状态。将一个带两个小孔的不透明圆盘放在眼前，两小孔距离小于瞳孔直径，一束入射光进入眼球之前被小孔分为两束。如果该眼是正视眼，则这

两束光将会聚于视网膜的同一点上，人眼看到的是一个点；如果存在屈光误差，两束光将分聚成两个点，根据两个点的相对位置，便可得知屈光状态是近视还是远视（图 15-7）。

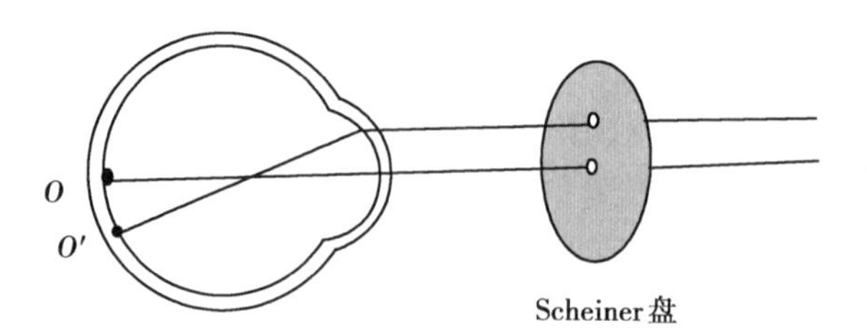

图 15-7 Scheiner 盘

Scheiner 盘只是一个的定性检查。1900 年，Hartmann 在一不透明的圆盘上打了许多小孔，利用这些小孔将一束细光线分离，可测出光线在各个方向上的像差。由于光线与波面垂直，光线传播方向上的像差实际就是波前像差。该圆盘也称为 Hartmann 屏（Hartmann screen）。

1961 年 Smirnov 设计改装了 Scheiner 盘，他将一个点光源射入 Scheiner 盘的中央小孔作为参考点，另将可移动的点光源射入另一个小孔，慢慢移动光源，直到被检查者报告两个点成为一个点，此时该点光源移动的二维距离就是这个小孔所在瞳孔位置的光像差。该技术被称为 Scheiner-Smirnov 主观像差测量技术。如果 Scheiner 盘换成 Hartmann 屏，就可以测出瞳孔面上多个点的像差。按光路追迹，将点光源设置为从视网膜发出，经过 Hartmann 屏后由 CCD 感应器接收，这样就成为了一种客观的测量技术（图 15-8）。

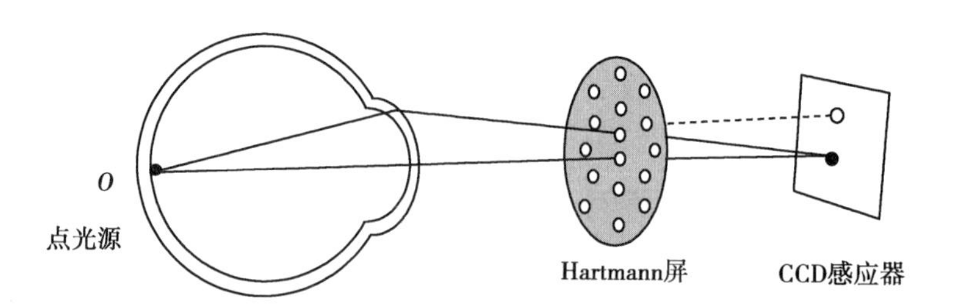

图 15-8 Scheiner/Hartmann 像差仪

1971 年，Shack 用透镜阵列代替 Hartmann 屏，将视网膜出射的光线会聚成点阵形式。如果眼球没有像差，被折射的平面波将被会聚成一完好的点阵形式，每一点都落在相应透镜的光轴上。而有像差眼会使平面波会聚成紊乱的点阵形式，通过测量每一点与相应透镜光轴的偏差可推断出像差波面的斜率，最后经过计算将结果以像差图的形式表示出来。该像差仪因此被命名为 Shack-Hartmann 像差仪。

现代 Shack-Hartmann 像差仪，通过发出一束细窄光线进入眼球，聚焦在视网膜上，光线从视网膜上反射后穿过一透镜组，最终聚焦在一个 CCD 照相机上（图 15-9）。在无像差的眼中，反射的平面波聚成一个完善的点阵格子图，每一个点的图像落在相应透镜组的光轴上

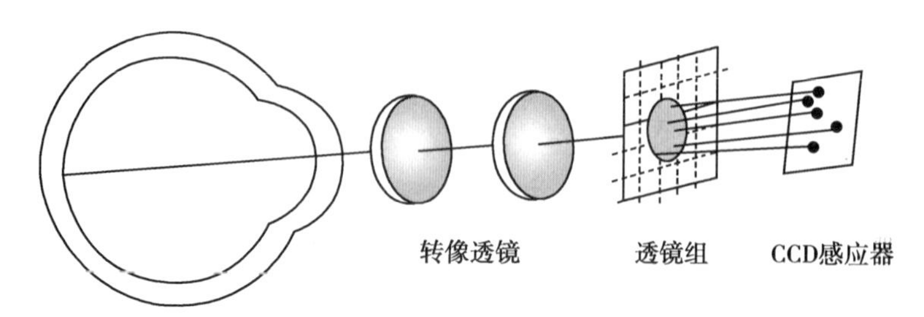

图 15-9 现代 Shack-Hartmann 像差仪原理图

(图 15-10A)。而经过有像差的眼,光束则会发生偏转,从而产生扭曲的点图像,即点像偏离透镜光轴(图 15-10B)。通过测量每一个点与其相应透镜组光轴的偏离,可以计算出相应的波前像差。

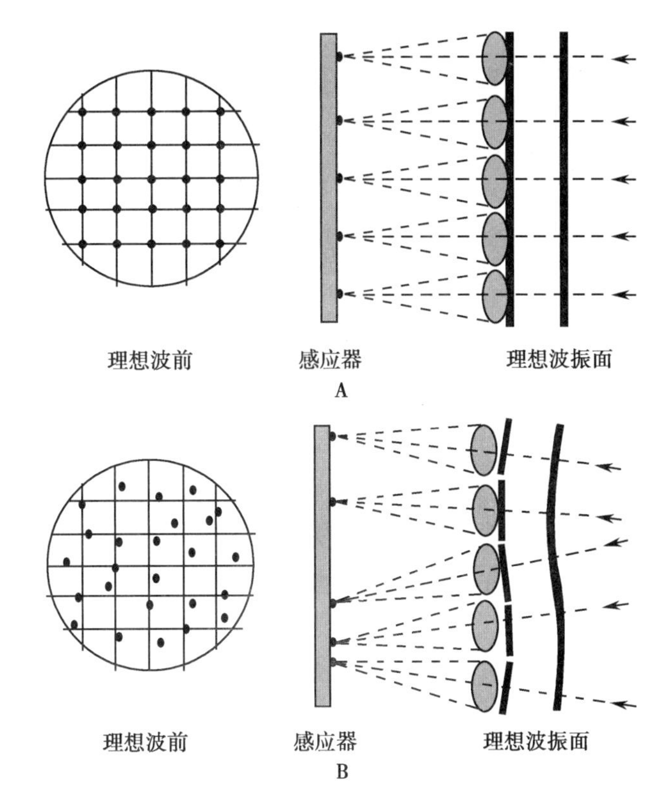

图 15-10　Shack-Hartmann 探测器原理图
A. 经一个理想的光学系统,反射的平面波聚成一个完善的点阵格子图　B. 经一个存在像差的光学系统,反射的平面波会产生扭曲的波阵面

二、Tscherning 波前像差分析仪

Tscherning 波前像差分析仪是基于 Tscherning 像差理论设计的客观式像差分析仪。虽然 19 世纪末,Tscherning 在阐述人眼的单频像差时首次提出这种方法,但是当时并没有获得大多数学者的认可,因此没有得到广泛的接受。直到 1977 年 Howland 对 Tcherning 设计的像差测量仪进行了改良,使用交叉柱镜主观测量人眼的单频像差。

现代 Tscherning 波前像差分析仪的激光光源可发出 168 个单点矩阵的平行激光光束经瞳孔进入眼底,通过与计算机相连的高敏感度的 CCD 照相机采集视网膜图像(图 15-11),通过视网膜图像分析被检眼的像差,即将视网膜图像上的每个点的位置与它们在理想状态下的相应位置进行比较,根据偏移的结果,计算波前像差(图 15-12)。中央无光束,可避免光线在人眼的不同光学界面形成反射,从而避免了视网膜成像质量的降低。这种方法,在 CCD 的重成像过程中,视网膜成像要经过眼光学系统两次,较难分清楚 CCD 上的点是否与小孔阵列上的点相对应,因此可测量范围较小。

三、Tracey 波前像差仪

是基于光线追踪(ray-tracing)原理设计的客观式波前像差分析仪。由半导体激光器发出一束与视轴平行的光束,光束穿过人眼的光学系统到达眼底,经视网膜反射后出射。出射光线经过一个与视网膜和感应器共轭的透镜,成像在感应器上(图 15-13)。最终,仪器的控

制系统移动平行光束完成在入瞳平面的高速扫描，通过计算入瞳平面每一点在感应器上的位移，计算波前像差。

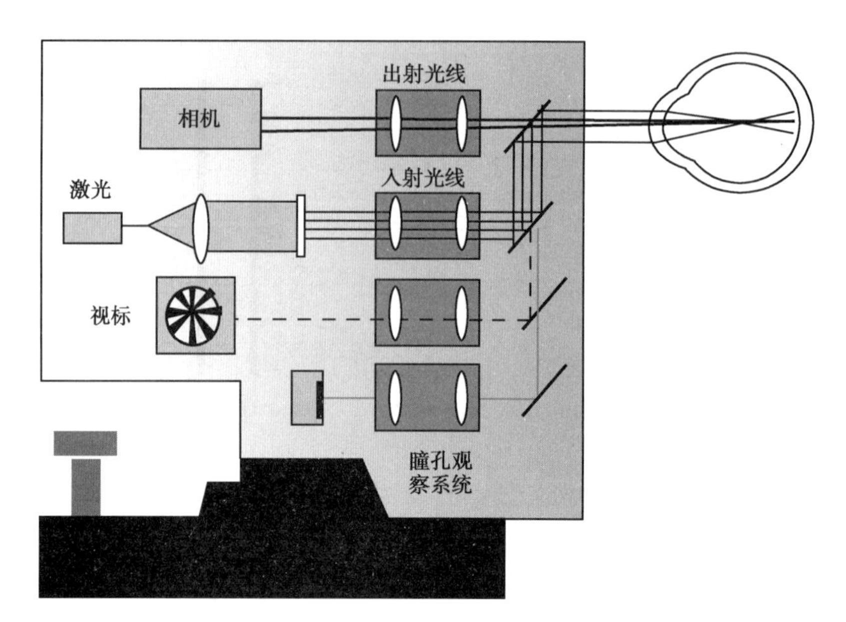

图 15-11 Tscherning 像差仪原理图

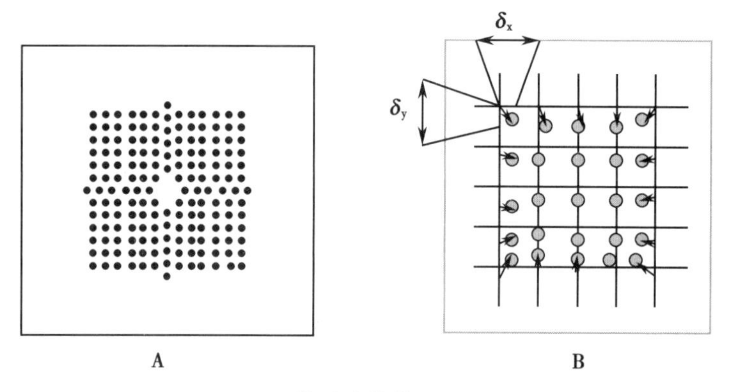

图 15-12 像差计算基准及实际成像点

A. 用于作为像差计算的基准 B. 实际成像点与基准位置的关系

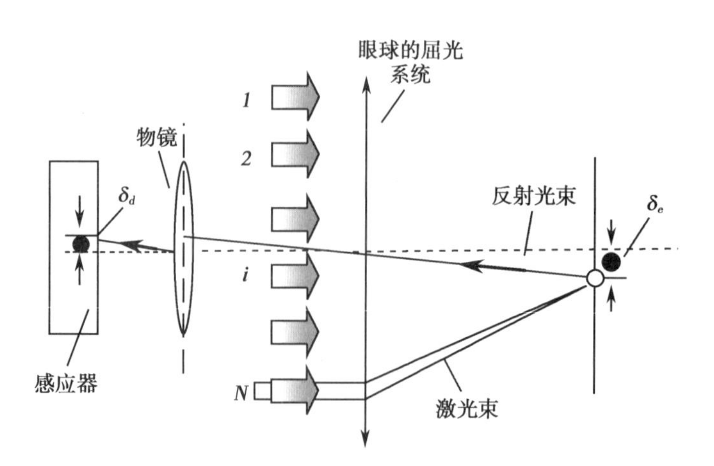

图 15-13 Tracey 波前像差仪原理图

四、OPD-Scan 波前像差仪

是以 Sminov-Scheiner 理论为基础的客观式波前像差分析仪，采用检影的方式测量眼球的像差分布。仪器发出狭窄的红外光带进入人眼，视网膜反射部分光。在出射光路有一个小孔，它与无像差眼的视网膜共轭。它会在近视眼的视网膜前面或者是远视眼的视网膜后面形成一个共轭的小孔像（图 15-14）。这个小孔起到一个瞄准器的作用，使得光只从光瞳的一部分穿过光学系统传播到光探测器上。仪器通过对瞳孔各子午线进行的快速裂隙扫描，对瞳孔平面的 1440 个点进行测量，最终计算得到眼球的波前像差。这类仪器速度快、取样多，且具有较大测量范围。

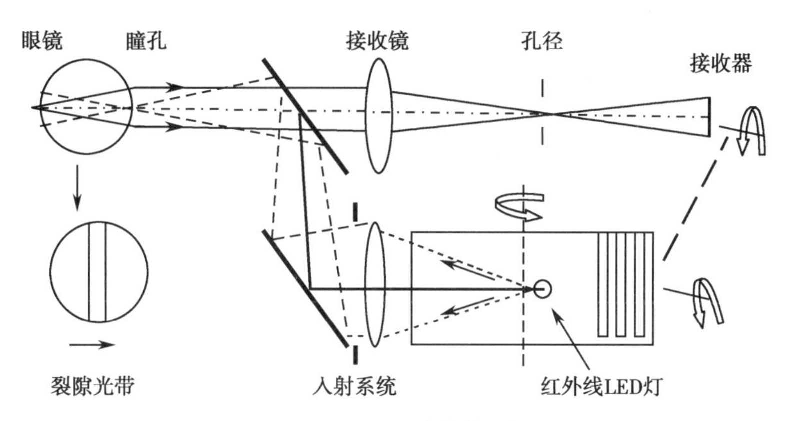

图 15-14　OPD-Scan 波前像差仪原理图

五、主观型像差仪

利用心理物理方法测量人眼像差的像差仪。仪器发出两束窄光束，即一束参考光和一束测试光，射入人眼。参考光穿过瞳孔中心，成像于视网膜中心（如图所示落在十字交叉中心），而与参考光平行的测试光则通过瞳孔的其他部位进入人眼（图 15-15）。在存在像差的人眼，被测者会在中心以外的位置看见测试光，被测者通过改变测试光线的角度使得原本偏离的测试光斑移动到十字交叉中心。通过测量光线在瞳孔各点的角度偏移量得到人眼波前像差。

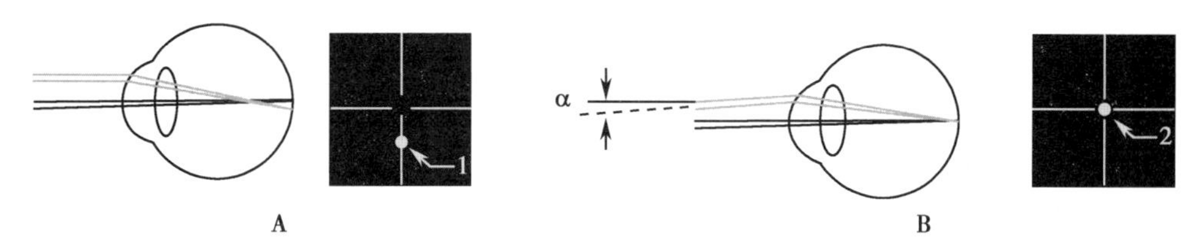

图 15-15　主观型像差仪
A. 图中“1”指的是被测者所见测试光的位点　B. 图中“2”指的是经过调整后测试光所在的位点

第三节　角膜像差检测

一、角膜像差的测量及其原理

角膜前表面处于眼球的最前端，其屈光力约占人眼总屈光力的 2/3，既是最主要的屈光介质也是人眼像差来源的重要部分。在眼科的各种应用中常需将角膜形态精确地转换成角

膜像差:基础研究中,角膜像差用以评价人眼像差的来源或用于制作精美的眼球光学模型;在临床应用中,角膜像差为圆锥角膜、角膜屈光手术等提供了重要信息。角膜前表面相当于一个折射平面,平面前方是泪膜和空气,后方为角膜基质。角膜前表面像差形成的原理,可理解为折射平面波前像差的形成。平面 XY 上的任意一物点 $(x,y)=(p\ \sin\beta,p\ \cos\beta)$ 的近轴光线在平面 $X'Y'$ 上聚焦成点 $(x',y')=(-p'\sin\beta',-p'\cos\beta')=(x/m,y/m)$,此处 m 是放大率。边缘光线与出瞳相交于点 (r,θ),与之相对应的是 $z(r,\theta)$。波前像差被定义为边缘光线 $(d-d')$ 与近轴光线的光程差值 $(l-l')$,即采用光路追迹原理计算波前像差(图 15-16)。

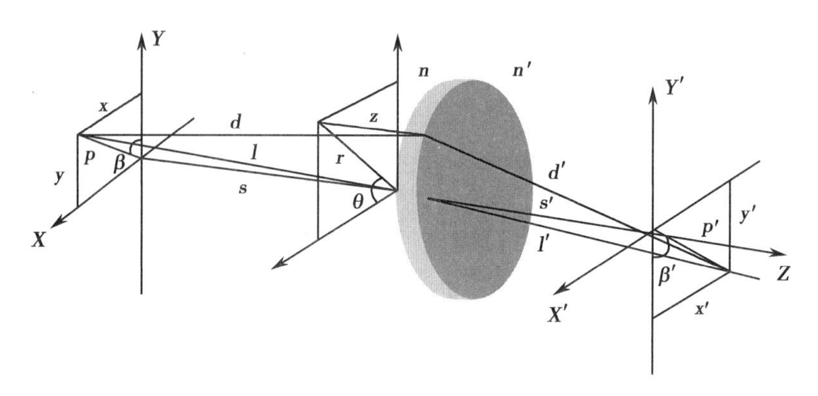

图 15-16 轴外物点经过折射率分别为 n、n′的折射平面成像,出瞳位置在折射面顶点

$$W(r,\theta)=nd+n'd'-nl-n'l'$$

W 代表角膜波前像差,n、n' 是空气与角膜基质的折射率,d、d' 代表物点经远轴区折射的物距和像距,l、l' 代表物体经近轴区折射的物距和像距。

二、角膜形态的测量以及角膜像差的计算

目前没有直接测量角膜像差的仪器,往往采用将角膜表面形态转换成角膜像差的方式。如一种直接的方法是在角膜上减去适合的圆锥面,然后乘上角膜与空气的折射率的差值,即可得出角膜像差值。这种方法的缺点是会忽略一些重要的像差成分。另一种方法是根据角膜表面形态用近似分析法(非线性分析)来表达。

目前采用最多的仍是利用角膜高度图数据,采用光路追迹法计算角膜像差,如图 15-17,角膜地形图经过转化得到相应的角膜波前像差。现代角膜地形图系统多采用 Placido 环投射,用角膜摄像系统对角膜摄像,用计算机将角膜镜成像图转变成屈光度或曲率半径,得到相应的以伪彩色表示的角膜高度图。同时地形图上还能提供角膜顶点位置、瞳孔边缘、瞳孔

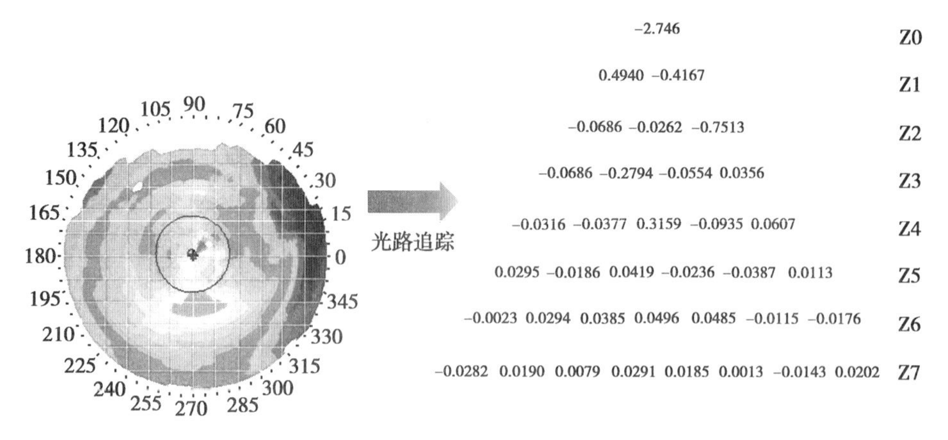

图 15-17 角膜地形图经过转化得到相应的角膜波前像差

中心位置、角膜表面形态因子、角膜前表面曲率半径、角膜散光等。转换为波前像差时，用仪器提供的软件导出角膜曲率计算出角膜高度数据。再根据光路追踪原理计算瞳孔中心与其他区域的光程差值，进一步估计角膜波前像差，最后将角膜波前像差分解成 Zernike 多项式。

第四节　对比敏感度与光学质量分析系统

一、对比敏感度

物体的亮度和物体背景的亮度构成反差。如果定义 I_o 为物体的亮度，I_b 为背景的亮度，对比度（contrast）的定义则是：对比度 $=(I_b-I_o)/(I_b+I_o)$。理论上，如果完全黑色字母印刷在完全白色的纸上，$I_b=1$，$I_o=0$，对比度 $=100\%$。然而实际上 100% 对比度很少遇见，大多视觉体验是在低于 100% 的对比度下完成的。

一般通过光学系统（包括眼睛的光学系统）的输出像的对比度总比输入像的对比度要差，这个对比度的变化量与空间频率特性有密切的关系。把输出像与输入像的对比度之比称为调制传递函数（modulation transfer function，MTF）。这是个随空间频率而变的函数。

对比敏感度光栅（contrast sensitivity grating）是按正弦波制作的不同空间频率和不同最大对比度的测试图案，如图 15-18。在临床应用中，检测者会把不同的对比敏感度光栅图案呈现给被测者，被测者主观回答是否能鉴别出光栅的波纹。对每一个空间频率，我们可以测出被测者的最小可辨别对比度，并制作曲线。最小可辨别对比度称为对比度阈值（contrast threshold），其倒数定义为对比敏感度（contrast sensitivity）。对比敏感度函数（contrast sensitivity function，CSF）是对比敏感度随空间频率变化的函数，如图 15-19 所示。

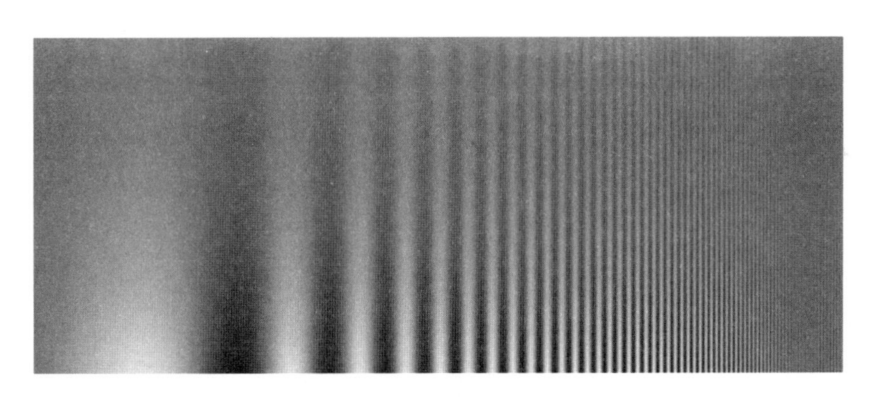

图 15-18　对比敏感度光栅

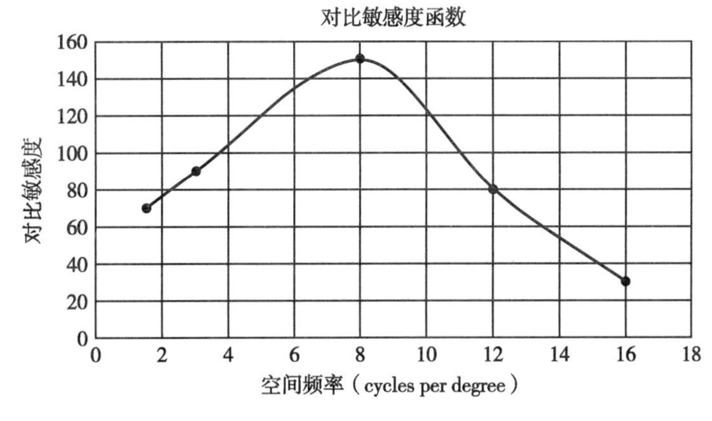

图 15-19　对比敏感度函数

笔记

应该注意,CSF 是主观测试,不仅眼的光学系统对其有影响,视网膜和大脑都对其有影响。测试 CSF 时,被测者应处于最佳矫正视力,检测照明亮度要一致。另外瞳孔大小也会影响 CSF。因此,CSF 的测量可以涉及各种光照环境,比如正常室内照度,室外照度和夜间照度(低照度)。

对比敏感度可以用对比敏感度光栅作为测试图案,也可以用其他的各种对比度的图案或字母表检测。常用的其他试片包括 Vistech 图案表(图 15-20),Regan 低对比度字母表(图 15-21)和 Pelli-Robson 低对比度字母表(图 15-22)。

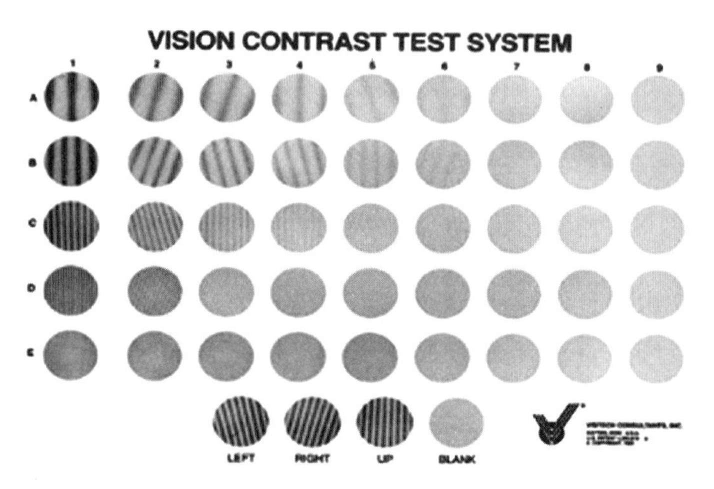

图 15-20 Vistech 图案表

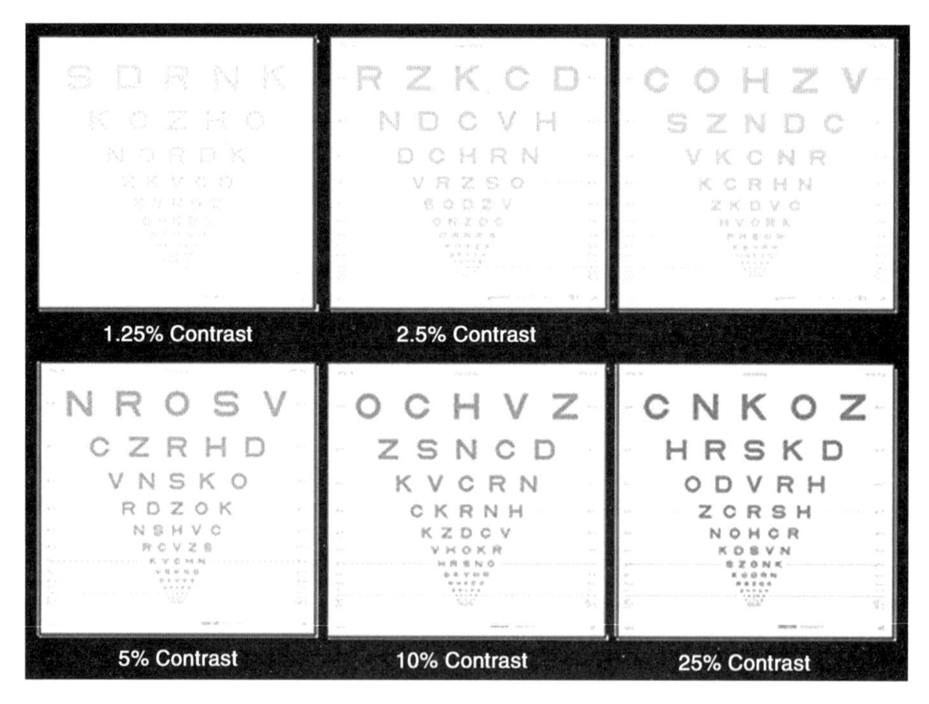

图 15-21 Regan 低对比敏感度字母表

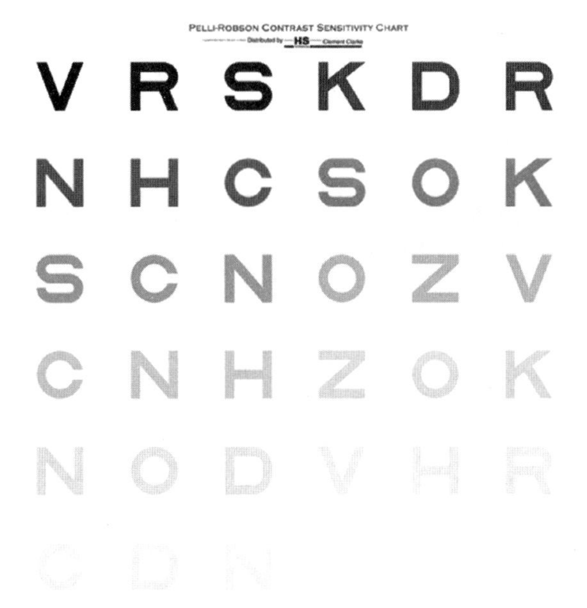

图 15-22　Pelli-Robson 低对比度字母表

二、光学质量分析系统

自然人眼的光学系统存在固有的畸变,亦称高阶像差,这些畸变会影响图像的清晰度和细节。随着年龄的增大,眼也会老化,白内障的渐变会引起光线的散射(scattering),造成在暗视环境下的眩光等干扰。光学质量分析系统(optical quality analysis system,OQAS)能够对人眼光学系统的光学质量进行客观测量,其原理是将一束光源成像到视网膜上,并对其在视网膜上成像的形状和大小进行分析,从而定性和定量评估眼光学系统的光学性能。图 15-23 是某公司生产的光学质量分析系统。OQAS 能够从像差、散射和衍射等方面综合分析人眼成像质量。OQAS 可以用于白内障和屈光手术的术前检查、术后视觉质量的检测、屈光性人工晶状体视觉质量的评价,还可以用于视光学临床检查、干眼检测。

OQAS 工作原理(图 15-24)是通过激光二极管发射器(laser)发出 780nm 波长的近红外光源,通过空间滤波器(spatial filter)形成近红外点光源,再经过一系列的消色差双透镜 L1、L2、L3 和反射镜 M 进入眼内,穿过眼屈光间质(角膜、房水、晶状体、玻璃体)后在视网膜上成像,视网膜成像反射的光线第二次通过眼屈光间质、双透镜、反射镜后由照相机(CCD camera)接收成像,并通过外设电脑获取并分析该视网膜成像。因为进入眼内的

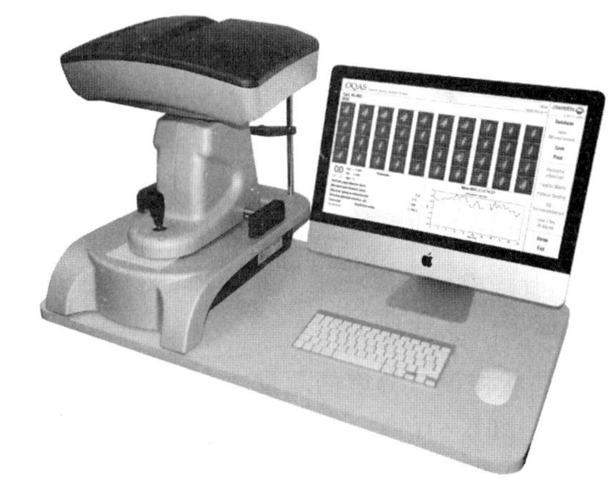

图 15-23　OQAS 成像系统

笔记

光源是点光源，一个完美的光学系统应该是反射回一个点光源，因此，一个紧密而细小的反射成像提示了一个较好的视觉质量和屈光间质；相反的，一个弥散或模糊的反射成像反映了一个较差的视觉质量和屈光间质。因为检测图像成像于视网膜，因此 OQAS 属于双光程检测系统。

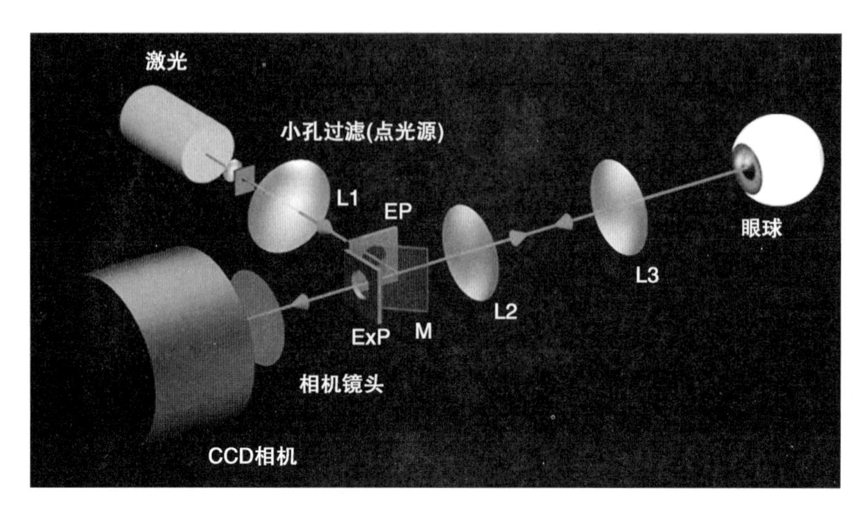

图 15-24 OQAS 工作原理（L1、L2、L3 分别代表双透镜 1、2、3，M 代表反射镜）

OQAS 通过所计算出的调制传递函数（modulation transfer function，MTF）和点扩散函数（point spread function，PSF）值能客观地对视觉质量予以评估，并且可以定量分析光线经历眼屈光系统散射和高阶像差后的综合结果，以下是 OQAS 的主要参数。

1. MTF 是指不同空间频率下像与物对比度之间的差异，即视网膜上所成像与实际物的对比度的比值，反映光学因素对成像质量的影响。低空间频率对轮廓的识别作用较高空间频率更大，低空间频率类似于较低的视力或者大体视觉，高空间频率代表较好的视力或者精细的视觉，一般而言 MTF 随着空间频率的增大而逐渐降低。视力仅是 MTF 上的一点，而 MTF 曲线可以告知整个图像的对比度变化。

MTF cut off（MTF 截止频率）表示人眼 MTF 曲线在空间频率达到该频率值时，就会到达分辨率极限，即 MTF 值趋向于零。OQAS 使用 0.01MTF 值（对应 1% 的对比度）作为截止频率。正常人≥30c/deg，其值越大，视觉质量越好。

2. SR（strehl ratio，斯特列尔比） 在有像差情况下的高斯像点（即观察平面上的最大光强点）处的光强除以无像差存在时高斯像点的光强。值在 0～1 之间，正常人眼为 0.15，越高越好，SR 越高的光学系统越接近无像差的光学系统，用 MTF 曲线下方的面积表示。像差仪仅能检测 MTF 曲线的变化情况，而 OQAS 则可以通过 SR 对 MTF 曲线下的面积进行准确的定量，从而进行更客观的分析。

3. OSI（objective scatter index，客观散射指数） 是视网膜成像外周与中心的光能量之比，OQAS 取的是 12′～20′处的光能量与中心处 1′处的光能量之比代表 OSI，介于 0 至 10 之间，能客观简便的量化眼屈光间质的散射情况。OQAS 系统给出 OSI 值为 0 的眼睛所看到的图像，同时能模拟病人当前 OSI 值所能看到的图像，二者进行对比，能让病人更简单明了地了解自己的视觉质量。

4. 晶状体调节幅度的测量 在客观验光后，最佳矫正情况下通过附加-1.0～+3.0D 的调节刺激，以 0.5D 递增，每个调节刺激下采集 4 幅 PSF 图像，取均值进行分析，得出 9 个均值，获得调节曲线。OQAS 调节幅度为成像质量下降 50% 时附加的调节刺激所得到的值，正常人群标准值为 1.0D。

5. 泪膜功能的评价　通过每隔 0.5 秒记录一次随泪膜变化而变化的 OSI 值，根据 OSI 随时间的变化画出曲线图，从而对泪膜功能做出客观评价。当 Mean OSI<0.6 时，属于健康眼；当 0.6≤Mean OSI<1.2 时，属于临界干眼；当 Mean OSI≥1.2 时，属于干眼病人。

6. 客观验光　最佳视觉质量时眼的屈光度数。

7. 对比度视力(contrast visual acuity)检查　模拟 100%、20% 及 9% 时的对比度视力值(相当于白天、黄昏和夜间的光学视力)，与主观视力相比较，得出指导临床的依据。

第五节　波前像差、角膜地形和晶状体成像一体系统

现代光机电软硬件系统集成化的提高和新算法的进展使得同时测量人眼角膜地形图，波前像差和晶状体成像的一体化系统成为可能。由于人眼光学系统的复杂性和动态性，单一参数的测量不足以完整描述和矫治人眼光学系统。用不同仪器在不同的时间测量不同的参数涉及测量数据的坐标对齐和计算。由于人眼的动态性，造成数据坐标对齐的困难。这使得多参数同轴同时在位测量格外重要。Discovery 人眼测量分析系统就是这样的一款系统，如图 15-25 所示。

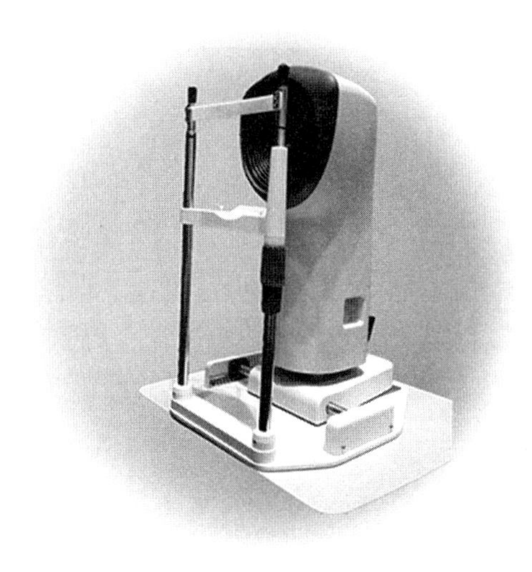

图 15-25　Discovery 人眼测量分析系统

Discovery 人眼测量分析系统的原理是采用 Placido 环提供角膜地形图目标图案，同轴红外激光作为 Hartmann 阵列的光源，两台数码相机用于采集角膜地形图的原始图像，波前像差的 Hartmann 点阵图和后部反照射成像(retroillumination)。角膜地形图采用红外照明，光线追踪三维重建算法，波前像差采用无调节大动态范围(-25D 到+15D)波前重建算法，高精度测量，自动聚焦采集，图 15-26 是其原理图。红外激光不仅作为波前像差的信号光源，也作为晶状体成像的照明光源。晶状体成像技术的实现可以对晶状体浑浊度和散射进行测量。结合虹膜识别技术，也可以对人工植入的晶状体进行定位测量和动态跟踪，这对于散光晶状体

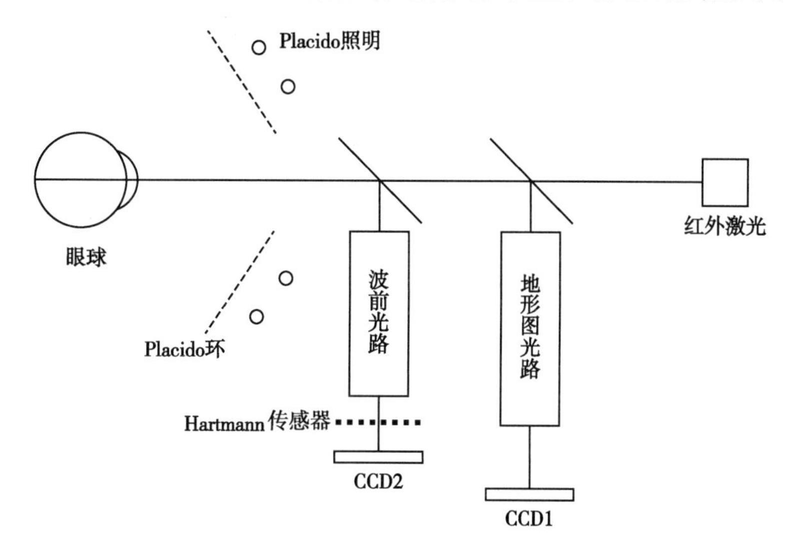

图 15-26　Discovery 人眼测量分析系统原理图

笔记

尤其有用。该系统的波前像差探测光是一束细小的平行光射入眼底，返回的波前经过 Hartmann 屏后成像，通过波前重建算法测量全眼的波前像差，因此属于单光程波前测量。

由于 Discovery 系统可以同时测量角膜地形，前角膜像差，晶状体成像，全眼像差，和眼内像差，并具有虹膜识别功能，其测量功能可以广泛用于激光屈光矫治手术、白内障手术、RGP 接触镜验配，它的客观光学质量分析功能包括全眼的点扩散函数测量，角膜的点扩散函数，模拟的成像质量和晶状体成像分析功能。图 15-27 是圆锥角膜的全眼点扩散函数和视网膜成像仿真。图 15-28 是配戴 RGP 镜后该病人的全眼点扩散函数和视网膜成像仿真。图 15-29显示了多参数测量一体系统测量白内障病人散光晶状体置入的晶状体成像（图 15-29A），虹膜识别（图 15-29B），角膜地形图测量（图 15-29C），波前像差测量（图 15-29D），角膜屈光散光测量（图 15-29E）和置入的人工晶状体屈光散光测量（图 15-29F）。所有这些测量都同时完成。其中内部屈光是通过全眼屈光和角膜屈光计算得到的。

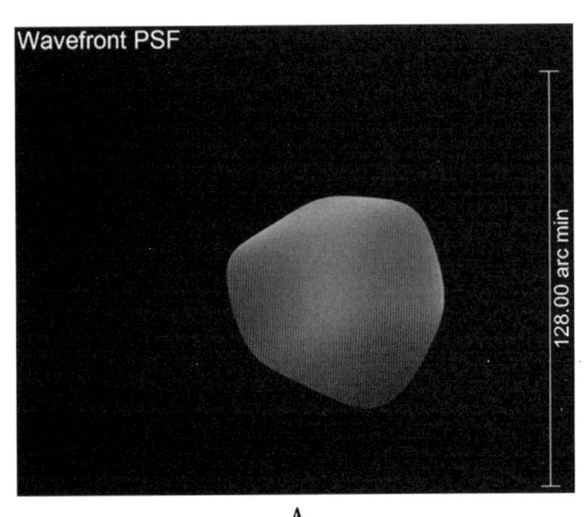

A

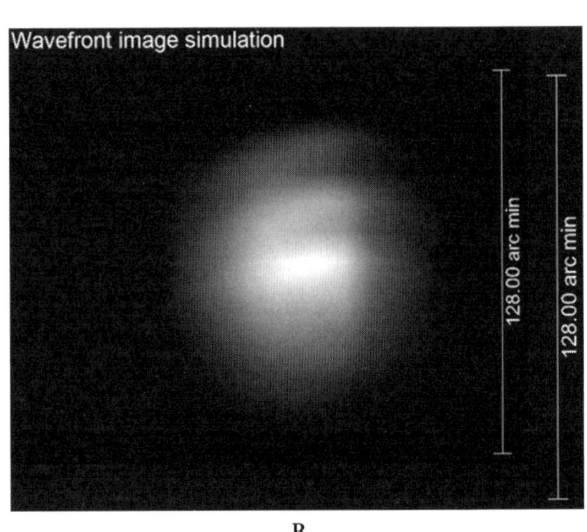

B

图 15-27 圆锥角膜的全眼点扩散函数和视网膜成像仿真

A. 圆锥角膜病人的视网膜点扩散函数 B. 圆锥角膜病人的视网膜成像仿真

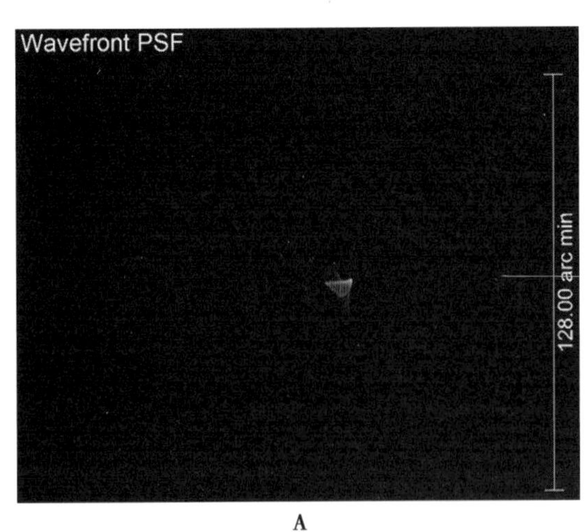

A

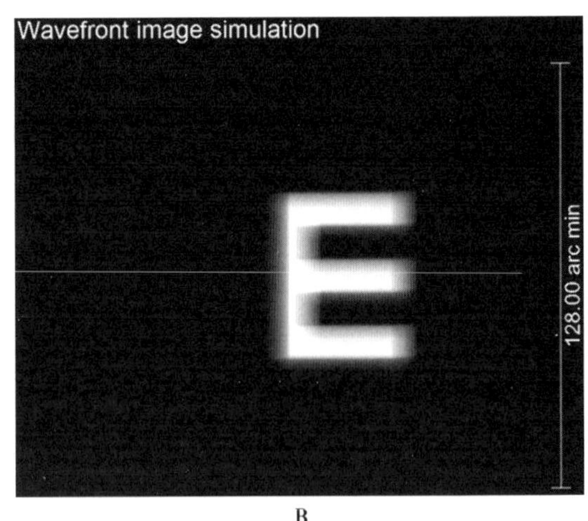

B

图 15-28 配戴 RGP 接触镜后的全眼点扩散函数和视网膜成像仿真

A. 圆锥角膜病人配戴 RGP 镜后的视网膜点扩散函数 B. 圆锥角膜病人配戴 RGP 接触镜后的视网膜成像仿真

笔记

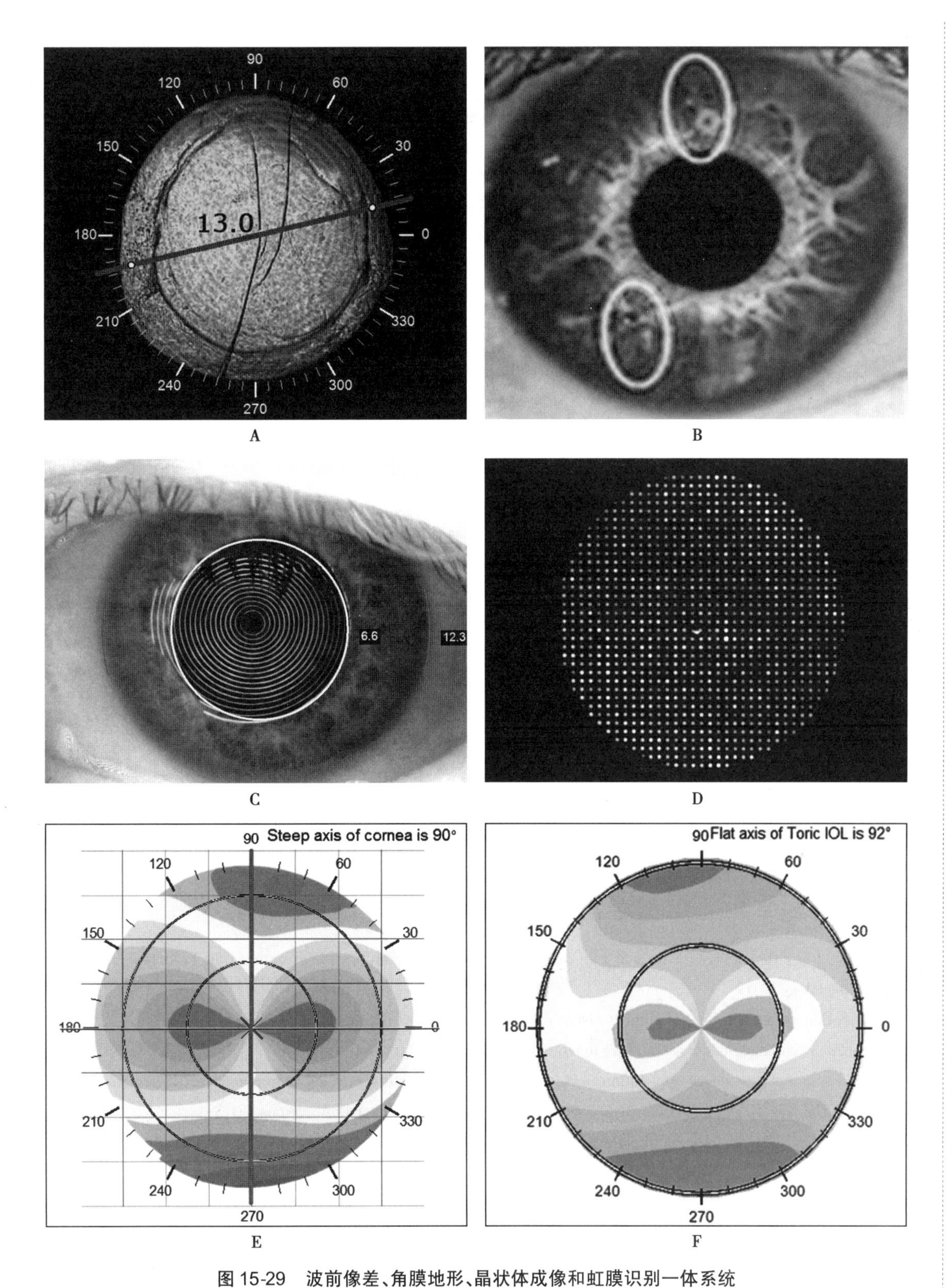

图 15-29　波前像差、角膜地形、晶状体成像和虹膜识别一体系统

A. 晶状体成像和散光轴识别　B. 虹膜识别　C. 角膜地形图测量　D. 波前像差测量　E. 角膜屈光测量，散光轴　F. 内部（晶状体）屈光测量计算，散光轴

（刘党会　吕　帆）

二维码 15-2 扫一扫，测一测

参考文献

1. 李凤鸣. 眼科全书. 北京:人民卫生出版社,1996
2. 徐国兴. 激光眼科学. 北京:高等教育出版社,2011
3. 王康孙. 眼科激光基础与临床. 上海:上海科技教育出版社,2008
4. 崔浩,王宁利. 眼科学. 北京:人民卫生出版社,2008
5. 徐国兴. 临床眼科学. 福州:福建科学技术出版社,2005
6. 唐仕波. 黄斑部疾病手术学. 北京:人民卫生出版社,2005
7. 徐国兴. 眼科学基础. 北京:高等教育出版社,2004
8. 葛坚,崔浩. 眼科学(供 7 年制应用). 北京:人民卫生出版社,2002
9. 葛坚. 临床青光眼. 第 3 版. 北京:人民卫生出版社,2016
10. 袁援生钟华. 现代临床视野检测. 第 2 版. 北京:人民卫生出版社,2015
11. 杨文利,王宁利. 眼超声诊断学. 北京:科学技术文献出版社,2007
12. 伯恩,格林. 眼和眼眶的超声检查. 赵家良,马建民,译. 北京:华夏出版社,2008
13. 王宁利. 眼科设备原理与应用. 北京:人民卫生出版社,2010
14. 王勤美. 眼视光特检技术. 北京:高等教育出版社,2015
15. 陈明哲. 现代实用激光医学. 北京:科技文献出版社,2006
16. 陈松. 现代眼科检查方法与进展. 北京:中国协和医科大学出版社,2000
17. 呼正林. 眼屈光检测行为学. 北京:军事医学科学出版社,2009
18. 谢培英. 眼视光医学检查和验配程序. 北京:北京大学医学出版社,2006
19. 陆豪,李海生. 眼光学相干断层扫描成像术原理和临床应用. 上海:世界图书出版公司,2008
20. David B Henson. Optometric instrumentation. Oxford,:Butterworth-Heinemann,1996
21. American Academy of Ophthalmology. Basic and clinical science course:section 3,clinical optics. San Francisco:American Academy of Ophthalmology,2012
22. Ronald B Rabbetts. Bennett and Rabbetts' clinical visual optics. 4th ed. Oxford:Butterworth-Heinemann,2007
23. Ming Wang. Irregular astigmatism-diagnosis and treatment. New Jersey:Slack Incorporated,2007
24. Corneal Topography-a guide for clinical application in the wavefront era. New Jersey:Slack Incorporated,2011
25. Kilic A,Roberts GJ. Corneal Topography-from theory to practice. Amsterdam:Kugler Publications,2013
26. Gellrich,Marcus-Matthias. The slit lamp:applications for biomicroscopy and videography. Berlin:Springer Science & Business Media. 2013.
27. Miller D,Thall EH,Atebara NH. Ophthalmology. 4th ed. Philadelphia:Elsevier Saunders,2014.
28. Paul Riordan-Eva,Taylor Asbury and John P. Whitcher. General Ophthalmology. 16th ed. New York:Appleton & Lange,2003
29. Brett E. Bouma,Guillermo J. Tearney. Handbook of optical coherence tomography. New York:Marcel Dekker,2002
30. Brezinski ME. Optical coherence tomography:Principles and applications. Cambridge:Academic Press,2006
31. Wilkie DA. Ophthalmic Equipment and Techniques. Saunders Manual of Small Animal Practice,St. Louis:W. B. Saunders,2006.
32. 席梅,侯世科. 三维超声在眼部疾病诊断应用中的进展. 中华医学超声杂志(电子版),2010,7(7),1228-1232
33. 杨加强,程德文,王庆丰,等. 新型大视场消杂光眼底相机光学系统的设计. 光学学报. 2012,32(11):1122-1122
34. 李灿,宋淑梅,李淳,等. 手持式眼底相机光学系统设计. 光学学报. 2012,32(9):233-239
35. 鲍华,饶长辉,张雨东,等. 一种可用于人眼像差哈特曼-夏克测量仪的自动离焦补偿方法. 光学学报. 2010(11):3082-

3089

36. 程少园,曹召良,胡立发,等. 消除角膜前表面反射杂散光方法的比较. 中国光学与应用光学. 2010,3(3):257
37. 刘肇楠,李抄,夏明亮,等. LCOS液晶波前校正器的色散研究. 光子学报. 2010,39(6):1014-1020
38. 程少园,曹召良,胡立发,等. 用夏克-哈特曼探测器测量人眼波前像差. 光学精密工程. 2010,18(5):1060
39. Vivino MA,Chintalagiri S,Trus B,et al. Development of a Scheimpflug slit lamp camera system for quantitative densitometric analysis. Eye(Lond),1993,7(Pt 6):791-798
40. Libin Huang,Wei Xu,and Guoxing Xu. Transplantation of CX3CL1-expressing mesenchymal stem cells provides neuroprotective and immunomodulatory effects in a rat model of retinal degeneration. Ocular Immunology & Inflammation,2013;21(4):276-285
41. Sotaro Ooto,Masanori Hangai,Kohei Takayama,et al. High-Resolution Imaging of the Photoreceptor Layer in Epiretinal Membrane Using Adaptive Optics Scanning Laser Ophthalmoscopy. Ophthalmology,2011,118(5):873-881
42. Ana L. Loduca,Chi Zhang,Ruth Zelkha,et al. Thickness mapping of retinal layers by spectral-domain optical coherence tomography. American Journal of Ophthalmology,2010,150(6):849-855
43. Huang D,Swanson EA,Lin CP,et al. Optical coherence tomography. Science,1991,254(5035):1178-1181
44. Swanson EA,Izatt JA,Hee MR,et al. In vivo retinal imaging by optical coherence tomography. Optics Letters,1993,18(21):1864
45. Staurenghi G,Sadda S,Chakravarthy U,et al. Proposed Lexicon for Anatomic Landmarks in Normal Posterior Segment Spectral-Domain Optical Coherence Tomography. Ophthalmology,2014,121(8):1572-1578
46. Soong HK,Malta JB. Femtosecond lasers in ophthalmology. Am J Ophthalmol,2009,147(2):189-197
47. Chung SH,Mazur E. Surgical applications of femtosecond lasers. J Biophotonics,2009,2(10):557-572
48. Salomão MQ,Wilson SE. Femtosecond laser in laser in situ keratomileusis. J Cataract Refract Surg,2010,36(6):1024-1032
49. Slade SG. The use of the femtosecond laser in the customization of corneal flaps in laser in situ keratomileusis. Curr Opin Ophthalmol,2007,18(4):314-317
50. Blum M,Kunert K,Schröder M,et al. Femtosecond lenticule extraction for the correction of myopia:preliminary 6-month results. Graefes Arch Clin Exp Ophthalmol,2010,248(7):1019-1027
51. Moshirfar M,Schliesser JA,Chang JC,et al. Visual outcomes after wavefront-guided photorefractive keratectomy and wavefront-guided laser in situ keratomileusis:Prospective comparison. J Cataract Refract Surg,2010,36(8):1336-1343.

汉英对照索引

H

J